Kritische Studien zur Geschichtswissenschaft 43

Prof. James Joll
with kind regards
Wolfgang Renzsch.
Bonn 6 February 1981

KRITISCHE STUDIEN ZUR GESCHICHTSWISSENSCHAFT

Herausgegeben von
Helmut Berding, Jürgen Kocka,
Hans-Ulrich Wehler

Band 43

Wolfgang Renzsch
Handwerker und Lohnarbeiter in der frühen Arbeiterbewegung

GÖTTINGEN · VANDENHOECK & RUPRECHT · 1980

Handwerker und Lohnarbeiter in der frühen Arbeiterbewegung

Zur sozialen Basis von Gewerkschaften und Sozialdemokratie im Reichsgründungsjahrzehnt

von

WOLFGANG RENZSCH

GÖTTINGEN · VANDENHOECK & RUPRECHT · 1980

CIP-Kurztitelaufnahme der Deutschen Bibliothek

Renzsch, Wolfgang:
Handwerker und Lohnarbeiter in der frühen Arbeiterbewegung:
zur sozialen Basis von Gewerkschaften u. Sozialdemokratie
im Reichsgründungsjahrzehnt / von Wolfgang Renzsch. –
Göttingen: Vandenhoeck und Ruprecht, 1980.
(Kritische Studien zur Geschichtswissenschaft; Bd. 43)

ISBN 3-525-35700-1

Die Drucklegung wurde gefördert von Forschungsmitteln
des Landes Niedersachsen und von
Mitteln der Gewerkschaft Textil–Bekleidung

 – Satz und Druck: Gulde-Druck, Tübingen. – Bindearbeit: Hubert & Co., Göttingen

Inhalt

IV. Lage und Organisation der Textilarbeiter

V. Lage und Organisation der Maschinenbauarbeiter

Tabellenverzeichnis

Vorwort

Die vorliegende Arbeit entstand als sozialwissenschaftliche Dissertation an der Georg-August-Universität Göttingen in den Jahren 1976 bis 1978. Die Frage nach der sozialen Basis der Arbeiterbewegung ergab sich im Zusammenhang von Diskussionen über die Haltung des Allgemeinen Deutschen Arbeitervereins zu den Gewerkschaften. Auf die Bedeutung der Zusammensetzung der Trägerschaft sozialer Bewegungen verwies mich der Betreuer dieser Arbeit, Herr Professor Peter Lösche, der auch den gesamten Fortgang der Untersuchung durch kritischen und wohlwollenden Rat unterstützte. Insbesondere danke ich auch den Professoren Frau Helga Grebing und Herrn Jürgen Kocka sowie den Freunden und Kollegen Willy Albrecht, Lothar Machtan, Toni Offermann, Cora Stephan und Klaus Tenfelde für ungezählte Ratschläge und Hinweise. Ohne die bereitwillige Kooperation mehrerer Bibiolotheken, insbesondere der UB Göttingen, und zahlreicher Archive in der Bundesrepublik, der DDR und den Niederlanden hätte diese Arbeit nicht in der vorliegenden Form entstehen können. Die Durchführung wurde durch ein Promotionsstipendium der Friedrich-Ebert-Stiftung und Reisekostenzuschüsse der Fritz Thyssen Stiftung ermöglicht. Den Herausgebern der „Kritischen Studien" bin ich für ihre Bereitschaft, meine Arbeit zu veröffentlichen, sehr dankbar. Ein besonderer Dank gilt meiner Frau, die über Jahre das Entstehen dieser Arbeit buchstäblich erlitten hat.

Gegenüber der ursprünglichen Fassung, die im Wintersemester 1978/79 von der Wirtschafts- und Sozialwissenschaftlichen Fakultät der Georg-August-Universität Göttingen als Dissertation angenommen wurde, sind in der hier vorgelegten Fassung einige Teile verändert worden. Die vier Hauptkapitel wurden leicht überarbeitet, Einleitung und Schluß wurden teilweise neu geschrieben. Die seit der Fertigstellung der ursprünglichen Fassung neu erschienene Literatur wurde so weit wie möglich berücksichtigt.

Bonn, im März 1980 — Wolfgang Renzsch

I. Einleitung

1. Fragestellung und Eingrenzung des Themas

In dieser Arbeit soll untersucht werden, wie – vornehmlich in Berlin zwischen 1871 und 1878 – Arbeiterorganisationen als Instrumente der Protestartikulation und proletarischen Willensbildung entstanden und sich entwickelten. Ich versuche dabei, den Zusammenhang von sozialer Gliederung der Arbeiterschaft und der organisationspolitischen Entwicklung hauptsächlich der sozialdemokratischen Arbeiterorganisationen zu bestimmen.[1] Damit, daß die sozialen Differenzierungen der Arbeiterschaft, die sich in erster Linie aus der Stellung der einzelnen Individuen und Gruppen im Arbeitsprozeß ergaben, in den Vordergrund des Untersuchungsrahmens gestellt werden, soll ein Beitrag zur Geschichte der Arbeiterbewegung gleichsam „von unten" her geleistet werden. Dementsprechend steht auch weder die Ideengeschichte[2] noch die politische bzw. Organisationsgeschichte[3] der Arbeiterbewegung im Vordergrund. Vielmehr versuche ich, den Zusammenhang von sozialer Struktur, Organisationsbestrebungen und politischem Bewußtsein der Arbeiterschaft zu untersuchen.[4]

Unter dem Begriff „Arbeiterbewegung" verstehe ich in diesem Zusammenhang Protest- und Interessenartikulationen seitens der Arbeiterschaft. Einen besonderen Schwerpunkt legt diese Arbeit auf die sich organisierende Arbeiterbewegung. Von einer „organisierten Arbeiterbewegung" kann erst die Rede sein, wenn der Organisationsbildungsprozeß einen Grad erreicht hat, der es gewährleistet, daß die Arbeiterorganisationen zumindest über die Dauer einer Lohnbewegung oder eines Wahlkampfs hinaus bestehen bleiben. Außerdem sollte – bezieht man diesen Definitionsversuch auf lokale Fallbeispiele – ein organisatorischer Kontext über eine einzelne Vereinigung hinaus bestehen.

Den staatlichen und verfassungspolitischen Rahmen, in dem sich die deutsche Arbeiterbewegung nach 1871 entfaltete, bildete das neu gegründete Deutsche Kaiserreich. Das Verhältnis zwischen diesem Staat und den ihn tragenden gesellschaftlichen Gruppen einerseits und der sozialdemokratischen Arbeiterbewegung andererseits war von Beginn an von offener Gegnerschaft geprägt.[5] Das Verfassungssystem des Reiches war so angelegt, daß die politischen Forderungen der Arbeiterschaft, die im Kern auf eine demokratische Gestaltung des Staatswesens hinausliefen, nicht ohne eine grundlegende Veränderung des besonderen Typs der deutschen konstitutionellen Monarchie[6] hätten verwirklicht werden können. Die politische Entwicklung in Deutschland bis hin zur Verabschiedung der Reichsverfassung vereitelte letztlich alle Chancen zur politischen Integration der im Laufe der Industrialisierung sich neu strukturierenden handarbeitenden Schichten. Die „frühe Parteibildung“[7] der Arbeiterschaft war ein unmittelbarer Reflex auf das Scheitern der bürgerlich-demokratischen Bewegung, die die Grundlagen für eine politische Integration hätte schaffen können, und eine Folge der sozialen und politischen Diskriminierung insbesondere der ärmeren Volksschichten.

Die wirtschaftliche und soziale Interessenvertretung der Arbeiterschaft, die zum Aufbau von Gewerkschaften, Genossenschaften und verschiedenen Arten von Hilfskassen führte, war gegenüber der politischen Interessenvertretung ein unmittelbares Bedürfnis der Arbeiterschaft. Die Forderung nach Verbesserung oder das Verhindern einer Verschlechterung der materiellen Lebensbedingungen – konkret ging es um Löhne, Arbeitszeiten, Arbeitsordnungen und andere ständig erfahrene Lebensumstände – lag für den einzelnen Arbeiter näher als die politische Partizipation. Die sozialen Konflikte vor allem in der Arbeitswelt stimulierten die Organisierung der Arbeiter. Jedoch war der Aufbau von Gewerkschaften oder gewerkschaftsähnlichen Vereinigungen in Deutschland ein Politikum. Die Industrialisierung erfolgte unter massiver Förderung insbesondere durch den preußischen Staat.[8] Konflikte, die sich an Industrialisierungsmaßnahmen entzündeten, liefen potentiell dem staatlichen Interesse entgegen und gewannen implizit eine politische Dimension. Die Organisationsbestrebungen der Arbeiterschaft hatten darüber hinaus einen unmittelbar politischen Aspekt, weil sie den restriktiven Bedingungen der Vereinsgesetze unterlagen. Schließlich war trotz der Gewerbeordnung des Norddeutschen Bundes von 1869 das Koalitionsrecht bis 1918 einer der „neuralgischen Punkte“ im Verhältnis von Gewerkschaften und Staat.[9] Der politisch gesetzte Rahmen der Gewerbeordnung, insbesondere das nicht unbeschränkte Koalitionsrecht und nicht zuletzt das staatliche Eingreifen zugunsten der Unternehmer in arbeitsbezogenen Konflikten ließen die Beschränkung der Arbeiterbewegung auf „unpolitische“ Gewerkschaften wenig sinnvoll erscheinen – im Gegenteil: Die genannten Umstände verlangten geradezu nach einer doppelten Interessenvertretung der Arbeiterschaft auf der politischen und wirtschaftlichen Ebene. Eine Trennung der verschiedenen Aktivitäten der Arbeiter – in diesem Sinn wird auf die politische Parteibildung, die Gewerkschaften und Genossenschaften eingegangen – erscheint mir daher für die Anfangsphase nicht sinnvoll und entsprach wohl auch nicht den Intentionen der agierenden Arbeiter, die gleichzeitig in verschiedenen Organisationen Mitglied waren. Vielmehr gewann die Arbeiterbewegung gerade durch die verschiedenen verbundenen Organisationen, deren Zusammenhang aufgrund des Vereinsgesetzes formal dementiert wurde, eine mehrdimensionale Qualität. Die Prozesse des Organisierens von politischen und gewerkschaftlichen Interessenvertretungsorganen[10] waren weitgehend miteinander verflochten.[11]

Die preußisch-deutsche Gesellschaft war eine Klassengesellschaft. Ich lehne mich hier an das von Jürgen Kocka vorgeschlagene ,,Modell"[12] an. Klassenzugehörigkeit definiert sich in einem ,,System der kapitalistisch organisierten gesellschaftlichen Produktion" nach der Position, die einzelne Individuen oder Gruppen darin einnehmen, d. h. primär nach ihrer Verfügungsmacht über Produktionsmittel. Die Stellung im Produktionsprozeß ist der entscheidende Faktor bei der Bestimmung der klassenspezifischen Interessenlagen, die aufgrund der kapitalistischen Organisation der gesellschaftlichen Arbeit einen Klassengegensatz zwischen Produktionsmittelbesitzer und lohnabhängigen Arbeitnehmern konstituieren. Dieser aus der kapitalistischen Organisation der Arbeit herrührende Klassengegensatz ,,durchzieht die gesellschaftliche Wirklichkeit in allen ihren Dimensionen". Aufgrund des Klassengegensatzes entstehen Klassenspannungen und Klassenkonflikte. Festzuhalten gilt, daß ,,Klasse" – ebenso wie ,,Gesellschaft" – nicht als objektivierbarer Begriff benutzt werden kann. Klassen entstehen in sozialen Beziehungen, konkreter: in Herrschaftsverhältnissen, wie sie in erster Linie aus den Produktionsverhältnissen entspringen. Zur Arbeiterklasse sind in diesem Sinne diejenigen Personen und Gruppen zu zählen, deren Stellung im Produktionsprozeß durch Lohnarbeit und Abhängigkeit von den Personen oder Gruppen, die über die Produktionsmittel verfügen, definiert ist.[13]

Als problematisch erweist sich jedoch die hier vorgeschlagene Begriffserläuterung bei der Bestimmung der Klassenzugehörigkeit von selbständigen kleinen Handwerksmeistern, die über eigene Produktionsmittel verfügen und allein oder mit wenigen Gesellen arbeiten. Im Rahmen dieser Arbeit werde ich diese ,,Proletaroiden",[14] sofern sie als Heimarbeiter in einem Verlagssystem tätig sind und damit von einem kapitalistisch wirtschaftenden Verleger abhängig sind, der Arbeiterklasse zurechnen.

Die Arbeiterklasse kann historisch nicht als homogenes Ganzes begriffen werden, sondern war in sich selbst sehr differenziert und komplex strukturiert. Aufgrund der unterschiedlichen sozialen Herkunft der Arbeiter,[15] deren unterschiedlichen Qualifikationen, Berufserfahrungen, Normen und Wertvorstellungen etc. ist eine einheitliche Klassenbewegung nicht zu erwarten, vielmehr sogar sehr unwahrscheinlich. Eine Betrachtung der elementaren Formen der Arbeiterbewegung zeigt deren Vielfalt.[16] Bei aller inneren Differenzierung der Arbeiterschaft kann m. E. jedoch am Begriff der ,,Klasse" – als Ausdruck sozialer Beziehungen – festgehalten werden.[17]

Die strukturell aufgrund der gesellschaftlichen Organisation der Arbeit vorgegebenen Spannungen entluden sich in Konflikten zwischen Arbeitern und Unternehmern. Diese Kämpfe waren in ihrer Zielsetzung, ihrer Heftigkeit und Intensität unterschiedlich. Sie reichten von begrenzten Lohndisputen bis zu Sozialrevolutionen. Im Rahmen dieser Arbeit unterscheide ich

Lohnkämpfe, Arbeitskämpfe, Klassenauseinandersetzungen und *Klassenkämpfe.* Kämpfe, die als *Sozialrevolutionen* bezeichnet werden könnten, fanden in Deutschland während des Untersuchungszeitraums nicht statt. Der *Arbeitskampf* thematisierte lediglich Arbeitsbedingungen. Der *Lohnkampf* stellte sich dabei als der häufigste Fall des Arbeitskampfes dar. Die Beteiligung an Lohn- und Arbeitskämpfen beschränkte sich auf die Arbeiter und Unternehmer einer Branche. In den Forderungen konkretisierte sich immer wieder der ständige Konflikt um das Verhältnis von Lohn und Leistung. Einen höheren Grad der Intensität und Heftigkeit weisen *Klassenauseinandersetzungen* auf. Der Kampf gewinnt Ausmaße, die über den Anlaß und die konkreten Forderungen hinaus grundsätzlichere Fragen der Klassen- und Herrschaftverhältnisse ansprechen. Über die direkt von der Auseinandersetzung Betroffenen hinaus sind weitere Arbeiter- und/oder Unternehmergruppen, z.B. durch Unterstützungen und andere Hilfeleistungen, indirekt am Konflikt beteiligt. Von einem *Klassenkampf* soll erst die Rede sein, wenn in einem konkreten Konfliktaustrag die Klassen- und Herrschaftsverhältnisse als ganzes mit dem Ziel ihrer Transzendierung thematisiert werden. Die Gruppe der vom Klassenkampf direkt Betroffenen läßt sich nicht auf die Angehörigen einer Berufsgruppe oder Branche beschränken. Vielmehr hat der Klassenkampf gerade einen gruppenüberschreitenden Charakter, der die interne Differenzierung der Klassen zurücktreten läßt. Mit der Thematisierung der Herrschaftsverhältnisse wird auch der Staat ein Objekt des Klassenkampfes. Der Staatsapparat selbst engagiert sich i. d. R. mit den ihm zur Verfügung stehenden Mitteln. Der Klassenkampf ist – im Gegensatz zum Arbeitskampf und partiell zu den Klassenauseinandersetzungen – primär kein sozialer oder ökonomischer Konflikt, sondern ein politischer. Die zunehmende Organisierung der Kontrahenten in Klassenauseinandersetzungen und die Einbeziehung des Staates in soziale Konflikte ließen soziale Kämpfe zunehmend Klassenkampfcharakter annehmen.

Um die Motive sozialen Konfliktverhaltens zu erkennen, gilt es, die alltägliche Erfahrungssituation der Arbeiter zu rekonstruieren und deren Auswirkung auf die gesellschaftspolitischen Aktivitäten der Betroffenen zu beschreiben. Im Vordergrund des Interesses stehen in diesem Zusammenhang Fragen nach dem Arbeitsplatz und der Arbeitsentwicklung der Betroffenen, nach der sozialen Herkunft der Arbeiter, nach ihrem beruflichen Werdegang, nach den technischen Entwicklungen in den einzelnen Berufen, nach der sozialen Differenzierung innerhalb der Arbeiterschaft und deren Bewußtsein.[18] Wichtige Lebensbereiche der Arbeiterschaft, wie die arbeitsfreie Zeit, Wohnen, Freizeitverhalten, die jeweils eine nicht zu unterschätzende Bedeutung für die Kultur und damit letztlich auch die Interessenartikulation der Arbeiter hatten,[19] bleiben in dieser Arbeit ausgespart. Ich greife an dieser Stelle einen Teil der proletarischen Existenz – Beruf und Arbeit – aus ihrem Gesamtzusammenhang heraus, weil sich in erster Linie in diesem Bereich das Bewußtsein herausbildete, das für die Organisierung der Arbeiter unerläßlich war.

Die Arbeit war für den Arbeiter üblicherweise die einzige Möglichkeit, rechtschaffen seine Existenz zu sichern. Die Arbeit beanspruchte den weitaus größten Teil seines Zeitbudgets.[20] Im Regelfall betrug die unmittelbare Arbeitszeit zehn, zwölf oder mehr Stunden täglich. Darüber hinaus ist die auf dem Weg zur Arbeit verbrachte Zeit mittelbar auch dazuzurechnen. Berücksichtigt man einige Stunden Schlaf pro Tag, so wird man wohl nicht fehl gehen, wenn man annimmt, daß ein Arbeiter ca. zwei Drittel bis drei Viertel seines Zeitbudget mittelbar oder unmittelbar mit der Arbeit verbrachte. Aufgrund der zentralen Bedeutung der Arbeit für den Erwerb des Lebensunterhalts und der langen Anwesenheit an der Arbeitsstelle hatten die dort gesammelten Erfahrungen für die Bewußtseinsbildung der Arbeiter eine wohl entscheidende Bedeutung.

Der Arbeitsplatz war darüber hinaus ein primärer Erfahrungsort sozialer Konflikte. Hier trafen die Interessen von Unternehmern und Arbeitern aufeinander. Die klassenspezifischen Interessenlagen standen sich – ungeachtet von Interessen- und Erfolgsgemeinsamkeiten in anderen Hinsichten – antagonistisch gegenüber: das Interesse an kürzerer Arbeitszeit und höheren Löhnen konkurrierte mit dem um Senkung der Produktionskosten und Maximierung der Gewinne. Dem Interesse der Arbeiter an größtmöglicher Handlungsautonomie am Arbeitsplatz stand das des Unternehmens an möglichst genauen Arbeitskontrollen und mittelbar an einer Dequalifikation eines Teils der Arbeitskräfte gegenüber, die mit dem Einsatz von Maschinen und anderen Formen der Rationalisierung verbunden war.

Die Erfahrungen sozialen Wandels, vornehmlich am Arbeitsplatz, initiierten innerhalb der Arbeiterschaft eine Bewußtseinsentwicklung, die zur Organisierung zwecks kollektiver Interessenvertretung führte.[21] Aufgrund „innovatorischer Änderungen der gesamten Produktionsstruktur“[22] wie auch anderer historischer Prozesse – Bevölkerungsexplosion, Veränderungen von Rechtsgrundlagen usw. –, die zur Auflösung hergebrachter sozialer Einbindungen führten, klafften soziale Erwartungshaltungen und die im Vergleich dazu – im Bewußtsein der Betroffenen – unzureichenden Lebenschancen auseinander.[23] Diese Kluft wurde Ursache und Anlaß für die Entstehung eines neuen Bewußtseins der Arbeiterschaft, für soziales Konfliktverhalten, Organisierung, Gewerkschafts- und Parteibildung.

Im thematischen Mittelpunkt der Untersuchung stehen vier berufs- und arbeitsplatzbezogene Fallstudien. Ausgewählt wurden Bauarbeiter, Schneider, Textilarbeiter und Maschinenbauarbeiter. Jeweils zwei dieser Berufsgruppen arbeiteten fabrikmäßig (Textilarbeiter und Maschinenbauer), zwei handwerklich (Bauarbeiter und Schneider); jeweils zwei expandierten und waren allein männlichen Arbeitern vorbehalten (Bauarbeiter und Maschinenbauarbeiter) und zwei schrumpften bei gleichzeitiger Konkurrenz von Männern, Frauen und teilweise Kindern um die Arbeitsplätze (Schneider und Textilarbeiter). Für den Aussagewert des angestrebten Vergleichs heißt das, daß eine Handwerker- und eine Fabrikarbeitergruppe mit relativ günstigen Arbeitsmarktbedingungen mit zwei Berufsgruppen ähnlichen Arbeitskontextes, jedoch ungünstigeren Arbeitsmarktbedingungen gegenübergestellt werden. Durch diese Auswahl wird es möglich sein, einzelne Bedingungen für die Organisierung der Arbeiter deutlicher hervortreten zu lassen als bei einer Beschränkung auf eine oder auf mehrere ähnliche Arbeitergruppen.

In jedem der vier folgenden Kapitel werden die gewerkschaftlichen und politischen Verhaltensweisen jeweils einer Berufsgruppe diskutiert. Den Ausgangspunkt jeder der vier Fallstudien bildet der Arbeitsplatz der jeweiligen Arbeiter. Mit der Frage nach der Organisierung der Arbeiter sind unmittelbar Konflikte und Konfliktverhalten als Teil des Emanzipationsprozesses der Arbeiterschaft thematisiert.[24] In erster Linie werden folgende Determinanten für das Verhalten der Arbeiter in arbeitsbezogenen Konflikten und bei Organisationsbestrebungen analysiert:

- Arbeitsmarkt und Konjunktur
- Kommunikations- und Kooperationschancen am Arbeitsplatz
- Innerbetriebliche Differenzierung und Berufssozialisation der Arbeiterschaft
- Wandlungen des Qualifikationsniveaus und Rationalisierungsfolgen
- Organisationspolitische Traditionen
- Staatliche und unternehmerische Repressionen.

Darüber hinaus werden in einzelnen Kapiteln Spezialprobleme exemplarisch behandelt. Im Kapitel über die Bauarbeiter wird die Bedeutung des ,,Normalarbeitstages", in dem über die Schneider die Genossenschaftsidee, in dem über die Textilarbeiter die Rolle der sächsischen Volksvereinstraditionen für die Sozialdemokratie und in dem über die Maschinenbauarbeiter die besonderen Verhaltensweisen der sogen. ,,Arbeiteraristokratie" mit erörtert.

Die einzelnen Konflikte und Organisationsbestrebungen der Arbeiter können konkret nur an einzelnen Orten untersucht werden. Ohne daß diese Arbeit eine Regionalstudie sein will und ohne daß sie die an eine Regional- oder Lokalstudie zu stellenden Ansprüche befriedigt, wurde als durchgängiges lokales Fallbeispiel Berlin gewählt. Für den Abschnitt über die Textilarbeiterschaft wurde außerdem Crimmitschau mit herangezogen, das gleichzeitig exemplarisch für die spezifisch sächsische Struktur der frühen Arbeiterbewegung stehen soll. Außerdem wird in einem unterschiedlichen Umfang kursorisch auf Ereignisse in Würzburg, Solingen und anderen Orten eingegangen.[25] Berlin wurde für alle vier berufs- und arbeitsbezogenen Analysen als Beispiel gewählt, weil sich dort unter sehr weit fortgeschrittenen Bedingungen in einem großstädtischen Agglomerationsraum eine weit differenzierte Arbeiterbewegung herausgebildet hatte. In keiner anderen Stadt des Deutschen Reiches fanden während des Untersuchungszeitraums vergleichbar viele Konflikte statt.[26] Hier wurden gleichsam die Entwicklungen an anderen Orten teils frühzeitiger, teils umfassender vorweggenommen. Durch Berlins Rolle als Reichshauptstadt gewannen politische Auseinandersetzungen dort eine gewichtigere Dimension als an anderen Orten. In der Stadt repräsentierte sich das 1871 neu gegründete Kaiserreich. Das Gegenüber der politischen und gesellschaftlichen Machtspitzen des Reiches einerseits und der Arbeiterbewegung andererseits intensivierte die Klassenspannungen. Die häufige Anwesenheit der sozialdemokratischen Reichstagsabgeordneten ab 1874 und das vielfache Abhalten von Volksversammlungen, auf denen Angelegenheiten der Reichstagsverhandlungen zur Sprache kamen, erhöhten die politische Sensibilität der hauptstädtischen Arbeiterschaft. Berlin war damit ein Sonderfall, aber nicht in dem Sinne, daß diese Stadt atypisch war, sondern in dem, daß soziale Spannungen sich hier besonders intensiv und konzentriert äußerten.

Berlin bietet sich letztlich jedoch nicht allein durch den Umfang und die Aktivitäten der Arbeiterbewegung an, sondern auch durch die relativ günstige Quellenlage. Das Organ des ADAV, der „*Neue Social-Demokrat*", erschien in Berlin und fungierte dort gleichsam auch als Lokalorgan der Partei. Auch der „*Volksstaat*" die Zeitung der SDAP, berichtete ausführlich über die Ereignisse in Berlin, nicht zuletzt, um die relativ kleine SDAP-Gruppe dort publizistisch in ihrer Auseinandersetzung mit dem ADAV zu unterstützen. Schließlich wurde auch die staatliche Überwachung der Arbeiterbewegung seitens des Berliner Polizeipräsidiums mit preußischer Effizienz durchgeführt. Die Polizeiberichte sind sehr umfangreich und trotz der vielfach einseitigen Färbung der Berichterstattung ungewöhnlich ergiebig. In der Literatur über die Berliner Arbeiterbewegung steht Eduard Bernsteins dreibändige „Geschichte der Berliner Arbeiterbewegung"[27] noch immer ohne Frage als herausragendes Standardwerk da.[28] Daneben sind die Arbeiten von Lothar Baar[29] und Jürgen Bergmann[30] wertvolle Analysen der Industrialisierungs- und Handwerksgeschichte Berlins.

Der Untersuchungszeitraum wurde auf die Jahre 1871 bis 1878 begrenzt. Erst nach der Reichsgründung kamen die Ansätze der Gewerkschaftsgründungen von 1868 und früher wirklich zum Tragen. Der Deutsch-Französische Krieg 1870/71 zerstörte die ersten Ansätze zu einer umfassenderen Gewerkschaftsbewegung. Nach dem Kriegsende begann faktisch ein Neuaufbau der Organisationen der Arbeiterbewegung. Der Rücktritt Schweitzers als Präsident des ADAV im Sommer 1871 beendete die verschiedenen organisationspolitischen Experimente im ADAV und erlaubte nunmehr eine kontinuierlichere Entwicklung der lassalleanischen Bewegung. Insbesondere verfügten die dem ADAV nahestehenden gewerkschaftlichen Vereinigungen seit diesem Zeitpunkt über eine größere Unabhängigkeit von der Vereinsspitze, wodurch erst ein weiterer Aufbau möglich wurde. Jedoch wird das Datum 1871 in der Arbeit nicht rigoros gehandhabt, vielmehr wird, wenn es notwendig erscheint, auf die 1860er Jahre zurückgegriffen. Als zweites Periodenjahr steht 1878. Im Herbst 1878 büßte die Arbeiterbewegung infolge der Sozialistengesetze ihre Legalität ein. Die folgenden zwölf Jahre erlebte die Arbeiterbewegung unter völlig anderen Existenzbedingungen.

Die folgenden Überlegungen, die hier in hypothetischer Form vorgetragen werden, sollen den Interpretationsrahmen der späteren Ausführungen abstecken helfen: Die Trägerschaft der frühen organisierten Arbeiterbewegung rekrutierte sich vor allem aus Arbeitern mit einer handwerklichen Berufssozialisation, die teils als Gesellen im Handwerk, teils als Industriearbeiter in den Fabriken arbeiteten. Der Erfahrungshintergrund, an dem die sozialen Veränderungen und insbesondere der Wandel der Arbeitsverhältnisse[31] infolge der Industrialisierung gemessen wurde, entsprang handwerklichen Normen und Wertvorstellungen. Neben dem verbreitetsten Konfliktmotiv, dem um Lohn und Leistung, das sich vor allem in Forderungen nach kürzeren Arbeitszeiten und höheren Löhnen niederschlug, waren die verschiedenen Formen des Verlustes der Handlungsautonomie eine der wichtigen Protestursachen.[32] Die Chancen der Arbeiter, den Arbeitsablauf selbst zu bestimmen, schwanden zusehends. Eine der elementarsten und allgemeinsten Erfahrungen von Autonomieverlust der Arbeiter stellte der Übergang vom aufgabenorientierten zum zeitorientierten Arbeiten dar.[33] Anstelle einer weitgehend bedarfsorientierten Produktion mit einer noch unscharfen Trennung von Arbeit und Nichtarbeit traten rational geregelte Formen der Arbeitsverrichtung, Arbeitskontrollen und eine bisher unbekannte Arbeitsdisziplin, die sowohl im Handwerk einkehrte als auch in der fabrikmäßigen Industrie wohl von Beginn an geübt wurde. Mit der Trennung von Arbeit und Nichtarbeit, der Auflösung eines gleichsam naturwüchsigen Lebensrhythmus in Arbeit und „Freizeit“ ging die räumliche Trennung von Arbeit und Wohnen Hand in Hand. Mit der Trennung der Arbeit von den anderen Lebensbereichen konnte diese leichter ein entfremdeter Teil des Daseins werden.

Die handwerkliche Arbeiterschaft erlebte den Übergang von vorindustriellen Arbeits- und Sozialformen zu industriell-kapitalistischen als den Zerfall eines Meister und Gesellen umfassenden Handwerkerstandes in zwei soziale Klassen.[34] Der Handwerksgeselle verlor mit dem Ende der sozialregulierenden Funktionen der Zünfte nicht allein seine Existenzsicherung, sondern erfuhr zudem auch eine soziale Desintegration. Anstelle der Einbindung in die ständische Gesellschaft, die ihm als Zunftmitglied und zukünftigem selbständigen Handwerksmeister einen quasi mittelständischen Status zuwies, schied ihn nach der Lösung tradierter Bindungen nur noch wenig von den ehemals unterständischen Schichten. Der Strukturwandel des Handwerks in der Industrialisierung[35] erschwerte in vielen

Fällen die Gründung einer selbständigen handwerklichen Existenz. Die soziale Lage (erfolgreicher) Handwerksmeister und die der Gesellen entwickelten sich auseinander. Ein deutlich unterschiedlicher Lebensstandard, der Rückzug der Meister auf Dispositionsaufgaben manchmal bei gleichzeitiger Lösung von direkt körperlich-manueller Arbeit verschärfte und verdeutlichte den Charakter der kapitalistischen Klassengesellschaft.[36] Die Hindernisse, die einem Aufstieg aus der Gruppe der Arbeiter und Gesellen entgegenstanden,[37] trugen zu einer Verfestigung der Klassenstrukturen und damit zur Ausbildung einer sozial wenig mobilen Arbeiterschicht bei, die erst die organisatorische Stabilisierung der Arbeiterbewegung erlaubte.[38]

Die neu aufkommende Fabrikindustrie, insbesondere der Maschinenbau, erwies sich für viele Handwerker attraktiver als das sich umstrukturierende Handwerk, das die hergebrachten Statuserwartungen vielfach nicht mehr befriedigen konnte. Die Fabrikarbeit, sofern sie handwerklich qualifiziert war, galt nicht a priori als sozialer Abstieg, vielmehr sah eine beträchtliche Anzahl handwerklich ausgebildeter Arbeiter in der Fabrikindustrie eine günstige Möglichkeit zur Existenzsicherung. Die Hoffnung auf einen Aufstieg zum Werkmeister ersetzte häufig die verlorene Aussicht auf die Eröffnung eines eigenen Geschäftes. Die Autonomieverluste der Arbeiter dort unterschieden sich von denen der im Handwerk tätigen Arbeiter. Weit stärker unterlagen die Industriehandwerker Rationalisierungsprozessen infolge technischer Innovationen, durch welche ihr Status als qualifizierte Arbeiter verlorenzugehen drohte, weil infolge von Arbeitszerlegung und -vereinfachung qualifizierte Arbeiter durch an- oder ungelernte ersetzt werden konnten. Die Proteste und Konflikte, an denen sich Industriehandwerker beteiligten, rührten im wesentlichen daher, daß im Sinne einer Profitsteigerung und Verbilligung der Ware Arbeitskraft verschiedene Rationalisierungsmethoden angewandt wurden, deren Folgen die Arbeiter als verschärfte Arbeitsdisziplin, gesteigertes Arbeitstempo, drohenden Status- und Einkommensverlust erlebten. Es darf jedoch nicht übersehen werden, daß die Beschränkung des Handlungsspielraums der qualifizierten Arbeiter am Arbeitsplatz infolge der Mechanisierung, Versachlichung, Differenzierung und Hierarchisierung der Produktion[39] partiell kompensiert werden konnte. Die Fabrikarbeit bot vielen Arbeitern einen vergleichsweise sichereren Arbeitsplatz als das Handwerk. Hoffnungen auf einen Aufstieg in der innerbetrieblichen Hierarchie waren meist realistischer als die Aussicht, sich als Handwerksmeister selbständig machen zu können. Schließlich war das Lohnniveau der Fabrikindustrie generell höher als das eines vergleichbaren Handwerks. Diese Umstände weckten bei den Arbeitern insgesamt nicht unberechtigte Hoffnungen, auch von der industriellen und ökonomischen Entwicklung in Form einer Erhöhung des Lebensstandards zu profitieren. Diese Aussichten erleichterten das Akzeptieren der gewandelten Arbeitsbedingungen,[40] insbesondere auch die Übernahme marktwirtschaftlicher Spielregeln bei der Formulierung eigener Forderungen, die der herrschenden Geld- und Zeitökonomie angepaßt wurden.

Die frühen gewerkschaftlichen Vereinigungen der Fabrikhandwerker richteten sich, da im wesentlichen für den Erhalt eines tradierten Status konzipiert, auch gegen andere, unqualifiziertere Arbeiter. Die Berufsselektion unter kapitalistischen Bedingungen, die „alle historischen und traditionalen Voraussetzungen zur Arbeit in den Hintergrund" rückte,[41] stellte in gewisser Hinsicht alle Arbeiter auf eine Stufe. Die Berufsverbände sahen aber ihre Aufgabe u. a. darin, trotz Postulaten über die gemeinsame Lage aller Arbeiter, den besonders herausgehobenen Status einiger Arbeiter zu erhalten. Zumindest für die Jahre vor dem Sozialistengesetz blieb, trotz gemeinsamer Konflikterfahrungen aller Arbeiter, der Integrationseffekt der Fabrik und anderer industriell-kapitalistischer Produktionsmethoden auf die Arbeiterklasse[42] noch gering. Auch hier erwies sich die frühe Arbeiterbewegung als eine Bewegung von Arbeitern, die meist eine handwerkliche Berufssozialisation erlebt hatten. Von einer Arbeiterbewegung im Sinne einer Fabrikarbeiterbewegung kann daher in den Jahren vor dem Sozialistengesetz nur mit Vorsicht die Rede sein.

Handwerkliche Werte und Normen gaben nicht nur das Raster für die Beurteilung neuer sozialer Umstände ab, sondern halfen auch bei der Artikulation des Protestes und der Bildung von Organisationen. Die Bildung von Komitees, Streikausschüssen, Kassen, lokalen gewerkschaftlichen Vereinigungen etc. war deutlich von zünftlerischen Organisationsmodellen inspiriert. Ohne die handwerklichen Vorstellungen über die Sozial- und Arbeitsbeziehungen einerseits und die Kenntnis zünftiger Organisationsmodelle andererseits wäre die organisierte Arbeiterbewegung nicht in den zu beschreibenden Formen entstanden.

Im Zuge der Industrialisierung änderten sich die Kampftaktiken der Arbeiterschaft. In der vor- und frühindustriellen Zeit verursachten materielle Verelendung, z. B. infolge von Mißernten, größere Protestmanifestationen, die sich dann meist in Formen von Tumult und Aufruhr äußerten. Die Forderungen der Protestierenden waren vergangenheitsorientiert und beschränkten sich i. d. R. auf die Wiederherstellung der Zustände vor der Verelendung. Späteres Protestverhalten fand unter dem Eindruck und dem Akzeptieren der Mechanismen des Marktes statt. Die Kampfzeiten der Arbeiterschaft verlagerten sich infolge der Verbandsbildung aus den wirtschaftlichen Rezessions- in die Boomphasen, in denen die Bedingungen des Marktes eine effektivere und zielgerichtetere Interessenvertretung gestatteten. Gleichzeitig mit dieser Hinwendung zu „modernen" Protestformen traten an die Stelle vergangenheitsorientierter Forderungen neue, wie das Verlangen nach dem „Normalarbeitstag", dem Wahlrecht oder der Respektierung der Arbeiterorganisationen.[43]

2. *Das Berliner Beispiel*

Da Berlin durchgängig als lokales Fallbeispiel gewählt wurde, werden in diesem Abschnitt der Einleitung einige übergreifende organisationspolitische Aspekte der Berliner Arbeiterbewegung im Zusammenhang dargestellt. Es soll deutlich werden, in welches Umfeld die später folgenden Untersuchungen einzuordnen sind. Insbesondere wird hier auf die Politik des ADAV eingegangen, um dessen allgemeinen politischen Wandel vom Wahlrechtsverein zur arbeitskonfliktorientierten Arbeiterorganisation aufzuzeigen.[44]

Die Traditionen der Berliner Arbeiterbewegung reichen zurück bis in die Zeit des Vormärz und der Revolution von 1848.[45] Nach der Reaktionszeit regten sich zu Beginn der 1860er Jahre die demokratischen Bewegungen wieder. Die Berliner Arbeiter standen mehrheitlich der Fortschrittspartei nahe. Der 1863 gegründete fortschrittliche Berliner Arbeiterverein zählte 1864 bereits über 800 Mitglieder, während die Berliner Gemeinde des ADAV kaum über eine Handvoll Mitglieder hinauskam. Lassalles Auftritte in Berlin waren wenig erfolgreich, weil dessen Propagierung des Wahlrechts und der staatlich geförderten Produktivgenossenschaften den Berliner Arbeitern gegenüber den naheliegenderen Forderungen und Petitionen für Koalitionsrecht, Gewerbefreiheit, Freizügigkeit, Genossenschaften, Konsumvereine und Vorschußkassen, wie sie von fortschrittlichen Politikern wie Schulze-Delitzsch vertreten wurden, sehr spekulativ erschienen. Orthodoxe lassalleanische Anschauungen verhinderten, daß der ADAV einen Streit um das Vorgehen bei Lohndisputen im Berliner Arbeiterverein für sich ausnutzen konnte. Die Wahlen zum Norddeutschen Reichstag 1867 demonstrierten, wie schwach zu diesem Zeitpunkt die Berliner Sozialdemokratie war: In ganz Berlin erhielt der ADAV nur 69 Stimmen.[46]

Unter der Präsidentschaft Johann Baptist von Schweitzers erlebte der ADAV in Berlin 1868 einen ersten Aufschwung. Während eines Streiks von ca. 500 Zigarrenarbeitern gegen eine neue Fabrikordnung wurde unter der Leitung des derzeitigen Lassalleaners Friedrich Wilhelm Fritzsche eine Produktiv-Assoziation zur Herstellung von Zigarren gegründet, die insgesamt 110 Arbeiter beschäftigte. Dank der lassalleanischen Organisation konnten Streikunterstützungsgelder beschafft werden. Wenn der Streik auch „in der Hauptsache schließlich versandete“, vertrat der ADAV in diesem Arbeitskonflikt erstmals eindeutig die Interessen der Berliner Arbeiter.[47]

Gegenüber der in Konfliktfällen ambivalenten Haltung der liberalen Arbeiterorganisationen[48] verfolgte man im ADAV seit 1868 die Taktik, über das Durchsetzen von Lohnerhöhungen die Arbeiter für sich zu gewinnen.[49] Schweitzer versuchte, das „materielle Interesse“ der Arbeiter als „Haupthebel“[50] zu benutzen, um die Berliner Arbeiter für den ADAV zu gewinnen. Die politische Agitation trat dabei zusehends in den Hintergrund.[51] Diese Neuorientierung der lassalleanischen Politik, das unmittelbare Anknüpfen an arbeitsbezogene Konflikte, das auch in der Gründung der lassalleanischen Arbeiterschaften im Herbst 1868 zum Ausdruck kam,[52] legte die Grundlage für die späteren Erfolge des ADAV. Vorerst jedoch wurden diese Ansätze durch die Querelen innerhalb der sozialdemokratischen Arbeiterbewegung, insbesondere den „Staatsstreich“ Schweitzers zunichte gemacht.[53]

Organisationsexperimente wie die Auflösung der verbliebenen Arbeiterschaften und deren Zusammenfassung zum „Allgemeinen deutschen Arbeiterunterstützungsverband“ am 1. Juli 1870 sowie Rückschläge der Arbeiterbewegung durch den Deutsch-Französischen Krieg 1870/71 zerstörten die lassalleanischen Organisationsansätze – mit Ausnahme der Berliner Organisationen der Bauarbeiter[54] – so weitgehend, daß nach der Reichsgründung und dem Rücktritt Schweitzers vom Amt des Präsidenten des ADAV 1871 die lassalleanische Bewegung gleichsam vor einem Neubeginn stand.[55]

Die bereits von Schweitzer intendierte, jedoch gleichzeitig durch dessen „Diktatur“ untergrabene Politik des Hinwendens zu den unmittelbareren Interessen der Arbeiterschaft kam erst nach der Reichsgründung zum Tragen. Auf der Generalversammlung 1871 erklärte Schweitzer seinen Rücktritt. Unter seinem Nachfolger Wilhelm Hasenclever[56] begann eine Phase der relativen Konsolidierung der sozialdemokratischen gewerkschaftlichen Vereinigungen in Berlin.

Die Berliner Erfolge des ADAV bzw. der vereinigten Sozialdemokratie lassen sich beispielsweise an den Ergebnissen der Reichstagswahlen aufzeigen. 1874 konnte Hasenclever 9014 (= 20,9%) von 43 200 Stimmen auf sich vereinigen. Außerdem erhielt Jacoby, der sich für die SDAP an der Wahl beteiligte, 2265 Stimmen (= 5,2%). Wenn auch die Position der Fortschrittspartei, die 62,3% erhielt,[57] damit noch keineswegs tangiert war, lag die eigentlich politische Dimension dieses sozialdemokratischen Wahlerfolges zum einen darin, daß allein der ADAV 4,5 mal soviele Stimmen wie 1871 gewonnen hatte, zum anderen darin, daß der 6. Berliner Wahlkreis, der das Maschinenbauerviertel umfaßte und als traditionelle Hochburg der Fortschrittspartei galt, von dieser nicht in der ersten Wahl gewonnen werden konnte. Dort mußte eine Stichwahl zwischen Schulze-Delitzsch und Hasenclever stattfinden, die unter wesentlich höherer Wahlbeteiligung schließlich von Schulze-Delitzsch mit 9318 gegen 6019 Stimmen gewonnen wurde.[58]

Wenn auch die sozialdemokratischen Stimmengewinne in Berlin noch nicht zum Gewinn eines Wahlkreises führten, erreichte man doch immerhin, die Fortschrittspartei in eine Stichwahl zu zwingen und so deren dominierende Stellung – einstweilen zwar noch erfolglos – anzugreifen. Damit war ein erster großer Einbruch in das Lager der Maschinenbauarbeiter, bisher feste Parteigänger der Fortschrittspartei,[59] gelungen. Außerdem half die Unterstützung des lassalleanischen Kandidaten Hasenclever durch die Berliner SDAP-Gruppe, die heftigen Fraktionskämpfe zwischen den sozialdemokratischen Rivalen einzuschränken, und trug so zur späteren Vereinigung der beiden verfeindeten Parteien bei.[60]

Einen durchschlagenden Wahlerfolg erzielte die nunmehr vereinigte Sozialdemokratie bei den Reichstagswahlen 1877.[61] Es fehlten ihr nur 612 Stimmen, um stärkste Partei in Berlin zu werden. Sie erzielte insgesamt 31 576 (= 39,3%) gegenüber 32 188 Stimmen (= 40,0%) der Fortschrittspartei. Von den sechs Berliner Wahlkreisen konnten zwei, darunter der 6., im ersten Wahlgang gewonnen werden. In einem dritten Wahlkreis beteiligte man sich – erfolglos – an der Stichwahl.[62]

Bei den Reichstagswahlen nach den Kaiserattentaten und der Reichstagsauflösung im Sommer 1878 gewann die Sozialdemokratie gegenüber 1877 ca. 25 000 Stimmen hinzu und hatte insgesamt 56 147 abgegebene Stimmen auf sich vereinigt, sank relativ jedoch leicht von 39,3% auf 35,1% ab und verlor einen Wahlkreis. Beachtet man den politischen Hintergrund dieser Wahl – die Sozialdemokratie konnte keine Wahlversammlungen abhalten und hatte nach den Kaiserattentaten eine Unzahl von Verfolgungen auszustehen –, so war dieses Wahlergebnis trotz des Mandatsverlustes und des relativen Stimmenrückgangs ein hervorragendes Wahlergebnis. Die Sozialdemokratie war in der Berliner Arbeiterschaft fest verankert.[63] Im Laufe von etwa zehn Jahren hatte sich die sozialdemokratische Arbeiterbewegung in Berlin von einer nahezu unbedeutenden Sekte zu einer Partei entwickelt, die größenmäßig kaum einer bürgerlichen Partei nachstand.

Diese Erfolge der Sozialdemokratie in Berlin während der 1870er Jahre beruhten im wesentlichen darauf, daß die Arbeiter erkannten, daß – anders als die liberalen Gewerkvereine – der ADAV und die ihm nahestehenden Gewerkschaften kompromißloser und konsequenter ihre Interessen, vor allem in arbeitsbezogenen Konflikten, vertraten. Nach seiner Wahl zum Präsidenten des ADAV setzte Hasenclever die von Schweitzer konzipierte arbeitskampforientierte Politik fort. Er verstand es – so berichtete die Berliner Polizei – den ADAV „mehr in den Hintergrund treten zu lassen und statt dessen Interessenpolitik zu treiben, d. h. einzelne Gewerke, wie Maurer und Tischler, für welche ein Streik besonders opportun erschien, zur Arbeitseinstellung aufzustacheln . . .“[64] Während der Gründerkonjunktur engagierte sich der ADAV vor allem in Arbeitskämpfen für höhere Löhne und die Durchsetzung des „Normalarbeitstages“, d. h. für eine Begrenzung der täglichen Arbeitszeit auf zehn Stunden.[65] Die Hinwendung zu sozialpolitischen Fragen, die ja schließlich eine Abkehr von den orthodox lassalleanischen Allheilmitteln Wahlrecht und Produktivassoziationen bedeutete, wurde mit der Forderung des Normalarbeitstages begründet. Diese Forderung bot sich für die lassalleanische Agitation besonders an, da sie zum „Ehernen Lohngesetz“, das die Unmöglichkeit dauernder Lohnerhöhungen behauptete, nicht im Widerspruch stand.[66]

Tatsächlich änderte sich die Haltung des ADAV zu den Gewerkschaften grundlegend. Für Schweitzer waren die Gewerkschaften im wesentlichen nur eine taktische Variante, die es zeitweilig zu nutzen galt. Auch wenn er 1868 selbst an führender Stelle für die Gründung von Gewerkschaften eintrat, zeigte doch seine Bereitschaft, sie beim „Staatsstreich" zu einem Handelsobjekt zu machen, wie gering er sie eigentlich schätzte.[67] Jedoch bereits im Herbst 1871 betrachtete man sie im *Neuen Social-Demokrat* als „Vereinigung der Arbeiterklasse zum organisierten Angebot der Arbeitskraft auf dem Arbeitsmarkt" und trefflichen „Notbehelf zur möglichst guten Stellung der Arbeiter innerhalb der heutigen Gesellschaft".[68] Den Gewerkschaften wurde damit die Aufgabe zugewiesen, innerhalb der bestehenden kapitalistischen Gesellschaft dazu beizutragen, das Los der Arbeiter zu bessern, während die längerfristige Überwindung dieser Gesellschaftsordnung Aufgabe der politischen Organisation der Arbeiterbewegung blieb. Faktisch wurde hier eine Position bezogen, wie sie auch die SDAP bei ihrer Gründung 1869 vertrat.[69]

Auf der Generalversammlung des ADAV 1872 konnten Vertreter der lassalleanischen Orthodoxie für ein letztes Mal einen Beschluß durchsetzen, nach dem die lassalleanischen Gewerkschaften aufgelöst werden sollten.[70] Er blieb jedoch ohne praktische Konsequenzen. Auf der Generalversammlung 1873 wurde der Beschluß von 1872 auf eine Initiative von Berliner Mitgliedern hin revidiert.[71] Die Wiederaufnahme des 1869 wegen seiner Haltung in der Gewerkschaftsfrage aus dem ADAV ausgeschlossenen Fritzsche demonstrierte schlaglichtartig die veränderte Haltung der Lassalleaner.[72] Spätere Versuche, die Gewerkschaften in Frage zu stellen, schlugen fehl.[73] Hingegen sah man 1874 bereits beide Ziele der Arbeiterbewegung, den Sozialismus und die Verbesserung der sozialen Lage der Arbeiter in der „heutigen Gesellschaft", ansatzweise als gleichwertig an. Beides sollte durch ein „Ineinandergreifen beider Arten der Arbeiterbewegung", d. h. von Partei und Gewerkschaft, vermittelt werden.[74] In der Gewerkschaftsfrage war damit vollständig mit der lassalleanischen Orthodoxie gebrochen worden. Die hier umrissene Position gegenüber den Gewerkschaften ermöglichte den Zusammenschluß von ADAV und SDAP 1875. Sie wurde während der folgenden Jahre nicht in Frage gestellt, vielmehr nahm unter dem Eindruck politischer Verfolgungen und der krisenhaften ökonomischen Entwicklung ab 1873 die Bedeutung der Gewerkschaften innerhalb der sozialdemokratischen Arbeiterbewegung eher noch zu.

Eine unmittelbare Folge der nunmehr arbeitskampfbezogenen Politik des ADAV war eine sozialstrukturelle Verlagerung des Rekrutierungsfeldes. In seinen Anfangsjahren fand der ADAV seine Anhänger in ländlichen industriellen Bezirken, die keine liberalen Organisationen und Traditionen kannten. Die Vereinsmitglieder waren Gesellen und Heimarbeiter der Kleinindustrie, ländliche Handarbeiter und proletarisierte halbselbständige Kleinmeister. Es waren Arbeiter, die durch die Industrialisierung in eine

Tab. 1: Demokratischer Arbeiterverein Berlin

Berufe der Mitglieder 1868 (47 Mitglieder)

Manuelle Berufe	Nichtmanuelle Berufe	Nicht eindeutig zuzuordnen
3 Schlosser	6 Literaten	3 Fabrikanten
2 Klempner	3 Redakteure	
1 Maschinenbauer	1 Journalist	
3 Maler	6 Kaufleute	
1 Tischler	1 Buchhändler	
1 Lackierer	1 Buchhalter	
1 Sattler	1 Händler	
2 Buchbinder	1 Volksanwalt	
1 Schriftsetzer	1 cand. math.	
1 Lederzurichter	1 Student	
1 Gärtner	1 „Dr."	
1 Schuhmacher	1 Rentier	
1 Arbeiter	1 Sprecher der freien Gemeinde	
19 Mitglieder	25 Mitglieder	3 Mitglieder

Berufe der Mitglieder 1869 (71 Mitglieder)

Manuelle Berufe	Nichtmanuelle Berufe	Nicht eindeutig zuzuordnen
4 Schlosser	9 Literaten	4 Fabrikanten
2 Klempner	2 Redakteure	1 Drechslermeister
1 Maschinenbauer	1 Dr. phil.	
1 Uhrmacher	1 Schriftsteller	
4 Maler	12 Kaufleute	
1 Tischler	2 Buchhändler	
1 Lackierer	1 Händler	
1 Sattler	1 Apotheker	
4 Schneider	2 Lehrer	
3 Schuhmacher	1 cand. math.	
2 Buchbinder	1 Student	
1 Schriftsetzer	1 „Dr."	
1 Lederzurichter	1 Rentier	
1 Gärtner	1 Sprecher der freien Gemeinde	
1 Gerber		
1 Arbeiter	1 Jurist	
29 Mitglieder	37 Mitglieder	5 Mitglieder

Tab. 2: Sozialdemokratischer Arbeiterverein Berlin

Berufe der Mitglieder 1872 (56 Mitglieder)

Manuelle Berufe	Nichtmanuelle Berufe	Nicht eindeutig zuzuordnen
3 Maschinenbauer	7 Kaufleute	1 Fabrikant
1 Schlosser	1 Buchhändler	
1 Uhrmacher	1 Buchhalter	
1 Glockengießer	1 Apotheker	
1 Zinkgießer		
1 Vergolder	1 Rentier	
1 Gürtler	1 Sekretär	
4 Tischler		
1 Sattler		
1 Drechsler		
8 Weber		
2 Bandmacher		
1 Flotteur		
1 Posamentierer		
6 Schneider		
4 Schriftsetzer		
3 Schuhmacher		
2 Zigarrenarbeiter		
1 Buchdrucker		
43 Mitglieder	12 Mitglieder	1 Mitglied

berufliche Existenzkrise geraten waren.[75] Infolge der Neuorientierung der lassalleanischen Politik veränderte sich die soziale Struktur der Anhängerschaft. Seit Ende der 1860er und in den frühen 1870er Jahren gewann der ADAV neue Mitglieder aus der modernen großstädtischen Industriearbeiterschaft.[76] Dieser sozialstrukturelle Wandlungsprozeß war eine wesentliche Vorbedingung dafür, daß die Sozialdemokratie sich zu einer modernen Arbeiterbewegung entwickeln konnte.

Neben dem ADAV bestand in Berlin als zweite Fraktion der Sozialdemokratie ein kleinerer sozialdemokratischer Arbeiterverein, der eine Mitgliedschaft der SDAP war. Dieser Verein hatte sich 1868 im Anschluß an den 5. Vereinstag der Deutschen Arbeitervereine in Nürnberg vom liberalen Berliner Arbeiterverein abgespalten.[77] Der Berliner Arbeiterverein lehnte die Nürnberger Beschlüsse des Vereinstages, insbesondere die Annahme des Programms der Internationale, ab.[78] Infolgedessen trat eine kleine Gruppe aus und gründete auf der Grundlage der Nürnberger Beschlüsse und des Programms der Volkspartei einen „Demokratischen",

Tab. 3: Wahlverein des Sozialdemokratischen Arbeitervereins Berlin

Berufe der Mitglieder 1874/75 (88 von 239 Mitgliedern)

Manuelle Berufe	Nichtmanuelle Berufe	Nicht eindeutig zuzuordnen
10 Schlosser	5 Kaufleute	1 Kolporteur
5 Maschinenschlosser	1 Musiker	1 Möbelpolier
2 Metallarbeiter	1 Techniker	
2 Mechaniker	1 Schüler	
1 Klempner	1 Schriftsteller	
1 Metalldreher		
1 Schmied		
1 Uhrmacher		
9 Tischler		
8 Sattler		
2 Drechsler		
1 Maler		
1 Stellmacher		
11 Arbeiter		
4 Schriftsetzer		
4 Weber		
3 Schneider		
2 Schuhmacher		
2 Zigarrenarbeiter		
2 Maurer		
1 Böttcher		
1 Lithograph		
1 Bildhauer		
1 Etuismacher		
1 Buchbinder		
77 Mitglieder	9 Mitglieder	2 Mitglieder

später „Sozialdemokratischen Arbeiterverein“.[79] Dieser Verein gewann jedoch nie eine Massenbasis, die mit der des ADAV auch nur entfernt vergleichbar gewesen wäre. Vielmehr ist wohl Bernstein, der selbst Mitglied und zeitweise Vorsitzender dieses Vereins war,[80] zuzustimmen, wenn er das „Häuflein Eisenacher“ Berlins ein „Offizierskorps ohne Soldaten“ nannte.[81]

Die Durchsicht der überlieferten Mitgliederlisten des „Demokratischen“ bzw. „Sozialdemokratischen Arbeitervereins“ und des SDAP-Wahlvereins von 1868 bis 1875 bestätigt Bernsteins Behauptung, zeigt gleichzeitig aber auch eine sozialstrukturelle Verschiebung der Mitgliedschaft. Der Anteil der Mitglieder, die einen nichtmanuellen (bürgerlichen) Beruf ausübten, ging zurück, der Anteil derer, die einen manuellen ausübten (und daher sozial eher zur Arbeiterschaft zu zählen wären), nahm zu (vgl. Tab. 1–3).[82]

Die Mitgliedschaft des Demokratischen bzw. Sozialdemokratischen Arbeitervereins rekrutierte sich anfangs zu einem Teil aus Arbeitern, die nach Berlin zugewandert und bereits zuvor SDAP-Mitglieder waren oder Kontakte zu dieser Partei hatten.[83] Zu einem anderen Teil waren es Arbeiter und bürgerliche Mitglieder, die aus der liberalen Arbeiterbewegung zur Sozialdemokratie fanden. Offensichtlich erschien diesem Personenkreis die Bebel-Liebknechtsche Richtung der Arbeiterbewegung attraktiver als die lassalleanische, weil erstere traditionelle Wurzeln in der radikalen bürgerlichen Demokratie hatte.

In den Jahren 1868 und 1869 übten mehr als die Hälfte der Mitglieder einen Beruf aus, der ihnen status- und einkommensmäßig eine über dem Proletarierdasein liegende Stellung sicherte. Etwa ein Viertel der Mitglieder ging einer – im weiten Sinne – „intellektuellen" Tätigkeit nach. Nach dem Deutsch-Französischen Krieg, der Reichsgründung und den Pariser Kommuneereignissen verringerte sich der Anteil der Mitglieder aus nichtproletarischen Lebensverhältnissen bis 1872 auf weniger als ein Viertel. Vermutlich übten die meisten davon eine Tätigkeit aus, die man heute mit „Handlungsgehilfe" oder „kaufmännischer Angestellter" umschreiben würde – das Beispiel des „Kaufmanns" Eduard Bernstein mag dies illustrieren. Die Angehörigen der manuellen Berufe arbeiteten hauptsächlich in der (heimindustriellen) Textilherstellung und in der Metall- bzw. Maschinenbauindustrie. Gute Aussichten auf einen Arbeitsplatz im Maschinenbau oder der Eisenbahnbedarfsindustrie hatten auch die Tischler, Sattler und Drechsler. Der vermutlich hohe Anteil von im Maschinenbau tätigen Arbeitern und die breitgestreute Berufsstruktur erinnern an die soziale Zusammensetzung von Arbeiterbildungsvereinen.[84]

Die vorliegenden Daten für die Jahre 1874/75 sind in ihrer Aussagefähigkeit nicht mit denen von 1868, 1869 und 1872 vergleichbar. Nur von gut einem Drittel der Personen, die zwischen dem Oktober 1874 und dem April 1875 dem Berliner Wahlverein der SDAP beitetreten sind, sind die Berufe bekannt. Trotz des weniger aussagekräftigen Datenmaterials ist die Tendenz eindeutig. Der Anteil der Mitglieder aus nichtmanuellen Berufen sank auf ca. 10% ab. Deutlich kristallisierten sich die Arbeiter der Metall- bzw. Maschinenbauindustrie als eine wichtige Trägerschicht der Sozialdemokratie heraus: Sie stellten etwa ein Viertel, mit den anderen im Maschinenbau gefragten Berufsgruppen sogar die Hälfte der Mitgliedschaft. Insgesamt zeichnete sich die Tendenz ab, daß die Mitgliedschaft überwiegend aus Berufen mit einem niedrigen Proletarisierungsgrad bzw. mit einem gehobenen proletarischen Niveau stammte.

Nach der Vereinigung der beiden sozialdemokratischen Fraktionen 1875 wurde anläßlich einer Generalversammlung der Berliner Mitgliedschaft eine

Tab. 4: Vereinigte Berliner Sozialdemokratie

Berufe der Mitglieder 1875 (937 Mitglieder)

Nichtmanuelle und nicht zuzuordnende Berufe	Manuelle Berufe	
8 Kaufleute	105 Maurer	163 Tischler
4 Möbelpoliere	54 Zimmerer	19 Sattler
3 Handelsleute	4 Bildhauer	17 Maler
2 Buchhändler	4 Dachdecker	6 Drechsler
2 Schriftsteller	3 Stukkateure	5 Lackierer
1 Werkführer	2 Putzer	4 Stellmacher
1 Kolporteur	2 andere Bauarbeiter	2 Kistenmacher
1 Heilgehilfe		
1 Assekuranzbeamter	174 Mitglieder	216 Mitglieder, die ihre Qualifikationen auch im Baugewerbe oder im Maschinenbau verwerten konnten
1 Restaurateur		
1 Musiklehrer	39 Schlosser	
1 Apotheker	25 Metallarbeiter	
1 Arzt	23 Klempner	
1 Schachtmeister	10 Dreher	
1 Barbier	7 Schmiede	71 Zigarrenarbeiter
29 Mitglieder	7 Gürtler	71 Schneider
	4 Uhrmacher	70 Hand- u. Fabrikarbeiter
	3 Goldarbeiter	54 Schuhmacher
	2 Silberarbeiter	20 Schriftsetzer
	2 Mechaniker	9 Buchbinder
	6 andere Metallarb.	7 Böttcher
	128 Mitglieder	7 Knopfmacher
		7 Tapezierer
	33 Weber	4 Gerber
	4 andere Textilarb.	4 Steinmetze
	37 Mitglieder	4 Bäcker
		3 Fuhrherren
		3 Bürstenmacher
		3 Korbmacher
		3 Hutmacher
		2 Stepper
		11 andere Arbeiter
		353 Mitglieder

Übersicht über deren soziale Struktur im *Volksstaat* publiziert (vgl. Tab. 4).[85] Der Anteil derjenigen, die wahrscheinlich in einem nichtmanuellen Beruf ihren Lebensunterhalt verdienten, war auf 3,1% der Mitgliedschaft abgesunken (29 von 937). Neben dem am stärksten vertretenen einzelnen Handwerk, der Tischlerei, stellten die Arbeiter des Baugewerbes und der Metall- bzw. Maschinenbauindustrie die stärksten Gruppen.

Abschließend verbleibt, die Organisationen der liberalen Arbeiterbewegung Berlins vorzustellen. Die vor 1870 größte Berliner Arbeiterorganisation, der der Fortschrittspartei nahestehende Berliner Arbeiterverein, suchte 1868, nachdem die lassalleanischen Arbeiterschaften gegründet worden waren, seinen Rückhalt in der Berliner Arbeiterschaft mit Hilfe der Hirsch-Dunkerschen Gewerkvereine zu stärken.[86] Ausgehend von einer „natürliche(n) Interessenharmonie von Kapital und Arbeit"[87] beabsichtigten die Gewerkvereine den Aufbau von Kranken-, Begräbnis-, Invaliden-, Reise-, Arbeitslosen- und Streikunterstützungskassen.[88] Anfangs entwikkelten sich die liberalen Gewerkvereine durchaus erfolgreich. In erster Linie ist dieser Erfolg wohl auf den Aufbau von Unterstützungskassen zurückzuführen. Außerdem bot die demokratische Organisationsstruktur der Gewerkvereine[89] gegenüber der zentralistischen Verfassung des ADAV den Mitgliedern größere Mitwirkungschancen bei der Formulierung der Verbandspolitik. Besonders viele Anhänger fanden die liberalen Arbeiterorganisationen unter den Berliner Maschinenbauarbeitern, an deren politische und organisatorische Traditionen sie anknüpfen konnten. Die Mitgliederzahlen erreichten – auf Reichsebene – ein Maximum von ca. 30 000. Jedoch erwiesen sich in Konflikten recht schnell die Grenzen der liberalen Arbeiterbewegung. Die von den Gewerkvereinen unterstützten erfolglosen Arbeitsniederlegungen der Bergarbeiter in Waldenburg/Schlesien von Dezember 1869 bis Januar 1870 und der Weber in Forst/Lausitz im März 1870[90] sowie der allgemeine Niedergang der Arbeiterorganisationen während des Deutsch-Französischen Krieges 1870/71 reduzierten die Mitgliedschaft sämtlicher deutschen Gewerkvereine auf nur etwa 6000 Personen.[91] Während der Gründerkonjunktur stiegen die Mitgliedszahlen auf ca. 22 000 an, sanken bis 1878 aber wieder auf ca. 16 000.[92]

Die liberalen Arbeiterorganisationen gerieten gegenüber den sozialdemokratischen vor allem wegen ihrer Haltung in den Arbeitskämpfen der Gründerjahre[93] ins Hintertreffen. In den großen Berliner Arbeitskämpfen, wie dem Maurerstreik 1871 und der Arbeitsniederlegung in der Pflugschen Maschinenbaufabrik 1872[94] erschien die Haltung der liberalen Organisationen inkonsequent. Gerade infolge arbeitsbezogener Konflikte verloren die liberalen Organisationen ihren Anhang an die sozialdemokratische Arbeiterbewegung. Daneben überzeugte die politische Position der liberalen Organisation die Arbeiter nicht mehr. Während die Sozialdemokratie politische Themen entsprechend den Erfahrungen der Arbeiter klassenspezifisch ansprach, bereiteten die liberalen Vereinigungen aufgrund ihres weitgehend unpolitischen Charakters der „Staatsregierung niemals Verlegenheiten".[95]

Eine Analyse der Entwicklung der Mitgliedschaft des Berliner Arbeitervereins während der 1870er Jahre zeigt schlaglichtartig den Niedergang dieser Organisation auf (vgl. Tab. 5).[96] 1870 und 1871[97] zählte der Verein

Tab. 5: Berliner Arbeiterverein

Berufe der Mitglieder 1870 (119 Mitglieder) (vgl. auch die Fortsetzung S. 32 f.)

Manuelle Berufe	Nichtmanuelle Berufe	Nicht eindeutig zuzuordnen
6 Gürtler	8 Kaufleute	3 Maurerpoliere
5 Schlosser	1 Händler	1 Harmonikafabrikant
4 Maschinenbauer	1 Restaurateur	1 Möbelfabrikant
2 Klempner	1 Sub-Direktor	
2 Goldschmiede		
1 Mechaniker	2 Schriftsteller	
1 Kupferschmied	2 Dr. phil.	
1 Goldarbeiter	1 Redakteur	
1 Vergolder	1 Kanzleiinspektions-assistent	
17 Tischler	1 Sekretär	
3 Sattler	1 stud. theol.	
3 Stellmacher		
2 Maler	1 Werkführer	
2 Drechsler	1 Aufseher	
	1 Ingenieur	
12 Schuhmacher		
10 Schneider		
3 Buchbinder		
3 Tapezierer		
2 Koloristen		
2 Korbmacher		
2 Maurer		
2 Arbeiter		
1 Kunstgärtner		
1 Zigarrenarbeiter		
1 Barbier		
1 Weißgerber		
1 Lederarbeiter		
1 Zimmermann		
92 Mitglieder	22 Mitglieder	5 Mitglieder

119 bzw. 148 Mitglieder. 22 bzw. 23 davon waren in jedem der Jahre aufgrund ihres Berufes eher dem Bürgertum[98] zuzurechnen. Jeweils 23 waren in metallverarbeitenden Berufen, wahrscheinlich meist im Maschinenbau, tätig. Das größte Kontingent stellten 27 bzw. 41 Angehörige aus handwerklichen nichtmetallverarbeitenden Berufen, die häufig auch im Maschinenbau verrichtet wurden, wie z. B. Tischler, Maler, Stellmacher, Sattler und Drechsler. Die letzte größere Gruppe stellten Handwerker aus gefährdeten Sparten, wie 10 Schneider, 12 Schuhmacher und 3 Buchbinder 1870 bzw. 13

Berufe der Mitglieder 1871 (148 Mitglieder) (Fortsetzung von S. 31)

Manuelle Berufe	Nichtmanuelle Berufe	Nicht eindeutig zuzuordnen
6 Gürtler	9 Kaufleute	4 Möbelpoliere
5 Schlosser	1 Händler	1 Maurerpolier
3 Maschinenbauer	1 Restaurateur	1 Schneidermeister
2 Mechaniker	1 Handlungsdiener	1 Schuhmachermeister
2 Klempner	1 Baudirektor	1 Tischlermeister
2 Goldschmiede		1 Harmonikafabrikant
1 Vergolder	2 Schriftsteller	1 Fotograf
1 Goldarbeiter	2 Dr. phil.	
1 Kupferschmied	1 Redakteur	
	1 Sekretär	
20 Tischler	1 stud. theol.	
13 Maler	1 Dr. med.	
3 Sattler		
3 Stellmacher	1 Ingenieur	
2 Drechsler	1 Werkführer	
15 Schuhmacher		
13 Schneider		
4 Arbeiter		
3 Buchbinder		
3 Maurer		
3 Koloristen		
3 Tapezierer		
2 Gerber		
1 Zimmermann		
1 Kunstgärtner		
1 Zigarrenarbeiter		
1 Lederarbeiter		
1 Korbmacher		
115 Mitglieder	23 Mitglieder	10 Mitglieder

Schneider, 15 Schuhmacher und 3 Buchbinder 1871 neben vereinzelten anderen Mitgliedern. Diese Handwerker und wahrscheinlich einige der zuvor genannten arbeiteten in Branchen, in denen eine große Anzahl von Klein- und Kleinstbetrieben mit Großbetrieben konkurrierte. Die Lebensbedingungen dieser Handwerker, die vielfach sehr an ihrer formalen Selbständigkeit hingen, waren meist kümmerlich.[99] Der wenig konfliktorientierte Charakter der liberalen Organisationen entsprach aufgrund der Betonung der genossenschaftlichen Elemente den Interessen der bedrängten Kleinhandwerker, die durch gemeinschaftlichen Rohstoffeinkauf und Warenabsatz hofften, ihre Lage verbessern zu können. Bevor größere

Berufe der Mitglieder 1875 (71 Mitglieder) (Fortsetzung von S. 32)

Manuelle Berufe	Nichtmanuelle Berufe	Nicht eindeutig zuzuordnen
3 Gürtler	4 Kaufleute	3 Maurerpoliere
3 Schlosser	2 Werkführer	
2 Klempner	1 Techniker	
1 Goldschmied	1 Redakteur	
1 Schmied		
1 Instrumentenmacher		
8 Maler		
7 Tischler		
1 Sattler		
1 Drechsler		
15 Schneider		
4 Schuhmacher		
3 Arbeiter		
3 Buchbinder		
3 Maurer		
1 Bildhauer		
1 Barbier		
1 Gärtner		
1 Diener		
60 Mitglieder	8 Mitglieder	3 Mitglieder

Konflikte in den Maschinenbaufabriken stattfanden, akzeptierten auch die Maschinenbauarbeiter liberale Organisationsformen für ihre Interessenartikulation.[100]

Die Mitgliedslisten von 1875 und 1877 belegen zuerst den zahlenmäßigen Niedergang des Berliner Arbeitervereins. Die Zahl der Mitglieder sank von 148 im Jahre 1871 auf 71 im Jahre 1875 und schließlich sogar auf 55 im Jahre 1877. Augenfällig war der Rückgang der Angehörigen der metallverarbeitenden Berufe auf 11 Miglieder 1875 bzw. 5 im Jahre 1877. Die Zahl der Mitglieder aus nicht-metallverarbeitenden Berufen, die jedoch auch in Maschinenbaufabriken Arbeit finden konnten, sank auf 17 im Jahre 1875 bzw. 8 im Jahre 1877. Ein Teil der verlorenen Mitglieder ging wahrscheinlich während der Arbeitslosigkeit in der Wirtschaftskrise den Arbeiterorganisationen überhaupt verloren, ein anderer Teil wandte sich der Sozialdemokratie zu, wie die bereits diskutierten Berliner Wahlergebnisse, insbesondere im 6. Wahlkreis, belegen. Aber auch die Zahl der vermutlich bürgerlich situierten Vereinsmitglieder ging auf 8 bzw. 9 zurück. lediglich die Anzahl der Schneider hielt sich nahezu konstant bei 15 bzw. 14

Berufe der Mitglieder 1877 (55 Mitglieder)

Manuelle Berufe	Nichtmanuelle Berufe	Nicht eindeutig zuzuordnen
4 Gürtler	3 Kaufleute	3 Maurerpoliere
1 Schlosser	2 Studenten	2 Schneidermeister
	1 Techniker	1 Schuhmachermeister
5 Maler	1 Buchhalter	1 Buchbindermeister
3 Tischler	1 Redakteur	1 Sattlermeister
	1 Werkführer	
14 Schneider		
3 Maurer		
2 Schuhmacher		
2 Bildhauer		
1 Steindrucker		
1 Gärtner		
1 Buchbinder		
1 Arbeiter		
38 Mitglieder	9 Mitglieder	8 Mitglieder

Personen. Die bedrängten Handwerker stellten mit 21 Mitgliedern 1877 die relativ größte Gruppe im Verein.[101]

Trotz heftiger Arbeitskämpfe förderten die liberalen Arbeiterorganisationen eher individuelles Fortkommen einzelner Arbeiter als kollektive Aktionen in Klassenauseinandersetzungen. Eine klassenkämpferische Orientierung hätte die liberalen Organisationen gesprengt, weil die Fronten quer durch sie verlaufen wären. Neben Arbeitern fanden sich dort Aufseher, Werkführer, Maurerpoliere und Handwerksmeister als Mitglieder. Wegen ihrer wirtschaftsfriedlichen Grundposition verloren die liberalen Arbeiterorganisationen ihren Anhang unter der Fabrikarbeiterschaft, speziell den Maschinenbauern, und fanden ihn größtenteils nur noch unter den (Klein-)Handwerkern.[102]

II. Soziale Lage und Organisationsbestrebungen der Bauarbeiter

1. *Das Bauhandwerk im Übergang zum Kapitalismus*

In vorkapitalistisch-zünftlerischer Zeit arbeiteten Maurer und Zimmerleute[1] nur auf Bestellung von Privatpersonen oder öffentlichen und kirchlichen Institutionen.[2] Die Arbeit auf Kundenbestellung war keine Warenproduktion und nicht marktorientiert. Gebäude entstanden wegen ihres Gebrauchswertes und galten i. d. R. noch nicht als Kapitalinvestition. Der Bauherr engagierte die einzelnen Baugewerksmeister, wobei dem Zimmermeister üblicherweise die Planung oblag. Später, jedoch bevor die Planung an Architekten überging, übernahmen auch Maurermeister diese Aufgabe. Das Baumaterial besorgte der Bauherr selbst. Das benötigte Handwerkszeug befand sich im Eigentum der Gesellen. Größere Gerätschaften wie Gerüste wurden vom Meister gestellt. Meister und Gesellen verrichteten ihre Arbeit im Lohnwerk.[3] Die Entlohnung unterlag teilweise der freien Vereinbarung, war teilweise aber auch unter intakten Zunftverhältnissen bis ins 18. und mancherorts sogar bis ins frühe 19. Jahrhundert durch die Stadtbehörden oder die Zünfte geregelt.[4] Der Baumeister rechnete mit dem Bauherrn ab und zahlte den Gesellen, Handlangern und Lehrlingen ihren Lohn. Dem Baumeister stand ein höherer Verdienst als den Gesellen zu. Der über den Gesellenlohn hinausgehende sogen. „Meistergroschen" galt als Entschädigung für das Stellen der größeren Gerätschaften und des groben Werkzeugs sowie für die Arbeitsorganisation und die Bauplanung.[5]

In den Bauhandwerken gingen sehr früh Handwerk und frühkapitalistisches Unternehmertum ineinander über.[6] Die Gebäudeerrichtung in den Städten konnte nicht im Rahmen handwerklicher Kleinbetriebe erfolgen. Bauausführungen erforderten i. d. R. eine größere Anzahl Mitarbeiter. Daher kannten die Bauhandwerke im Unterschied zu anderen Zunfthandwerken keine Beschränkung der Zahl der Gesellen, die ein Meister beschäftigen durfte.[7] Im Rahmen eines wahrscheinlich nicht unbeträchtlichen Kapitalaufwandes für Gerätschaften und größere Werkzeuge, der Beschäftigung vieler Gesellen und Hilfskräfte sowie einer freien Preisabsprache mit dem Bauherrn entwickelte sich der Baumeister zu einem Bauunternehmer.

Im Laufe des 19. Jahrhunderts erlebten die Bauhandwerke eine bisher ungekannte Expansion.[8] Die Bevölkerungszunahme, die Industrialisierung und die Wanderung in die Städte weckten einen steigenden Bedarf an

Wohn-, Industrie- und Verwaltungsgebäuden. Vor allem in den großen Städten bauten Bauunternehmer auf eigene Rechnung Gebäude zum Verkauf oder zum Vermieten. Bei solchen Bauvorhaben wurde insbesondere im Wohnungsbau häufig ein bedeutender Teil des zu investierenden Kapitals von Kapitalanlegern in spekulativer Absicht vorgeschossen.[9]

Das Vordringen spekulativen Kapitals und der Warenproduktion im Baugewerbe erreichte nach 1869 bis dahin ungekannte Ausmaße. Die Gewerbeordnung des Norddeutschen Bundes verlangte erstmals keinen Nachweis einer Befähigung für das Führen eines Baugeschäftes. In der Folge drangen branchenfremde Kapitalisten in der Hoffnung auf lukrative Profite in das Baugewerbe ein. Einen Höhepunkt erreichte diese Spekulationswelle, die auch durch die französischen Reparationszahlungen nach dem Deutsch-Französischen Krieg angeheizt wurde, als Baubanken gegründet wurden. Hier ging es nur noch um Kapitalanlage und Spekulation mit dem Ziel einer schnellen und günstigen Rendite.[10] Sichtbarer Ausdruck davon waren die Mietskasernen und Hinterhöfe deutscher Großstädte. Ganze Stadtteile, wie der Wedding oder Kreuzberg in Berlin, wurden in ihre baulichen Bild von kapitalistischer Spekulation geprägt.

Die Bauhandwerker lebten im Gegensatz zu anderen zünftigen Handwerkern meist nicht im städtischen, sondern im vorstädtisch-ländlichen Bereich. Nach Erhebungen des Zentralverbandes der Maurer fiel noch 1898 für „reichlich die Hälfte" der Bauarbeiter Wohnsitz und Arbeitsort nicht zusammen, d. h. die in Städten arbeitenden Bauarbeiter wohnten auf den umliegenden Dörfern und betrieben zu „einem großen Prozentsatz" eine selbständige Landwirtschaft im Nebenberuf.[11] Die Bremer Maurergesellen z. B. „waren zum großen Teil verheiratete bremische Vorstadtbürger, die im Nebenberuf Gemüse bauten, Hökerei betrieben oder Wolle spannen."[12] In der Zimmerei hatte 1882 „noch fast die Hälfte aller Zimmerleute" einen Nebenberuf, „im wesentlichen nur auf dem platten Lande."[13] Agrarischer Nebenerwerb sowie Flickarbeiten und Scharwerkerei, die den Gesellen traditionell erlaubt waren,[14] milderten die wirtschaftlichen Folgen der unregelmäßigen Lohnzahlung im Baugewerbe, die durch die Saisonabhängheit der Bautätigkeit (während Schlechtwetterperioden mußte das Bauen eingeschränkt werden) und die übliche Tagesentlohnung bedingt waren. Der Gesellenstand war – im Gegensatz zu anderen zünftlerischen Handwerken – in den Bauhandwerken kein bloßer Übergangsstatus. Angesichts der vorherrschenden Betriebsgrößen, der in früherer Zeit üblichen Niederlassungsbeschränkungen[15] und des in späterer Zeit notwendigen Kapitals für die Gründung eines Bauunternehmens konnten nur sehr wenige Gesellen selbständige Baumeister werden. Die Gesellen unterlagen daher nicht den sonst in zünftigen Zeiten üblichen Heiratsbeschränkungen.[16]

Die frühe handwerkliche Interessenartikulation über soziale Belange und Lohnfragen richtete sich ursprünglich in den Formen von Protesten und Petitionen nicht in erster Linie an die Meister, sondern an die Stadtbehörden.[17] Unabhängig von dem Adressaten wurden die unterschiedlichen Interessen von Meistern und Gesellen jedoch deutlich.[18] Wenn auch die frühen „Unruhen" der Bauhandwerkergesellen noch keine Klassenkonflikte waren, kann nicht angenommen werden, es habe in vorkapitalistischer Zeit weniger Auseinandersetzungen gegeben als später. Wie das Beispiel Bremen zeigt, ist es vielmehr wahrscheinlich, daß sich früh eine Tradition handwerklicher Militanz herausbildete, die wesentlich in der Form der Arbeitsniederlegung das Verhalten der Gesellen in den Konflikten des letzten Drittels des 19. Jahrhunderts mitbestimmte.

2. *Struktur und Gliederung der Arbeitsverrichtung im Bauhandwerk*

Die Arbeitsverrichtung im Baugewerbe blieb, weil einstweilen von der Mechanisierung wenig berührt, rein handwerklich.[19] Maschinen wurden erst ab den 1890er Jahren in einem nennenswerten Maße verwendet.[20] Veränderungen der Bauweise führten jedoch zu einem relativen Rückgang der Zimmerarbeiten bei Neubauten. Die benötigten Balken wurden in Sägereien maschinell vorgefertigt und nicht mehr auf den Bauplätzen in Handarbeit zurechtgesägt. Konstruktionen wie Treppenhäuser wurden aus Eisen gefertigt. Überhaupt sank mit dem Übergang zum massiven Steinbau der Holzverbrauch. Die Zimmerei beschränkte sich zusehends auf den Bau des Dachstuhls sowie das Einziehen von Böden und Decken.[21] In der Maurerei beschränkten sich (technische) Neuerungen auf Dinge wie den Gebrauch einer Schubkarre. Der massive Steinbau war im Vergleich zur tradierten Verwendung von Lehm weniger arbeitsaufwendig. Formen der Zerlegung des Arbeitsprozesses auf dem Bau waren bei den Maurern deutlicher ausgeprägt als bei den Zimmerern. Die insgesamt jedoch sehr geringe Arbeitsteilung schied nur die gelernten von den ungelernten Tätigkeiten. Als Hilfskräfte wurden Stein- und Wasserträger eingestellt. Innerhalb der gelernten Arbeiter bildeten die Putzer eine eigenständige Arbeitergruppe. Faktisch war eine Steigerung des Bauvolumens nur aufgrund des Einsatzes einer vergrößerten Arbeiterzahl möglich.[22]

Auf die jeweils konkreten Formen der Arbeitsverrichtung selbst kann hier mangels Literatur nur hypothetisch eingegangen werden.[23] Bei der Zimmermannsarbeit hat mit Sicherheit Gruppenarbeit vorgeherrscht. Allein die Größe der Balken, die z. B. beim Bau eines Dachstuhls verwendet wurden, schließt Individualarbeit bei der Errichtung größerer Holzkonstruktionen aus. Das Zurechtschneiden der Balken mit der Säge konnte bei entsprechender Befestigung von einem einzelnen Arbeiter vorgenommen werden. Sinnvoller für den Arbeitsablauf muß jedoch auch hier die kollektive Arbeit mehrerer Zimmerer an einem Stück erscheinen. Der schwierigste Teil der Arbeit war wahrscheinlich das Ineinanderfügen verschiedener Balken, damit eine Holzkonstruktion tragfähig werden konnte. Um die notwendige Genauigkeit der Arbeit zu gewährleisten, konnten die Balken wahrscheinlich erst beim Zusammenbau verfugt werden. Sie wurden in älteren Konstruktionen durch eine Art Holzdübel, die durch handgebohrte Löcher geschoben wurden, und in jüngeren durch schwere Metallschrauben mit Muttern und Unterlegscheiben aneinander befestigt. Nägel wurden beim Bau von Fachwerk und Dachstühlen nach meinen Beobachtungen nicht verwendet. Nicht wesentlich unterschieden, aber etwas einfacher dürfte der kooperative Arbeitsprozeß bei der Errichtung von Baugerüsten gewesen sein.

Die Entlohnung der Zimmermannsarbeit erfolgte teils im Tagelohn, teils im Akkord. Nach einer Schätzung wurden 1872 zumindest mehr als 25% der Berliner Zimmerleute im Akkord entlohnt.[24] Der Gruppenakkord als nicht unübliche Lohnform[25] bestätigt die kooperative Arbeitsverrichtung. Ungelernte fanden in der Zimmerarbeit keine Verwendung.[26]

Die Maurerarbeit – ich beschränke mich hier auf den massiven Steinbau – war in eine Vielzahl gleichartiger Arbeitsvorgänge zerlegt. Der übliche Arbeitsvorgang ist sehr einfach zu beschreiben: Innerhalb eines Abschnitts verrichteten die Maurer in kurzen räumlichen Abständen von einander zeitlich parallel ihre Tätigkeit. Wenn auch die Zusammenarbeit nur mittelbar war, kann man doch von Gruppenarbeit sprechen. Gleiches traf auch auf die Putzer zu.

In den 1870er Jahren setzte sich auch in der Maurerei die Akkordentlohnung durch. Basis des Akkordlohnes waren 1000 vermauerte Steine. Für 1872 schätzte man, daß etwa 25% der Berliner Maurer im Akkordlohn standen.[27] Der Gruppenakkord war auch hier die vorherrschende Lohnform.[28] Da nach Angaben der Berliner Bauunternehmer die Akkordarbeit gegenüber der Arbeit im Tagelohn um ein Drittel billiger war,[29] liegt es nahe, daß vor allem auf Großbaustellen die Arbeiter im Gruppenakkord entlohnt wurden.

Durch die Art der Arbeitsverrichtung waren bestimmte Formen der Gruppenbildung am Arbeitsplatz vorgegeben. Verschiedene Arbeitergruppen arbeiteten teils zu verschiedenen Zeiten, teils gleichzeitig, aber räumlich von einander getrennt auf einer Baustelle.[30] Z. B. wurden Dachdeckerarbeiten erst verrichtet, nachdem die Zimmerleute den Dachstuhl fertiggestellt hatten. Die Putzarbeiten wurden nach Fertigstellung des Rohbaus ausgeführt. Gleichzeitig konnten an anderer Stelle des Baus Glaser, Maler, Bautischler, Klempner, Stukkateure usw. arbeiten. Der Gesamtzusammenhang der Bautätigkeit gliederte sich somit in zwar voneinander abhängige, jedoch zeitlich und räumlich getrennte handwerkliche Tätigkeiten, die zumeist von kleineren Arbeitsgruppen ausgeführt wurden.[31] Entsprechend dieser Arbeitsgliederung waren berufsverbandliche und nicht industriespezifische Organisationsformen typisch für frühe Bauarbeiterorganisationen. Innerhalb der einzelnen Handwerke – ich beschränke mich hier wieder auf

Maurer und Zimmerer – war die Gruppenbildung durch die Formen kollektiver Arbeitsverrichtung geprägt. In beiden Handwerken konnten sich aufgrund der für alle Arbeiter prinzipiell gleichen Arbeitsverrichtungen Hierarchien kaum oder nur arbeitsfunktional – z. B. unter den Zimmerern aufgrund größerer Erfahrung – bilden. Hierarchisierung der letzten Art war einsichtig und gab wohl kaum Anlaß zum Konflikt. Die grundsätzlich gleichen Formen der Arbeitsverrichtung verdeutlichten die gleiche Lage aller Arbeiter des Handwerks.

Für die Ausbildung eines kollektiven Bewußtseins war bei den Bauhandwerkern die kooperative Form der Arbeitsverrichtung unter Einschluß arbeitsfunktionaler Hierarchisierung insgesamt günstig. Im Konfliktfall besaßen dann gerade die erfahrensten Arbeiter unter den Kollegen die größte Autorität und waren sicherlich die ersten, die als Delegierte zu Versammlungen entsandt wurden. Die bei der Arbeitsverrichtung notwendige Kommunikation diente am Arbeitsplatz auch der Verständigung über eigene Interessen und Bedürfnisse. Zusätzlich bestand auf den vielfach langen Anmarschwegen zu den Baustellen die Gelegenheit zum Gespräch unter Kollegen.

Außer dem kooperativen Arbeiten spielte die geringe Binnendifferenzierung unter den handwerklich qualifizierten Arbeitern eine wesentliche Rolle für die Bewußtseinsprägung. Die relative Homogenität der einzelnen Arbeitergruppen erlaubte ihnen – nicht zuletzt dank ihrer nicht in Frage gestellten Qualifikationen – eine gewisse Handlungsautonomie bei der Gestaltung des Arbeitsprozesses. Darüber hinaus bestärkten der Besitz des eigenen Werkzeugs,[32] gemeinsame Feste, insbesondere das Richtfest, handwerkliche Wanderschaft und nicht zuletzt die berufseinheitliche Kleidung das Zusammengehörigkeits- und Selbstwertgefühl der Bauhandwerkergruppen.

Letztlich bleibt als bedeutendes Moment für die Herausbildung eines kollektiven Bewußtseins die Unfallgefahr, der Maurer und Zimmerer unterlagen. Beide Handwerkergruppen waren durch Abstürze und durch herabstürzendes Material gefährdet. Beim Errichten von Außenmauern arbeiteten die Maurer vielfach auf schmalen Gerüsten. Durch unvorsichtiges Verhalten konnte ein Arbeiter sich und andere gefährden. Unachtsamkeit beim Umgang mit Material konnte, falls dieses herabstürzte, andere verletzen. Beim Zimmerhandwerk war die Unfallgefahr wahrscheinlich ebenso ausgeprägt. Die Unfallgefährdung stand hier – wie auch bei den Maurern – in einer direkten Beziehung zur Vorsicht der Kollegen. Im Zusammenhang mit der Gruppenarbeit kann man annehmen, daß die gemeinsame Unfallgefahr hier bewußtseinsprägend gewirkt hat und sich in unfallverhinderndem Verhalten bereits Formen der Solidarität ausdrückten.[33] Die gemeinsame Arbeitsverrichtung, die geringe bzw. arbeitsfunktionale Hierarchisierung der Arbeiterschaft infolge der spezifischen Formen der Arbeitsteilung und die gemeinsame Gefahrenlage am Arbeitsplatz dürften den Bauarbeitern in einem Maße ihre kollektive (Klassen-)Lage verdeutlicht haben, wie dies wohl nur in wenigen anderen Industriezweigen der Fall war.

Zimmerleute und Maurer unterlagen ähnlichen Formen der Arbeitskontrolle. In beiden Handwerken konnten die Arbeiter den Arbeitsrhythmus in einem gewissen Rahmen selbst bestimmen, weil das Arbeitstempo nicht durch einen Maschinentakt vorgegeben war. Die Bauunternehmer setzten auf den Baustellen zur Arbeitskontrolle Poliere, die i. d. R. aus den Reihen der qualifizierten Bauhandwerker rekrutiert wurden, ein. In kleineren Betrieben arbeiteten die Poliere noch selbst mit, in größeren – wie in Berlin – beschränkten sie sich auf Überwachungs- und Kontrolltätigkeit. Seitens des ,,Bundes der Berliner Bau-, Mauer- und Zimmermeister" wurde die Pro-Kopf-Leistung der Bauarbeiter seit 1862 kontrolliert.[34] Die Poliere waren den Bauunternehmern gegenüber für eine hinreichende Arbeitsleistung der Arbeiter verantwortlich.[35] Die Bezahlung der Poliere erfolgte wahrscheinlich auch nach einem ,,Leistungslohn", d. h. danach, was die von ihnen überwachten Arbeiter leisteten.

Die arbeitsbezogenen Konflikte auf den Baustellen spielten sich in erster Linie unmittelbar zwischen den Polieren als Stellvertretern der Bauunternehmer und den Arbeitern ab. Die gravierendste Konfliktebene war die ständige Auseinandersetzung um Arbeitslohn und -leistung, vor allen Dingen bei Akkordentlohnung. Die persönliche Konfrontation dieser beiden Gruppen intensivierte die Auseinandersetzung. Das Handeln der Poliere, das sich nicht mit technisch bedingten Zwängen begründen ließ, mußte vielfach willkürlich erscheinen. Die Erfahrung der Abhängigkeit vom Polier wurde zudem durch die in Berlin übliche Praxis der Einstellung und Entlassung der Arbeiter durch die Poliere bestätigt.[36] Letztlich wurde der Konflikt zwischen Polieren und Arbeitern latent verschärft, weil die Bauhandwerker in den Polieren ehemalige Kollegen sahen, die nun die ihren Interessen entgegengesetzten der Bauunternehmer vertraten, und sich dabei gleichzeitig von den Arbeitern sozial abgrenzten.[37]

3. Das Berliner Baugewerbe, Entwicklung und Umfang

Infolge der erweiterten Freizügigkeit nach Gründung des Norddeutschen Bundes bzw. des Deutschen Reiches setzte ab 1867 eine umfangreiche Wanderungsbewegung ein, die sich vor allem den Großstädten zuwandte. Die Stadt Berlin wies dabei eine besonders hohe Zuwanderungsrate auf. Zwischen 1858 und 1875 verdoppelte sich die Zahl der Einwohner der Stadt knapp von 489 000 auf 969 000. Die umfangreichsten Zuwanderungen fanden zwischen 1861 und 1864 sowie zwischen 1867 und 1875 statt. Die durchschnittlichen jährlichen Zuwachsraten lagen während dieser Perioden bei 5,2 bzw. 4,4%.[38]

Durch diese Zuwanderung nach Berlin entstand in der Stadt eine große Wohnungsnot, die die Bautätigkeit stark anregte.[39] Die Zahl der dort jährlich fertiggestellten Wohnneubauten nahm bis 1875 kontinuierlich zu.[40] Die Zahl der Wohnungen in Berlin stieg von ca. 145 000 im Jahre 1867 auf ca. 213 000 im Jahre 1875.[41] Neben dem Wohnungsbau hatte die öffentliche Bautätigkeit in Berlin ein herausragendes Gewicht. In den 1860er Jahren wurden mehrere Gemeindeschulen, sieben Kirchen, zwei Theater, das Rathaus, die Anatomie und der Lehrter Bahnhof gebaut. Hierzu wurden mehrere Tausend Bauarbeiter vor allem aus Brandenburg herangezogen.[42] Die Bautätigkeit der öffentlichen Hand setzte sich nach der Reichsgründung erst einmal unvermindert fort. Mit Hilfe der französischen Reparationszahlungen wurden u. a. Bauten für militärische Zwecke, die Reichsbehörden und den Reichstag errichtet.[43] Ein erheblicher Anteil des Geldes des gewerblichen Investitionsschubs 1870/74[44] dürfte für industrielle Gebäude ausgegeben worden sein. Industrielle Expansion, Zuwanderung und die neue Rolle Berlins als Reichshauptstadt lösten für einige Zeit eine enorme Bautätigkeit aus.

Die Ausdehnung der Bautätigkeit in Berlin hatte eine entsprechende Zunahme der Bauarbeiterschaft zur Folge. Nach der Gewerbezählung waren am 1. 12. 1875 im gesamten statistisch erfaßten Berliner Baugewerbe 13 039 Personen abhängig tätig.[45] Diese Zahl gibt jedoch einen unzureichenden Eindruck des Umfangs des Baugewerbes wider. Im Dezember 1875 wirkte sich bereits die ,,Große Depression" aus,[46] wie der Rückgang der genehmigten Neubauten zeigte.[47] Aufgrund des Stichtages der Gewerbezählung, dem 1. 12. 1875, waren die Ergebnisse für die Bauindustrie wenig repräsentativ. Wegen der Witterungsabhängigkeit des Baugewerbes waren in den Wintermonaten wesentlich weniger Bauarbeiter beschäftigt als in den Sommermonaten.[48] Eine Kältewelle drückte gerade im November/Dezember 1875 die Bautätigkeit auf ein Minimum.[49] Tatsächlich lag die Berliner mittlere Temperatur mit 0,7° C in der letzten Novemberwoche 1875 um ca. 1,6° C unter dem üblichen Mittel. In der Woche zwischen dem 27. 11. und 4. 12. 1875 herrschte vermutlich strenger Frost.[50]

Aufgrund der üblichen Kündigungspraktiken – die Meister konnten jeden Sonnabend die Gesellen entlassen und hatten ab 1872 die beiderseitige tägliche Kündigung oktroyiert[51] – konnten die Bauunternehmer bei entsprechenden Witterungsbedingungen oder bei Beendigung eines Bauabschnitts ihre Arbeiter schnell entlassen. Tatsächlich führte die Praxis, Bauarbeiter nur für jeweils ein Bauvorhaben einzustellen, zu stark fluktuierenden und wechselnd umfangreichen Belegschaften, was auch den Wert einer Art statistischer ,,Momentaufnahme" beeinträchtigt. Der feste Arbeiterstamm der Baufirmen war i. d. R. sehr klein.[52] Letztlich muß berücksichtigt werden, daß ein Großteil der in Berlin tätigen Baufirmen ihre Sitze außerhalb Berlins hatten. Die Arbeiter dieser Unternehmen zählten bei der Gewerbezählung nicht zu den Berliner Arbeitern.[53]

Die aufgezeigten Fehlerquellen der Gewerbezählung können zumindest teilweise die Diskrepanz zur Berufszählung 1875 erklären, die 21 877 Abhängige des Berliner Baugewerbes auswies.[54] Sicherlich waren die genannten ca. 22 000 Bauarbeiter nicht alle im Baugewerbe tätig. Hierein fallen auch Maurer und Zimmerer der Maschinenbauindustrie, Zimmerer in Sägereien, Maurer als Hausmeister und Portiers sowie sonst berufsfremd arbeitende Bauarbeiter. Der Wert der vorliegenden statistischen Angaben bleibt außerordentlich begrenzt, wenn nicht gar wertlos.[55] Wahrscheinlich näher an der Realität liegt eine Schätzung, die – allerdings ohne Bezug auf die Bausaison – von ca. 18 350 Berliner Bauarbeitern im Jahre 1875 ausgeht.[56] Bedenkt man die saisonalen Schwankungen des Baugewerbes, so wird man sich wohl damit bescheiden müssen, die Zahl der Berliner Bauarbeiter auf – je nach Saison – 13 000 bis 20 000 zu schätzen.

Die intensive Bautätigkeit führte in Berlin zu ungewöhnlich großen Betriebseinheiten. Bereits unter noch rein handwerklichen Bedingungen schwankten die Betriebsgrößen zwischen 10 und 15 Abhängigen in der Zimmerei bzw. 16 und 25 in den Maurerbetrieben.[57] Zwischen 1867 und 1871 wurden die Unternehmensformen der Bauindustrie umstrukturiert. Die Zahl der handwerklichen Meisterbetriebe ging zurück. Dafür stieg im Zuge der Gewerbefreiheit die Zahl der Bauunternehmen. Während ein Handwerksbetrieb im Prinzip nur Gesellen eines Handwerks beschäftigte, kannte das Bauunternehmen diese Beschränkung nicht mehr. Hier wurden Arbeiter verschiedener beruflicher Qualifikationen beschäftigt. Große Bauunternehmer errichteten bereits in den 1870er Jahren ganze Häuserblöcke, wobei nicht nur individuelle Arbeiter, sondern auch kleine spezialisierte Handwerksbetriebe unter der koordinierenden Leitung eines Architekten oder Bauingenieurs en bloc beschäftigt wurden.[58] Die Gewerbezählung vom Dezember 1875 wies trotz ihrer beschränkten Aussagekraft für Berlin deutlich die Dominanz großer und sehr großer Betriebe in der Bauindustrie aus. Insgesamt 527 kleine Bauunternehmen, Mauer- und Zimmerbetriebe mit jeweils nicht mehr als fünf Abhängigen beschäftigten zusammen nicht mehr als 367 Arbeiter, Gehilfen und Lehrlinge. Faktisch waren viele der hier erfaßten Personen Arbeitslose, die sich aber als Flickmeister oder Reparaturarbeiter „selbständig" gemacht hatten. Vernachlässigt man diese Kleinbetriebe, so bleiben 378 Betriebe der genannten Gruppen mit mehr als fünf Abhängigen, die zusammen 9848 Arbeiter, Gehilfen und Lehrlinge beschäftigten.[59] Unter Ausschluß der Klein- und Kleinstbetriebe beschäftigten die Berliner Bauunternehmen durchschnittlich 44,1 Abhängige, die Maurerbetriebe 56,9 und die Zimmereien 16,8.[60] Zwei Drittel aller hier berücksichtigten Betriebe beschäftigten zwischen 11 und 50 Arbeiter. Für jedoch fünf Bauunternehmen und einen Maurerbetrieb arbeiteten zwischen 201 und 1000 Abhängige.[61]

Mit Sicherheit wird man auch bei den Betriebsgrößen die Witterungsbedingungen während des Stichtages der Gewerbezählung berücksichtigen müssen. Faktisch werden die Betriebe üblicherweise über mehr Arbeiter verfügt haben.[62] Unzulässig wäre ein Schluß von dem Umfang der Belegschaften auf die tatsächliche Zahl der auf einzelnen Bauten beschäftigten Arbeiter. Betrieb und Arbeitsstelle waren in der Bauindustrie nicht identisch. Große Bauunternehmen führten einerseits mehrere Bauprojekte gleichzeitig und unabhängig voneinander durch. Auf einzelnen Baustellen arbeiteten andererseits neben den großen Unternehmen kleinere Handwerksbetriebe, die Spezialarbeiten wie sanitäre Installationen, Einsetzen der Fenster etc. ausführten. Für den betroffenen Arbeiter gab es zwei Bezugspunkte: seinen Betrieb und dessen Größe und Durchschaubarkeit sowie seinen jeweils konkreten Arbeitsplatz. Die Erfahrungen des Arbeitsplatzes wirkten jedoch – vielleicht mit Ausnahme kleiner Handwerksbetriebe – stärker verhaltensprägend. Da Einstellungen und Entlassungen sowie die Lohnzahlungen meist von den Polieren auf der Baustelle selbst vorgenommen wurden, war die primäre Konfliktebene damit direkt an die Baustelle und nicht den Betrieb gebunden.

Die (weitgehend) funktionale Arbeitsteilung auf den Baustellen gliederte die Arbeiterschaft auch in den Augen der dort Tätigen und bot damit ein erstes Organisationsraster. Nicht nur, daß sich die Bauarbeiterorganisationen als Berufsverbände gliederten – selbst die Putzer verfügten über eine eigene Organisation, den „Berliner Putzerclub"[63] –, auch Arbeiterdelegierte für Versammlungen wurden nicht auf Betriebsebene, sondern auf den Baustellen gewählt.[64] Demgegenüber blieb der betriebliche Bezugspunkt relativ unbedeutend. Mit dem Bauunternehmen hatte der einzelne Arbeiter sehr wenig zu tun. Das einzelne Unternehmen blieb anonym und für den Arbeiter undurchschaubar.

4. Die Lage der Berliner Bauarbeiter

Aufgrund der über längere Zeit laufenden intensiven Bautätigkeit in Berlin und der damit verbundenen relativ konstanten Beschäftigung vieler Bauarbeiter bei vergleichweise guten Löhnen,[65] bildete sich in Berlin früher als an anderen Orten ein stadtansässiger Bauarbeiterstamm heraus.[66] Die großstädtischen Bauarbeiter erfuhren die arbeitsbezogenen Konflikte intensiver als im agrarischen Bereich verwurzelte Wanderarbeiter, die den Sommer über in die Städte gingen, um von den relativ günstigen Löhnen zu profitieren. Die saisonalen Schwankungen der Beschäftigungslage und der Verdienstmöglichkeiten boten für den Wanderarbeiter einen Anreiz, die Stadt zeitweilig aufzusuchen. Für die Zeit außerhalb der Bausaison, also die Wintermonate, kehrten die Arbeiter in den vertrauten ländlichen Lebenszusammenhang zurück. Der stadtansässige Arbeiter hingegen erlebte die sich zumeist auf einige Wochen jährlich erstreckende saisonale Arbeitslosigkeit als existenzielle Unsicherheit und vielfach auch als materielle Not für sich und seine Familie.[67] Die witterungsbedingte Arbeitslosigkeit wurde für den einzelnen Arbeiter auf eine durchschnittliche Dauer von 50 bis 80 Arbeitstagen geschätzt.[68]

In den Wintermonaten mußte die Bautätigkeit stark eingeschränkt werden. Während Frostperioden war Maurerarbeit nicht möglich, da z. B. mit gefrorenem Mörtel nicht gearbeitet werden kann. Deshalb wird angenommen, daß sich während der kalten Jahreszeit die Bauarbeit auf Tätigkeiten in bereits fertigen Rohbauten und auf solche, bei denen kein feuchtes Material verwendet wurde, beschränkte. Für die Monate Januar bis August 1874[69] und Januar bis Oktober 1875[70] liegen die Zahlen der von den Mitgliedern des Berliner Bau-, Maurer- und Zimmermeisterbundes beschäftigten Maurer und Zimmerer vor. Der Wert der Angaben wird dadurch beschränkt, daß nicht für alle Monate der Jahre Daten vorliegen und diese Koalition nicht alle Bauunternehmer umfaßte. Der Bund behauptete von sich, ca. 3/4 aller Berliner Bauarbeiter zu beschäftigen.[71] Die Hauptbeschäftigungsperioden lagen in beiden Jahren in den Monaten Juni bis August, 1875 muß für die Zimmerleute auch der September dazugerechnet werden.[72] Die Monate der niedrigsten Beschäftigung waren jeweils Januar bis März. Bei den Zimmerleuten zog sich 1875 die ungünstige Arbeitsmarktlage bis zum Mai hin. Die Entwicklung der Beschäftigungslage der Zimmerleute folgte der der Maurer um etwa ein bis zwei Monate nach. Wahrscheinlich ist dies auf bautechnische Abläufe – der Dachstuhl kann z. B. erst nach den Außenmauern errichtet werden – zurückzuführen. In den Monaten der Hauptsaison des Baugewerbes wurden – ohne Berücksichtigung des Februar 1875[73] – etwa doppelt soviele Maurer wie zur Zeit der schlechtesten Arbeitsmarktlage beschäftigt. Im Zimmermannshandwerk fanden während der Sommermonate ca. 50% mehr Arbeiter ihren Lebensunterhalt als in den Wintermonaten. Die Winterbeschäftigung von nur etwa der Hälfte bzw. zwei Drittel der Sommerbelegschaften machte für den Teil der Bauarbeiterschaft, der im Winter nicht auf das Land zurückkehrte, zumindest einige Wochen Arbeitslosigkeit unvermeidbar.[74]

Die jahreszeitlich unterschiedliche Beschäftigungslage wirkte sich auch auf die Bauarbeiterlöhne aus. Die Lohnentwicklung im Baugewerbe wurde 1874 und 1875 nicht durch kollektive Arbeitskämpfe bestimmt. Die Lohnschwankungen reflektierten die jahreszeitlich bedingt unterschiedlichen Arbeitsmarktbedingungen, die z. B. durch individuellen Arbeitsplatzwechsel und Entlassung besser bezahlter Arbeiter zu Lohnverbesserungen bzw. -verschlechterungen genutzt werden konnten.[75] Die für Maurer günstigste Lohnstruktur bestand 1874 in den Monaten Mai bis August, also in der Zeit, als die meisten Arbeiter beschäftigt wurden. Während dieser Zeit erhielten über 90% der erfaßten Maurer Tagelöhne von 1½ Tlr. bis 1 Tlr. 17½ Sgr. Der Anteil der Arbeiter, die 1 Tlr. 17½ Sgr. täglich erhielten, stieg vom Mai bis August kontinuierlich von 13% auf 38% an. Im Jahre 1875 bestätigte sich in den Monaten Mai bis September diese Entwicklung, mit der Einschränkung allerdings, daß in den genannten Lohngruppen jeweils knapp weniger als 90% der Arbeiter beschäftigt wurden, jedoch wesentlich mehr Arbeiter eine Gruppe höher vergütet wurden. Signifikant höher war auch der Anteil der Gruppe mit Stundenlöhnen zwischen 46 Pf. und 48 Pf. (1 Tlr. 17½ Sgr. Tageslohn), der von Juni bis August jeweils über 50% lag. Die ungünstigste Lohnstruktur lag in beiden Jahren jeweils in den Monaten März und April. Bis zu einem Viertel der Arbeiter wurden in der niedrigsten hier berücksichtigten Lohngruppe beschäftigt. Nach den beiden höheren Lohnkategorien wurden nur wenige Arbeiter, in keinem Fall mehr als 18%, entlohnt. Die Monate mit den niedrigsten Beschäftigungszahlen wiesen nicht die für andere Monate typische Konzentration der Arbeiter auf zwei Lohngruppen auf, sondern boten ein breites Spektrum. Die Bauunternehmer beschäftigten während der Wintermonate offensichtlich einen kleinen Stamm besser bezahlter Handwerker, an deren Verbleib im Unternehmen wohl aufgrund von deren Qualifikationen besonderes Interesse bestand. Bei der Beschäftigung der anderen Arbeiter wurde die Winterarbeitslosigkeit zum Drücken der Löhne genutzt. Die Löhne der Maurer lagen 1875 insgesamt etwas höher als 1874.[76]

Die Lohnkurve der Zimmerleute verlief – mit einer zeitlichen Verspätung von ein bis zwei Monaten – in der Struktur genau wie die der Maurer. Das Lohnspektrum der Zimmerleute war jedoch etwas breiter. Der Anteil der Zimmerleute, die in der hohen bzw. niedrigen hier berücksichtigten Lohngruppe arbeiteten, lag über dem der Maurer. Im Gegensatz zu den Maurern erhielten die Zimmerleute 1875 etwas weniger Lohn als 1874. Das Gesamtlohnniveau der Zimmerer lag 1874 etwas höher und 1875 etwas niedriger als das der Maurer. Sofern hier nicht spezifische Gründe der Struktur der Berliner Bautätigkeit dieser Jahre vorliegen, muß wohl angenommen werden, daß die Verschlechterung des Lohnniveaus der Zimmerer auf den Rückgang der Bedeutung der Zimmerei im Baugewerbe[77] zurückzuführen ist.

Die Quellenlage erlaubt leider nicht, die konjunkturelle Arbeitslosigkeit der Berliner Bauarbeiter während der „Großen Depression" genauso ausführlich zu beschreiben wie die saisonale. Die Berichte der preußischen Fabrikinspektoren wurden für das Baugewerbe völlig unzureichend angefertigt.[78] Jedoch wiesen leerstehende Wohnungen bereits 1874 auf den konjunkturellen Einbruch im Baugewerbe hin.[79] Einen Eindruck vom Abbau der Beschäftigung der Bauarbeiter geben Hinweise auf die Zahl der vom Berliner Baumeisterbund Beschäftigten. Ausgehend von der Grundlage des Jahre 1872 wurden 1873 6,3%, 1874 18,5%, 1875 22,2% und 1876 41,5% weniger Arbeiter beschäftigt.[80] Diese Zahlen dürfen aber nicht unbesehen mit der Arbeitslosigkeit unter den Berliner Bauarbeitern identifiziert werden. Weder ist bekannt, ob die Zählung der Beschäftigten in jedem Jahr zu einem vergleichbaren Zeitpunkt vorgenommen wurde, noch ob der Anteil der im Meisterbund organisierten Berliner Bauunternehmer konstant blieb. Es kann auch nicht ausgeschlossen werden, daß ein Teil der unbeschäftigten Bauarbeiter in anderen Berufen eine Arbeitsstelle fand. Mit Vorsicht ist auch eine Meldung des *Neuen Social-Demokrat* zu bewerten, nach der im März 1874 beinahe die Hälfte der Berliner Zimmerleute arbeitslos gewesen sei.[81] Zumindest teilweise spielte hier auch saisonale Arbeitslosigkeit eine Rolle. Selbst wenn man berücksichtigt, daß ein Teil der aus Konjunkturgründen unbeschäftigten Bauarbeiter in seine Heimat zurückkehrte und damit das Problem der hohen Arbeitslosigkeit[82] *in Berlin* nicht weiter verschärfte, so kann man wohl doch davon ausgehen, daß nahezu jeder Berliner Bauarbeiter von der konjunkturellen und saisonalen Stockung der Bautätigkeit betroffen war. Eine Dauerbeschäftigung trotz Winter und Krise werden nur wenige gekannt haben.

5. *Die Organisierung der Bauarbeiter*

Ein kurzer Überblick über die geographische Verteilung der organisierten Bauarbeiter im Deutschen Reich zeigt, daß die Organisationsschwerpunkte eindeutig in den beiden größten Städten, Hamburg und Berlin lagen.[83] Von den 4279 organisierten deutschen Bauarbeitern des Jahres 1870 kamen knapp die Hälfte, etwa 2000, aus Berlin.[84] Auf den Generalversammlungen des Maurervereins 1872 und 1873 stellten Berliner Arbeiter mit 3515 von 5307 bzw. 5182 von 10 091 jeweils über die Hälfte des dort vertretenen Stimmenkontingentes.[85] Dieses deutliche Übergewicht der Berliner Arbeiter wurde erst durch die Verbote der sozialistischen Parteiorganisationen und Gewerkschaften in Preußen 1874 und 1875 zurückgedrängt. Von 1755 organisierten Zimmerern stellte Berlin 1875 mit 251 Mitgliedern trotz Verbotes nach Hamburg noch immer den zweitstärksten Stimmenblock.[86] Mit dieser eindeutigen organisatorischen Schwerpunktbildung in Berlin wich die geographische Struktur der Bauarbeiterorganisationen deutlich von der des ADAV und der SDAP ab.[87] Bemerkenswert ist ferner, daß die Bauhandwerker allein in Berlin eine führende Rolle in einer der Parteiorganisationen innehatten.[88] An keinem anderen Ort, weder in einer lassalleanischen noch in einer Eisenacher „Hochburg", hatten Bauarbeiter eine derartig herausragende Funktion als Träger der Arbeiterbewegung.[89]

Die Diskrepanz zwischen den Aktivitäten und Organisationserfolgen der Berliner Bauarbeiter und denen ihrer Kollegen im übrigen Deutschen Reich läßt sich sicherlich nicht auf eine unterschiedlich intensive Agitation zurückführen. Wesentlich für die Erklärung dieses unterschiedlichen Verhaltens scheinen der Vorrang der Großbaustellen in Berlin sowie das Stadt-Land-Gefälle der Betriebsgrößen im Baugewerbe zu sein. Unter Berücksichtigung sämtlicher Bauunternehmen, Maurer- und Zimmererbetriebe,[90] d. h. auch unter Einbeziehung faktisch arbeitsloser Bauarbeiter, die sich als Flickmeister „selbständig" gemacht hatten,[91] beschäftigte ein Berliner Baubetrieb nach der Erfassung der Gewerbezählung vom 1. 12. 1875 durchschnittlich 11,3 Abhängige, ein Hamburger 7,2, ein preußischer bzw. reichsdeutscher hingegen nur 1,2.[92] Aufgrund der sich daraus ergebenden unterschiedlichen Arbeitsplatzstrukturen gestalteten sich die sozialen Beziehungen zwischen Bauunternehmern und Arbeitern unterschiedlich. Aufgrund der größeren Betriebseinheiten und damit zusammenhängend auch einer größeren sozialen Distanz zwischen Meistern und Gesellen erlebten die Arbeiter arbeitsbezogene Konflikte intensiver. Das latente Interesse der Arbeiter an einer Organisationsbildung nahm aufgrund der hohen räumlichen Verdichtung der Arbeiterschaft auf den Großbaustellen der großen Städte und der damit deutlicher hervortretenden sozialen Antagonismen eher zu.[93]

Die Größen der Berliner Baustellen schufen und vertieften eine soziale Kluft zwischen den Baumeistern und ihren Arbeitern. Bereits 1841 zahlten die Bauhandwerksmeister – im Unterschied zu den Meistern vieler anderer Handwerke – bis auf wenige Ausnahmen einen hohen Steuersatz.[94] Parallel dazu integrierten die Innungen seit den 1840er Jahren die Gesellen kaum noch und entwickelten sich zu reinen Meisterzünften.[95] Sowohl die soziale Distanz zwischen den prosperierenden Bauhandwerksmeistern und deren Gesellen als auch die sinkende Integration der Gesellen in Innungen und Zünften verletzte deren tradierte Gerechtigkeitsvorstellungen.[96] Der augenfällige deutliche Zerfall der Einheit des Alten Handwerks steigerte die Sensibilität der Gesellen für arbeitsbezogene Konflikte.

Bedeutsam für das Organisationsverhalten der Bauarbeiter erscheint auch deren Herkunft. Es wurde bereits darauf hingewiesen, daß traditionell die Bauarbeiter im vorstädtisch-agrarischen Raum verwurzelt waren. Für die meisten Orte des Deutschen Reiches kann angenommen werden, daß der größte Teil der in den Städten benötigten Maurer und Zimmerer aus den stadtnahen ländlichen Gebieten der Umgegend kam.[97] Die auf dem Lande eine Nebenerwerbslandwirtschaft betreibenden oder im Winter als Hausschlachter tätigen Maurer und Zimmerer waren nicht in demselben Ausmaß wie ihre in der Stadt ansässigen Kollegen der kapitalistischen Bauwirtschaft ausgeliefert. Sie hatten eine zweite Lebensgrundlage, die für sie die Konflikte im Baugewerbe wesentlich weniger bedeutend erscheinen ließ. Diese Arbeiter waren aufgrund ihrer Lebens- und Arbeitssituation kaum an einer gewerkschaftlichen Organisation interessiert.[98] Außerdem muß berücksichtigt werden, daß bei den zerstreuten ländlichen Wohnformen der Bauarbeiter außerhalb Berlins (und Hamburgs) der Besuch sozialdemokratischer oder gewerkschaftlicher Versammlungen und die Kommunikation unter den Kollegen außerhalb der Baustelle sehr erschwert war.[99] Das enge Beieinanderwohnen in den Städten und oftmals gemeinsame Wege zu den Baustellen waren für die Verständigung der Arbeiter außerordentlich wichtig.

Organisierten sich jedoch außerhalb der großen Städte die Bauarbeiter, so war das wohl – wie das Beispiel Wilhelmshaven zeigt – eine Folge außergewöhnlich großer Bauprojekte. Nach der Reichsgründung wurde Wilhelmshaven als Marinehafen für das Kaiserreich ausgebaut. Dazu wurden über einen längeren Zeitraum größere Mengen Bauhandwerker, wohl wesentlich mehr als aus dem unmittelbaren Umland rekrutiert werden konnten, benötigt. Wie vorliegende Lohnangaben zeigen, wurde in Wilhelmshaven auch im Winter gebaut. Daher scheint die Annahme berechtigt, daß sich in Folge dieses Bauprojektes ein Bauarbeiterstamm gebildet hatte, der in den Wintermonaten nicht in näher oder ferner gelegene Heimatdörfer zurückwanderte.

Die kaiserliche Werft, die noch aufgebaut wurde, galt als Herd sozialdemokratischer Agitation. Die gezahlten Löhne können als vergleichsweise günstig gelten. Im Sommer 1874 erhielten Zimmerer bei zehnstündiger Arbeitszeit einen Tageslohn von 1 Tlr. 10 Sgr., also nur etwa 10% weniger als die meisten ihrer Berliner Kollegen. Das Lohnniveau der Wilhelmshavener Bauarbeiter dürfte damit jedoch erheblich über dem anderer, nicht beim Hafen- und Werftbau beschäftigter Arbeiter gelegen haben. Die aktive Maurer- und Zimmererbewegung fand in den Jahren 1873 und 1874 statt. Zwei Streiks im November 1873 und November 1874 waren – vermutlich wegen des ungünstigen Zeitpunktes – nicht erfolgreich. Allerdings scheint es wahrscheinlich, daß ein Arbeitskampf überhaupt erst möglich wurde, nachdem die Wanderarbeiter für den Winter in ihre Heimat zurückgekehrt waren. Wenn diese Ausstände auch verloren gingen, konnten sich trotzdem gewerkschaftliche Organisationen der Bauhandwerker etablieren. Die Zimmerergewerkschaft zählte in Wilhelmshaven 1875 insgesamt 40 Mitglieder, die Maurergewerkschaft 140.[100]

Das Berliner und Wilhelmshavener Beispiel zeigen, daß eine hohe Agglomeration von Bauarbeitern und deren gleichzeitige Ablösung vom agrarischen Umland, verbunden mit günstigen Kommunikationsmöglichkeiten bei und außerhalb der Arbeit, einen wesentlichen Einfluß auf die politische und gewerkschaftliche Artikulation der Bauhandwerker hatte.

6. *Kämpfe und Organisation der Berliner Bauarbeiter*

„Wir Zimmerleute in Berlin sind die einzig festgeschlossenen Mitglieder unserer Partei“ (des ADAV), schrieb Gustav Lübkert, der Präsident des Allgemeinen Deutschen Zimmerervereins am 21. Februar 1869 an Johann

Philipp Becker.[101] Im Zentralausschuß des lassalleanischen Arbeiterunterstützungsverbandes bildeten 1871 Bauarbeiter die Hälfte der 18 Mitglieder bzw. Ersatzmitglieder (7 Zimmerer und 2 Maurer).[102] In einem Polizeibericht wurden 1874 Maurer, Zimmerleute, Steinträger, Bautischler und Zigarrenarbeiter – bis auf die Zigarrenarbeiter alles Bauarbeiter – als die Hauptträger des ADAV genannt.[103] Nach der anläßlich der Generalversammlung des Berliner Sozialistischen Wahlvereins im Herbst 1875 veröffentlichten Übersicht über die Berufe der Mitglieder der nunmehr vereinigten Sozialdemokratie waren 20,3% (190 von 937) der Parteiangehörigen eindeutig Bauarbeiter.[104] Außerdem erscheint die Annahme berechtigt, daß ein Teil der 163 Tischler und 23 Klempner ebenfalls als Bautischler oder Installateure auf Bauten tätig war. Insgesamt scheint wohl die Schätzung, etwa ein Viertel bis ein Drittel der Mitglieder der Sozialdemokratischen Partei in Berlin seien Bauarbeiter gewesen, nicht allzu verfehlt. Vor der Vereinigung von SDAP und ADAV waren Bauarbeiter fast ausnahmslos nur im ADAV organisiert. In keinem der vorliegenden Mitgliedsverzeichnisse des Sozialdemokratischen Arbeitervereins zu Berlin war ein Zimmermann verzeichnet. Die ersten Maurer traten erst 1875 bei.[105]

Die Organisationstraditionen der Berliner Bauhandwerks*gesellen* – hier sind nicht die Zünfte gemeint – reichten bis ins Jahr 1848 zurück.[106] Im November 1848 einigten sich Meister und Gesellen auf einen Lohnsatz von 22 Sgr. pro Tag bei elfstündiger Arbeitszeit, nachdem jedoch im Sommer 1848 bereits für zehn Stunden 25 Sgr. gezahlt worden waren. Die Lohnvereinbarung vom November 1848 galt mit Ausnahme einiger konjunktureller und saisonaler Schwankungen bis zu den Arbeitskämpfen 1869.[107]

Nach der Reaktionszeit fand angesichts einer günstigen Baukonjunktur im Sommer 1868 eine erste neue Bewegung unter den Berliner Zimmerleuten statt. Eine Versammlung am 14. August 1868, zu der sich fast von sämtlichen Berliner Bauplätzen Delegierte einfanden, adressierte an die Meister und den Berliner Magistrat die Forderung, den Sommerlohn von 22½ wie den Winterlohn von 17½ Sgr. täglich um 7½ Sgr. zu erhöhen.[108] Die Meister baten um Bedenkzeit. Eine Verständigung wurde jedoch nicht erzielt, und diese erste neuere Zimmererbewegung verlief ohne den gewünschten Erfolg.[109] Das Bedeutsame an dieser Bewegung war, daß sie für eine Organisierung der Zimmergesellen Berlins genutzt werden konnte. Der erste Organisationskeim lag bereits in dem Verfahren, auf den einzelnen Bauplätzen Delegierte für eine allgemeine Zimmererversammlung zu wählen. Die Wahl der „Platzdeputierten" als Organ direkter Interessenvertretung der Bauhandwerker orientierte sich an der zünftigen Form der Wahl des Baustellensprechers, des „P*ar*lier".[110] Auf der Versammlung der Delegierten der einzelnen Baustellen am 14. August wählte man einen „ständigen Vorstand", der sich aus ADAV-Mitgliedern zusammensetzte.[111] Angeregt durch die Einberufung des Arbeiterkongresses durch die lassalleanischen Reichstagsabgeordneten v. Schweitzer und Fritzsche sahen sich auch die Zimmerer zur Bildung einer dauerhaften gewerkschaftlichen Organisation veranlaßt, da – so Lübkert – „der alte Verband der Zimmerer, die Zunft, nicht mehr genügt". Bereits im September 1868 traten einem neu gegründeten Verein der Zimmerleute 400 Personen bei.[112] Diese erste gewerkschaftliche Organisation unter den Berliner Zimmergesellen war eine Folge des Scheiterns der während der günstigen Konjunktur petitionsartig an Meister und Magistrat gerichteten Forderung nach einer Lohnerhöhung. Diesem offensichtlich unzureichenden Verfahren standen alternative Verhaltens- und Organisationsmodelle gegenüber, die vom ADAV propagiert und durch gute persönliche Beziehungen über Lübkert und Max v. Mitzel den Zimmerern nahegebracht werden konnten. Letztlich konnten intakte zünftlerische Traditionen und handwerkliche Militanz in neue Organisations- und Kampfformen eingebracht und verwertet werden. So lebte im Streik das handwerkliche „Schmeißen" der Arbeit unter veränderten Bedingungen und in neuer, klassenbezogener Funktion fort. Explizit auf zünftlerische Traditionen bezog man sich auch bei der Gründung des Zimmerervereins, der den Funktionsverlust der Zünfte für die Arbeiter kompensieren sollte.[113] Die Zimmerer schlossen sich allerdings nicht sofort dem auf dem lassalleanischen Arbeiterkongreß gegründeten Allgemeinen Deutschen Arbeiterschaftsverband an,[114] sondern wollten erst einmal die dort vorgeschlagenen Statuten diskutieren. Außerdem sollte einer für den November 1868 geplanten nationalen Generalversammlung der Zimmerer in dieser Frage nicht vorgegriffen werden. Die Debatte um die vom Arbeiterkongreß vorgeschlagenen Statuten entwickelte sich zu einer Kraftprobe zwischen lassalleanischen und liberalen Gewerkschaftlern.[115] Schließlich wurde ein – echter oder fingierter – Brief, der den Eindruck erweckte, seitens der liberalen Gewerkvereine sei versucht worden, von Mitzel zu bestechen,[116] der Anlaß, daß sich die übergroße Mehrheit für das lassalleanische Organisationsmodell entschied. Im November schlossen sich die Berliner Zimmerer dem Allgemeinen Deutschen Arbeiterschaftsverband an. Im Dezember 1868 konstituierte sich in Braunschweig der Allgemeine Deutsche Zimmererverein auf nationaler Grundlage. Auf dieser Gründungsversammlung wurden allein aus Berlin 1200 Mitglieder vertreten.[117] Die im Herbst 1868 gefallenen Entscheidungen stellten – zumindest in Berlin – die Weichen für die weitere politische und gewerkschaftliche Entwicklung der Arbeiterschaft. Mit der Organisierung der Zimmerer – und längerfristig der Bauarbeiter überhaupt – hatte die lassalleanische Bewegung und somit die Sozialdemokratie einen entscheidenden Vorsprung vor liberalen Organisationsversuchen und der Fortschrittspartei gewonnen. Längerfristig stellten die Kampferfolge der Berliner Bauarbeiter ein Organisationsstimulans für andere Arbeiter dar.

Den ersten großen Arbeitskampf führten die Zimmergesellen im Frühjahr 1869. Vergeblich hatten die Gesellen die Erhöhung des Mindesttageslohnes von 22½ Sgr. auf 1 Tlr. für die elfstündige tägliche Arbeitszeit gefordert. Die Verhandlungsbestrebungen waren gescheitert, weil die Baumeister nicht den Gesprächseinladungen der Gesellen gefolgt waren. Mitte April wurde dann ,,von fast sämtlichen nahezu 2000 in Berlin arbeitenden Zimmerern" die Arbeit eingestellt. Bereits am 22. April akzeptierten ein Drittel der Zimmermeister die Forderungen der Gesellen. Die nun wieder arbeitenden Zimmerer verpflichteten sich, täglich 5 Sgr. zur Streikkasse beizusteuern. Am 7. Mai arbeiteten, nachdem 300 Gesellen abgereist waren, etwa 1200 zum Tageslohn von 1 Tlr., während noch ca. 600 feierten. Am 14. Mai schließlich gaben auch die letzten Meister nach und akzeptierten die Forderungen. Während des Streiks konnten die beteiligten Arbeiter aus der Streikkasse des Zimmerervereins mit 4–5 Tlr. wöchentlich unterstützt werden. Insgesamt wurden zur Streikunterstützung ca. 5000 Tlr. aufgebracht. Zur Wiederauffüllung der Streikkasse zahlten die Zimmerer einmal 10 Sgr. pro Mann und dann 2 Sgr. monatlich extra in die Kasse ein.[118]

Vergleicht man diesen Arbeitskampf mit denen anderer Berufsgruppen (die später diskutiert werden), so besticht die gute Streikvorbereitung, die Kassenorganisation, die Wahl der Streikkommission[119] und der Durchhaltewillen der Arbeiter. Sicherlich darf bei diesem erfolgreichen Arbeitskampf nicht übersehen werden, daß eine Gegenkoalition der Maurer- und Zimmermeister, die ,,Berliner Baubude", noch sehr unbedeutend war.[120] Davon unabhängig aber setzte dieser Streik ein Beispiel für einen erfolgreichen Arbeitskampf, wie er nicht oft von Berliner Arbeitern vor 1878 wiederholt wurde. Dieser Kampferfolg legte auch die Grundlagen für die spätere Ausbreitung des ADAV in Berlin.[121]

Die Maurergesellen hatten in der Zeit vor der Reichsgründung nicht dieselben Erfolge zu verzeichnen wie die Zimmerer. Einen Anstoß zu einer Bewegung der Maurergesellen gab der für die Arbeiter unbefriedigende Zustand der Gesellenkrankenkasse. In einer Versammlung am 23. August 1868 forderten sie eine selbstverwaltete ,,Bauarbeiterkasse". Die bisherigen Gewerkskrankenkassen sollten durch eine allgemeine ,,Arbeiter-Hilfskasse" ersetzt werden.[122] Wenn auch aus dieser Initiative kein erfolgreicher Organisationsimpuls hervorging, so belegt dieser Anlaß doch, daß sehr naheliegende sozialpolitische Probleme – hier die Krankenversorgung – die Bewegung der Arbeiter stimulierten und sich organisationspolitische Alternativen, wenn auch vor allem in der Abgrenzung, stark an herkömmlichen Modellen orientierten.

Auch der Arbeiterkongreß 1868 vermochte nicht, eine Organisationsbildung unter den Berliner Maurern zu initiieren. Erst auf Anregung des Präsidenten des Zimmerervereins, Lübkert, wurde auf einer Versammlung im Januar 1869 der ,,Allgemeine Deutsche Maurerverein" gegründet. Da sich jedoch kein Maurer fand, das Amt des Vorsitzenden zu übernehmen, füllte Lübkert – ein Zimmermann – dieses erst einmal provisorisch aus.[123] Der Einfluß der Zimmerleute dokumentierte sich auch im ersten Arbeitskampf der Berliner Maurer im Juli und August 1869. Die an die Meister herangetragenen Forderungen unterschieden sich nicht von denen, die die Zimmerer im Frühjahr desselben Jahres durchgesetzt hatten. Für die Verhandlungen mit den Meistern war eine Kommission bestimmt worden, in der Vertreter lassalleanischer, liberaler und zünftlerisch orientierter Arbeiter gleich stark vertreten waren. Nachdem die Forderungen der Gesellen – 1 Tlr. Tageslohn bei elfstündiger Arbeitszeit – unter dem Hinweis auf die Möglichkeit freier Vereinbarungen zwischen den Meistern und deren jeweiligen Gesellen abgelehnt worden waren, beschloß man am 18. Juli, in den Streik zu treten. Dank der Kündigungspraktiken arbeiteten von den ca. 6000 Berliner Maurern am 19. Juli nur noch etwa 200, und diese meist auf eigene Rechnung. Aber nicht nur die Einstellung der Arbeit, sondern auch die weitere Durchführung des Arbeitskampfes verlief zielgerichtet. Das gewählte Streikkomitee suchte die Maurermeister zu Verhandlungen auf. Deputationen der Streikenden erwarteten an den Bahnhöfen neu anreisende Bauarbeiter, um sie über den Arbeitskampf zu informieren und zur Abreise zu bewegen. Andere Gruppen versuchten auf Streikbrecher einzuwirken und achteten darauf, daß Ausschreitungen verhindert wurden. Unverheiratete Gesellen wurden zur Abreise aufgefordert. Bis zum 22. Juli verließen ca. 700 Maurer Berlin. Nach einer Streikwoche, am 26. Juli, begann die Streikfront der Meister zu bröckeln. 81 Baugeschäfte gaben den Forderungen der Gesellen nach. Die nun wieder Arbeitenden zahlten täglich 5 Sgr. zur Unterstützung der noch Streikenden in die Streikkasse. Nachdem bis zum 31. 7. weitere 63 Unternehmen die Forderungen akzeptiert hatten, hatten die Maurer ihre Streikziele im wesentlichen schon erreicht. Bis auf 800 Mann arbeiteten alle Maurer nun für höhere Löhne. Nach Verhandlungen, bei denen es weniger um weitere materielle Zugeständnisse als vielmehr um eine für beide Seiten tragbare Formulierung des Ergebnisses der Auseinandersetzung ging, wurde der Arbeitskampf am 15. August 1869 für beendet erklärt.[124] Auf der Generalversammlung des Maurer- und Zimmerervereins 1870 wurde zwar beklagt, die Maurer hätten ihre Forderungen „nicht nach allen Seiten hin so energisch und dauernd“ wie die Zimmerleute vertreten,[125] unabhängig davon aber festigte dieser Kampferfolg weiter den lassalleanischen Einfluß auf die Berliner Bauarbeiter.[126]

Am Beginn dieser Arbeitseinstellung stand die Initiative und Hilfestellung der Zimmerleute, die sicherlich erkannt hatten, daß eine gewerkschaftliche Organisation auch anderer Bauarbeiter ihnen selbst durch eine allgemeine Anhebung des Lohnniveaus zugute kommen würde. Die Maurer lernten sehr schnell, die Führung und Planung des Ausstandes in die eigene Hand zu nehmen. Gleichzeitig war damit ein wichtiger Schritt zur organisationspolitischen Verselbständigung der Maurer und deren Loslösung von den Zimmerleuten getan.

Wenig spektakuläres, aber doch eigenständiges Kampfverhalten – und in einem gewissen Rahmen auch einen Organisierungserfolg – demonstrierte die Entwicklung der täglichen Arbeitsleistung der Bauarbeiter. Die Tagesleistung eines Berliner Maurers schwankte 1862 bis 1868 uneinheitlich zwischen 681 und 618 vermauerten Steinen. 1869, im Jahre der Gründung des Maurervereins, sackte sie abrupt auf 446 Steine, bis 1873 sank sie weiter bis auf 304 ab.[127] Diese Leistungszurückhaltung kann nur als zielorientiertes Verhalten, das ein beträchtliches Maß der Verständigung der Arbeiter untereinander voraussetzte, verstanden werden.[128] Diese Form proletarischen Kampfverhaltens hatte für die Arbeiter einige vorteilhafte Effekte. Allgemein wurde die Lohn-Leistungs-Relation günstiger. Um dieselbe Bauleistung zu erzielen, mußten nun mehr Arbeiter eingesetzt werden. Damit verbesserte sich die Arbeitsmarktlage der Bauhandwerker. Da die Zahl der auf einer Baustelle beschäftigten Arbeiter wahrscheinlich nicht beliebig vermehrbar war, dauerte die Ausführung einzelner Bauten länger. Damit stabilisierte sich die Lohnzahlung an die Bauarbeiter, weil sich die Beschäftigung an einer Baustelle ausdehnte. Durch die Verlängerung der Baudauer verkürzte sich vermutlich auch die Winterarbeitslosigkeit. Wenn die Tätigkeit eines Maurers auf einer Baustelle beendet war, wurde es ab Oktober zusehends schwieriger, eine neue Arbeitsstelle zu finden,[129] weil nur noch die begonnenen Bauten weitergeführt, zu dieser Zeit aber kaum neue begonnen wurden. Einer längeren Lohnzahlung konnten sich die Bauarbeiter versichern, indem sie die Fertigstellung der Bauten verzögerten. Schließlich war das Risiko dieser Form des Arbeitskampfes – gemessen an denen von Streik und Aussperrung – außerordentlich gering.

Die Organisationsgeschichte der Berliner Arbeiterbewegung während der Jahre 1869/70 ist vor allem durch die Auseinandersetzungen im ADAV um Schweitzers „Staatsstreich" und dessen Versuch, die Arbeiterschaften wieder zu liquidieren und im Arbeiter-Unterstützungsverband zu verschmelzen, gekennzeichnet. Auf diese Auseinandersetzung soll hier nicht im einzelnen eingegangen werden,[130] schlaglichtartig belegt aber der Rückgang der ADAV-Mitgliedschaft von ca. 12 000 auf 8000 zwischen 1869 und 1870 den tatsächlichen Schaden der Politik Schweitzers.[131]

Die Gewerkschaftspolitik Schweitzers wirkte sich auf die gewerkschaftlichen Organisationen der Bauhandwerker noch am wenigsten negativ aus. Bei der zum 1. Juli 1870 geplanten Auflösung der Arbeiterschaften und Gründung des Arbeiterunterstützungsverbandes hatten sowohl die Maurer als auch die Zimmerer eine besondere Rolle inne. Die Maurer schlossen sich als einzige lassalleanische Gewerkschaft nicht dem Arbeiterunterstützungsverband an, sondern regelten als Allgemeiner Deutscher Maurerverein ihr Verhältnis zum neuen Verband vertraglich.[132] Als einzige Arbeiterschaft wahrte somit der Allgemeine Deutsche Maurerverein seine Selbständigkeit. Die Zimmerleute hingegen stellten den umfangreichsten Teil der Trägerschaft des neuen Arbeiterunterstützungsverbandes.[133] Bei der Neuwahl des „Zentralausschusses" 1871 stellten Zimmerer allein 7 von 18 Mitgliedern bzw. Ersatzmitgliedern.[134] Wegen des sehr hohen Anteils von Zimmerleuten sowohl unter der Mitgliedschaft als auch des Vorstandes des Unterstützungsverbandes konnte dieser für die Zimmerleute die Funktion einer Berufsgewerkschaft mit übernehmen. Unabhängig davon jedoch konstituierten die Berliner Zimmerer bereits im Juni 1871 einen neuen ,,Berliner Zimmererverein", der eine Mitgliedschaft des Allgemeinen Deutschen Arbeiterunterstützungsverbandes wurde.[135] Trotz der Einberufung von ca. 80 bis 90% der Mitglieder und zahlreicher Funktionäre der Bauarbeitergewerkschaften zum Kriegsdienst[136] und des Verlustes führender Funktionäre wie Lübkert, der nach Amerika ausgewandert war,[137] stabilisierten sich die Organisationen der Berliner Bauarbeiter im Sommer 1871 bereits wieder. Zumindest in Berlin wurden durch die Querelen in der lassalleanischen Bewegung, den Deutsch-Französischen Krieg und die Reichsgründung die Kontinuitätslinien zu den Erfolgen der Bauarbeiter von 1869 organisationspolitisch nicht entscheidend unterbrochen.

Nach den organisationspolitischen Auseinandersetzungen des Jahres 1869 und der saisonalen Winterflaute im Baugeschäft regten im Frühjahr 1870 neue Arbeitskontrakte, die von der Koalition der Berliner Mauer- und Zimmermeister, der ,,Berliner Baubude", den Arbeitern vorgelegt wurden, die Bauarbeiterbewegung aufs Neue an. Formal wurden zwar die alten Lohnsätze bestätigt, jedoch waren die Lohnbedingungen während Schlechtwetterperioden zu ungunsten der Gesellen verändert worden. Außerdem sollten die Kündigungsbedingungen einseitig zum Nachteil der Arbeiter modifiziert werden, die Arbeiter sollten eine Kaution für den Fall des ,,Vertragsbruches", d. h. eines Streiks, stellen und letztlich wollten die Bauunternehmer sogen. ,,Befähigungsnachweise", Zeugnisse der alten Arbeitgeber, einführen. Ohne ein solches Zeugnis sollte kein Bauarbeiter eingestellt werden. Die Gesellen vermuteten zu Recht eine Verschlechterung ihrer Position gegenüber den Arbeitgebern,[138] denn diese strebten schließlich eine Kontrolle des Arbeitsmarktes an. Durch entsprechende Hinweise in den Zeugnissen wäre die Mobilität der Arbeiter auf dem Arbeitsmarkt beschränkt worden und insbesondere Arbeitern, die sich an Arbeitskämpfen beteiligt hätten, wäre nach ihrer Entlassung das Finden einer neuen Arbeitsstelle besonders schwer gefallen. Arbeitskampfbereitschaft sollte hier durch Arbeitslosigkeit bestraft werden. In einer von mehreren Tausend Bauarbeitern besuchten Versammlung wurde im April 1870 beschlossen, diese Verträge zurückzuweisen. Die Unternehmerkoalition sah sich in ihrer offensichtlichen Hoffnung, die organisationspolitischen Differenzen innerhalb der Arbeiterbewegung für sich ausnutzen zu können, getäuscht und zog zur Vermeidung eines Arbeitskonfliktes die vorgelegten Verträge zurück[139] – wohl in der richtigen Einschätzung, daß sie aufgrund der intakt gebliebenen Maurerorganisation nicht durchsetzbar waren.

Die aus den Kriegsereignissen 1870 resultierende Geschäftsflaute veranlaßte die Berliner Bauunternehmer bereits im August – fast nur vier Wochen nach Kriegsausbruch – zu versuchen, die Maurerlöhne zu senken. Wie es scheint, wurde dieser Versuch jedoch durch die in Berlin verbliebenen Maurer vereitelt.[140]

Nachdem die Lassalleaner bereits früh erkannt hatten, daß sie „aus praktischen Bedenkgründen"[141] während der kriegsbedingt eingeschränkten Bautätigkeit auf Arbeitskämpfe verzichten mußten, suchten die Bauunternehmer im April 1871 hingegen abermals die Geschäftsflaute und den aufgrund der Konskription vieler Bauarbeiter desolaten Zustandes des Maurervereins auszunutzen, um die Maurerlöhne zu senken.[142] Das Vorgehen der Unternehmer hatte den unmittelbaren Effekt, daß sich am 16. April eine große Maurerversammlung zusammenfand, um gegen die geplante Lohnreduktion zu protestieren. Unmittelbar darauf folgte die rasche Reorganisation des Maurervereins.[143] Nun schlug die Initiative der Bauunternehmer schnell in ihrer Gegenteil um. Mit dem Kriegsende kehrte sich die konjunkturelle Lage geradezu schlagartig um: Der Flaute folgte die Gründerkonjunktur. Gleichzeitig änderten sich auch die Arbeitsmarktbedingungen. Jetzt ergriffen die – dank des Vorgehens der Bauunternehmer – rasch wieder organisierten Maurer die Initiative und stellten im Mai 1871 ihrerseits Forderungen. In einer von 5000 Personen besuchten Generalversammlung der Maurer beschloß man, eine Verkürzung der täglichen Arbeitszeit von 11 auf 10 Stunden bei gleichem Lohn zu fordern. Begründet wurde diese Forderung des „Normalarbeitstages" einerseits mit den langen Anmärschen der Bauarbeiter zu den Baustellen, andererseits aber auch mit Lohneinbußen infolge schlechter Witterung. Hinter dieser Argumentation stand, auch ohne daß es explizit ausgeführt wurde, die Überlegung, daß bei kürzerer Arbeitszeit bzw. verringerter täglicher Arbeitsleistung die Löhne sich stabilisierten. Mit denselben Argumenten, insbesondere mit dem der Beschäftigungslosigkeit im Winter, wurde auch die Berechtigung höherer Löhne betont.[144] Eine Versammlung der Bau-, Maurer- und Zimmermeister Berlins lehnte die Forderung des 10-stündigen Normalarbeitstages – nicht überraschend – ab.[145]

Nach einigen vorzeitigen und ungeplanten Arbeitseinstellungen[146] sowie gescheiterten Verhandlungen mit den Meistern begann am 17. Juli ein Streik der Berliner Maurer. Nach Angaben der sozialdemokratischen Presse beteiligten sich an ihm ca. 3500 der 4500 Berliner Maurer. Auf sämtlichen größeren Berliner Bauten ruhte die Arbeit. Sehr schnell erklärten sich 148 Unternehmer, die unter Termindruck[147] standen, bereit, den Normalarbeitstag zu bewilligen.[148] Die Zahl der Streikenden nahm damit erst einmal wieder ab. Es stellte sich jedoch bald heraus, daß diese ersten Zugeständnisse keinen dauernden Wert hatten und bei nachlassendem Termindruck zurückgenommen wurden. Daher beschlossen die streikenden Gesellen, ab dem 31. Juli sämtliche Berliner Bauten unabhängig von der Bereitschaft zu Zugeständnissen seitens der Unternehmer zu bestreiken.[149] Im August verhärtete sich der Konflikt, der von beiden Seiten nunmehr als prinzipielle

Auseinandersetzung um die Fragen der Arbeitszeit verstanden wurde. Als die Streikkasse zu versiegen drohte, sprangen den Maurern andere Gewerkschaften, wie z. B. die Buchdrucker, zur Seite. Auf den Bauten beteiligten sich auch die Steinträger und Putzer an dem Ausstand. Selbst eine Mehrheit der Poliere solidarisierte sich mit den streikenden Maurern. Etwa im zweiten Drittel des August zeichnete sich ein Nachgeben der Unternehmer ab. Die Sistierungsfrist bei staatlichen und städtischen Bauten drohte abzulaufen, so daß bei weiterer Untätigkeit auf den Baustellen Konventionalstrafen drohten. Der Widerstand gegen den Normalarbeitstag beschränkte sich zusehends auf Meister, die keine oder nur sehr wenige Gesellen beschäftigten und nicht von staatlichen und kommunalen Aufträgen profitierten. Für kleinere Betriebe, die i.d.R. von Großaufträgen ausgeschlossen waren und unter dem Konkurrenzdruck der größeren Unternehmer besonders litten, konnten steigende Lohnkosten zu einer Existenzfrage werden. Klein- und Kleinstbetriebe waren zur Erhaltung ihrer Selbständigkeit häufig zu einer schärferen Ausbeutung der Arbeiter genötigt als größere.[150] Bis Ende August gaben die meisten Bauunternehmer nach, so daß der Streik beendet werden konnte. Nach der Abreise vieler der Streikenden[151] traten die übrigen ,,fast sämtlich zu den neuen Bedingungen in Arbeit". Der Normalarbeitstag und eine Erhöhung des Tageslohnes von 1 Tlr. auf 1 Tlr 2½ Sgr., teilweise auf 1 Tlr. 5 Sgr., war damit in der Berliner Bauindustrie allgemein durchgesetzt.[152] Die Gründung eines Vereins der Akkordträger (Stein- und Wasserträger) und Bau(hilfs)arbeiter[153] kann auch zu den Ergebnissen dieses Streiks gerechnet werden.

Die Verkürzung der Arbeitszeit war ein unmittelbares Anliegen der Arbeiter. Das ,,Reich der Freiheit"[154] bestand nur außerhalb der Arbeit. Ähnliches sprachen die Zimmerleute an, als sie 1872 die Forderung nach Arbeitszeitverkürzung damit begründeten, daß sie ihre ,,Familie zu lieb haben, um Nächte . . . . und überhaupt Überstunden zu arbeiten".[155] In der unter Marktbedingungen betriebenen Bauwirtschaft waren tradierte Formen der aufgabenorientierten Arbeitszeiteinteilung[156] verlorengegangen. Stattdessen war den Arbeitern eine zeitorientierte Arbeitsverrichtung diktiert und der ,,Blaue Montag" weitgehend unterbunden worden.[157] Die Arbeiter erlebten ihre Unterwerfung unter die kapitalistische Zeitrationalität als eine neue Dimension der Fremdbestimmung. Der Protest der Arbeiter richtete sich nicht gegen die Zeitrationalität an sich, sondern sie akzeptierten das zeitorientierte Arbeiten und versuchten die Arbeitszeit zu begrenzen und verkürzen.[158]

Während des Maurerstreiks wurde die Forderung des Normalarbeitstages durch den *Neuen Social-Demokrat* auch ideologisch unterstützt. H(asselmann) verwies auf die prinzipielle Bedeutung der Einschränkung der Arbeitszeit. Durch die Einschränkung der ,,wirtschaftlichen Freiheit" werde der Arbeiter ,,gegen übermäßige Ausbeutung geschützt".[159] Der Normalarbeitstag biete Schutz gegenüber der Kapitalmacht und bedeute für die Arbeiter eine Beschränkung ihrer Unfreiheit. Durch eine kürzere Arbeitszeit werde auch die Konkurrenz der Arbeiter untereinander vermindert.[160]

Über die publizistische Schützenhilfe des *Neuen Social-Demokrat* während des Streiks hinaus wurde die Bewegung zur Durchsetzung des Zehnstundentages durch lassalleanische Theorieelemente stimuliert. Mit Hilfe des „Ehernen Lohngesetzes",[161] das ungeachtet seiner theoretischen Schwächen die lassalleanischen Agitation leitmotivisch durchzog und dabei ein „gutes Sturmwort" war,[162] ließ sich die Forderung des Normalarbeitstages besonders einleuchtend begründen. Die Lohnhöhe bestimmte sich nach den Auffassungen der lassalleanischen Orthodoxie allein nach den Subsistenzkosten der Arbeiterklasse. Deshalb wurden Streiks zur Durchsetzung von höheren Löhnen vielfach abgelehnt. Da die Lohnhöhe jedoch nach diesen Überlegungen nicht von der Dauer der Arbeitszeit berührt wurde, bot sich die Forderung nach Verkürzung der täglichen Arbeitszeit geradezu von selbst an.[163] Unabhängig von allen theoretischen Schwächen bot der Lassalleanismus damit einen trefflichen und wirkungsvollen Begründungszusammenhang für Forderungen nach kürzerer Arbeitszeit.

Über die direkte materielle Besserstellung der Arbeiter hinaus war dieser Arbeitskampfsieg auch ein Erfolg der lassalleanischen Arbeiterorganisationen und konnte in eine Steigerung der Mitgliedszahlen umgesetzt werden. Bei der nächsten Generalversammlung des Allgemeinen Deutschen Maurervereins Ende Mai 1872 zählte der Verein allein in Berlin 3605 Mitglieder, von denen sich 3215 als Maurer, 300 als Putzer und 90 als Dachdecker bezeichneten.[164] Eine exakte Schätzung des Organisationsgrades erscheint kaum möglich. Die Zahl der Maurer in Berlin hatte mit Sicherheit seit dem Juli 1871, dem Streikbeginn, zugenommen. Eine Berechnung auf der Grundlage von 4500 ist daher unrealistisch. Jedoch wird man nicht fehlgehen, wenn man annimmt, daß etwa jeder zweite Berliner Maurergeselle im Maurerverein organisiert war.

Wie bereits 1870 beteiligte sich der Maurerverein auch 1872 nicht an Bestrebungen, die lassalleanischen Gewerkschaften zu zentralisieren. Den Versuch, die lassalleanischen gewerkschaftlichen Organisationen Berlins, soweit sie das Experiment des Unterstützungsverbandes überhaupt überstanden bzw. sich später reorganisiert hatten, im Berliner Arbeiterbund zwecks einer effektiveren finanziellen Streikunterstützung zusammenzufassen, lehnte der Maurerverein ab und schloß sich nicht an.[165] Auch das Verhältnis zum Arbeiterunterstützungsverband blieb weiterhin sehr locker. Auf der Generalversammlung 1872 wurden die Beziehungen mit einer unverbindlichen allgemeinen Erklärung der gegenseitigen moralischen Unterstützung umschrieben.[166] Daß die Entscheidung, gegenüber den anderen lassalleanischen Organisationen eine gewisse Distanz zu halten, richtig war, bestätigte die verworrene Politik der Generalversammlung des ADAV 1872. Zwar wurde dort ein Antrag des Maurervereins angenommen, nach dem er die moralische Unterstützung des ADAV genieße und den *Neuen Social-Demokrat* als Organ benutzen dürfe, gleichzeitig wurde jedoch auch der prinzipielle Beschluß gefaßt, sämtliche lassalleanischen gewerkschaftlichen Vereinigungen aufzulösen.[167] Dieser Beschluß wurde allerdings nie durchgeführt. Sicherlich wäre der Maurerverein unabhängig und stark genug gewesen, sich gegebenenfalls Auflösungsversuchen durch den ADAV zu widersetzen. Der Erfolg des Maurervereins war ein entscheidender Grund dafür, daß Paul Grottkau, der Präsident des Maurervereins und einer der entschiedensten lassalleanischen Gewerkschaftler, diese relativ unabhängige Politik vertreten und verwirklichen konnte.

Nach den Maurern setzten im Herbst 1871 die Bautischler Verbesserungen der Arbeitsbedingungen durch. In einem sorgfältig geplanten Streik, der zu Beginn der Bewegung mangels einer ausreichenden Streikkasse um zwei Monate verschoben wurde, erzielten die Bautischler eine Lohnerhöhung von 25% und eine Reduzierung der Arbeitszeit auf 9½ Stunden täglich.[168]

Nachdem im Sommer 1871 der vor dem Krieg aufgelöste Zimmererverein durch die Gebrüder Kapell als Mitgliedschaft des Arbeiterunterstützungsverbandes reorganisiert worden war, beteiligten sich auch die Zimmerer im Oktober desselben Jahres an der Bewegung zur Verkürzung der Arbeitszeit. Diese Bewegung war durch die Erfolge der Maurer und Bautischler stimuliert worden. Sie bewies durch das Zurückstellen eigener Forderungen bis zum Abschluß der Kämpfe der Bautischler ein hohes Maß an Organisationsgeschick und eine gute Abstimmung der einzelnen Berufsgruppen der Bauarbeiter untereinander. Letztlich dokumentierten sich funktionierende Kommunikationsstränge und solidarisches Verhalten darin. Ziel der Zimmerer war es, die von den Maurern erfochtenen Lohn- und Arbeitsbedingungen auch für sich zu verwirklichen. In einer stark besuchten Generalversammlung der Zimmergesellen am 25. Oktober 1871[169] verständigte man sich darauf, ab 1. April 1872 nur noch 10 Stunden täglich für einen Tageslohn von 1 Tlr. 7½ Sgr. zu arbeiten, was einer geforderten Lohnerhöhung von 25% entsprach. Der Winterlohn sollte bei achtstündiger Arbeitszeit auf 1 Tlr. festgesetzt werden. Über letzteres verlangte man sofort eine Entscheidung der Meister, betreffs der Sommerarbeitszeit und des -lohnes bis zum 1. Dezember. Wenig später wurden die Forderungen auf 1 Tlr. 2½ Sgr. als Winter- und 1½ Tlr. als Sommertageslohn heraufgesetzt.[170] Der Hirsch-Dunkersche Ortsverein der Zimmerer versuchte in Zusammenarbeit mit den Meistern die Bewegung in seinem Interesse zu steuern und schlug „Einigungsämter" vor. Die Bestrebungen, die Zimmerer so in das liberale Lager zu ziehen, scheiterten, weil einerseits die Anhängerschaft der Gewerkvereine unter den Bauarbeitern sehr gering war und andererseits die Liberalen nach den lassalleanischen Erfolgen kaum Vertrauen unter der Bauarbeiterschaft besaßen. Schließlich fiel auf einer Generalversammlung der Berliner Zimmerer am 10. Januar 1872 die Versammlungsleitung fast widerspruchslos in die Hände des sozialistischen Zimmerervereins. Die Versammlung lehnte die Errichtung von Einigungsämtern ab, weil diese nur die Interessen der Meister und Poliere verträten und außerdem einer politischen Richtung angehörten, die nicht die sozialen Interessen der Arbeiter vertrete. Die alten Forderungen wurden im Prinzip wiederholt und eine aus sieben Mann bestehende Lohnkommission gewählt. Sogar eine Versammlung, die von den Hirsch-Dunkerschen Gewerksvereinen organisiert war und zu deren Eintritt Legitimationskarten vorgewiesen werden mußten, bestätigte die Beschlüsse der Versammlung vom 10. Januar.[171]

Zuvor hatten jedoch die Meister erst einmal die geforderten Winterlöhne akzeptiert und so den Arbeitskampf während des Winters 1871/72 vermieden. Nachdem deutlich geworden war, daß die Meister nicht bereit waren, die für 1872 geforderten Sommerlöhne zu bewilligen, versuchten die Gesellen, durch individuelle Verhandlungen die Meister zu spalten und für jeden Betrieb einzeln ihre Forderungen durchzusetzen, gegebenenfalls auch durch sukzessives Bestreiken einzelner Unternehmen. Man hoffte so, die Konkurrenz der Meister untereinander besser ausnutzen zu können. Jedoch hatte die Taktik der Arbeiter den entgegengesetzten Effekt. Im März 1872 entstand ein Bund der Zimmermeister mit 105 Mitgliedern, die sich unter Hinterlegung einer Kaution verpflichteten, sämtliche Zimmergeselle im Falle des Bestreikens eines Mitgliedes des Bundes auszusperren. Dieser Bund der Zimmermeister schlug den Gesellen einen Tageslohn von 1¼ bis 1½ Tlr. bei zehnstündiger Arbeitszeit, tägliche Kündigungsfrist und Überstundenentlohnung entsprechend des auf Stunden umgerechneten Tageslohnes vor. Die Gesellen waren mit diesen Arbeitsbedingungen allerdings nicht einverstanden. Sie verlangten einen Tageslohn von 1½ Tlr., zumindest jedoch von 1⅓ Tlrn. Statt der täglichen Kündigungsfrist sollte – im Sinne einer besseren Lohn- und Arbeitsplatzsicherung – die in der Gewerbeordnung vorgesehene vierzehntägige auch in der Bauindustrie eingeführt werden. Schließlich verlangten sie eine wesentlich höhere Überstundenentlohnung, um überhaupt regelmäßige Feierabende durchzusetzen. Während die Meister für die Überstunden- und Sonntagsarbeit nur den üblichen Stundenlohn von etwa 3¾ Sgr. zu zahlen bereit waren, verlangten die Gesellen den doppelten Satz. Allein dadurch meinten sie, ein Überhandnehmen der Arbeit nach Feierabend unterbinden zu können. Faktisch fiel hier der Kampf um geregelte Arbeitszeiten mit dem um die Überstundenentlohnung zusammen.[172]

Der Zimmererverein, in dem 1872 etwa 1600 der laut Steuerliste insgesamt 2284 Zimmergesellen organisiert waren,[173] begann im Frühjahr 1872 mit der Vorbereitung für einen Arbeitskampf. In zwei Generalversammlungen im Februar und März wurde beschlossen, jeder in Berlin arbeitende Zimmerer sollte wöchentlich 2½ Sgr. bzw. ab März 5 Sgr. zur Ansammlung eines Streikfonds abführen. Allein diese Vorbereitungsmaßnahmen reichten aus, daß – zu Beginn der Bausaison – ein Teil der Zimmermeister den Forderungen der Gesellen nachgab. Entsprechend früherer Planung der Gesellen sollten nicht sämtliche Zimmerwerkstätten auf einmal bestreikt, sondern die Forderungen durch punktuelle Arbeitseinstellungen nach und nach durchgesetzt werden. Durch diese Taktik hoffte man, die Kosten und Risiken eines großen Ausstandes vermeiden zu können. Am 6. April 1872 stellten die Zimmerer beim Bau des Siegerdenkmals die Arbeit ein. Andere Meister suchten ihren bestreikten Kollegen zu Hilfe zu kommen, indem sie ihre Arbeiter auf diese Baustelle schickten. Jedoch blieb dieser Versuch, die Arbeitseinstellung zu unterlaufen, erfolglos, weil die neu auf die Baustelle geschickten Arbeiter sich weigerten, die Arbeit ihrer feierenden Kollegen zu übernehmen. Der Bund der Zimmermeister stellte den Gesellen daraufhin ein Ultimatum, nach dem bis zum 17. April die Arbeit wieder aufgenommen werden müßte. Andernfalls würde am 20. April eine Aussperrung sämtlicher Berliner Zimmerer beginnen. Am 15. April erklärten die Arbeiter ihre Verhandlungsbereitschaft, jedoch verlangten sie zuvor, daß die Meister ihre Lohntarife revidierten. Die Meister ihrerseits verlangten vor Verhandlungsbeginn die Wiederaufnahme der Arbeit. Da man sich nicht einigte, sperrten die Mitglieder des Meisterbundes am 20. April etwa 1700 Zimmergesellen aus.

Seit Anfang April befanden sich auch die Maurer im Konflikt mit den Unternehmern. Die Meister hatten am 6. April einen Lohntarif vorgelegt, den die Maurer ablehnten. Sie forderten eine Erhöhung der Tageslöhne auf 1 Tlr. 12½ Sgr., Beibehaltung der Tageslöhnung und einen besseren Kündigungsschutz. Cum grano salis schlossen sich also die Maurer den Forderungen der Zimmerer an. Die verbündeten Maurermeister schlossen sich am 22. April mit dem Bund der Zimmermeister zusammen und sperrten am 27. April ihre Arbeiter aus. Insgesamt waren angeblich 10 000 Arbeiter von dem lock-out betroffen. Der Bund der Bau-, Maurer- und Zimmermeister hielt angesichts der konjunkturell und saisonal bedingten günstigen Auftragslage die Aussperrung nicht lange durch. Innerhalb von 14 Tagen sank die Zahl der ausgesperrten Zimmerer auf 300. Der Rest hatte teils bei nicht dem Bunde angehörenden Meistern, teils auch bei Bundesmeistern neue Arbeit gefunden. Offensichtlich unter dem Eindruck der zerbrechenden Antistreikkoaliton der Berliner Bauunternehmer erzielten diese nun mit dem Hirsch-Dunkerschen Ortsverein der Maurer ein „völliges Einverständnis“ über Lohn- und Arbeitsfragen. Dieses „Einverständnis“ entsprach genau den Bedingungen, die die Meister bereits früher angeboten hatten. Ab 10. Mai sollte wieder gearbeitet werden. Die im Zimmerer- bzw. Maurerverein organisierten Arbeiter erkannten diese Bedingungen nicht an. Offensichtlich nutzten jedoch viele Meister diese Gelegenheit, auf Betriebsebene den Arbeitskampf zu beenden, indem sie zumindest in der Lohnfrage den Forderungen der Arbeiter nachgaben. Seitens des Maurer- und Zimmerervereins versuchte man nun, den Arbeitskampf offensiv weiterzuführen. Bis Anfang Juni wurden noch bei einzelnen Unternehmern die geforderten Löhne durch Streiks weitgehend durchgesetzt. Im Oktober 1872 erhielten 2/3 der Maurergesellen einen Tageslohn von 1 1/2 Tlrn. und darüber und ca. 75% der Gesellen einen von 1 Tlr. 12 1/2 Sgr. und darüber.[174]

Trotz des nunmehr seitens der sozialdemokratischen Organisation offensiv geführten Arbeitskampfes konnten keine allgemeinen Vereinbarungen abgeschlossen werden. Eine Verhandlungsdelegation, die während einer Generalversammlung der Zimmerer am 2. Juni 1872, auf der 250 Deputierte insgesamt angeblich 4000 Zimmerer vertraten, gewählt wurde und der fast ausschließlich führende ADAV-Mitglieder wie Hasenclever, Hasselmann, Derossi und A. Kapell angehörten, änderte daran nichts mehr.[175] Offensichtlich waren nach günstigen betriebsbezogenen Vereinbarungen, dem Spaltungsversuch der liberalen Gewerksvereine und dem Polizeieinsatz gegen Streikende[176] die meisten Arbeiter nicht mehr bereit, für zweifelhafte materielle Verbesserungen – schließlich wäre es nur noch um eine offizielle Anerkennung der Arbeitskampfergebnisse gegangen – einen neuen Ausstand zu riskieren. Wahrscheinlich hielt man es in den sozialdemokratischen Organisationen für taktisch klüger, nicht auf einer formalen Bestätigung der Niederlage der Bauunternehmer zu bestehen, was sich allerdings in der Depression der nächsten Jahre als Nachteil erweisen sollte. Zum Abschluß der Arbeitskämpfe der Berliner Bauarbeiter im Jahre 1872 setzten die Putzer, die größtenteils im Allgemeinen Deutschen Maurerverein organisiert waren, Anfang August eine Lohnerhöhung und eine Verkürzung der täglichen Arbeitszeit auf neun Stunden durch.[177]

Der große Arbeitskampf 1872 zeigte wie schon vorhergehende, daß die Bauunternehmer in der Hochkonjunkturphase nicht fähig waren, durch eine Koalitionsbildung den Arbeitsmarkt wirksam zu kontrollieren. Die Zahl der aussperrenden Unternehmer sank rasch ab, und durch betriebliche Vereinbarungen erzielten die Arbeiter Vorteile. Die große Zahl von Bauunternehmen – nach der Gewerbezählung von 1. 12. 1875 beschäftigten 378 Berliner Unternehmer mehr als fünf Arbeiter[178] – verhinderte letztlich die Arbeitgeberkoalition. Die Konkurrenz der Baumeister untereinander war schließlich ein wesentlicher Faktor für deren schwache Position auf dem Arbeitsmarkt.

Die Kämpfe der Bauarbeiter hatten 1872 ihren Höhepunkt überschritten. Mit durchschnittlichen Tageslöhnen zwischen 1 Tlr. 10 Sgr. und 1 Tlr. 20 Sgr. standen die Bauhandwerker mit an der Spitze der Lohnskala der Berliner Arbeiter.[179] Im Frühjahr 1873 wurden die Berliner Bauarbeiter „ziemlich zahm", weil infolge des Rückgangs der Baukonjunktur das „Angebot die Nachfrage (an Arbeitern) überstieg".[180] Lediglich die Bautischler setzten noch den achtstündigen Normalarbeitstag und eine Lohnerhöhung um 33% durch.[181] Die Putzer konnten ebenfalls noch einmal ihre Arbeitszeit verringern.[182] Weitere Verbesserungen der Arbeits- und Lohnbedingungen ließen sich nicht mehr verwirklichen. Im Gegenteil, der Bund der Bau-, Maurer- und Zimmermeister Berlins nutzte die Konjunkturwende, um Zugeständnisse des Jahres 1872 zu widerrufen. Die Löhne wurden für die saisonal ungünstigen Monate etwa auf das Niveau der „Einigung" des Gewerkvereins mit den Meistern vom Mai 1872 reduziert, womit auf Betriebsebene durchgesetzte Verbesserungen wieder verloren gingen. Jetzt erwies es sich als nachteilig, daß man 1872 auf eine vertragliche Fixierung des tatsächlichen Lohnniveaus verzichtet hatte. Außerdem suchten die Unternehmer die „Löhnung nach Leistung", d. h. Akkordlöhnung, gegen den Widerstand der Gesellen generell durchzusetzten.[183] Vereinzelte Abwehrkämpfe blieben erfolglos.[184]

Die Bauunternehmer nutzten die „planlose Überproduktion"[185] und die infolgedessen verschlechterten Arbeitsmarktbedingungen für die Bauarbeiter nicht allein, um die Lohn- und Arbeitsbedingungen in Berlin und andernorts in ihrem Sinne zu ungunsten der Arbeiter zu revidieren, sondern der Norddeutsche Baugewerkenverein versuchte durch unterschiedlich gekennzeichnete Entlassungsscheine und durch Mithilfe der Behörden, eine Einstellung von Arbeitern, die sich an einem Streik beteiligt hatten, zu verhindern. Nahezu gleichzeitig mit dem Beginn dieser verschärften Form der Klassenauseinandersetzungen durch die Bauunternehmer setzte auch die staatliche Unterdrückung der Bauarbeiterorganisationen ein. In den ersten Jahren des neuen Reiches hatten sich die Eingriffe staatlicher Organe auf das Stellen von Soldaten als Streikbrecher, Verhaftungen von Streikposten und Behinderungen von Versammlungen zum Nachteil der Arbeiter beschränkt. Nach der Berufung des Staatsanwaltes Tessendorf an das Berliner Stadtgericht gegen Ende 1873[186] wurden im Juli 1874 auf Initiative Tessendorfs der Präsident des Maurervereins Grottkau und dessen Vizepräsident Hurlemann zu mehrmonatigen Freiheitsstrafen verurteilt. Gleichzeitig wurde der Allgemeine Deutsche Maurer- und Steinhauerverein – wie die Gewerkschaft der Maurer seit Juni 1873 hieß[187] – für Berlin verboten. Im September 1874 wurde der Deutsche Zimmererbund, die Nachfolgeorganisation des Allgemeinen Deutschen Zimmerervereins bzw. der im Arbeiterunterstützungsverband organisierten Zimmerer[188] von demselben Gericht aufgrund des Vorwurfs, gegen das Verbindungsverbot politischer Vereine nach dem Vereinsgesetz von 1850 verstoßen zu haben, verboten. Diese Verbote wurden 1875 noch einmal gerichtlich bestätigt. In Hamburg gegründete Nachfolgeorganisationen wurden 1876 bzw. 1877 wiederum für Berlin verboten.[189]

Angesichts der zunehmenden Arbeitslosigkeit unter den Berliner Bauarbeitern, den Maßregelungen seitens der Unternehmer und der polizeilichen und gerichtlichen Verfolgungen der Organisationen der Arbeiterbewegung waren die organisierten Arbeiter gezwungen, ihre Taktiken zu ändern. Organisationspolitische Aktivitäten konnten zu Entlassungen und Haftstrafen führen. Statt zu Gewerkschaftsversammlungen wurde deshalb zu

Versammlungen von Arbeitern eines Berufes oder von Angehörigen einer Industrie eingeladen. Die Agitation wandte sich dabei allgemeineren Fragen, häufig sozialpolitschen Themen der Reichstagsverhandlungen zu.[190] Besondere Aufmerksamkeit erregten dabei die Debatten um das Haftpflichtgesetz und die Gewerbeordnungsnovelle. Gegen die geplanten Änderungen der §§ 152 und 153 der Gewerbeordnung zum Nachteil der Arbeiter durch die Strafandrohung für den ,,Kontaktbruch", was faktisch auf eine Erschwerung von Arbeitskämpfen hinausgelaufen wäre, artikulierten insbesondere die Bauarbeiter die heftigsten Proteste.[191] Die Änderung der Gewerbeordnung konnte verhindert werden.

Letztlich blieb vor dem gänzlichen Verbot sozialdemokratischer Organisationen und Bestrebungen durch das Sozialistengesetz 1878 nur noch ein sehr kleiner Raum für gesetzlich zulässige Vertretung von Arbeiterinteressen. In Berlin war der Bauarbeiterbewegung ab 1876 faktisch die Legalität, und damit die essentielle Voraussetzung für eine erfolgreiche Gewerkschaftsarbeit überhaupt, entzogen.[192] Dort waren nicht einmal mehr Versammlungen der Mitglieder der Krankenkasse des Zimmererbundes möglich. Die Organisationszentren der Bauarbeitergewerkschaften und deren Tätigkeiten verlagerten sich in nichtpreußische Reichsgebiete, speziell nach Hamburg. Für einen notdürftigen Zusammenhalt der (ehemaligen) Gewerkschaftsmitglieder in den von Organisationsverboten betroffenen Gegenden sorgten die Gewerkschaftsorgane *Grundstein* und *Pionier*.[193] Faktisch beschränkte sich die Agitation der Gewerkschaften in Preußen in den Jahren 1874 bis 1878 weitgehend auf eine außerparlamentarische Unterstützung der sozialdemokratischen Reichstagsfraktion. Deren Initiativen waren allerdings durch das Hilfskassengesetz 1875/76 und den Arbeiterschutzgesetzentwurf 1877[194] eng mit den sozialpolitischen Interessen der Gewerkschaften verknüpft.

7. Zusammenfassung und Ergebnisse

Die Gesellen erlebten den Übergang zur kapitalistischen Warenproduktion im Baugewerbe als Zerfall des ständischen Handwerks. Zumindest in den größeren Städten veränderten sich die sozialen Beziehungen zwischen Meistern und Gesellen grundlegend. Der soziale Stand des Handwerks löste sich auf in ,,Herren" und ,,Gehilfen".[195] Aus Handwerksmeistern wurden kapitalistisch operierende Bauunternehmer, deren Verhältnis zu den Arbeitern vom Interesse der Kapitalverwertung und Mehrwertschöpfung diktiert wurde. So vertiefte sich die soziale Kluft zwischen Meistern und Gesellen, die jetzt verschiedenen Klassen zuzurechnen waren. Die Institutionen der Interessenfindung des Handwerks, die Innungen und

Zünfte, entwickelten sich zu Meisterzünften, in denen die Gesellen kein Gehör mehr fanden und die damit für sie funktionslos waren.

Vor allem in den größeren Städten erlebten die Gesellen neue Formen der Abhängigkeit. Die Hoffnung auf einen individuellen sozialen Aufstieg zum Polier oder gar zum Bauunternehmer war angesichts der Größe der Berliner Baustellen und Bauunternehmen nicht sehr groß. Mit der Lösung vom agrarischen Lebensraum und dem Verlust der eigenen kleinen Landwirtschaft war auch ein Stück Unabhängigkeit verloren gegangen. Die Sicherung des Lebensunterhaltes des Arbeiters und seiner Familie gründete sich nunmehr oftmals allein auf lohnabhängige Arbeit. Die Unsicherheit des Lohnempfangs konnte nicht mehr oder nur noch in einem wesentlich geringeren Maße durch andere Erwerbsquellen kompensiert werden. Die Lohnabhängigkeit der Bauarbeiter hatte damit eine neue Qualität erreicht. Die Einsicht in die Unentrinnbarkeit des lebenslänglichen Proletarierschicksals bildete die Voraussetzung für eine selbständige Interessenfindung und -vertretung der Arbeiter.[196]

Unter Berücksichtigung der allgemeinen Marktlage des Baugewerbes waren die Arbeitsmarktbedingungen in Berlin für eine erfolgreiche Organisierung der Bauarbeiter recht günstig.[197] Während des Baubooms bestanden für das Baugewerbe gute Marktchancen. Die Baunachfrage war relativ preisunelastisch. Verteuerungen reduzierten nicht oder nur in einem sehr geringen Maße die Bautätigkeit. Kosten, die durch verbesserte Lohn- und Arbeitsbedingungen der Arbeiter entstanden, konnten abgewälzt werden. Die Nachfrage nach qualifizierten Bauhandwerkern war nicht durch Frauenarbeit oder die Arbeit ungelernter Arbeiter gefährdet. Eine wirksame Kontrolle des Arbeitsmarktes durch die Bauunternehmer wurde zumindest in der Hochkonjunkturphase nicht erreicht. Die Stellung der Bauhandwerker auf dem Arbeitsmarkt den Bauunternehmern gegenüber war insgesamt vergleichsweise günstig, konjunkturelle Schwankungen im Baugewerbe schlugen sich jedoch sehr unvermittelt – wie sich 1870/71 und in der „Großen Depression" zeigte – auf dem Arbeitsmarkt nieder und schwächten die Marktpositionen der Bauhandwerker gravierend.

Die Arbeitsverrichtungen im Baugewerbe blieben bis zum hier behandelten Zeitraum von technischen Veränderungen infolge der Industrialisierung relativ unberührt. Im Gegensatz zu anderen Handwerkern erlebten die Bauhandwerker keine Entwertung ihrer Qualifikationen und keinen daraus resultierenden Statusverlust. Die Arbeit auf dem Bau blieb – abgesehen von einigen Hilfsdiensten – qualifizierte Handwerkstätigkeit. Dies, die vergleichsweise starke Stellung auf dem Arbeitsmarkt und darüberhinaus die Arbeit in abgeschlossenen, relativ autonomen Gruppen, personalisierter Konfliktaustrag mit den Polieren, tradierte Feierlichkeiten, berufsspezifische Kleidung und der Besitz des eigenen Werkzeugs, der den Zugang zum Beruf für außerhalb der Handwerke stehende Arbeiter erschwerte, förderten ein gemeinsames handwerkliches Unabhängigkeits- und Selbstwertgefühl. Dieses Selbstwertgefühl – hier schon von Klassenbewußtsein zu reden, wäre wahrscheinlich verfehlt – erleichterte eine eigenständige Willensbildung und Interessenvertretung. Die Interessenvertretung in Arbeitskämpfen und die Organisationsbildung der Arbeiter setzten eine Meinungsklärung im kommunikativen Austausch, die zu gemeinsamer Willensbildung und einem gemeinsamen Handeln führte, voraus. Unzufriedenheit fachte die Gespräche zwar an, begleitete die Verständigung und trieb sie voran, konnte für sich allein jedoch noch kein zielgerichtetes Protestverhalten begründen.

Das formale Gerüst für kommunikative Beziehungen bildete sich vor allem am Arbeitsplatz heraus. Durch die Arbeitsverrichtung und -organisation wurde die Arbeiterschaft strukturiert. In den Gruppen am Arbeitsplatz erlebten die Arbeiter kollektiv die arbeitsbezogenen Konflikte. Gleichzeitig stellten diese Gruppen die erste Basis für einen kommunikativen Austausch dar.

Diese im Arbeitsprozeß entstandenen Gruppen teilten die Konflikterfahrungen, bildeten den Ausgangspunkt für die Abklärung der Interessen und stellten als erstes Organisationsraster die Grundlage für gemeinsames Handeln dar. Versammlungen, Streikkomitees, Deputiertenwahlen und andere Formen der Verständigung, Interessenfindung und Handlungsorientierung bauten darauf auf und formten ein Skelett für eine permanente Organisation.[198]

Die Formen der bauhandwerklichen Organisationsbildung reflektierten dabei arbeitsbezogene Kommunikationsstrukturen. Die Bauarbeiter verstanden sich nicht zu einer einheitlichen Organisationsform, sondern sie vereinigten sich jeweils als Zimmerer und Maurer. Die organisationspolitischen Grenzen verliefen entsprechend den Strukturen des Arbeitsprozesses. Die Zimmermannsarbeit war von der der Maurer zeitlich oder räumlich getrennt. Aufgrund ihrer arbeitsorganisatorischen Verselbständigung schlossen sich auch die Putzer – sie waren besonders spezialiserte und qualifizierte Maurer, die wahrscheinlich nur innerhalb größerer Bauunternehmen einen eigenständigen Berufszweig herausgebildet hatten – in Abgrenzung von anderen Bauarbeitern im Putzerclub zusammen.[199]

Die Dominanz qualifizierter handwerklicher Tätigkeit stellte die Bauhandwerker nicht in demselben Maße wie andere Arbeiter vor Integrationsprobleme. Ein Einfinden in neue Arbeitszusammenhänge, das Erlernen neuer Formen des Umgangs infolge der Nivellierung von ehemals zünftigen Handwerkern zu angelernten Arbeitern und die Verständigung mit berufsfremden Arbeitern,[200] blieb den Bauarbeitern weitgehend erspart. Die gleichbleibenden Formen der Arbeitsverrichtung gewährleisteten, daß tradierte Kommunikationsstränge am Arbeitsplatz erhalten blieben. Die Gesellen nutzten für ihre Interessenverständigung die ihnen bekannten und vertrauten informellen Kommunikationswege. Bei der Errichtung formalisierter Verständigungs- und Willensbildungsorgane stellte die Kenntnis formaler Entscheidungsprozeduren aus zünftig-vorkapitalistischer Zeit wie die Wahl der Altgesellen, Organisation von Gesellenkassen und andere zünftlerische Bräuche und Sitten eine Hilfe für die nunmehr klassenspezifische Interessenverständigung dar. An die Stelle der für die Arbeiter funktionslos gewordenen Zünfte traten die mit Hilfe der Kenntnis von zünftlerischen Kommunikations- und Organisationsmodellen gegründeten gewerkschaftlichen Vereinigungen. Auch in den Arbeitskampfformen wirkten Traditionen von Gesellenmilitanz, die sich in Arbeitsverweigerungen und Straßendemonstrationen äußerte, mit.[201] Jedoch sollte neben der organisationsstimulierenden Bedeutung handwerklicher Traditionen deren Kehrseite nicht übersehen werden. Diese Sitten und Gebräuche behinderten die Entstehung eines allgemeinen Arbeiterbewußtseins. Obwohl gerade die Arbeitskämpfe der Maurer und Zimmerer eine gemeinsame Organisation aller Bauarbeiter naheliegend erscheinen ließen, behielt man separate Vereinigungen bei.

Die unterschiedliche Qualität handwerklicher „Unruhen" und klassenkämpferischer Arbeitskämpfe zeigte sich jedoch an dem unterschiedlichen Grad der Intensität und Zielgerichtetheit des Protestverhaltens. Zu einem Teil läßt sich das planvollere Verhalten der Bauarbeiter des zweiten Drittels des 19. Jahrhunderts wahrscheinlich auch mit den besseren Verständigungsmöglichkeiten innerhalb der Gewerkschaften erklären. Die Öffentlichkeit der Gesellenversammlungen der Zünfte wurde vermutlich in einem weit höheren Maße durch die Meister kontrolliert als später die Versammlungen der Arbeiter durch Vertreter von Bauunternehmern. Tendenziell verbesserten sich damit durch die klassenmäßige Absonderung des Proletariats und dessen Organisationsbildung die Verständigungs- und Willensbildungsmöglichkeiten unter den Arbeitern selbst.[202]

Die Bauarbeiterbewegung Berlins begann auf Betreiben von Zimmerleuten. Selbst bei der Gründung des Maurervereins leisteten Zimmerleute nicht nur Hilfestellung, sondern darüber hinaus wurde ein Zimmermann zum Vorsitzenden bestellt. Dies war kein Zufall, sondern erklärt sich aus der höheren inneren Integration des Zimmermannhandwerks. Beide Handwerke, Maurer und Zimmerer, erlebten während des 19. Jahrhunderts eine überdurchschnittlich rasche Ausdehnung.[203] Die Zahl der dort Tätigen expandierte in einem weit höheren Maße als die Bevölkerung. Jedoch verlief die Zunahme der beiden Handwerke nicht parallel zueinander. Die Maurer wiesen relativ zum Bevölkerungswachstum 1816 – 1861 ein 4,5 mal so großes personelles Wachstum auf wie die Zimmerer. Während zu Beginn des 19. Jahrhunderts noch mehr Zimmerleute im Baugewerbe tätig waren als Maurer, hatte sich bis 1861 dieses Verhältnis umgekehrt. In Berlin kamen auf zwei Zimmerleute nunmehr drei Maurer. Auch in den nächsten Jahren expandierte das Mauerhandwerk rascher als das Zimmerhandwerk.[204] Der innerberufliche Zusammenhalt wurde durch diese Wachstumsraten unterschiedlich beeinflußt. Die Zimmerleute integrierten neue

Berufskollegen erfolreicher in bestehende formelle oder informelle Verständigungsstrukturen als die Maurer. Den größeren Integrationserfolg der Zimmerer wird man auf die vergleichsweise geringere Zahl zu integrierender neuer Kollegen zurückführen müssen. Aufgrund der Position auf dem Arbeitsmarkt, insbesondere aber aufgrund der geringeren Konkurrenz untereinander waren in expandierenden Berufen die Bedingungen für eine Organisierung der Arbeiter im allgemeinen günstiger als in anderen. Jedoch bestand, wie der Vergleich zwischen Zimmerern und Maurern zeigte, keine direkte Koppelung zwischen der Expansion eines Gewerbes und den gewerkschaftlichen Organisationserfolgen. Eine außerordentlich rasche Expansion eines Berufszweiges barg vielmehr die Gefahr in sich, daß die innerberuflichen Kommunikationsformen zumindest zeitweilig durch das Einströmen von mit den Sitten und Traditionen unvertrauten Arbeitern gestört wurden, und führte so zu einer Desorientierung der Arbeiterschaft.

In der konjunkturell günstigen Situation des Jahres 1868 wurde die Organisationsbildung der Zimmerleute durch einen ökonomischen Konflikt, eine geforderte und abgeschlagene Lohnerhöhung stimuliert.[205] Die Zimmerer verständigten sich zuerst am Arbeitsplatz. Auf den Bauplätzen wählte man Delegierte, die zu einer allgemeinen Zimmererversammlung entsandt werden sollten. Die Einberufung einer Versammlung von Deputierten der verschiedenen Bauplätze zeigte ein hohes Maß an Einvernehmen untereinander. Offensichtlich bestanden informelle kommunikative Beziehungen unter den Zimmergesellen verschiedener Bauplätze. Überbetrieblicher Informationsaustausch war durch den häufigen Arbeitsplatzwechsel der Bauarbeiter – hier stärker bezogen auf die Baustelle als den Betrieb – sicherlich gefördert worden. Entgegen anderer Meinung[206] scheint die Arbeitsplatzfluktuation unter den Bauarbeitern eher deren Organisierung positiv beeinflußt zu haben. Der Wechsel des Arbeitsplatzes verhinderte gleichzeitig eine protesthemmende Identifizierung mit dem „eigenen" Unternehmen und verdeutlichte die Notwendigkeit überbetrieblicher Interessenfindung.

Auf der ersten großen Zimmererversammlung verständigte man sich darauf, höhere Löhne zu fordern. In dieser Situatuion war es wahrscheinlich zu erwarten, daß die Meister nicht ohne Widerstand der Lohnforderung der Gesellen nachgäben. Die Gesellen bestimmten einen „ständigen Vorstand" zur längerfristigen Wahrnehmung ihrer Interessen. Hier genau fand ein entscheidender qualitativer Sprung, die Permanenterklärung, statt. In einem ökonomischen Konflikt, der nicht kurzfristig lösbar war, beauftragte eine Versammlung einen Ausschuß, ihre Interessen dauerhaft wahrzunehmen. Ein Organ, das der kurzfristigen Koordinierung kollektiven Handelns dienen sollte, wurde formalisiert. Faktisch war in diesem Augenblick die Organisation entstanden.

Die hohe Arbeitskampfbereitschaft der Berliner Bauarbeiter förderte Organisationsbeitritte – allein schon das Interesse an der Sicherung der

Streikunterstützung bewog viele Arbeiter zum Gewerkschaftsbeitritt. Bei der Planung der Arbeitskämpfe kam den Bauarbeitern zugute, daß die im Unternehmerinteresse oktroyierten kurzen Kündigungsfristen Arbeitskämpfe erheblich erleichterten. Ein Streik konnte unmittelbar nach dem Streikbeschluß durch eine kollektive Kündigung seitens der Arbeiter beginnen. Während der Arbeitskämpfe konnten die streikenden Arbeiter durch Arbeit auf eigene Rechnung – Flickarbeiten o. ä. – möglicherweise die Streikkasse entlasten. Diesen insgesamt guten Organisationsbedingungen der Arbeiter konnten die Bauunternehmer nichts Vergleichbares entgegensetzen. Zum Vorteil der Arbeiter war die Vielzahl der verschiedenen Bauunternehmer nicht erfolgreich in einer Antistreikkoalition zusammenzufassen.

Die Gewerkschaften der Bauhandwerker waren insgesamt wohl die erfolgreichsten sozialdemokratischen Gewerkschaften in Berlin vor 1878. Dieser Erfolg der lassalleanischen Gewerkschaftsbewegung beruhte auf dem Anknüpfen an die unmittelbaren Interessen der Arbeiter – Lohnerhöhungen und Arbeitszeitverkürzungen-, dem Fruchtbarmachen vertrauter informeller und formeller Verständigungsformen sowie letztlich auf den Kontakten der Zimmererführer Lübkert und v. Mitzel zum ADAV. Hingegen scheiterten die mit der Fortschrittspartei politisch eng verbundenen liberalen Hirsch-Dunkerschen Gewerkvereine früh. Die Entscheidung der Berliner Zimmerleute, sich dem sozialdemokratischen und nicht den liberalen Organisationsmodell zuzuwenden, begründete sich zumindest teilweise daher, daß die Vertreter des alten Zimmerergewerks, unter ihnen auch Meister, im Herbst 1968 nach der gescheiterten Lohnpetition Kontakte zu den liberalen Gewerkvereinen suchten. Die Entscheidung der Gesellen, sich dem lassalleanischen Organisationsmodell anzuschließen, war damit eine Abgrenzung von den Trägern älterer, nicht die Interessen der Gesellen vertretender Organisationen. Nach dem Lohnkonflikt 1868 war zudem die liberale Theorie der Harmonie von Kapital und Arbeit für die Zimmerer zweifelhaft geworden. Schließlich veranlaßte der Brief, durch den der Eindruck erweckt werden sollte, seitens der Gewerkvereine hätte man versucht, v. Mitzel zu bestechen,[207] die Entscheidung der Zimmerer. Jedoch wäre diese Entscheidung nicht so schnell und eindeutig gefallen, wenn nicht vorher bereits eine große Bereitschaft dazu bestanden hätte. Nach den Konflikterfahrungen des Sommers 1868 besaßen die Vertreter des alten Zimmerergewerks, die sich den Gewerkvereinen angeschlossen hatten, nicht mehr allzuviel Vertrauen unter den Zimmerleuten.[208] Die Erfolglosigkeit späterer Organisationsbemühungen der liberalen Gewerkvereine unter den Bauarbeitern scheint mir durch den Erfolg der sozialdemokratischen Bauarbeitergewerkschaften einerseits und den Mißerfolg der Hirsch-Dunkerschen Gewerkvereine andererseits – insbesondere sei hier an die Niederlage der Waldenburger Bergarbeiter 1869/70 erinnert[209] – hinreichend erklärt. Wie wenig die liberalen Gewerkvereine die Interessen der

Berliner Bauarbeiter vertraten, merkten die Arbeiter, als die Gewerkvereine nach der Aussperrung im Frühjahr 1872 ein „Einverständnis" mit dem Meisterbund fanden, das faktisch auf die von den Meistern gewünschten Arbeitsbedingungen hinauslief.[210]

III. Die Arbeiter des Schneidergewerbes

1. Die historische Entwicklung der Schneiderei: Zerfall der Zünfte

In der vorindustriellen zünftlerischen Schneiderei, die in Berlin bereits seit dem 13. Jahrhundert über eine eigene Innung verfügte, wurde im Lohnwerk[1] gearbeitet. Die Kundschaft kaufte beim Tuchhändler die für ein Kleidungsstück notwendigen Stoffe, in der Schneiderwerkstatt wurde dann auf Maß gearbeitet. In der Damenmaßschneiderei arbeitete der Schneider teilweise auch im Hause der Kundin.[2]

Die sozialsichernde Funktion der Zünfte – Verteilung der Arbeit auf die Zunftmitglieder und deren Existenzsicherung[3] – ging früh verloren. Die Schneidermeister selbst unterliefen z. B. in Bremen seit Mitte des 18. Jahrhunderts die zünftlerischen Zugangsbeschränkungen zum Handwerk, indem sie weibliche Familienangehörige mit beschäftigten. Als erste wurde die Ehefrau des Schneidermeisters mit in die Schneiderei einbezogen. Bei weiblicher Kundschaft nahm sie Maß und führte die Anproben durch, denn diese Arbeiten galten für einen Mann als unschicklich. Neben der Mithilfe im Familienbetrieb bot die langsame Verselbständigung der Damenschneiderei den Schneidertöchtern und -witwen, die vielfach bereits als Kleidernäherinnen gearbeitet und Reparaturen ausgeführt hatten, die Möglichkeit zu selbständiger Tätigkeit.[4] Erfolglos waren auch die Versuche, gegen die außerhalb der Zunft stehenden Schneider vorzugehen. Ursprünglich handelte es sich hier nur um Gesellen, die sich über das Eheverbot vor Erwerb der Meisterschaft hinweggesetzt hatten. Die Zahl der außerhalb der Zunft stehenden „Bönhasen" übertraf in Bremen in der ersten Hälfte des 18. Jahrhunderts die Zahl der zünftigen Schneider bereits um das vier- bis fünffache.[5] Ähnliche Verhältnisse herrschten in Berlin. Dort standen 1845 509 Innungsmeistern mehr als sechsmal soviel Patentmeister, nämlich 3276, gegenüber. Innerhalb der zahlenmäßig umfangreichen Handwerke war die Zersetzung der Zünfte bei den Schneidern – sichtbar am Verhältnis von Innungsmeister und Patentmeister – am weitesten fortgeschritten.[6] Quantitativ schlug sich die Unfähigkeit der Zünfte, den Zugang zum Handwerk zu regeln, in einem überproportionalen Wachstum der in der Schneiderei beschäftigten Personen nieder. In Preußen stieg die Zahl der Schneider zwischen 1816 und 1861 um 103,4%.[7] Die quantitative Zunahme der in der Schneiderei tätigen Personen lag damit um 15,1% über der der Bevölkerung.[8] In der Stadt Berlin wurden 1875 49 000 in der Schneiderei tätige

Tab. 6: Schneider in Berlin nach der Gewerbezählung vom 1.12.1875

Insgesamt in der Schneiderei Berlins tätige Personen: 14590

Betriebe mit nicht mehr als 5 Gehilfen		Betriebe mit mehr als 5 Gehilfen*		
Betriebsleiter	Gehilfen	Betriebe	Gehilfen	davon weiblich
9448	2692	135	1955	828 (=42,4%)
		davon beschäftigten		
		60	6– 10	
		70	11– 50	
		5	51–200	

Zumindest 6756 (Betriebsleiter abzgl. Gehilfen) Schneider (=46,3%) arbeiteten als Alleinmeister. Der Anteil weiblicher Gehilfen, der hier mit 42,4% angegeben ist, bezieht sich nur auf die Betriebe mit mehr als 5 Gehilfen. Nicht enthalten sind mithelfende Familienangehörige – Ehefrauen der Heimarbeiter und Alleinmeister – und nicht alle Nebenerwerbsarbeiterinnen. Wiedfeldt (S. 196) schätzt, daß nur etwa 20% der in der Schneiderei und Weißnäherei tätigen Arbeiterinnen statistisch erfaßt wurden.

* Nicht enthalten sind in diesen Zahlen 855 Personen, die als kaufmännisches oder technisches Personal bzw. als Betriebsleiter oder Aufseher tätig waren.

Personen gezählt. Gegenüber den 21 500 im Jahre 1800 bedeutete das eine Zunahme von ca. 128%.[9] Das führte zu einer Überbesetzung des Handwerks und zu einer latenten Unterbeschäftigung. Die ungünstige Beschäftigungslage der Schneidergesellen eröffnete für Kleidermagazinhalter ein relativ breites Spektrum potentieller Arbeitskräfte für die marktorientierte Produktion von Kleidungsstücken.[10]

In direktem Zusammenhang mit der Ausdehnung des Handwerks stand auch mangelnde Möglichkeit der Zünfte, die Lebensgrundlage der Schneider zu sichern. Eine Übersicht über die Größen der Zunftbetriebe zeigt, daß der existenzsichernde Handwerksbetrieb eine Ausnahme darstellte. Bereits 1827 arbeiteten von den 465 zünftigen Berliner Schneidermeistern – die allerdings nur eine Minderheit unter ihren Kollegen bildeten – 307, also zwei Drittel, ohne Gesellen als proletaroide Alleinmeister. 68 Schneider (= 14%) beschäftigten einen Gesellen. In 2% der Betriebe arbeiteten jedoch zwischen zehn und dreißig Gesellen. Insgesamt beschäftigten diese Betriebe 34% aller Berliner Zunftgesellen der Schneiderei.[11] Eine sehr kleine Gruppe wohlhabender größerer Schneidermeister stand einer großen Zahl Schneidern gegenüber, die ihr Leben nur als Kümmerexistenzen fristen konnten. Zwar war es für den einzelnen Gesellen aufgrund äußerst niedrigen Kapitalbedarfs relativ leicht, sich selbst als Schneidermeister zu etablieren, aber der Sprung von einer proletaroiden Schneidermeisterexistenz zu einer gewissen handwerklichen Existenzsicherheit dürfte außerordentlich schwer gewesen sein. Die mittleren Betriebsgrößen – Betriebe mit etwa drei bis fünf Gesellen – waren dünn gestreut.[12]

Diese „polare“ Betriebsstruktur[13] blieb während des 19. Jahrhunderts im wesentlichen erhalten.[14] Nach der Gewerbezählung vom 1. 12. 1875 arbeitete etwa die Häfte aller in der Berliner Schneiderei Tätigen in Ein-Mann-Betrieben. Die Gesellen konzentrierten sich auf die Kleinbetriebe, die mehr als die Hälfte der Abhängigen beschäftigten, und auf die großen Werkstätten mit mehr als zehn Beschäftigten (vgl. Tab. 6).[15]

2. *Die Entstehung der Berliner Konfektionsschneiderei*

Die Lage der Schneiderei in der zweiten Hälfte des 19. Jahrhunderts in Berlin wurde entscheidend durch das Aufkommen der kapitalistisch betriebenen Konfektionsindustrie bestimmt. Ausgehend vom Altkleiderhandel wurden trotz der Beschränkung auf den Trödel mit gebrauchten Sachen bereits im Mittel- und Spätmittelalter fertige neue Kleidungsstücke auf Messen und Jahrmärkten verkauft.[16] Nach der Einführung der Gewerbefreiheit in Preußen zu Beginn des 19. Jahrhunderts wurde der Widerstand auch der Berliner Schneidergilde gegen den bereits üblichen Handel mit Konfektionsstücken gebrochen.

Aufgrund seiner guten Standortbedingungen wurde Berlin Zentrum der deutschen Konfektionsherstellung. Für diesen arbeitsintensiven Produktionszweig bot die Großstadt ein gutes Arbeitskräftepotential, insbesondere durch die zahlreiche weibliche Bevölkerung. Die Absatzlage war nicht zuletzt durch die Eisenbahnverbindungen Berlins günstig. Schließlich trug auch der schnelle Modewechsel, der sich zuerst in der Hauptstadt bemerkbar machte, zur Entwicklung der Berliner Konfektionsindustrie bei.[17] Die Anfänge der für den Markt produzierenden Unternehmen lagen häufig in Tuchmagazinen, die vom Handel zur Produktion übergingen, indem sie durch Zuschneider und Gesellen Stoffe verarbeiten ließen und so zu kapitalistischen Konfektionsbetrieben wurden. Ausgangspunkt bildete hier die Tücher- und Schalherstellung. In den 1830er Jahren herrschten in der Damenmode Schals und Umhänge vor, die aus Wien importiert wurden. Berliner Händler gingen dazu über, diese Schals und Umhänge selbst herzustellen und zu exportieren. Als die Mode sich stärker auf Damenmäntel orientierte, begann man, auch diese konfektionsmäßig herzustellen. In dieser Zeit wurden auch die ersten Konfektionsunternehmen Berlins gegründet, die in den 1840er Jahren einen bedeutenden Aufschwung erlebten. Kleidermagazine brachten zunehmend kleine Warenproduzenten in ihre Abhängigkeit. Der Erfolg der Kleidermagazine beruhte darauf, daß sie ihre Waren wesentlich billiger als die auf Maß schneidernden Meister anbieten konnten. Die Konfektionsherstellung hatte bereits in den 1840er

Jahren einen solchen Umfang angenommen, daß „fast alle Berliner Schneider für Kleiderläden“ direkt in deren Werkstätten oder als formal selbständige Meister und deren Gesellen arbeiteten.[18] So beschäftigte der Konfektionär Gerson bereits 1852 ca. 120 – 140 Arbeiterinnen und Arbeiter in seiner eigenen Werkstatt sowie etwa 150 Zwischenmeister mit durchschnittlich zehn Abhängigen. Insgesamt beschäftigte er 1600 bis 2000 Personen.[19] 1871 bestanden in Berlin 60 solcher und ähnlicher Konfektionsunternehmen.

Die quantitative Ausdehnung der Konfektion beruhte nicht zuletzt auf einer erheblichen Sortimentserweiterung. Ausgehend von der konfektionellen Herstellung von Damenmänteln wurde die Damenoberbekleidung überhaupt die erste Domäne der Konfektion. Später als die Damenkonfektion begann die Herrenkonfektion. Zwar wurden die ersten fertigen Männerbekleidungsartikel bereits zu Beginn des 19. Jahrhunderts verkauft, jedoch dehnte sich die Konfektion erst in den 1820er Jahren mit der Herstellung von Schlafröcken aus. Erst in den 1850er Jahren nahm die Konfektion in der Herrenoberbekleidung größere Ausmaße an. Sie ging nicht wie die Damenkonfektion von Handelsunternehmen aus, sondern größere Handwerksbetriebe der Schneiderei gingen dazu über, sich in den 1860er Jahren – teilweise in Verbindung mit einem Kaufmann – ein Tuchlager anzulegen, so daß der Kunde nicht mehr selbst den Stoff und gegebenenfalls die Zutaten bei einem Tuchhändler kaufen mußte. Diese Betriebe arbeiteten teils auf Maß, teils auf Lager und setzten für die Konfektonsherstellung teilweise auch Zwischenmeister ein. Etwa zur selben Zeit ermöglichte die Verbreitung der Nähmaschine eine erhebliche Ausweitung der Konfektionsherstellung.[20]

Die Erzeugnisse der Berliner Konfektionsindustrie fanden sehr schnell auch außerhalb Berlins Absatz. Mit der Verbesserung der Verkehrsverbindungen gingen besser situierte Bürger der Provinz dazu über, ihre Bekleidungsartikel in Berliner Konfektionshäusern zu kaufen. Durch den Verkauf auf Messen und Jahrmärkten gelangte die Berliner Konfektion auch in die entfernteren preußischen Provinzen. Seit Mitte der 1850er Jahre wurden Konfektionsartikel in die süddeutschen Staaten, Holland, Rußland und andere europäische Länder exportiert. In den sechziger Jahren begann der Export nach Übersee. Die USA wurden Abnehmer Berliner Damenmäntel. Ein entscheidender Durchbruch auf den Auslandsmärkten gelang während des Preußisch-Französischen Krieges, als die marktführende Pariser Konfektion aufgrund der Besetzung Frankreichs nicht in der Lage war, die ausländische Nachfrage zu befriedigen. Die während 1870/71 gewonnenen neuen Abnehmer kauften auch in den nächsten Jahrzehnten die Berliner Konfektion.[21]

3. Struktur und Gliederung der Konfektionsschneiderei

Die Schneiderei war ein sehr stark saisonabhängiges Gewerbe. Der Herstellungsprozeß unterteilte sich in drei Phasen. In der ersten wurden Muster entworfen und davon Modelle hergestellt. In der zweiten besuchten Vertreter der Konfektionshäuser potentielle Kunden, die Detailverkäufer, um Aufträge einzuholen. Die letzte war die Liefersaison, in der die Aufträge ausgeführt wurden. In der Zeit der Herstellung der Muster und Modelle wurden nur wenige, besonders fähige Arbeiter beschäftigt. Von der Qualität der Modelle hingen vielfach die Aufträge ab. Auch in der zweiten Phase war nur ein kleiner Teil der Arbeiter beschäftigt. Vollen Verdienst erzielten die in der Schneiderei beschäftigten Arbeiter nur in der Liefersaison, in der die bestellten Konfektionsstücke so schnell wie möglich auf den Markt kommen mußten. In der Herrenkonfektion Berlins dauerte die Liefersaison etwa von Weihnachten bis April und von Pfingsten bis Oktober, eventuell bis November. In dem erstgenannten Zeitraum wurden die Waren für Frühjahr und Sommer, in dem zweiten die Winterartikel produziert. Die beschäftigungslose Zeit umfaßte ca. drei bis vier Monate. In der Damenkonfektion war die Frühjahrs- und Sommersaison, in der die Wintersachen hergestellt wurden, kürzer, die Herbst- und Wintersaison zur Herstellung von Sommerkleidung hingegen etwas länger. Der Geschäftsgang galt für sechs Monate als flott, für zwei Monate als „weniger lebhaft" und vier Monate als still.[22]

Im folgenden muß die Damenkonfektion aufgrund der weiter vorangetriebenen Rationalisierung und Arbeitsteilung losgelöst von der Herrenkonfektion betrachtet werden. Bei der Herstellung der Damenoberbekleidung lieferten die Konfektionsunternehmer den Zwischenmeistern und -meisterinnen die Stoffe, die diese selbst zuschnitten oder von Angestellten zuschneiden ließen, wenn sie selbst nicht die Schneiderei erlernt hatten.[23] Diese Zwischenmeister beschäftigten jedoch nur in Ausnahmen die Konfektionsarbeiter selbst. In der Regel wurden die zugeschnittenen und teilweise eingerichteten – mit Zutaten versehenen und zu Bearbeitung vorbereiteten – Stücke erst an Mittelspersonen weitergegeben, die dann ihrerseits die Arbeiter beschäftigten. Die hier tätigen Personen, meistens Frauen, arbeiteten teils in den Werkstätten dieser „Schwitzmeister", teils zu Hause. Nicht unüblich war, daß im Stücklohn stehende Werkstattarbeiterinnen sich zusätzlich Näharbeiten mit nach Hause nahmen und dort bis tief in die Nacht arbeiteten. Neben dieser Art Werkstattbetrieb gab es gemischte Betriebe, die sowohl in der eigenen Werkstatt als auch in Heimarbeit arbeiten ließen. In der Werkstatt wurde dann meist gebügelt und, sofern eine Nähmaschine vorhanden war, wurden hier auch die langen geraden Nähte gefertigt. In der rein hausindustriellen Konfektionsherstellung trat dieser zweite Zwischenmeister als bloßer Kontraktor auf. Er beschäftigte hauptsächlich heimarbeitende Frauen, die formell selbständige

Gewerbetreibende waren. In der Hauptproduktionsphase arbeiteten außer den überlicherweise in der Schneiderei beschäftigten Frauen deren Familienangehörige mit. Kinder nähten Knöpfe an oder zogen Heftfäden. Da die Hauptsaison der Schneiderei in der kalten Jahreszeit lag, also in der Zeit, in der andere Handwerker, wie die des Baugewerbes, häufig beschäftigungslos waren, liegt es nahe, daß Männer ihren Frauen bei Näharbeiten halfen. Daneben gab es eine unbekannt große Zahl Frauen, die während der Schneidersaison nebenerwerbsmäßig Schneiderarbeiten übernahmen, die ihnen von Heimarbeiterinnen übertragen wurden. Nicht nur für Arbeiterfrauen, sondern auch für viele Frauen aus kleinbürgerlichen Schichten stellte die Konfektionsarbeit trotz der Hungerlöhne eine für sie nicht ungünstige Art des Nebenverdienstes dar. Sie konnten diese Arbeiten zu Hause erledigen, ihre Arbeitszeit und das Quantum der Arbeit selbst bestimmen.[24]

Auch die Herstellung der Herrenkonfektion wurde größtenteils über Zwischenmeisterwerkstätten abgewickelt. Insgesamt unterschieden sich vier Werkstattarten. Eine recht kleine Anzahl stellte noch Anzüge komplett her. Auch der einzelne Geselle der Werkstatt arbeitete die einzelnen Kleidungsstücke vom Anfang bis zur Fertigstellung allein. Heim- und Frauenarbeit war hier unbekannt. Individuelle Kundenaufträge bildeten noch einen hohen Anteil der zu erledigenden Arbeiten. In dieser noch rein handwerksmäßig betriebenen Form der Schneiderei benötigten die Gesellen die relativ höchsten Qualifikationen.

Stärker spezialisiert war bereits die sogenannte Rock- und Paletotbranche. Hier und in den folgenden Typen lieferte der Konfektionär dem Zwischenmeister das bereits fertig zugeschnittene Material. Der Meister selbst besorgte dann die sogen. „Einrichtung". In größeren Schneidereien hatten sich Ansätze der Arbeitsteilung durchgesetzt. Neben dem Meister gab es einen Bügler, Rock-, Hosen- und Westenschneider. Alle waren handwerksmäßig ausgebildet. In der Regel war Konfektions- und Maßarbeit nicht getrennt. Die Zwischenmeister arbeiteten sowohl für Konfektionäre als auch auf eigene Rechnung für Privatkundschaft. Neben den wenigen Werkstätten, die noch ganze Anzüge herstellten, war der Anteil der Maßarbeit und der Arbeit auf eigene Rechnung noch in der Rock- und Paletotbranche am größten. Größere Geschäfte beschäftigten auch gelegentlich Heimarbeiter, wobei allerdings faktisch keine Grenze zwischen einem Heimarbeiter und einem kleinen Meister zu ziehen war.[25]

Auf einer etwas niedrigeren qualitativen Stufe stand die sogen. Jackettbranche. Auch hier leisteten die Zwischenmeister neben der Konfektionsarbeit noch Maßarbeit, aber in einem geringeren Maße als die Schneidermeister der Rock- und Paletotbranche. Die eigentliche Konfektionsarbeit stand eindeutig im Vordergrund. Die Arbeitsteilung war im ganzen weiter entwickelt, in den Werkstätten waren gegenüber den erstgenannten Branchen mehr Arbeiterinnen beschäftigt, jedoch stellten sie nur eine Minderheit. Die

Werkstattarbeit war noch die Regel, auch wenn mehr Heimarbeiter beschäftigt wurden als bei den Rock- und Paletotschneidern.[26]

Den qualitativ niedrigsten Stand hatte die Joppen-, Hosen- und Westenschneiderei. Die Werkstattarbeit trat hier gegenüber der Heimarbeit erheblich zurück, billigere Qualitäten wurden fast nur von weiblichen Arbeitskräften in Heimarbeit hergestellt. In den Werkstätten war die Arbeitsteilung sehr weit fortgeschritten. Das Nähen der Knopflöcher, das Annähen von Haken, Ösen und Knöpfen wurde weitgehend von eigens damit beschäftigten Arbeiterinnen vorgenommen: Die Arbeiter bzw. Arbeiterinnen fertigten nur noch Einzelteile der Westen oder verrichteten einzelne Arbeitsgänge wie das Abnähen der Kanten. Der Einsatz der Nähmaschinen war in dieser Branche am weitesten fortgeschritten,[27] auch wenn insgesamt die Bedeutung des Maschinennähens noch sehr begrenzt war. Die handwerkliche Arbeitsverrichtung war mehr von manufakturieller Arbeitszerlegung als von Maschinenarbeit bedroht.[28]

Wenn auch die groben Strukturen der Damen- und Herrenkonfektion sich – abgesehen vom Zuschneiden – formal ähnlich waren, zeigt ein Vergleich doch einige, auch für das Verhalten der Arbeiter markante Unterschiede. Der Umfang der Damenkonfektion übertraf den der Herrenkonfektion bei weitem. Mehr Betriebe und mehr Arbeiter waren mit der Herstellung der Damenkonfektion beschäftigt. Dementsprechend fanden sich in der Damenkonfektionsindustrie die meisten großen Betriebe. Hier waren die größten Arbeiterscharen in der unteren und mittleren Konfektion beschäftigt. Das Ausmaß der Heimarbeit, die die Verständigung der Arbeiter untereinander erschwerte, war nicht kontrollierbar.[29] Aufgrund der weiter vorangetriebenen Arbeitsteilung und Rationalisierung hatte der Einsatz unqualifizierter Frauen in der Produktion ein weit höheres Ausmaß erreicht als in der Herrenkonfektion. Ausgebildete Schneider wurden nur noch für wenige Tätigkeiten wie auch Leitungs- und Überwachungsaufgaben eingesetzt. Der Saisoncharakter der Schneiderei war in der Damenkonfektion wegen der größeren Modeabhängigkeit stärker ausgeprägt. Beides, der höhere Rationalisierungsgrad und die stärker ausgeprägte Saisonabhängigkeit stimulierte den Einsatz von Heimarbeiterinnen und Frauen, die nebengewerblich für die Konfektion arbeiteten. Wenn auch in der Herrenschneiderei die Arbeitsteilung und -rationalisierung voranschritt und in steigendem Maße Heimarbeiterinnen und nebengewerblich arbeitende Frauen beschäftigt wurden, blieb doch ein Teil der Schneiderei – die Herstellung gehobener Qualitäten – handwerklich ausgebildeten Schneidern, die in Werkstätten ihrem Beruf nachgingen, vorbehalten.[30] Die Betriebsgrößen blieben hier überschaubar. Kleinere und mittlere Betriebe mit bis zu zwanzig Arbeitern waren die Regel.[31]

Die Berliner Schneiderei gehörte 1875 mit knapp 15 000 statistisch erfaßten in ihr Tätigen zu den größeren Gewerbezweigen Berlins.[32] Die Entwicklung bis zu diesem Umfang verlief nicht kontinuierlich. Zwischen 1858 und 1861 sowie zwischen 1867 und 1871 expandierte die Zahl der in der Berliner Schneiderei Beschäftigten besonders stark. In diesen Jahren erlebte die Berliner Konfektionsindustrie bedeutende Wachstumsimpulse. Beide Wachstumsperioden führten zu steigenden Betriebsgrößen. So stieg 1858 bis 1861 die Zahl der selbständigen Schneider um 27,1% (von 3038 auf 3862), die Zahl der abhängigen hingegen sogar um 80,0% (von 3490 auf 6283). In den Jahren 1867 bis 1871 nahmen die Selbständigen um 5,1% zu (von 4525 auf 4756), die Abhängigen um 42,5% (von 7464 auf 10 636). Während dieser Zeit beschäftigte ein Selbständiger durchschnittlich 2,24 Abhängige – eine bis dahin in der Berliner Schneiderei nicht bekannte Größe.[33]

In den Jahren 1871 bis 1875 kehrte sich der aufgezeigte Entwicklungstrend völlig um. Die Anzahl der in der Schneiderei tätigen Personen stagnierte. Die Zahl der Abhänigen halbierte sich (von 10 636 auf 4956), während sich die der Selbständigen verdoppelte (von 4756 auf 9634).[34] Hinter diesen Zahlen verbirgt sich ein tiefgreifender Strukturwandel der Schneiderei. Die Hälfte der Werkstattarbeiter von 1871 verlor ihren Arbeitsplatz und fristete nun ihre Existenz als „selbständige" Schneidermeister.[35] Dieser Strukturwandel der Schneiderei war im wesentlichen auf einen Rationalisierungsprozeß der Konfektionsindustrie zurückzuführen. Mit steigender Arbeitsteilung konnten die relativ besser entlohnten Werkstattgesellen mehr und mehr durch insgesamt billigere Arbeitskräfte – faktische Heimarbeiter – und durch un- oder angelernte Frauen ersetzt werden.

Die Rationalisierung der Konfektionsschneiderei Berlins hing wohl nicht zuletzt mit deren Exportorientierung zusammen. Für die internationalen Märkte mußten größere Quantitäten rasch und billig hergestellt werden. Auch die Depression ab 1873 stimulierte die Rationalisierung. Die stagnierende Inlandsnachfrage wandte sich wohl den billigeren Qualitäten zu.[36]

Der Rationalisierungsprozeß führte in der Schneiderei zu einer Dezentralisierung der Produktion und damit notwendig auch zu einer Fragmentierung der Arbeiterschaft. Gleichzeitig wurden qualifizierte Arbeiter durch unqualifizierte ersetzt. Dieser Verdrängungsprozeß erfolgte auf Kosten der gelernten Schneidergesellen, deren einzige Möglichkeit zur weiteren Existenzsicherung in ihrem erlernten Beruf in der Eröffnung einer eigenen Schneiderwerkstatt lag, um für die Konfektionsindustrie oder für Privatkunden als Flickschneider tätig zu sein. Die Chance, einen Kundenstamm zu gewinnen, der die Sicherung eines handwerklich stabilen Schneidergeschäftes erlaubt hätte, bestand wohl kaum. Hinter der großen Zahl selbständiger Schneider verbarg sich großenteils Elend und Arbeitslosigkeit.[37] Die Lage der Schneider war 1875 geprägt zum einen von dem Anwachsen der Konfektion und deren höherer Arbeitsintensität[38] und zum anderen von einer Stagnation der in der Bekleidungsindustrie verarbeiteten Textilien.[39]

Die Beobachtung, daß die Löhne in der Schneiderei ausgesprochen niedrig waren, findet sich häufig.[40] Am relativ besten bezahlt waren die Zuschneider. In Konfektionsgeschäften übten sie teilweise Leitungsfunktionen aus. In den Werkstätten waren sie zugleich Vorarbeiter. Die am zweitbesten bezahlten Werkstattarbeiter waren die Bügler. Von ihrem Können hing häufig das endgültige Aussehen eines Kleidungsstückes ab. In Werkstätten mit sehr geringer Arbeitsteilung bügelten die Schneidergesellen selbst. Die dritte Lohnkategorie stellten die Arbeiter an den Nähmaschinen, ihnen folgten in der Lohnhierarchie die männlichen Schneidergesellen.[41] Wesentlich niedriger entlohnt war die Frauenarbeit. Die wenigen verstreuten Lohndaten bestätigen diesen Eindruck.[42] Die Lohnentwicklung verlief etwa parallel zur Wirtschaftsentwicklung. 1871 lag während der Hauptsaison der Spitzenverdienst eines Schneiders bei etwa 5 Tlrn. die Woche.[43] 1873 beliefen sich die Löhne etwa auf 4–6 Tlr. wöchentlich, einige Arbeiter erhielten bei 16 bis 18-stündiger täglicher Arbeitszeit 8-10 Tlr.[44] Bis 1875 veränderte sich das Lohnniveau noch nicht, sank jedoch 1876 auf etwa 3 Tlr. pro Woche.[45] Generell handelte es sich bei den hier genannten um die besseren Löhne. Für vermutlich hausindustrielle Konfektionsarbeit wurden für 1873 nur etwa 3 Tlr. pro Woche angegeben.[46] Unter Nichtberücksichtigung der höchsten und niedrigsten Schneiderlöhne zeigt ein Vergleich, daß die Schneider etwa 30 bis 50% weniger verdienten als die relativ gut bezahlten Drucker und Bauarbeiter (vgl. Anm. 65 des II. Kapitels).

Die niedrigen Löhne der Schneiderei resultierten zum großen Teil aus der Frauenarbeit und der ,,Lehrlingszüchterei". Die Verbreitung der Nähmaschine seit den 1860er Jahren ermöglichte und forcierte die Beschäftigung unqualifizierter Näherinnen in Heimarbeit. Im Rahmen des Zwischenmeistersystems schossen die Zwischenmeister den Näherinnen Geld für den Kauf einer Nähmaschine vor, das dann wiederum von den Löhnen einbehalten wurde.[47] Die Verschuldung der Näherinnen bei ihrem Arbeitgeber schuf eine besondere Form der Abhängigkeit. Sie waren an *einen* Zwischenmeister gebunden und aufgrund ihrer Verschuldung von dessen Willkür abhängig. Eventuelle Marktchancen konnten wohl nur selten zur Verbesserung der Löhne und der Arbeitssituation verwertet werden. Daneben waren Lehrlinge billige Arbeitskräfte. Die Ausbildung war meist dementsprechend schlecht.[48] Eine Form der Ausbeutung der ,,Lehrlinge" bestand darin, daß insbesondere Näherinnen eine sogen. ,,Lehre" von einigen Wochen unbezahlt ableisteten in der Hoffnung, dafür später eingestellt zu werden. Allerdings war die Einstellung nie sicher und viele erlebten, nach der „Lehre" entlassen zu werden.[49] Die Schneidergesellen versuchten die Lehrlingszüchterei dadurch zu unterbinden, daß sie sich weigern wollten, Lehrlinge auszubilden,[50] jedoch wohl ohne Erfolg.

Die Arbeitszeiten waren in der Regel sehr lang. 1873 war von einer häufig bis zu 16- bis 18-stündigen täglichen Arbeitszeit die Rede.[51] Selbst noch 1896 schwankten die in Werkstätten geleisteten Stunden zwischen 10 und 17 täglich. Das Schwergewicht lag zwischen 12 und 14 Stunden effektiver täglicher Arbeitszeit. Sonntagsarbeit war während der Hauptsaison üblich. Frauen nahmen nach der Arbeitszeit in der Werkstatt häufig Näharbeiten mit nach Hause, so daß die Arbeitszeit unkontrolliert verlängert wurde.[52] Über die Arbeitszeiten der Heimarbeiter liegen keine Angaben vor. Allerdings dürften sie nicht kürzer gearbeitet haben als ihre Kollegen in den Werkstätten.

Über die Kost- und Logiswesen widersprechen sich die Mitteilungen. Nach Grandke lebten noch 1896 die Gesellen vielfach in Kost und Logis bei ihren Meistern. Sie schliefen in der Werkstatt.[53] Bergmann hingegen meint, daß bereits 1818 u. a. viele Schneidergesellen „außer Haus wohnten und aßen".[54] Mißt man diese Aussagen an ihrem jeweils historischen Hintergrund – die Zustände, die sie beschrieben, lagen immerhin 78 Jahre auseinander – so belegt die relativ hohe Zahl der außerhalb des Meisterhaushalts lebenden Gesellen 1818 den Zerfall der Zünfte, während der Hinweis auf die relativ hohe Zahl im Kost- und Logiswesen eingespannter Gesellen 1896 eine Form gesteigerter Ausbeutung anzeigt. Die Koppelung von Schlafstelle und Arbeitsplatz bedeutete ja nicht nur, daß der Meister dafür, daß seine Werkstatt nachts als Schlafraum genutzt wurde, niedrigere Löhne zahlen konnte,[55] sondern auch und vor allem, daß die Arbeitszeiten gerade während der Saisonspitzen leichter ausgedehnt werden konnten als bei außer Hause wohnenden Gesellen.

Die Werkstattarbeiter waren meist ledig. Von den Arbeitern in den Betrieben mit mehr als fünf Gehilfen waren nur 6,8% der Frauen (56 von 834) und 20,8% der Männer (230 von 1107) über 16 Jahren verheiratet.[56] Von den Werkstattarbeitern waren in der Regel nur die Bügler und Zuschneider verheiratet. Die anderen Schneider verließen nach ihrer Heirat überlicherweise die Werkstatt und arbeiteten nach dem Mieten einer Wohnung als Heimarbeiter unter Mithilfe ihrer Ehefrauen weiter. Erst durch die Mitarbeit der Frau wurde die Heimarbeit lohnender als die Werkstattarbeit. Teilweise hielten sich solche Heimarbeiter einen Gesellen oder Lehrling. Faktisch änderte sich weder die Abhängigkeit des nun „selbständigen" Schneiders noch die Art seiner Arbeitsverrichtung.[57] Die übergroße Mehrheit der „selbständigen" Schneider waren Meister dieses Typs. Die Arbeit auf eigene Rechnung, auf die wohl etliche hofften, dürfte eine Ausnahme gewesen sein.[58]

Die Rationalisierung durch Arbeitsteilung und (später) die Einführung der Nähmaschine führten zu einem Überangebot an Schneidern. Über 4000

Schneider arbeiteten 1875 nicht in der Schneiderei, wie ein Vergleich der Gewerbezählung und Berufszählung zeigt.[59] Trotzdem muß angenommen werden, daß die Möglichkeit, in andere Berufe auszuweichen, für Schneider relativ begrenzt war. Da die Arbeitsverrichtung in der Schneiderei physisch nicht besonders anstrengend war, erlernten viele körperlich schwächliche Personen dieses Handwerk. Da die physische Konstitution der Schneider stark litt – häufig traten berufsbedingt Krankheiten wie Schwindsucht, Lungen-, Magen- und Darmleiden sowei Gebärmuttererkrankungen bei den Arbeiterinnen auf[60] – waren die ohnehin schon physisch häufig labilen Schneider selten in der Lage, auf eine andere, meist körperlich anstrengendere Beschäftigung auszuweichen.[61]

5. *Die gewerkschaftlichen und politischen Organisationsbestrebungen der Schneider*

Die Schneidergesellen hatten eine verhältnismaßig bewegte Konflikttradition. Im ausgehenden 18. Jahrhundert erregte die Konkurrenz unzünftiger Gesellen und der damit verbundene Lohndruck den Protest der Zunftgesellen.[62] Die Gesellen setzten sich stärker als die Meister für die Erhaltung der marktregulierenden Funktionen der Zünfte ein, denn schließlich profitierten die Meister auf Kosten der Zunftgesellen von der Arbeit billigerer unzünftiger Gesellen und den Näharbeiten seitens der Schneidertöchter.[63] In den sozialistischen und kommunistischen Bewegungen der 1840er Jahre fanden sich Schneider an hervorragender Stelle.[64] In der Revolution 1848 vertraten die Schneidergesellen meist recht bescheidene Forderungen, sonderten sich aber bereits von den Meistern organisatorisch ab. Während die Meister hartnäckig eine Beschränkung der Gewerbefreiheit forderten, gab es unter den Gesellen bereits Bestrebungen zum Aufbau gewerkschaftlicher bzw. klassenbezogener Organisationsformen. Allerdings beschränkten sich die Tendenzen wohl eher auf eine kleine Avantgarde der Schneider. Große Hoffnungen setzte man auf Assoziationen und Nationalwerkstätten, die helfen sollten, den Produzenten die Kontrolle über den Arbeitsprozeß zu sichern.[65]

Im Jahre 1865 streikten in einer Reihe deutscher Städte die Schneider zwecks Durchsetzung höherer Löhne und besserer Arbeitsbedingungen.[66] Die Erfolge waren durchaus unterschiedlich. Tendenziell wurden Zweifel an der Möglichkeit dauernder Lohnerhöhungen – die in der Saison erhöhten Löhne wurden in der schlechten Zeit wieder gesenkt – eher verstärkt.[67] Als unmittelbares Ergebnis der Lohnkämpfe des Jahres 1865 muß die Gründung verschiedener lokaler Schneidervereine gelten. Noch in demselben Jahr wurde in Berlin ein Fortbildungsverein für Schneidergesellen und in Hamburg ein ,,Allgemeiner Schneiderverein für Hamburg und Altona" gegründet. Aber auch in anderen Städten gab es Organisationsansätze.[68]

Die Initiative zur Gründung einer nationalen Organisation der Schneider ging von Köln aus. Federführend waren einige dem ADAV angehörende Schneider, die auch engen Kontakt zur Internationalen Arbeiter-Assoziation hatten. Der Schneidergeselle Heinrich Schob, der führende Kopf der Kölner Gruppe, begründete die Notwendigkeit einer Schneiderorganisation damit, daß der „alte Zusammenhang" nicht mehr existiere, und „dadurch" sei „das Kapital groß geworden". In das „zerstückelte Wesen der Korporation" müsse ein „neuer Zusammenhang gebracht werden".[69] Ähnlich wie die Bauarbeiter erkannten die Schneidergesellen, daß Zünfte und Innungen für sie keine Funktion mehr hatten. Gerade weil – so meinte man Ursache und Wirkung verkennend – die Zünfte verfallen waren, wurde die Schneiderei Formen kapitalistischen Wirtschaftens unterworfen. Folglich sah man in einer Selbstorganisation der Schneider eine Vorbedingung, deren Interessen effektiv zu vertreten. Wenn auch die alte Zunftverfassung bei den Organisationsbestrebungen ganz offensichtlich Pate stand, ging es jedoch den Kölner Schneidern nicht um deren Wiederbelebung. Vielmehr sollten durch eine neue Organisation die Folgen der marktorientierten Schneiderei kompensiert werden. In diesem Sinne – dem der Kompensation – strebte man noch keine Klassenkampforganisation an, sondern vielmehr einen „Assekuranzverband", d. h. hier vor allem Hilfskassen, deren Überschüsse zur Errichtung von Produktivassoziationen verwendet werden sollten. Darin erblickten die Kölner Schneider die einzige Möglichkeit zur dauernden Verbesserung ihrer sozialen Lage. Streiks hielten sie hingegen unter Berufung auf Lassalle für ungeeignet.[70] Die Ablehnung von Arbeitskämpfen bei gleichzeitiger Befürwortung von Produktivassoziationen entsprach der Einsicht, daß nicht die unmittelbaren Arbeitgeber der Gesellen, die Schneidermeister, für die gedrückte Lage der Gesellen verantwortlich waren, sondern in erster Linie die Konfektionsunternehmer. Anders als die Meister jedoch, die sich eher für eine zünftige Beschränkung der Gewerbefreiheit aussprachen, sahen die Gesellen in Produktionsgenossenschaften die Möglichkeit, die Konkurrenz gegen die kapitalistische Konfektionsherstellung aufzunehmen – ihnen war die Erkenntnis sicher nicht fremd, daß Konfektionskleidung gerade auch für Handwerker aufgrund des niedrigeren Preises vorteilhaft war – und gleichzeitig kollektiv die handwerkliche Selbständigkeit gegenüber handwerksfremden Konfektionären zu wahren und die eigene Lebens- und Arbeitssituation zu verbessern. Dies war noch kein Klassenstandpunkt, sondern vielmehr ein Versuch, die Interessen des Handwerks gegen kapitalkräftige Konfektionäre zu verteidigen. Die Kölner Initiative führte schließlich – die Vorbilder der Buchdrucker- und der Zigarrenarbeitergewerkschaften wirkten positiv mit – im Oktober 1867 in Leipzig zur Konstituierung eines Allgemeinen Deutschen Schneidervereins. Der Kongreß war entgegen den Erwartungen schwach besucht. Nur acht auswärtige Delegierte und ein Leipziger hatten sich neben ca. 120 bis 130 Zuhörern eingefunden. Die Delegierten vertraten 16 Städte, nicht vertreten waren Berlin und Hamburg.[71] Schob wurde zum ersten Präsidenten des neu gegründeten Allgemeinen Deutschen Schneidervereins gewählt und Köln als Vereinssitz bestimmt.[72] Die weitere Entwicklung des Schneidervereins verlief recht verheißungsvoll. Im ersten Quartal war die Mitgliedschaft bereits auf angeblich 2300 Personen gestiegen.[73]

Die enge Verflechtung zwischen ADAV und Allgemeinem Deutschen Schneiderverein hatte für die Entwicklung des Schneidervereins eine ambivalente Funktion. Ohne die bereits durch den ADAV vorgegebenen Organisationsstrukturen und den *Social-Demokrat* als Kommunikationsmittel wäre – ohne hier die Hilfestellung seitens der Buchdrucker und insbesondere der Zigarrenarbeiter unterbewerten zu wollen – eine gewerkschaftliche Organisation der Schneidergesellen sicherlich nicht so schnell erfolgreich gewesen. Die sehr eng begrenzten Erfolge der Arbeitskämpfe und die starke Anlehnung an Genossenschaftskonzepte, die Schneider vielfach zu Trägern der lassalleanischen Orthodoxie werden ließen,[74] sowie die Fixierung auf das Wahlrecht behinderten hingegen gewerkschaftliche Bestrebungen.[75]

Die anfänglich zu Hoffnungen berechtigende Entwicklung des Schneidervereins wurde 1868 und 1869 innerverbandlich geschädigt. Auf dem Allgemeinen Deutschen Arbeiterkongreß 1868, auf dem die lassalleanischen Arbeiterschaften und der Arbeiterschaftsverband gegründet wurden, schloß sich der Schneiderverein dem Verband erst nur provisorisch an. Dem tatsächlichen Anschluß widersetzte sich der Berliner Vereinsausschuß, der Schweitzer, dem Präsidenten des Verbandes, mißtraute. Schob mußte schließlich den provisorischen Anschluß an den Arbeiterschaftsverband widerrufen.[76] Im Kern wurden hier schon die Auseinandersetzungen zwischen Lassalleanern und zukünftigen Eisenachern vorweggenommen. Die lassalleanischen Mitglieder, unter ihnen auch Schob, setzten sich nun entschieden für einen Anschluß an den Arbeiterschaftsverband ein. Die Mehrheit der Mitgliedschaften sprach sich eindeutig für einen Anschluß aus, der dann auch im Frühjahr 1869 stattfand.[77]

Auf der zweiten Generalversammlung des Arbeiterschaftsverbandes in Kassel im Mai 1869 wurden nur 671 zahlende Mitglieder des Schneidervereins vertreten. Allerdings waren 3000 Personen in die Mitgliedslisten eingeschrieben.[78] Die Kasseler Generalversammlung faßte Beschlüsse, nach denen der Arbeiterschaftsverband noch weiter zentralisiert werden sollte. U. a. sollten alle Arbeiterschaftspräsidenten ihren Wohnort nach Berlin verlegen. Die Mitgliederschaft akzeptierte dies wie auch die geplante Aufnahme von Kürschnern und Kappenmachern in die Gewerkschaft.[79] Schweitzers „Staatsstreich" führte dann jedoch zu einem Bruch innerhalb der lassalleanischen Gewerkschaftsbewegung. Zu den Gegnern Schweitzers zählten u. a. die Vorsitzenden der Gewerkschaften der Schneider, der Zigarrenarbeiter, der Schuhmacher und der Holzarbeiter Schob, Fritzsche, Schumann und York. Schweitzer ließ diese vier Männer aus dem ADAV und ihren jeweiligen Gewerkschaften ausschließen.[80] Der Schneiderverein selbst blieb im Schweitzerschen Arbeiterschaftsverband. Der Sitz wurde nach Hamburg verlegt und Liebisch, ein Anhänger Schweitzers, neuer Präsident. Die zu Schob stehenden Schneider gründeten im September 1869 einen neuen Allgemeinen Deutschen Schneiderverein auf der Grundlage von Bebels Musterstatuten für die Internationalen Gewerksgenossenschaften. Die Schneiderbewegung war somit 1869 in zwei rivalisierende Flügel gespalten.[81] Die Mehrheit der Mitgliedschaft blieb jedoch der lassalleanischen Gewerkschaft der Schneider, Kürschner und Kappenmacher, wie sie nun hieß, treu. Die Verschmelzung der Arbeiterschaften zum Allgemeinen Deutschen Arbeiter-Unterstützungsverband und der Deutsch-Französische Krieg 1870/71 versetzten den lassalleanischen Organisationsbestrebungen einen empfindlichen Schlag. Die Schneidergewerkschaft löste sich wie auch andere lassalleanische Gewerkschaften am 1. Juli 1870 zugunsten des Arbeiterunterstützungsverbandes auf. Die dem ADAV nahestehenden Schneider, nun ohne zentrale Organisation, bildeten an verschiedenen Orten lokale Streikvereine.[82]

Der der SDAP nahestehende Allgemeine Deutsche Schneiderverein war sehr klein. Im ersten Quartal 1870 zählte er acht Mitgliedschaften. Seine Schwerpunkte hatte er in Nürnberg, Wiesbaden und Berlin. Im Herbst 1871 wurde der Ausschuß des Vereins von Nürnberg nach Berlin verlegt. Der Verein verzeichnete in den Jahren 1871/72 ein reges Wachstum.[83]

Versuche, 1872 die bestehenden Schneiderorganisationen in einem parteiunabhängigen Verband zusammenzufassen, schlugen fehl. Verschiedene Bemühungen, eine einheitliche Organisation der Schneider aufzubauen, waren schließlich erst 1875 erfolgreich. Auf dem Schneiderkongreß im August 1875 vertraten 30 Delegierte 39 Orte mit zusammen 2900 Mitgliedern. Zahlenmäßig entsprach die Mitgliedschaft 1875 etwa der von 1869. Im Mittelpunkt der Beratungen des Kongresses stand das Unterstützungswesen. Besonderen Wert legte man auf eine zu gründende Krankenkasse. Das Streikunterstützungswesen nahm einen vergleichsweise untergeordneten Stellenwert ein.[84] In den letzten beiden Jahren vor Verbot des Allgemeinen Deutschen Schneidervereins durch das Sozialistengesetz stabilisierte sich die Gewerkschaft. Die Abrechnungen indizierten eine sinkende Fluktuatuion der Mitgliedschaft und eine quantitative Ausdehung. Allerdings wurde auch über die schlechte Zahlungsmoral der Mitgliedschaften geklagt. Nur jede vierte lokale Mitgliedschaft schickte Geld an die Hauptkasse.[85] In der Geibschen Tabelle wurden für den Herbst 1877 2800 Mitglieder im Schneiderverein ausgewiesen. Nach den Schätzungen entsprach das einem Organisationsgrad von 2,5%. Das Vereinsorgan *Der Fortschritt* hatte zu diesem Zeitpunkt eine Auflage von 2900 Exemplaren. Angeblich stieg sie im zweiten Quartal 1878 auf 4000 Exemplare an – was annehmen läßt, daß sich auch der Umfang der Mitgliedschaft entsprechend entwickelte.[86]

Der Schwerpunkt der Interessenvertretung der Schneider lag auf der politischen Bewegung.[87] Infolgedessen stand dem im Ganzen recht begrenzten Organisationserfolg des Allgemeinen Deutschen Schneidervereins ein hoher Anteil von Schneidern in den Parteien der Arbeiterbewegung gegenüber.[88] Z. B. in Berlin fanden sich in der SAP etwa genausoviele Schneider wie im Allgemeinen Deutschen Schneiderverein. Von den 937 Berliner SAP-Mitgliedern im September 1875 waren immerhin 71 Schneider. Zusammen mit den Zigarrenarbeitern stellten sie die drittgrößte einzelne Berufsgruppe. Diese Schneider waren vor der Vereinigung von ADAV und SDAP fast alle im ADAV. Auch in dem der Fortschrittspartei nahestehenden liberalen „Berliner Arbeiter-Verein“ stellten die Schneider einen hohen Anteil der Mitgliedschaft (vgl. Tab.2-5).

Der allergrößte Teil der politisch organisierten Schneider war im ADAV bzw. später in der SAP eingeschrieben. Proletarisierte Handwerksgesellen wie die Schneider[89] werden aufgrund der Erfahrungen des Niedergangs und der Verdrängung des Handwerks vielfach keine Möglichkeiten zur Verbesserung ihrer Lebens- und Arbeitsbedingungen durch Bildung oder Selbsthilfe mehr gesehen haben. Auch die, verglichen mit der lassalleanischen, differenziertere Programmatik der SDAP,[90] die etliche Teile der politischen Vorstellungen der bürgerlichen Demokratie bewahrte,[91] entsprach nicht der Situation der existenzgefährdeten Schneider. Unter diesen Bedingungen schlossen sich die organisationsbereiten Schneidergesellen vor allem während der 1860er Jahre dem während dieser Zeit fast nur politisch agitierenden ADAV an, weil der mit der Wahlrechtsforderung und Produktivassoziationen den vermeintlichen Weg wies, „wie geholfen werden könne“.[92] Die unmittelbaren und weniger vermittelten, damit auch „radikaleren“ Forderungen des ADAV entsprachen eher der sozialen und ökonomischen Perspektivlosigkeit vieler Schneider und anderer bedrängter Handwerker.[93] Dieselben Umstände erklären auch das ungewöhnliche Verhältnis von politisch und gewerkschaftlich organisierten Schneidern im Rahmen der sozialdemokratischen Bewegung. Die sehr ungünstigen Arbeitsmarktbedingungen und die geringe Chance, Arbeitskämpfe erfolgreich durchzustehen,[94] legten den Schneidern eine politische Organisation näher als eine gewerkschaftliche, die „innerhalb der heutigen Gesellschaft“[95] Verbesserungen für die Arbeiter zu erkämpfen suchte. Wahlrecht und Produktivassoziation stellten angesichts der Lage des Handwerks in den Augen der Schneider einen realistischeren Weg zur Besserung ihrer Lage dar als der ihnen zweifelhaft erscheinende „Umweg“ über wenig erfolgversprechende Arbeitskämpfe.

Eine erste Lohnbewegung nach der Reaktionszeit fand in Berlin – wie auch in anderen Städten – 1865 statt.[96] Der sinkende Lebensstandard der Schneidergesellen bei gleichzeitiger Prosperität regte die Forderung nach höheren Löhnen an. Der Altgeselle der Berliner Schneider, A. Reimann, ein Achtundvierziger, derzeit ADAV-Mitglied und später Mitglied der Berliner Sektion der Internationale, trug wesentlich dazu bei, daß zur Durchsetzung der Lohnforderungen, die auf dem Verhandlungswege durchgesetzt werden sollten, Kampfmaßnahmen noch nicht in Erwägung gezogen wurden. Die führende Rolle des *Altgesellen* Reimann dokumentiert hier das Anknüpfen an herkömmliche Organisationsstrukturen. Der Altgeselle, also der zünftige Vertreter der Gesellen, war der Kopf der modernen Lohnbewegung. Nach dieser Lohnbewegung entstand gegen Ende des Jahres 1865 ein Fortbildungsverein der Schneider als erster Keim einer gewerkschaftlichen Organisation. Ziel des Vereins, der sowohl Meister als auch Gesellen aufnahm, waren theoretische und praktische Fortbildung, Besprechung der gewerblichen und Arbeitsverhältnisse und gesellige Zusammenkünfte.[97] Die Planung und Durchführung von Arbeitskämpfen war nicht vorgesehen. Vielmehr vertrat dieser Verein Selbsthilfevorstellungen.

Der Fortbildungsverein blieb einstweilen eine unbedeutende Arbeiterorganisation. Er bestand zwar fort – Bernstein spricht für 1867 von „etlichen hundert Mitgliedern" –,[98] jedoch war die öffentliche Wirkung nicht sehr groß. Bei der Gründung des Allgemeinen Deutschen Schneidervereins im Oktober 1867 war eine Berliner Schneiderorganisation jedenfalls nicht vertreten.[99] Vermutlich schloß sich der Berliner Verein erst im April 1868 dem Allgemeinen Deutschen Schneiderverein an.[100] Auf dem Berliner Arbeiterkongreß im September 1868 war der Fortbildungsverein mit 66 Mitgliedern als einzige Organisation der Berliner Schneider vertreten.[101] Die Berliner Schneider, die u. a. durch Reimann Kontakte zur Internationale unterhielten, wandten sich gegen den Anschluß des Allgemeinen Deutschen Schneidervereins an den lassalleanischen Arbeiterschaftsverband.[102] Nach der Spaltung der Schneiderbewegung in einen lassalleanischen und „Eisenacher" Flügel 1869 tendierten die zum Fortbildungsverein gehörenden Schneider zur SDAP. Sie spielten jedoch innerhalb der Berliner Arbeiterschaft der 1870er Jahre keine öffentlich wirksame Rolle mehr. Daran änderte auch die Verlegung des Ausschusses des zu den Internationalen Gewerksgenossenschaften zählenden Allgemeinen Deutschen Schneidervereins von Nürnberg nach Berlin im Oktober 1871 nichts.[103] Die nächste größere Schneiderbewegung Berlins begann im Januar 1870. In einer allgemeinen Schneiderversammlung beklagte man die „heutige Produktionsweise", in der namentlich durch die „maßlose Konkurrenz der Konfektionsgeschäfte" der Lohn nicht mehr zum Lebensunterhalte reiche.[104] In den auf Konfektion spezialisierten Ladengeschäften betrugen die gezahlten Löhne angeblich nur etwa ein Drittel derer, die den für Kundenaufträge arbeitenden Schneidern gezahlt wurden.[105] Für Anfang Februar war eine Versammlung aller Meister geplant, die für Konfektionsgeschäfte arbeiteten. Anschließend wollten Gesellen und Meister gemeinsam eine bessere Bezahlung durchsetzen.[106] Im März stellten dann 500 Konfektionsmeister und -gesellen die Arbeit ein. Sie forderten von den Konfektionären eine Lohnerhöhung um 25%. Die Kollegen der Kundenwerkstätten solidarisierten sich durch Sammlungen für Unterstützungsgelder. Trotz dieses im Ganzen recht günstigen Beginns des Arbeitskampfes verhehlte man nicht die Hauptgefahr: Berlin werde mit „Plunderkram" aus den Provinzen übersät.[107] Für die Berliner Konfektionäre arbeiteten offensichtlich schon genügend Landschneider, um diesen Arbeitskampf zu unterlaufen. Gegen Ende März wurde der „Guerillakrieg gegen Konfektionsgeschäfte" bereits „vertagt". Die Streikenden hatten fast alle wieder ihre Arbeit aufgenommen. Die Gesellen hatten teilweise die verlangten Lohnverbesserungen erhalten, den Meistern hingegen waren seitens der Konfektionäre keine Zugeständnisse gemacht worden.[108] Insgesamt hatte dieser Streik nicht den gewünschten Erfolg.[109]

Diese erste neuere Bewegung der Berliner Schneider begann 1870 als gemeinsamer Kampf von Gesellen und Meistern gegen die Konfektionsindustrie. Diese Form des Protestes war kein auf Berlin begrenzter Einzelfall. Ähnliches fand etwa zur selben Zeit in Nürnberg statt. Von den 4000 bis 5000 Schneidern der Stadt erhielten nur ca. 50 bis 60 gute Löhne. Der „Konfektionsschwindel" hatte auch hier die Lage von Meistern und Gesellen spürbar verschlechtert. In gemeinsamen Aktionen aller Angehörigen des Handwerks hoffte man, dem Lohndruck der Konfektionsindustrie Widerstand entgegensetzen zu können. Zu einem Arbeitskampf scheint es allerdings nicht gekommen zu sein.[110]

In beiden Fällen suchte sich das Schneiderhandwerk als Ganzes gegen die wachsende Abhängigkeit von handwerksfremden Konfektionsunternehmern zu verteidigen. Die gemeinsam erlebte Verschlechterung der Lebensbedingungen ließ ein gemeinsames Handeln von Meistern und Gesellen naheliegen. Die Meister werden jedoch bald erfahren haben, daß das Streikrisiko für sie größer und die möglichen Streikgewinne kleiner waren als für die Gesellen. Die Lohnforderungen der Gesellen richteten sich direkt an sie. Die Möglichkeit, dieses Verlangen auf die Konfektionäre abzuwälzen, war nicht besonders groß. Lohnerhöhungen wären zumindest teilweise auf ihre Kosten gegangen. Das Streikrisiko ergab sich aus dem Konkurrenzverhältnis der Meister untereinander um Aufträge. Die städtischen Schneidergeschäfte verspürten bereits den Druck der Landschneider, wohin – wenn auch wohl nicht dauernd – Teile der Produktion kurzfristig verlagert werden konnten. Der kleine handwerkliche Besitz des Inhabers einer Werkstatt mit wenigen Gesellen machte den Meister immobil. Ein Arbeitskampf konnte zu einem dauernden Verlust des Auftraggebers führen, was im Extremfall zum Ruin des Geschäftes und zu einem empfindlichen materiellen Verlust führen konnte. Für die Gesellen bestand ein vergleichbares Risiko nicht. Sie waren meist relativ ungebunden. Arbeitslosigkeit war ihnen nicht unbekannt, eine Entlassung oder der Bankrott eines Arbeitgebers stellte für sie keinen vergleichbaren Verlust dar.

Angesichts der Abhängigkeit der Inhaber kleiner Schneidergeschäfte von den Konfektionären oder von einem einzelnen Konfektionär war das Üben von Wohlverhalten gegenüber dem Auftraggeber wahrscheinlich der einzige Weg, sich Aufträge, möglicherweise auch für die schlechten Zeiten, zu sichern. Aufgrund der Aussichtslosigkeit, einen längeren Arbeitskampf erfolgreich durchzustehen, und des Überangebots an Schneidern, dürfte bei den Meistern die Entscheidung darüber, ob sie im Konfliktfall mit den Gesellen oder mit den Konfektionären zusammenarbeiteten, ziemlich rasch zugunsten der Konfektionäre gefallen sein. Die Spaltung von Meistern und Gesellen mußte geradezu bei der ersten Auseinandersetzung mit den Konfektionsunternehmern eintreten. In den späteren Jahren führten Schneidermeister und -gesellen zumindest in Berlin keine gemeinsamen Arbeitskämpfe mehr.

Die beiden Schneiderbewegungen des Jahres 1870 verdeutlichen zudem ein strukturelles Moment, das nachteilig für Arbeitskämpfe wirkte. Die starke Saisonabhängigkeit und die Fragmentierung der Saison in zwei Perioden erlaubte nur während einer relativ kurzen Zeit, durch eine Arbeitseinstellung oder deren Androhung wirtschaftliche Verbesserungen für die Arbeiter durchzusetzen. Faktisch kam wohl nur die Zeit der Produktion der Sommerkonfektion in Frage. In einer relativ kurzen Zeit mußten sich die Arbeiter verschiedener Werkstätten verständigen und ihre Forderungen formulieren, einen Arbeitskampf vorbereiten, beginnen und gegebenenfalls zu Ende führen. In Städten wie Berlin mit einer hohen Zuwanderungsrate von Gesellen aus den Provinzen und vergleichsweise besseren Löhnen[111] mußten zudem erst die zugewanderten Arbeiter integriert werden. Diese hatten meist noch keinerlei Erfahrungen in dem Durchführen eines organisierten Streiks und konnten daher wohl auch leichter als Streikbrecher eingesetzt werden. Die kurze Zeit, die wohl mit etwa drei Monaten nicht zu kurz eingeschätzt ist, in der bessere Löhne und Arbeitsbedingungen durchgesetzt werden konnten, erschwerte einen Arbeitskampf ganz erheblich. Beide Bewegungen, sowohl die Berliner als auch die Nürnberger, litten offensichtlich unter diesem Zeitdruck. Im März war die Saison für die Nürnberger Schneider schon zu weit fortgeschritten, um noch einen Ausstand beginnen zu können. Die Berliner Schneider waren früher aktiv, sie mußten dann aber auch wegen des nahenden Endes der Saison ihren Arbeitskampf „vertagen", d. h. abbrechen.

Nach der Reichsgründung begann eine neuerliche Bewegung unter den Berliner Schneidern im Frühjahr 1871. Kurz vor Ostern war in „einigen der größeren Schneidergeschäfte die Arbeit eingestellt (worden), weil die

Geschäftsinhaber verlangten, daß die Gesellen sonntags und auch nachts arbeiten sollten."[112] Hiermit war zum ersten Mal der Mittelpunkt der sozialen Konflikte der nächsten Jahre in der Schneiderei thematisiert worden: die überlangen Arbeitszeiten. Die Gesellen forderten bei dieser Arbeitseinstellung eine Beschränkung der täglichen Arbeitszeit auf zehn Stunden sowie die Abschaffung der – nicht unüblichen – Nacht- und Sonntagsarbeit. Sie wiesen in offensichtlicher Kenntnis der Marktfunktionen darauf hin, daß durch die 16- bis 18-stündige tägliche Arbeitszeit während der Saison eine Überproduktion eintrete, die dann zum Herabdrücken der Löhne und zur Verarmung der Schneider führe.[113] Die Schneider wandten damit die in der Sozialdemokratie übliche Argumentation für den Normalarbeitstag modifiziert auf ihre Lage an.[114] Die Geschäftsinhaber akzeptierten schließlich den Wegfall der Nacht- und Sonntagsarbeit,[115] was ihnen wohl sehr leicht fiel angesichts des kurz bevorstehenden Endes der Liefersaison.

Ohne daß darum gestreikt wurde, konnten die Schneidergesellen der Kundenwerkstätten gleichzeitig eine Lohnerhöhung um 25% durchsetzen. Die ,,Konfektionsarbeiter", gemeint waren damit die nicht handwerklich ausgebildeten Beschäftigten der Konfektionsindustrie, nutzten hingegen diese Gelegenheit nicht, um auch für sich eine Lohnerhöhung durchzusetzen.[116] Offensichtlich waren die Inhaber der Schneidergeschäfte eher zu Lohnerhöhungen bereit, als während der Liefersaison Beschränkungen der Arbeitszeit – und damit ihrer Verfügung über die Arbeitskraft ihrer Arbeiter – hinzunehmen. Gleichzeitig zeigte sich, daß die Bewegung der Berliner Schneider auf die relativ kleine Gruppe der handwerklich qualifizierten Gesellen, die Maßarbeit verrichteten, beschränkt war. Die ,,Konfektionsarbeiter" verstanden sich nicht zu einer kollektiven Vertretung ihrer Interessen.

Im Anschluß an diese Arbeitskämpfe begann im Sommer 1871 der Versuch, eine umfassende Organisation der Schneider Berlins aufzubauen. Die dem ADAV nahestehenden Schneider gründeten einen Streikverein,[117] der bei der Konstituierung des Berliner Arbeiterbundes im Oktober 1871 bereits 156 Mitglieder zählte.[118] Dieser Streikverein richtete sich vor allem gegen die ,,Mühlendammer",[119] d. h. gegen die vielfach jüdischen Kleiderhändler und Konfektionäre Berlins, die durch den Einsatz weiblicher Arbeitskräfte versuchten, die Schneiderlöhne zu drücken.[120] Der unter den Schneidern ohnehin vorhandene Antisemitismus[121] wurzelte in dem stark personalisierten Antagonismus zwischen den Schneidern und den häufig jüdischen Konfektionären und Kleiderhändlern, die ihre Geschäfte meist am Berliner Mühlendamm hatten.

Die organisatorischen Bestrebungen der Schneider hatten den Effekt, daß bereits im November dieses Jahres die Agitation für die Forderungen der neuen Saison begonnen werden konnte. Die Schneider kritisierten die 14- bis 18-stündigen täglichen Arbeitszeiten und die Wochenlöhne zwischen 2 und 5 Tlr.[122] Ein Arbeitskampf zur Durchsetzung der Forderungen, vor allem der Abschaffung der Nacht- und Sonntagsarbeit, fand jedoch erst im März 1872 statt. Ca. 400 bis 500 Schneidergesellen der größeren Herrengarderobengeschäfte beteiligten sich an dem von der Streikkasse der Berliner Schneider unterstützten Arbeitskampf.[123] Die Prinzipale erklärten sich – wie im Jahre zuvor – mit der Abschaffung der Nacht- und Sonntagsarbeit einverstanden.[124] Auch diesmal gelang es nicht, die Konfektionsschneider mit in die Bewegung hineinzuziehen.[125]

Im Sommer 1872 gründeten die Arbeitgeber eine Antistreikkoalition, angeblich unter demselben Namen wie die Schneidergewerkschaft: Allgemeiner Deutscher Schneiderverein. Die Arbeitgeber beklagten, daß viele Arbeiter zusagten, eine Arbeitsstelle anzunehmen, dann aber, kurz vor Arbeitsbeginn, einen höheren Lohn forderten. Die „Konfectioneusen", die Arbeiterinnen der Konfektionsindustrie, verfolgten dieselbe Taktik. Ohne Kündigung verließen sie ihre Arbeitsstellen. Die Errichtung eines Einigungsamtes, wie es den Meistern vorschwebte, scheiterte am Widerstand des Schneiderstreikvereins.[126] Die wohl vergleichsweise sehr hohe Fluktuatuion unter den meist unverheirateten Schneidern erschwerte eine gewerkschaftliche Organisation. Der häufige Arbeitsplatzwechsel behinderte eine stabile Gemeinschaftsbildung am Arbeitsplatz, die ohnehin schwieriger als in anderen Gewerben war, weil durch die Arbeitsverrichtung keine Gruppenbildung vorgeprägt war. Individuelles Durchsetzen höherer Löhne in einzelnen Werkstätten war während der Liefersaison leichter als eine umfassende Organisation der Schneider, die allein zu einer besseren Absicherung der Streikergebnisse hätten führen können. Dieses individuelle oder nur auf eine Werkstatt bezogene Verfahren erklärt, daß bei den größeren Arbeitskämpfen der Berliner Schneider nicht die Löhne im Vordergrund des Gemeinschaftsinteresses standen.

Größere Arbeitskämpfe der Schneider fanden 1873 nicht mehr statt. Auf einer Generalversammlung der Berliner Schneider im März 1873 wurde über die Löhne und Arbeitszeiten der Konfektionsschneider gesprochen. Die Arbeitszeiten betrugen bis zu 16 oder 18 Stunden täglich. Bei Lohnsätzen von 22¹/₂ bis 27¹/₂ Sgr. für ein Paletot, an dem ein Konfektionsschneiderer zwei Tage arbeitete, und bei 17¹/₂ Sgr. bis 1 Tlr. 2¹/₂ Sgr. für Jacketts, für die dieselbe Arbeitszeit benötigt wurde, beliefen sich die Löhne der Konfektionsschneider auf nicht mehr als drei Tlr. wöchentlich. Der Streikverein der Berliner Schneider hatte die Absicht, gegen die Konfektionsschneiderei vorzugehen.[127] Schließlich sollte am 1. April ein Streik der Konfektionsschneider beginnen, in dem eine Lohnerhöhung von 33% gefordert werden sollte. Wie schon in den Jahren zuvor verlangte man auch die Abschaffung der Nacht- und Sonntagsarbeit.[128] Der projektierte Streik hat wohl nie stattgefunden, zumindest gibt es keine Nachrichten über einen solchen Streik. Allerdings hat wohl im April eine Arbeitsniederlegung der Militärschneider stattgefunden.[129] Bekannt ist allerdings auch hier nur, daß der Streik Ende April zusammenbrach.[130] Spätere Beteuerungen, daß man nicht von der Forderung nach Abschaffung der Nacht- und Sonntagsarbeit abgehe,[131] und eine Erklärung der Berliner Schneider, die Forderungen der Militärschneider seien gerechtfertigt,[132] änderten am Zusammenbruch dieses Arbeitskampfes nichts mehr. Noch im Mai desselben Jahres versuchten 16 Gesellen der Schneiderei Claus und Levin eine Lohnerhöhung mit Hilfe eines Streiks durchzusetzen. Nach zwei Tagen kehrten allerdings zehn Gesellen wieder zur Arbeit zurück.[133] Außerdem sind noch drei weitere Arbeitseinstellungen aus jeweils einzelnen Werkstätten bekannt. Zweimal wandten sich die Gesellen gegen eine schlechte Behandlung durch Vorgesetzte und einmal wehrten sie sich gegen eine Lohnsenkung.[134] Weitere Arbeitskämpfe der Berliner Schneider wurden aus den Jahren 1873 bis 1878 nicht gemeldet.

Während der Jahre 1870 bis 1878 konnten die Berliner Schneider keine gesicherten Arbeitskampferfolge erringen. Als eines der schwierigsten Probleme bei der Vorbereitung der Arbeitskämpfe stellt sich neben der Heimarbeit der Saisoncharakter der Schneiderei heraus. Aufgrund der kurzen Dauer und der Zerteilung der Produktionsphasen ließen sich die Forderungen der Arbeiter nur während der kurzen Hauptproduktionszeit durchsetzen. Erschwert wurde die Situation durch die überlangen Arbeitszeiten, die regelmäßigen Versammlungsbesuch kaum zuließen. Die Lehren, die man aus der Zeitnot bei den Ausständen 1870 und 1871 gezogen hatte, schlugen sich bereits im Herbst 1871 nieder. Um die Forderungen der Schneider in der Produktionsphase 1871/72 wirkungsvoller vertreten zu können, begannen bereits im November die Versammlungen. Allerdings blieb es im Dezember 1871 und November 1872 unter den Berliner Schneidern wahrscheinlich wegen der langen Arbeitszeiten ruhig. Der Streik im Frühjahr 1872 führte zu keinen anderen Ergebnissen als die früheren.

In der Produktionsphase des Frühjahrs 1873 wirkte sich die Verdrängung der Kundenschneiderei durch die Konfektionsindustrie und die damit einhergehende Rationalisierung des Arbeitsprozesses durch eine vorangetriebene Arbeitsteilung und Dequalifikation der handwerklich ausgebildeten Arbeitskräfte in den Arbeitskämpfen bereits aus. Nicht nur Schneidergesellen der Kundenwerkstätten, sondern auch die der Werkstätten für gehobene Konfektion standen an der Spitze der Bewegung. Vermutlich waren Schneidergeschäfte, die bisher in erster Linie für Kundenaufträge arbeiteten, gezwungen, sich an die geänderten Geschäftsbedingungen anzupassen und Konfektionskleidung herzustellen. Das bedeutete natürlich auch, daß die Gesellen, die bisher die Maßarbeit verrichteten, nunmehr zur Konfektionsarbeit herangezogen wurden. Wenn diese Gesellen auch die qualifizierteste Konfektionsarbeit verrichteten, so waren sie nunmehr doch in den strukturellen Rationalisierungsprozeß der Schneiderei mit einbezogen und aufgrund der Senkung der Qualifikationsanforderungen wesentlich leichter ersetzbar als zuvor. An den Forderungen – Abschaffung der Nacht- und Sonntagsarbeit in den Werkstätten – änderte sich nichts. Allerdings verhinderte der Rationalisierungsprozeß nicht bloß einen Erfolg, sondern vereitelte einen größeren Schneiderstreik von vornherein.

Die Schneidergesellen konnten die einmal errungenen Kampferfolge nicht verteidigen. Besonders plastisch zeigte sich das an den zugestandenen und später wieder verweigerten Arbeitszeitverkürzungen. Als entscheidende Ursache dafür muß die durch den Saisoncharakter des Handwerks bedingte enorm hohe Fluktuation der Gesellen angesehen werden. Die einzelnen Werkstätten hatten – abgesehen vom Zuschneider und vielleicht einem Bügler – keinen festen Arbeiterstamm. Vielmehr wurden für die Saison kurzfristig die nach Auftragslage notwendigen Schneider eingestellt. Da es keinen festen Arbeiterstamm gab, fehlte auch ein personeller Träger für eine Kontinuität der Kampferfolge. Nach Ende der einen Saison wurden die meisten Gesellen aus den Werkstätten entlassen. Später neu Eingestellte konnten dann kaum an die Erfahrungen und Erfolge ihrer Kollegen anknüpfen. Zudem spricht angesichts des Überangebots an Schneidergesellen und der Möglichkeit, Frauen zu beschäftigen, eine gewisse Wahrscheinlichkeit dafür, daß die Werkstattmeister nicht gerade Gesellen wieder einstellten, die eine Saison zuvor bei ihnen gestreikt hatten.

In direktem Zusammenhang mit der unzureichenden Fähigkeit, Arbeitskämpfe erfolgreich durchzustehen bzw. deren Ergebnisse zu verteidigen, stand die organisatorische Instabilität des Berliner Schneidervereins. Die sehr hohe Fluktuation unter den Schneidern, die erfolgreiche Arbeitsniederlegungen nahezu unmöglich machte, behinderte auch die gewerkschaftliche Organisation der Schneider in einem entscheidenden Maße.[135] Nach einem Arbeitsplatzwechsel riß vielfach durch die Aufnahme der Arbeit in einer neuen Werkstatt der Kontakt zu organisierten Kollegen ab. Derart von der gewerkschaftlichen Willensbildung ausgeschlossen, war der jeweilige Arbeiter, falls er sich nicht um Anschluß an Gewerkschaftsmitglieder bemühte, bestenfalls eine „Karteileiche". Ein rascher Wechsel in der Mitgliedschaft des Schneidervereins ergab sich auch aus dem nicht unüblichen Verhalten der Gesellen, sich während der Saison oder kurz bevor ein Arbeitskonflikt zum Ausbruch kam, der Gewerkschaft als Kampforganisation anzuschließen. Wenn der unmittelbare Anlaß für den Gewerkschaftsbeitritt verstrichen war, stellte das Gewerkschaftsmitglied die Zahlung der Beiträge und den Versammlungsbesuch ein. Aufgrund dieses Verhaltens war es möglich, daß dieselbe Person mehrfach in den Gewerkschaftslisten verzeichnet war. Die überlangen Arbeitszeiten und die recht großen Entfernungen innerhalb Berlins[136] ließen einen Versammlungsbesuch außerhalb von Konfliktperioden leicht unbequem werden.

Der Streikverein der Berliner Schneider erreichte bis 1878 keine organisatorische Stabilität. Der Schneiderverein konnte seine Existenz im wesentlichen nur durch eine enge Anlehnung an den *Neuen Social-Demokrat* und tradierte Formen der Verständigung der Gesellen untereinander sichern. Der *Neue Social-Demokrat* diente dem Schneiderverein als Publikationsorgan, in dem die Versammlungstermine mitgeteilt wurden. Nach dem Ablaufen der Streikwelle während der Gründerkonjunktur bestand die Hauptaktivität des Streikvereins darin, seine Mitglieder für allgemeine Schneiderversammlungen zu mobilisieren. Besondere Anlässe dafür boten die Wahlen für Arbeitervertreter zur Gewerkskrankenkasse oder Altgesellenwahlen.[137]

Die Vereinigungsbestrebungen der Arbeiterparteien blieben auch unter den Schneidern nicht ohne Folgen. Am 30. März 1875 fanden sich die Berliner Schneider zu einer Generalversammlung zusammen, zu der sowohl der lassalleanische Berliner Schneiderverein, wie der Streikverein nun hieß, als auch die Berliner Mitgliedschaft des Allgemeinen Deutschen Schneidervereins eingeladen hatten. Zwei Tage später, am 1. April 1875, wurde der Zusammenschluß unter dem alten Namen Allgemeiner Deutscher Schneiderverein für Berlin rechtsgültig. Die Gewerkschaftskonferenz im Anschluß an den Gothaer Vereinigungsparteitag am 28. und 29. Mai 1875 befürwortete die Vereinigung der lassalleanischen und der SDAP-nahen Gewerkschaften. Auf einem Schneiderkongreß am 8. und 9. August 1875 in Leipzig wurde schließlich die Vereinigung auch auf nationaler Ebene vollzogen.[138]

Die Vereinigung der sozialdemokratischen Schneiderorganisationen zog jedoch keinen bedeutenden Aufschwung der Organisation nach sich. In Berlin blieb die Mitgliedschaft des Schneidervereins in den nächsten Jahren recht klein. Im Jahre 1876 zählte sie nur 65 Mitglieder, nicht mehr als der Fortbildungsverein im Herbst 1868.[139] Bis September 1877 sank die Zahl der gewerkschaftlich organisierten Schneider sogar auf 57 ab.[140] Gemessen an der Zahl der in Berliner Schneidereien tätigen Personen lag der Organisationsgrad unter 0,5%.[141] Berücksichtigt man jedoch die Hindernisse, die aufgrund des preußischen Vereinsgesetzes der gewerkschaftlichen Organisation der Frauen in den Weg gelegt wurden,[142] so ergäbe sich bei Berücksichtigung nur der männlichen Schneider ein Organisationsgrad von ca. 0,7%.[143] Dieser geringe Organisationserfolg der sozialdemokratischen Gewerkschaftsbewegung unter den Berliner Schneidern läßt sich nicht durch eine erfolgreichere Konkurrenz erklären. Für 1869 liegen zwei Mitgliederangaben des liberalen Hirsch-Dunkerschen Gewerkvereins der Schneider vor. Im Februar wurden dort 45 organisierte Schneider[144] und im Mai 85 gezählt.[145] Den ebenfalls geringen Erfolg der liberalen Gewerkschaften bei der Organisierung der Schneider zeigt eine Statistik über deren Mitgliederbestand. Zehn Ortsvereine im ganzen Deutschen Reich zählten 438 Schneider als ihre Mitglieder.[146] 1880, nachdem der Allgemeine Deutsche Schneiderverein bereits über ein Jahr lang verboten war, zählte der liberale Ortsverein der Schneider in Berlin einhundert Mitglieder.[147]

7. Exkurs 1: Die Schneiderbewegung in Würzburg

In den folgenden Ausführungen sollen die am Beispiel Berlins gewonnenen Beobachtungen über die Kämpfe und Organisation der Schneider überprüft werden. Dazu wurde Würzburg gewählt, weil erstens in Würzburg – im Gegensatz zu Berlin – außerordentlich niedrige Schneiderlöhne gezahlt wurden,[148] zweitens die Quellenlage recht günstig ist. Nachdem 1868 eine Initiative zur Bildung von Arbeiterorganisationen in Würzburg gescheitert war, gelang im März 1869 infolge der Agitationsreise von Bonhorst, Haustein und Kölsch durch Süddeutschland die Gründung einer ADAV-Mitgliedschaft.[149] Bereits im Juli zählte sie ca. 60 Mitglieder, „größtenteils Zigarrenspinner und Schneider."[150] Entscheidend für die Entwicklung der Würzburger Arbeiterbewegung wurden die Kontakte nach Augsburg. Im Unterschied zu vielen anderen ADAV-Gemeinden wurde in Würzburg wie auch in Augsburg[151] das Gewerkschaftswesen gepflegt. Ein Vierteljahr nach der ADAV-Gründung bestanden in Würzburg bereits sieben gewerkschaftliche Organisationen, die zusammen ca. 280 Mitglieder zählten. Zu ihnen zählte auch ein Schneiderverein.[152] Auf der Generalversammlung des Arbeiterschaftsverbandes im Mai 1869 in Kassel wurden die Würzburger Mitglieder von dem damaligen Lassalleaner Tauscher aus Augsburg vertreten.[153] Tauscher sollte auch die Würzburger Lassalleaner auf dem Eisenacher Kongreß im August 1869 vertreten,[154] wirkte dort aber nur an dem von den Lassalleanern veranstalteten Tumult mit.[155] Die Kontakte der Würzburger Sozialisten zur späteren süddeutschen Fraktion belegte auch die Werbung für den *Proletarier*, eine sozialdemokratische Zeitung, die ursprünglich in München, ab April 1870 in Augsburg erschien und Organ der in Augsburg ansässigen Allgemeinen Deutschen Sozialdemokratischen Arbeiterpartei wurde.[156] Die süddeutschen Mitgliedschaften bewahrten sich eine im ADAV unübliche Eigenständigkeit. Um diese zu unterbinden, versuchte Schweitzer im Dezember 1869 nach den Wirren um seinen „Staatsstreich" den *Proletarier* zu unterdrücken. Nachdem bereits in den Augsburger Gewerkschaften, insbesondere in der Metallarbeitergewerkschaft Widerspruch gegen Schweitzer laut geworden war, führten Schweitzers Disziplinierungsversuche schließlich dazu, daß die Augsburger Lassalleaner den ADAV verließen und die bereits erwähnte Allgemeine Deutsche Sozialdemokratische Arbeiterpartei gründeten. Die Würzburger folgten den Augsburgern und traten dieser vierten, süddeutschen Fraktion der Sozialdemokraten bei und folgten ihr 1870 in die SDAP.[157]

Die Würzburger Konfektionsgeschäfte hatten im Winter 1869/70 die Schneiderlöhne „über alle Begriffe" herabgesetzt. Um sich vor solchen Lohnkürzungen zu schützen, planten die Schneider im Frühjahr 1870, durch eine (Produktiv-)„Assoziation" ihre Lage zu bessern. Angeblich waren einige Meister bereit, die Summe von 10 000 Gulden zur Verfügung zu stellen. Die an der Genossenschaft beteiligten Gesellen und Kleinmeister sollten dann das mit 5% zu verzinsende vorgeschossene Kapital 30-Kreuzer-weise[158] abtragen. Man hoffte, ca. 100 Schneider in der Genossenschaft beschäftigen zu können, denen ein wöchentlicher Lohn von 6–7 Gulden gezahlt werden sollte.[159] Diese Genossenschaft wurde meines Wissens nie realisiert. Der Plan zeigte jedoch, daß auch in Würzburg die der Sozialdemokratie nahestehenden Schneider in den ersten Konflikten, die aus kapitalistischen Verwertungsmethoden herrührten, die Kooperation mit den kleineren Schneidermeistern suchten. Sicherlich bestand zwischen vielen Kleinmeistern und den Gesellen keine allzu ausgeprägte soziale Distanz. Unabhängig davon jedoch sah man auch hier die Frontstellung zwischen dem Handwerk und den marktorientierten Konfektionären. Von Klassenkampf oder Streik war noch nicht die Rede. Die geplante Genossenschaft, die ja den dort Arbeitenden nicht den ,,vollen Arbeitsertrag" – wie eine der gängigen lassalleanischen Forderungen lautete – sicherte, sondern Zinsen an die Kapitalgeber abführte, ging wohl nicht über liberale Genossenschaftsmodelle hinaus.

Während des Deutsch-Französischen Krieges schlief in Würzburg – wie auch in vielen anderen Orten – die Sozialdemokratie ein. Neue Regungen unter den Arbeitern wurden im Herbst 1871 verzeichnet.[160] Im Frühjahr 1872 entwickelte sich daraus wieder eine Arbeiterbewegung, an der auch die Würzburger Schneider teilhatten.[161] Auf einer ersten Versammlung der Schneidergesellen einigte man sich darauf, aufgrund der gestiegenen Preise 30% mehr Lohn und eine Verkürzung der Arbeitszeit auf zehn Stunden täglich zu fordern. Um diese Anliegen durchzusetzen, sollte ein provisorisches Komitee zwecks Gründung einer Genossenschaft gebildet werden. Der Begriff ,,Genossenschaft" entsprach hier nicht mehr dem der ,,Assoziation" von 1870, vielmehr war diesmal bereits eine Gewerkschaft gemeint. Die nun geplante Gewerkschaft richtete sich allerdings nicht gegen die Meister, sondern wie 1870 gegen die Konfektionäre. Gegen letztere hoffte man zusammen mit den Meistern vorgehen zu können. In der Absicht der Kooperation lud man zur nächsten Versammlung die Schneidermeister ein, die sich allerdings mit nur sieben Mann bei ca. 130 bis 140 Teilnehmern sehr zurückhaltend beteiligten. Die Schneidermeister erklärten, sie könnten die Löhne nicht erhöhen, da sie ihre Kundschaft an die Konfektionsgeschäfte verloren hätten und die Preise für Kundenarbeit infolgedessen auf ein Minimum gesunken seien. Mit einer Eingabe sollte eine Beschränkung der Gewerbefreiheit zuungunsten der Konfektionäre erreicht werden.[162] Diese für die Gesellen sehr unbefriedigende Haltung führte deutlich zu deren Radikalisierung. Auf der nächsten Versammlung waren etwa 500 Personen anwesend. Erstmals traten jetzt auch wieder die führenden Köpfe der Arbeiterbewegung von 1869/70 öffentlich auf. Ein Referat eines Nürnberger Sozialdemokraten, des Schneiders Baumann,[163] ordnete die Lage der Schneider in den politischen Kontext ein. Er verwies auf die Notwendigkeit, Arbeiter in den Reichstag zu entsenden. Gleichzeitig warb er für Gründung einer Gewerkschaft und einer Streikkasse, mit deren Hilfe eine Verkürzung der Arbeitszeit auf neun Stunden täglich durchgesetzt werden sollte. Ein bevorstehender Schneiderstreik sollte nach Kräften unterstützt werden.[164] In relativ kurzer Zeit hatte die Schneiderbewegung damit ein völlig neues Niveau erreicht. Der Genossenschaftsgedanke war verdrängt. Die Haltung der Meister hatte tradierte Wertvorstellungen vom gemeinsamen Handwerk rasch ad absurdum geführt und die eigentliche Konfliktebene zwischen Kapital und Arbeit aufgezeigt. Baumann wies genau zu dem Zeitpunkt, als tradierte Orientierungspunkte nicht mehr situationsangemessen waren, auf die Notwendigkeit gewerkschaftlicher Organisation und die Möglichkeiten des Arbeitskampfes hin. Am 8. April wurde dann auch von ca. 130 Personen einer Schneiderversammlung der Beschluß gefaßt, die geforderte Lohnerhöhung mittels einer Arbeitseinstellung zu erzwingen, da die Meister nicht auf gütlichem Wege zu einer Einigung bereit waren. Zuvor jedoch sollten die angefangenen Arbeiten fertiggestellt werden.[165] Mit der Verschiebung des Streikbeginns bis nach Beendigung der laufenden Arbeiten wurde die Position der Arbeiter geschwächt, weil man so den Meistern Zeit ließ, sich auf den Arbeitskampf einzustellen. Dieses Vorgehen war aber wahrscheinlich deshalb nötig, weil die Gesellen noch die Löhne für laufende Arbeiten benötigten, um nicht mit zu geringen finanziellen Mitteln oder gänzlich mittellos die Arbeit niederzulegen. Möglicherweise spielten aber auch Rücksicht auf die öffentliche Meinung und tradierte Ehrbegriffe eine Rolle. Tatsächlich stellten noch in derselben Woche etwa 300 Schneider die Arbeit ein. Nachdem die Konfektionäre 80% (!) und die Meister 30% Lohnerhöhung bewilligt hatten, wurde nach knapp einer Woche Arbeitskampf die Arbeit wieder aufgenommen. Gleichzeitig wurde eine Mitgliedschaft des Allgemeinen Deutschen Schneidervereins in Würzburg gegründet.[166] Sie zählte im Mai bereits ,,etliche 120" Mitglieder und war die zweitgrößte von acht Gewerkschaften am Ort.[167]

Wie sich jedoch bereits im Mai desselben Jahres zeigte, konnten die Würzburger Schneider den Erfolg des Arbeitskampfes vom April nicht verteidigen. Ein Meisterkomitee beschloß, die Arbeitszeiten auf 11 1/2 Stunden täglich festzusetzen sowie Strafen für das Montag-Blau-Machen und versäumte Arbeitsstunden einzuführen. Die Schneider beklagten sich, ihre Lage sei nun schlechter als vor dem Streik im April – was möglicherweise auch mit dem Abflauen der Saison zusammenhängen konnte. 48 Schneidergesellen zogen es vor, Würzburg zu verlassen. Letztlich führte diese nachträgliche Niederlage zu einem Wiederaufleben der Genossenschaftsidee. Die ,,besten Schneider" beschlossen, eine Produktiv-Assoziation zu gründen. Allerdings wurde dieser Plan nicht verwirklicht.[168] Der Rückgriff auf die Genossenschaftsidee stand in einem ursächlichen Verhältnis zur Arbeitskampfniederlage. Die Zweifel an der Möglichkeit einer dauernden Verbesserung der Lage der Schneider richteten deren Blick wieder stärker auf eine grundlegende Umgestaltung der Produktionsweise, wobei sie die Handwerkerutopie der Genossenschaft wieder aufgriffen. Im Kern war das eine Radikalisierung, die allerdings aufgrund ihrer Unangemessenheit in Resignation umschlug. Die Schneidergewerkschaft überlebte die Streikniederlage und das Scheitern des Genossenschaftsprojektes nicht.

Mit dem Jahr 1872 hatte die Würzburger Schneiderbewegung ihren Höhepunkt überschritten. Unabhängig von dem Niedergang der Würzburger Mitgliedschaft des Schneidervereins beteiligten sich an der Reorganisation der SDAP im Frühjahr 1873, die durch Vertreter einzelner Gewerke vorgenommen wurde, auch Schneider.[169] Wahrscheinlich gab die Neuorganisation der SDAP in Würzburg auch den Schneidern neue Kampfimpulse. Vermutlich fand während des Jahres 1873 ein Arbeitskampf statt oder wurde zumindest versucht. Auf einer öffentlichen Arbeiterversammlung übte man Kritik an einem mißglückten Streik.[170]

Im Anschluß an die Reichstagswahlen 1874 wurden einige SDAP-Mitglieder gemaßregelt und verloren ihre Arbeitsplätze. Ein vermögender Sozialdemokrat stellte einen großen Teil seines Geldes zur Gründung eines genossenschaftlichen Schneidergeschäftes zur Verfügung, in dem die Gemaßregelten arbeiten sollten. In diesem Geschäft sollten bessere Löhne als bei den Meistern gezahlt werden. Geplant war ferner eine spätere Rückzahlung des Kapitals. Das Geschäft sollte dann in den Besitz der Partei oder der Gewerkschaft übergehen. Allerdings schlug dieses Experiment fehl. Die Geschäftsleiter spielten sich als „Herren" auf, kürzten die Löhne und ruinierten das Geschäft. Innerhalb kurzer Zeit erreichten die Verluste eine Höhe von 3400 Gulden. Die Geschäftsführer, die verdächtigt wurden, sie hätten in die eigene Tasche gewirtschaftet, wurden aus der Partei ausgeschlossen.[171] Nach den Mißerfolgen gewerkschaftlicher Kämpfe war nun auch das Experiment einer Genossenschaft fehlgeschlagen. Wie es scheint, führte das jedoch nicht zu einem grundsätzlichen Rückschlag der Schneiderbewegung, die seit dem März 1874 wieder über eine kleine Mitgliedschaft in Würzburg verfügte.[172] Daß ein neuerlicher Zusammenbruch der kleinen Schneiderorganisation vermieden werden konnte, war zu einem großen Teil Verdienst des Schneiders Rick, der im Spätsommer 1874 aus München gekommen war und wohl entscheidend zur Reorganisation der Würzburger Arbeiterbewegung beitrug.[173] Von dieser Zeit an fanden auch wieder regelmäßigere Versammlungen der Schneider statt. Allerdings blieb die Mitgliedschaft des Schneidervereins sehr klein. Im Januar 1875 zählte man gerade 18 Personen.[174] Bis 1878 stieg sie auf 24 Mitglieder an.[175]

Die Entwicklung in der zweiten Hälfte der 1870er Jahre deutet auf eine zwar langsame, aber im Ganzen doch relative Stabilisierung gegenüber der sehr sprunghaften Phase der ersten Hälfte der 1870er Jahre hin. Die geringe Beteiligung der Würzburger Arbeiterschaft an der sozialistischen Arbeiterbewegung war zumindest teilweise auf den Erfolg von katholischen Konkurrenzorganisationen zurückzuführen. 1875 wurde im *Volksstaat* über den Einfluß der „Pfaffen" und Frauen geklagt. Viele ehemalige ADAV-Mitglieder von 1868/69, insgesamt angeblich 600 Mann, seien jetzt bei den Ultramontanen. Diese hätten sie durch „mildtätige Stiftungen" und Unterstützungsvereine zu sich herübergezogen und nutzten sie auch für politische Zwecke.[176] Sicherlich war dieser Parteiwechsel vieler ehemaliger ADAV-Anhänger nicht allein auf das katholische Milieu Würzburgs zurückzuführen. Das Interesse der Arbeiter orientierte sich offensichtlich auf das Unterstützungswesen. Indirekt gestand man ein, daß der Erfolg bzw. Mißerfolg der sozialdemokratischen Organisationen weitgehend davon abhängig war, wie effektiv man Unterstützungskassen organisierte. Das Anknüpfen an die naheliegenden konkreten Interessen der Arbeiter entschied letztlich über den längerfristigen Erfolg. Zweifellos hatten damit in Würzburg aufgrund der Dominanz des Katholizismus und des Arbeitsplatzrisikos bei Mitgliedschaft in sozialistischen Organisationen die der Zentrumspartei nahestehenden und kirchlichen Vereine erhebliche Vorteile.

8. Exkurs 2: Die Genossenschaftsidee

In den Anfängen der Arbeiterbewegung verknüpften sich mit der Genossenschaftsidee viele Hoffnungen. Man erwartete, durch Wirtschafts-, Konsum- und Produktionsgenossenschaften[177]das Los der Handwerker zu bessern. In England und Frankreich war die Genossenschaftsidee mit so bekannten Namen wie Robert Owen, Claude Henri de Saint-Simon, Charles Fourier, Louis Blanc und anderen verbunden. In Deutschland fanden sich in verschiedenen politischen Lagern Anhänger von Genossenschaften. Deren Propagierung durch den Konservativen Victor Aimé Huber, durch den Liberalen Hermann Schulze-Delitzsch und durch den Gründer des ADAV, Ferdinand Lassalle, zeigt die Breite des politischen Spektrums, in dem man sich mit der Genossenschaftsidee auseinandersetzte.[178]

In der sozialdemokratischen Arbeiterbewegung besaß insbesondere in den 1860er Jahren Lassalles Forderung nach Produktivassoziationen mit Staatskredit große Attraktivität. Diese Produktionsgenossenschaften, die „den Arbeiter zum Unternehmer" machen sollten,[179] knüpften an das auf ökonomische Selbständigkeit orientierte Bewußtsein der Kleingewerbetreibenden an. Die Genossenschaft bot die – vermeintliche – Chance der kollektiven Erhaltung der gefährdeten handwerklichen Unabhängigkeit. Jedoch bereits seit Gründung der Gewerkschaften 1868 rückte die Genossenschaftsidee innerhalb der Arbeiterbewegung stetig in den Hindergrund. Schon im Sommer 1870 polemisierte der *Volksstaat* gegen Genossenschaften.[180] Anstelle der Hinwendung zu Genossenschaften traten infolge des Aufgreifens arbeitsbezogener Konflikte durch die Organisationen der

Arbeiterbewegung zunehmend klassenkämpferische Aktionen in den Mittelpunkt.[181] Die Ablösung der Genossenschaftsidee durch ein Gewerkschaftskonzept reflektierte die Ablösung der Arbeiterbewegung von handwerklichen Ursprüngen, die teils durch die Verallgemeinerung kapitalistischen Wirtschaftens, teils durch Rekrutierung großstädtischer Industriearbeiterschichten bedingt war. Gleichzeitig mit der Aufnahme arbeitsbezogener Konflikte durch die Arbeiterbewegung seit Ende der 1860er Jahre und dem damit verbundenen Aufbau von Gewerkschaften verlor die Sozialdemokratie eine frühe Trägerschicht: die selbständigen Kleingewerbetreibenden. Das Beispiel der Schneider zeigt exemplarisch, daß mit dem Aufkommen arbeitsbezogener Forderungen die Koalition von Meistern und Gesellen - wie in den Berliner Streiks des Jahres 1870 - zerbrach.

Bei der Gründung des Allgemeinen Deutschen Schneidervereins 1867 stand die Genossenschaftsidee und damit zusammenhängend das Unterstützungswesen im Vordergrund des Interesses.[182] Als unmittelbare Aufgaben nahm sich der Verein die Unterstützung bei der Wanderschaft, bei Maßregelungen und beim Tod eines Ehepartners vor. Längerfristig sollten Überschüsse der Unterstützungskassen zur Gründung von Produktivassoziationen dienen. Fragen der Arbeitsbedingungen geschweige die Vorbereitungen von Arbeitskämpfen standen nicht im Mittelpunkt.[183] Streiks wurden wegen ihrer Erfolglosigkeit ausdrücklich abgelehnt. Erhöhte Löhne würden ohnehin wenig später wieder reduziert.[184] Diese Haltung änderte sich in den nächsten Jahren nicht grundsätzlich.[185] Nicht nur in ihrer Skepsis gegenüber Arbeitskämpfen unterschieden sich die Schneider von vielen anderen Arbeitern, sondern auch in ihrem wesentlich längeren Festhalten an der Genossenschaftsidee. Noch 1878 verlangte man in der Zeitung des Allgemeinen Deutschen Schneidervereins, *Der Fortschritt*, Produktivassoziationen.[186] Das lange Festhalten an dieser Forderung entsprang der schwierigen Arbeitsmarktlage der Schneider. Durch Arbeitskämpfe waren kaum soziale Verbesserungen durchzusetzen. Der geringe Kapitalbedarf für die Gründung eines selbständigen Schneidergeschäfts ließ die Möglichkeit einer erfolgreichen Etablierung eigener Werkstätten nicht gänzlich unmöglich erscheinen. Das Zusammentreffen der Schwäche auf dem Arbeitsmarkt und die relativ leichte Gründung von Schneidergeschäften ließen daher die Möglichkeit, über Arbeitergenossenschaften gegen Konfektionäre zu konkurrieren und so zumindest einen Teil der Arbeitsbedingungen selbst zu kontrollieren, naheliegend erscheinen.

Die Schneider gehörten zu den Handwerkern, die mit am längsten an der Genossenschaftsidee festhielten. Jedoch erscheint mir für die Erörterung der Bedingungen, unter denen Genosssenschaftsvorstellungen eine besondere Anziehung auf die Arbeiter ausübten, eine knappe Darlegung der Verhältnisse der Solinger Scheren- und Messerschleifer, die ebenfalls ungewöhnlich intensiv an der Genossenschaftsidee festhielten, für einen Vergleich sinnvoll.

Bereits 1863 wurde in Solingen eine ADAV-Gemeinde gegründet. In den Wirren um die Nachfolge Lassalles schloß sich die Solinger Gemeinde mehrheitlich der Mende-Hatzfeld-Gruppe an. Teile der Solinger Sozialdemokratie, die Kontakte zur Internationalen Arbeiterassoziation sowie zu Marx und Engels hatten, schlossen sich später der SDAP an. Diese Anhänger der Ersten Internationale gründeten 1867 eine Produktivassoziation für Stahl- und Eisenwaren, die sich allerdings seit 1869 in wirtschaftlichen Schwierigkeiten befand und 1871 endgültig zusammenbrach.[187] Die Solinger SDAP-Mitgliedschaft, die von den Mitgliedern der Internationale getragen wurden,[188] richtete an den SDAP-Kongreß 1870 den folgenden Antrag:[189]

„1. Streiks sind für unsere Agitation verwerfliche Mittel und werden von der Partei aus nicht mehr unterstützt.
2. Dagegen sind etwa vorhandene Mittel auf Unterstützung lebensfähiger Genossenschaften zu verwenden, sowie überhaupt solche auf alle mögliche Weise zu fördern.“

Dieser Antrag wurde jedoch ohne weitere Debatte abgelehnt. Statt dessen diskutierte man über möglichst effektive Formen der Streikunterstützung.[190] Tatsächlich war dieser Solinger Antrag in der Geschichte der SDAP einmalig. Niemals wieder wurden so rigoros Streiks abgelehnt und die Unterstützung von Produktivgenossenschaften gefordert.

Hauptträger der Solinger Arbeiterbewegung waren die Messer- und Scherenschleifer.[191] Die Schleifer arbeiteten mehrheitlich als Hausindustrielle im Auftrage der Messer- und Scherenfabrikanten. Ihre Werkstätten waren entweder die sich in ihrem Besitz befindenden wassergetriebenen Schleifkotten an der Wupper und deren Nebenflüssen, oder sie waren Kraftstellenmieter. Einzelne Fabrikanten stellten mit Dampfkraft getriebene Schleifereien zur Verfügung, in denen die Schleifer als selbständige Handwerker arbeiteten. Sie zahlten Miete für die Nutzung des Schleifsteins und der Dampfkraft. Die Schleifer waren dabei nicht nur an die Aufträge der Eigentümer der Dampfschleifereien gebunden, sondern bei ihrer Arbeit auf eigene Rechnung konnten sie auch Aufträge anderer annehmen. Die meisten Schleifer arbeiteten als Alleinmeister.[192]

Die Verbreitung des Dampfschleifens seit den 1840er Jahren befreite die Schleiferei von der Witterungsabhängigkeit. Die vom Wasserantrieb abhängigen Schleifkotten waren häufig zu monatelanger Untätigkeit verurteilt, weil im Winter die Flüsse gefroren und im Sommer trocken waren. Während der beschäftigungslosen Zeit trieben die Schleifer auf ihrem kleinen Grundbesitz etwas Landwirtschaft. Die Dampfschleiferei zerstörte diesen tradierten jahreszeitlichen Arbeitsrhythmus. Neben dieser Arbeitsintensivierung brachte die Ausbreitung der Dampfschleifstellen und deren Zusammenfassung in den Händen weniger Messerfabrikanten die Schleifer in die Abhängigkeit der Fabrikanten. Die Arbeitsverrichtung selbst änderte sich jedoch nicht wesentlich.[193]

Mit der Konzentration der Messer-, Gabel- und Scherenherstellung auf eine überschaubare Zahl Solinger Firmen und der Rückdrängung der „selbständigen" Schleifer zugunsten von Fabrikschleifern bzw. der Übernahme bisher selbständiger Schleifer als Fabrikarbeiter verlor die Genossenschaftsidee in Solingen ihre Grundlage. Während und nach den Arbeitskämpfen der 1870er Jahre gingen die Solinger Arbeiter von ihrer Forderung von 1870 ab.[194] Faktisch wurde auch in Solingen die Genossenschaftsidee vom klassenkampforientierten Gewerkschaftskonzept verdrängt.

Die Genossenschaftsidee fand ihre Anhänger offensichtlich unter Hausindustriellen, die im Besitz weniger, aber für die handwerkliche Produktion ausreichender Produktionsmittel waren. I. d. R. werden diese Hausindustriellen Auftragsarbeit für Verleger, Meister oder Fabrikanten verrichtet haben. Im Gegensatz zu Fabrikarbeitern waren sie jedoch potentiell in der Lage, auch auf eigene Rechnung zu arbeiten – was sie unter günstigen Umständen möglicherweise auch taten. Auch wenn die Hausindustriellen, wenn sie nicht durch Hungerlöhne zu überlangen Arbeitszeiten gezwungen waren, sich in einem gewissen Rahmen ihre Arbeitszeit selbst einteilen konnten und damit etwas weniger fremdbestimmt arbeiteten als Fabrikarbeiter, waren sie faktisch doch Lohnarbeiter. Trotz der realen Abhängigkeit bewahrten viele dieser Hausindustriellen ein Bewußtsein handwerklicher Selbständigkeit.[195]

Die Schneider wie auch die Schleifer und die an anderer Stelle behandelten hausindustriellen Weber befanden sich in einer ökonomischen Abhängigkeit vom Rohstofflieferanten und vom Abnehmer ihrer Produkte. In dem Maße, wie die Rohstofflieferung und die Abnahme des Endproduktes in einer Hand vereinigt wurden, wuchs die Abhängigkeit. Die der Schleifer verstärkte sich dazu durch die Ausbreitung des Dampfschleifens; die der Schneider durch eine Intensivierung der Arbeitsteilung und drohende Verlagerung der Produktion in ländliche Gebiete. Die Bedrohung ihrer Selbständigkeit und ihrer Existenz, die die Schleifer – zumindest bevor sie Fabrikarbeiter wurden – und Schneider erlebten, war nur teilsweise Folge technischer Veränderungen, die in einem kapitalistisch organisierten Produktionsprozeß verwertet wurden. Durch das Verlagssystem veränderten sich tradierte Formen der Arbeitsverrichtung nicht grundsätzlich. Der Verlust der Selbständigkeit und die Existenzbedrohung ging in erster Linie von veränderten Rechtsverhältnissen, der Unterwerfung unter das Verlagssystem und manufakturieller Arbeitsteilung aus. Das Genossenschaftsmodell stellte eine alternative Rechtsform für die handwerkliche Produktion dar, in der die Formen der Arbeitsteilung von den Produzenten selbst und nicht den Verlegern kontrolliert wurden. Gleichzeitig – unter dem Aspekt des Erhalts der Selbständigkeit wahrscheinlich wichtiger – sollte die ökonomische Abhängigkeit von den Verlegern durchbrochen werden, indem die

Genossenschaft den Bezug der Rohstoffe und den Absatz der Fertigprodukte selbst betrieb. Die Genossenschaftsidee ließ so an die Möglichkeit glauben, durch genossenschaftliche Produktionsformen könne die Abhängigkeit von Verlegern, mithin vielleicht sogar vom kapitalistisch strukturierten Markt überhaupt, durchbrochen und die Organisation der Arbeitsverrichtung durch die unmittelbaren Produzenten gesichert werden.

Die Fragen der Lohnhöhe und des Sozialprestiges spielten für das Aufgreifen der Genossenschaftsidee offensichtlich keine entscheidende Rolle. Die Messer- und Scherenschleifer verfügten durch hohe Arbeitsqualifikationen über ein hohes Sozialprestige und relativ hohe Löhne,[196] während die Lage der Schneider eher durch ein niedriges Sozialprestige und sinkenden Lebensstandard bestimmt wurde.[197] Für das Festhalten an der Genossenschaftsidee spielten jedoch die – mit Sozialprestige und Lohnhöhe verknüpften – Bedingungen des Arbeitsmarktes durchaus eine wichtige Rolle. Die Schneider blieben Anhänger der Genossenschaftsidee, weil sie in Arbeitskämpfen selten ihre Ziele erreichten. Sie hofften nicht auf eine Verbesserung ihrer sozialen Lage durch gewerkschaftliche Organisationen. Offensichtlich weil der Arbeitsmarkt keine Chancen für gewerkschaftliche Erfolge bot, insistierten die Schneider länger als andere Arbeiter auf eine sofortige Umgestaltung der Produktionsverhältnisse, die in der Forderung nach Produktivassoziationen thematisiert wurde. Die Solinger Schleifer hingegen erzielten in den Arbeitskämpfen der frühen 1870er Jahre einige Erfolge. Damit bestand die Aussicht, langfristig, ohne die grundsätzliche Forderung der Arbeiterbewegung nach einer Umgestaltung der Produktionsverhältnisse aufzugeben, über den Arbeitsmarkt Forderungen der Arbeiter zu verwirklichen. Nach den Erfahrungen des Bankrotts der Solinger Produktionsgenossenschaft, die belegten, daß eine solche Genossenschaft ohne fremde Hilfe kaum auf einen längerfristigen Erfolg hoffen konnte, und der Erkenntnis, daß die Lassallesche Erwartung und Forderung eines Staatskredites zumindest zu diesem Zeitpunkt weder wünschenswert noch zu erwarten war,[198] fand die Genossenschaftsidee in der Solinger Arbeiterbewegung keine nachweisbaren Anhänger mehr.

Maurer und Zimmerer, deren Arbeitsverrichtung ebenfalls nicht durch neue Techniken verändert worden war, zählten jedoch nicht zu den Anhängern der Genossenschaftsidee. Sie teilten traditionsbedingt nicht die Selbständigkeitsvorstellungen anderer Handwerker. Andere Arbeiter, vor allem die, die im Fabrikbetrieb die Auswirkung kapitalistischer Anwendung technischer Innovationen bei der Arbeitsverrichtung erlebten, wehrten sich in erster Linie gegen Verschlechterungen, die sich aus oder in der Arbeitsverrichtung ergaben. Durch das Aufgreifen arbeitsbezogener Konflikte war für sie das Gewerkschaftskonzept mit seiner Orientierung auf Arbeitskämpfe angemessener. Das Genossenschaftsmodell fand seine Anhänger in erster Linie unter den Arbeitern, die aufgrund der Marktorientierung der Produktion bei weitgehender Beibehaltung handwerklicher Arbeitsverrichtungen und geringem Bedarf an Betriebskapital ihre handwerkliche Selbständigkeit bedroht sahen.

9. Zusammenfassung und Ergebnisse

Vergleicht man die Entwicklung der Schneiderbewegung in Würzburg und Berlin, so sind einige Parallelen unübersehbar. In beiden Städten begann die Schneiderbewegung als gemeinsamer Protest von Meistern und Gesellen gegen die mit kapitalistischen Methoden operierenden Konfektionsgeschäfte. Aber bereits im ersten Arbeitskonflikt zeigten sich die Grenzen solcher Kooperationsmöglichkeiten. Im Jahre 1870 bemühten sich noch Meister und Gesellen gemeinsam um eine Verbesserung ihrer Lage. In Berlin streikte man gegen die Konfektionäre, in Würzburg plante man, sich durch eine Produktivassoziation zu helfen. Im gemeinsamen Auftreten der Handwerker – Meister und Gesellen – gegenüber den Konfektionären schlug sich noch eine Vorstellung von der Einheit des Handwerks nieder. Diese Koalition zerbrach jedoch in Berlin sehr schnell. In Würzburg kam sie nach den nicht realisierten Genossenschaftsplänen 1872 nicht einmal mehr zustande. Letztlich scheiterte die Kooperation von Meistern und Gesellen am unterschiedlichen Arbeitskampfrisiko. Das Unterlaufen von Streiks durch die Verlagerung der Produktion, insbesondere in ländliche Gebiete, gefährdete zwar die Arbeitsplätze der Gesellen, dem (Klein-)Meister jedoch drohte der wirtschaftliche Ruin. Schließlich mußte die Koalition zwischen Meistern und Gesellen endgültig dann zerbrechen, als die Forderung der Gesellen über Lohnforderungen, die unter günstigen Umständen eventuell auf die Konfektionäre abgewälzt werden konnten, hinausgingen. Die Kosten für Verbesserungen der Arbeitsbedingungen und insbesondere einer Verkürzung der Arbeitszeit wären wahrscheinlich zu Lasten der Werkstattinhaber gegangen, weil diese von den Konfektionären, die formal in keiner Beziehung zu den Arbeitern standen, Stückpreise für die fertiggestellte Ware erhielten. Die Chance, diese Kosten über die Konfektionäre abzuwälzen, war sehr gering. Gerade kleine Werkstattbesitzer waren gezwungen, zur Aufrechterhaltung ihrer häufig ohnehin nur formalen Selbständigkeit die Produktionskosten so weit wie irgend möglich zu reduzieren, was i. d. R. durch Verlängerung der Arbeitszeiten und Lehrlingsarbeit auf Kosten der Gesellen geschah.[199] In den Arbeitskämpfen der Jahre 1871 bis 1873 standen daher Forderungen nach einer kürzeren Arbeitszeit im Vordergrund. Der Ablauf sämtlicher Arbeitskämpfe war ähnlich. Gegen Ende der Geschäftssaison erklärten sich die Meister bereit, die Arbeitszeit zu verkürzen. Diese Zugeständnisse fanden also statt, als die Aufträge sowieso weniger wurden. Die Gesellen waren nicht einmal in der Lage, die einmal errungenen Arbeitszeitverkürzungen in der folgenden Produktionssaison zu verteidigen. Die jeweiligen Kampferfolge stellten sich als reine Pyrrhussiege heraus. Wie gering der Erfolg der Schneider auch längerfristig war, zeigt der Umstand, daß noch 1896 die durchschnittliche effektive Arbeitszeit in den Werkstätten Berlins bei 13 Stunden lag und tägliche Arbeitszeiten bis zu 17 Stunden nicht unüblich waren.[200]

Organisationsbestrebungen und Arbeitskämpfe standen in einem Wechselverhältnis zueinander. Das Entstehen der Mitgliedschaft des Allgemeinen Deutschen Schneidervereins in Würzburg kann geradezu als modellhaft gelten. Die Schneider verständigten sich darauf, eine Lohnerhöhung und eine Verkürzung der Arbeitszeit zu fordern. Der erste Schritt bestand in der Bildung eines provisorischen Komitees, das Kontakte zu den Meistern suchte, um gemeinsam die Forderungen gegenüber den Konfektionären zu vertreten. Die unbefriedigende Haltung der Meister radikalisierte und politisierte die Gesellen. Man erhöhte die Forderungen, sprach von Arbeitskampf und suchte Vorbereitungen dazu zu treffen. Im Arbeitskampf konnten die Forderungen zumindest teilweise durchgesetzt werden. Stimuliert durch den Konflikt und den erfolgreichen Arbeitskampf entstand die Würzburger Mitgliedschaft des Schneidervereins. Die spätere Zurücknahme der Zugeständnisse und das Scheitern eines Planes zur Gründung einer Genossenschaft ruinierten die Organisation jedoch. Arbeitskämpfe stimulierten ebenfalls in Berlin die Organisationsbildung. Die lassalleanische Streikkasse der Schneider entstand unmittelbar im Zusammenhang mit dem Streik im Sommer 1871. Mit Hilfe des Streikvereins wurde der Arbeitskampf 1872 wesentlich besser vorbereitet, der jedoch auch mit einem Pyrrhussieg endete. Letzlich verhinderte die vorangetriebene Dezentralisation der Schneiderei Berlins weitere Arbeitskämpfe und größere Organisationserfolge.

Sowohl das Berliner als auch das Würzburger Beispiel zeigen, daß vor allem die Saisonarbeit jede organisatorische Kontinuität und die Verteidigung von Kampferfolgen verhinderte. Die für eine Organisationsbildung günstigen Saisonspitzen waren sehr kurz. Eine Verständigung der Arbeiter untereinander wurde durch die überlangen Arbeitszeiten behindert, weil ein kontinuierlicher Versammlungsbesuch kaum möglich war. Die saisonal bedingte sehr instabile Beschäftigungslage erlaubte nicht, Arbeitskampferfolge über die schlechten Zeiten hinweg zu verteidigen. Bei Entlassungen großer Teile einer Belegschaft zerbrachen eventuell vorhandene Organisations- und Kampfkontinuitäten einer Werkstatt.

Da durch Streiks anscheinend keine Verbesserung der Lage der Arbeiter erreicht werden konnte, erlebte die Genossenschaftsidee in den 1870er Jahren einen neuen Aufschwung. In Würzburg wurde sogar eine Produktivassoziation gegründet, die allerdings – nicht zuletzt wohl aufgrund innerer Querelen – kläglich scheiterte. Nach dem impulsiven Beginn der Schneiderbewegung zu Ende der 1860er Jahre und zu Beginn der 1870er Jahre wirkten die mißlungenen Streiks und der Mißerfolg des Genossenschaftsexperiments ernüchternd. Zu einem Teil wird sich der Rückschlag der Organisationsbemühungen in der Mitte der 1870er Jahre auch auf eine Resignation der Arbeiter zurückführen lassen. Die großen Hoffnungen auf Streiks und Genossenschaften, die ja gerade auch von der sozialistischen Arbeiterbewegung genährt worden waren, hatten sich erst einmal als unrealistisch erwiesen, zumal auch die konjunkturelle Lage ohnehin die Konfliktfähigkeit der Arbeiter wesentlich einschränkte.

Die – verglichen mit den Berliner Bauarbeitern – vergleichsweise geringen Organisations- und Arbeitskampferfolge der Schneider erklären sich aus den Formen der Arbeitsverrichtung, der Struktur des Handwerks und damit zusammenhängend den Marktbedingungen, denen die Schneider unterworfen waren. Die allgemeinen Marktbedingungen der Schneiderei waren insgesamt ungünstig.[201] Als exportorientierte Industrie konkurrierte die Berliner Konfektion mit ausländischen Herstellern. Der Absatz sowohl im Ausland als auch im Inland war preiselastisch. Die Konfektion verdrängte die Maßschneiderei gerade durch ihr niedrigeres Preisniveau. Ebenso dürfte der Wettbewerb der Konfektionäre untereinander im wesentlichen durch eine Preiskonkurrenz bestimmt worden sein. Wenn auch Kleidungsstücke zu den unmittelbar notwendigen Bedürfnisgegenständen der Bevölkerung gehören, war die Nachfrage jedoch nicht so unelastisch wie z. B. die nach Grundnahrungsmitteln. Bei zu hohen Preisen oder Lohnsenkungen konnte in einem gewissen Rahmen der Kauf von Kleidungsstücken verzögert, vielleicht auch vermieden werden.[202] Höhere Arbeitskosten – entstanden durch höhere Löhne oder verbesserte Arbeitsbedingungen – schlugen sich aufgrund der hohen Arbeitsintensität der Schneiderei unmittelbar als Steigerung der Herstellungskosten nieder. Da diese nicht ohne weiteres über den Markt abwälzbar waren, war der Widerstand der Konfektionsunternehmer gegen eine Verbesserung der Lohn- und Arbeitsbedingungen der Arbeiter, die eventuell die Profite hätte beeinträchtigen können, sehr entschieden. Die Marktsituation der Arbeiter verschlechterte sich zudem durch die Abhängigkeit der Werkstattinhaber von den Konfektionären, die ersteren das Material lieferten und wohl vielfach auch Kredite gaben. Die Arbeiter sahen sich quasi in einer doppelten Abhängigkeit: in der von den Konfektionsindustriellen und in der von ihren unmittelbaren Arbeitgebern.

Die konkrete Arbeitsmarktsituation der Schneider wurde von der mit dem Vordringen der Konfektionsindustrie verbundenen Rationalisierung und Arbeitsteilung bestimmt. Die Arbeit qualifizierter Schneider wurde zusehends durch die weniger qualifizierter oder durch Frauenarbeit ersetzt. Ebenso erlaubte die Arbeitsteilung den Einsatz von „Lehrlingen". Werkstattarbeit wurde Heimarbeitern übertragen. Die ständige Ersetzung qualifizierter Schneidergesellen durch Ungelernte und Heimarbeiter verhinderte jede Kontrolle des Arbeitsmarktes durch die Arbeiter oder deren Organisation, da keine Begrenzung des Zugangs durch eine Qualifikation bestand.

Potentionell konnte jeder Arbeitssuchende sich um Schneidereiarbeit bewerben. So wie gelernte Schneider einerseits stets leichter ersetzbar wurden, waren jedoch andererseits den Schneidern selbst Ausweichmöglichkeiten in andere Berufe weitgehend verschlossen. Es gab wohl keine moderne Industrie, für die die Qualifikationen der Schneider einen besonderen Wert hatten. Aufgrund der körperlichen Kostitution und berufsbedingter Krankheiten konnten viele Schneider nicht in Berufe wechseln, die physische Kraft erforderten. Letztlich verstärkte auch die Beibehaltung des Kost-und-Logis-Wesens die Abhängigkeit der Arbeiter von ihren Arbeitgebern.

Für Arbeitskampf- und Organisationserfolge war eine funktionierende Verständigung der Arbeiter untereinander eine unverzichtbare Voraussetzung. Die Grundstrukturen der kommunikativen Beziehungen bildeten sich am Arbeitsplatz heraus.[203] Die Bedingungen für einen Informationsaustausch der Gesellen untereinander waren jedoch nicht überall gleich. Unter diesem Aspekt waren Werkstattarbeiter von vornherein in einer wesentlich günstigeren Situation als Heimarbeiter oder Alleinmeister, für die während der Arbeitsverrichtung keine Gelegenheit zum Gespräch mit Kollegen bestand. Aber auch in den Werkstätten waren die Bedingungen für Unterhaltung nicht sehr gut, weil die Werkstattarbeiter i. d. R. Einzelarbeit verrichteten. In den „besseren“ Geschäften und den Maßschneidereien arbeitete ein Geselle ein Kleidungsstück vom Zuschneiden bis zur Fertigstellung allein. Diese Form der Arbeitsverrichtung verlangte keine Absprachen mit den Kollegen. Selbst in Werkstätten, in denen arbeitsteilig produziert wurde, erforderte die Arbeit nur wenig Kommunikation der Gesellen untereinander. Ein Bügler, ein Maschinennäher oder eine Futtereinnäherin verrichteten ihre Arbeit, nachdem sie ihre Arbeitsanweisung erhalten hatten, individuell. Von einer sich aus dem Arbeitsprozeß ergebenden Gruppenbildung und damit von einem Vorhandensein eines ersten Organisationsrasters kann hier nicht die Rede sein. Vielmehr führte die Arbeitsteilung zwischen Büglern und Zuschneidern als Vorarbeiter, Schneidergesellen und Hilfsarbeitern bzw. -arbeiterinnen eher zu einer Abgrenzung dieser Gruppen voneinander, weil sich die aus der Arbeitsteilung ergebende Hierarchisierung nicht unmittelbar – wie z. B. bei den Zimmerleuten – aus der gemeinsamen Arbeitsverrichtung ergab. Die Hilfsarbeiter waren für die Gesellen eine existenzbedrohende Konkurrenz, die Vorarbeiter, häufig wohl durch eine über schlechte Saisonphasen andauernde Anstellung privilegiert, eher Interessenvertreter des Meisters. Aufgrund der unterschiedlichen Interessenlagen dieser drei Arbeitergruppen wurde eine längerandauernde Interessenverständigung in den Werkstätten behindert bzw. auf die Gruppe der Schneidergesellen beschränkt.

Unabhängig davon erlaubte eine weitgehende Habitualisierung der Arbeitsverrichtung jedoch Gespräche während der Arbeitsverrichtung.[204] Allerdings wäre es verfehlt, Organisationsbildung der Schneider (und anderer vergleichbarer Arbeiter) aus einem ,,Hang zum Philosophieren" oder einem ,,Grübeln" während der Arbeit erklären zu wollen. Hingegen entstanden auch die gewerkschaftlichen Vereinigungen der Schneider aus einem Bedingungsgeflecht, als dessen wesentliche Punkte die Verteidigung gegen soziale und ökonomische Verschlechterungen infolge des Fortschreitens der Konfektionsindustrie, die Kenntnis um tradierte zünftlerische Organisationsmodelle und das Beispiel anderer Gewerkschaften gelten können.[205]

Soweit die Teilnehmer der Arbeitskämpfe bekannt sind, handelte es sich durchgehend um Werkstattarbeiter, die über bessere Verständigungsmöglichkeiten als Heimarbeiter verfügten. An einer Organisation von Streikkassen und gewerkschaftlichen Kampfverbänden beteiligten sich auch wiederum nur die Gesellen der Kundenwerkstätten und der Werkstätten für die gehobene Herrenkonfektion. Auch in den späteren Jahren fanden sich in den gewerkschaftlichen Vereinigungen im wesentlichen nur die Maßschneider.[206] Die Heimarbeiter beteiligten sich nicht an den Arbeitskämpfen. Gewerkschaftliche Organisationen drangen nicht über den kleinen Kreis der qualifizierten Werkstattarbeiter hinaus.

Heimarbeiter waren aufgrund ihrer isolierten Arbeitsweise kaum für eine Mitgliedschaft in einer gewerkschaftlichen Vereinigung zu gewinnen. In der ersten Hälfte der 1870er Jahre erlebte zumindest die Berliner Schneiderei einen Strukturwandel, der die Produktion erheblich dezentralisierte. Die Arbeit wurde aus den Schneiderwerkstätten fort in die Stuben der Heimarbeiter verlagert. Etwa die Hälfte der Berliner Werkstattarbeiter verloren dabei ihre Arbeitsplätze und mußten sich als ,,Selbständige" etablieren. Faktisch jedoch blieben diese Selbständigen Lohnabhängige der Konfektionäre und Zwischenmeister. Die Arbeitssituation und die Beziehung zum Arbeitgeber veränderten sich nachteilig für den bisherigen Werkstattschneider. Die Isolation des einzelnen Arbeiters in seiner Wohnung, wo er mit seiner Frau und eventuell seinen Kindern ohne jede Arbeitszeitbeschränkung arbeitete, behinderte die Kommunikation ganz erheblich. Sofern die Auslieferung der fertigen Stücke und das Abholen neuen Materials nicht von Frauen oder Kindern erledigt wurde, traf der einzelne Schneider seine Kollegen nur beim Zwischenmeister – und dort begegnete er ihnen nicht als Berufsgenosse, sondern als Konkurrent um Aufträge. Zwar standen die Schneidergehilfen auch in der Werkstatt in einem Konkurrenzverhältnis zueinander, insbesondere wenn in der sogen. ,,schlechten Zeit" die meisten entlassen wurden. Die gemeinsame Arbeit in der Werkstatt, die gemeinsamen Ängste um Entlassungen verdeutlichten jedoch die kollektive Situation gegenüber dem Zwischenmeister oder Konfektionär in einer Weise, wie es beim individuellen Arbeiten zu Hause nicht möglich war. Den Heimarbeitern fehlte zudem ein entscheidender Stimulus, der bei den Werkstattarbeitern als vorrangiger Konfliktpunkt die Organisationsbildung anregte: Die Arbeitszeitfrage. Während für die Werkstattgesellen eine Verkürzung der

Arbeitszeit ohne Lohnverlust eines der naheliegendsten und unmittelbarsten Bedürfnisse war, bestand für die Heimarbeiter, die formal ihre Arbeitszeit selbst bestimmten, de facto aber durch Hungerlöhne zu überlangen Arbeitszeiten gezwungen waren, dieses Interesse nicht. Längere Arbeitszeiten und Mitarbeit von Familienangehörigen bedeuteten für sie Mehrverdienst. Durch kürzere Arbeitszeiten die eigene Situation auf dem Arbeitsmarkt zu verbessern, war für den individuellen Arbeiter unmöglich: arbeitete er kürzer und weniger, bekam ein anderer die nächsten Aufträge. Wohlverhalten gegenüber den Konfektionären und Zwischenmeistern war vielfach der einzige Weg, sich Aufträge zu sichern. Die Beschäftigungslage der Heimarbeiter war dazu unsicherer als die der Werkstattarbeiter. Zur Entlassung eines Werkstattarbeiters bedurfte es wohl i. d. R. eines Anlasses, der sich entweder aus der Geschäftslage oder dem Verhalten des Arbeiters ergab. Der Heimarbeiter dagegen war nach jeder Ausführung eines Auftrages von neuem der Bittsteller, der um einen Auftrag bat. Damit war er von seinem Auftraggeber noch abhängiger als der Werkstattarbeiter von seinem Meister und hatte geringere Möglichkeiten zur Gegenwehr. Die außerordentlich hohe Abhängigkeit der Heimarbeiter von ihren Auftraggebern, ihre leichte Ersetzbarkeit und ihre hohe Konkurrenz untereinander, die eine eventuell mögliche Verständigung untergrub, verhinderten eine Organisation der Heimarbeiter.

IV. Lage und Organisation der Textilarbeiter

1. Die Entwicklung der Textilherstellung in der Industrialisierung

Die Textilherstellung war vor der Industrialisierung der führende Sektor der nichtagrarischen Produktion.[1] Traditionell war Leinen das am weitesten verbreitete Gewebe.[2] Die Leinenproduktion für den häuslichen Bedarf fand großenteils im Rahmen der Ökonomie des ,,ganzen Hauses" statt.[3] Für den Familienbedarf wurde Flachs angebaut, der während des Winters gesponnen und zu Leinwand verwebt wurde.[4] Das über den häuslichen Gebrauch hinaus benötigte Leinen bzw. Leinengarn wurde teils nebengewerblich von Bauern und Tagelöhnern, teils professionell in sogen. ,,Spinnerkolonien" produziert, deren Mitglieder handwerklich-selbständig den Flachs anbauten, verarbeiteten, zu Leinengarn spannen und teilweise auch zu Leinwand verwoben.[5]

Neben dieser in die Landwirtschaft integrierten Textilherstellung bestand in den Städten ein in Zünften organisiertes Weber- und Tuchmacherhandwerk.[6] Die zünftigen Tuchmacher beschäftigten sich im Gegensatz zur meist nebengewerblichen Leinenproduktion vor allem mit der Herstellung von Wolltuchen. Der Tuchmacher oder Weber schlug mit seinen Lehrlingen und Gesellen die Wolle, sortierte und reinigte sie. Von Spinnern und Kämmern wurde sie dann gegen Lohn gekämmt und versponnen. Es gab jedoch nur sehr wenige professionelle Spinner und Kämmer, meist führten ,,arme Leute" oder Frauen und Kinder diese Arbeiten, für die weder Kraft noch Kenntnisse notwendig waren, aus. Für einen Weber arbeiteten etwa zehn und mehr Spinner. Nach dem Weben, Walken und Appretieren, das je nach zünftiger Organisation von den Tuchmachern oder von Webern und Tuchscherern erledigt wurde, wurden die Tuche entweder an die Kunden geliefert oder auf nahe gelegenen Märkten verkauft.[7]

Im Unterschied zu anderen Gewerben waren die Tuchmacherei und Weberei bereits in vorindustrieller Zeit nicht auf einen lokalen Markt beschränkt. Bedingt durch die leichte Lagerbarkeit und relativ einfachen Transport bildete sich bereits seit dem 16. Jahrhundert ein ,,Weltmarkt" heraus, der große Teile der Weberei, insbesondere die Herstellung teurer Stoffe, handelskapitalistischen Interessen unterwarf. Als eine der handwerklichen Produktion einerseits und dem kapitalistischen Absatz andererseits adäquate Organisation der Produktion etablierte sich das Verlagswesen.

Dieses knüpfte in seiner Entstehung an den Umstand an, daß bereits die mittelalterlichen Zünfte die Hilfsarbeiten zusammengefaßt und Wollküchen, Kämmhäuser, Walkmühlen, Schleifereien für Tuchscherer, Färbehäuser und Gewandhäuser für den Verkauf errichtet hatten. Wenn auch diese organisatorische Zusammenlegung der Hilfsarbeiten im Interesse der kleingewerblich-handwerklichen Tuchherstellung erfolgte, führte gerade die Zentralisierung dieser Hilfsarbeiten zur Abhängigkeit der Weber von Kaufleuten – meist selbst ehemalige Tuchmacher –, die ausgehend vom Verkauf der Tuche die Hilfsgewerbe bald kontrollierten.[8] Die Beibehaltung der dezentralen hausindustriellen Weberei entsprach durchaus den Interessen der Verleger, die so ihren Kapitalaufwand gering halten konnten, weil die Weber sich ihre Produktionsmittel selbst beschaffen mußten.[9]

Die zunehmende Unterordnung der Textilherstellung unter handelskapitalistische Interessen gestaltete im Zuge der sogen. ,,Proto-Industrialisierung"[10] das Textilgewerbe um. Durch das demographische Wachstum seit dem 18. Jahrhundert[11] und das Entstehen landloser oder landarmer Schichten außerhalb der Städte einerseits und die geringe Angebotselastizität des zünftigen städtischen Gewerbes andererseits bildeten sich ländliche Regionen heraus, in denen große Teile der Bevölkerung ganz oder vorwiegend von hausindustrieller Textilproduktion im Auftrag von Verlegern lebten. Die verarmenden ländlichen Unterschichten konnten sich nicht mehr allein durch agrarischen Erwerb ernähren. Auf der Grundlage des Saisonrhythmus der Landwirtschaft und den dort üblichen Fertigkeiten der Textilherstellung konnte eine immer größere Zahl der Landbevölkerung dazu übergehen, ihre nicht hinreichenden agrarischen Einkünfte durch gewerbliche Produktion zu verbessern.[12]

Generell war für die Verleger die hausindustriell organisierte Produktion auf dem Lande billiger als in der Stadt. Die ländliche Weberei unterlag im Gegensatz zur städtischen keinerlei zünftlerischer Beschränkung, wie der strengen Regelung des Zugangs zum Gewerbe, der Beschränkung der Arbeitszeiten durch das Webverbot bei künstlichem Licht[13] und dem Verbot der Mitarbeit von Ehefrauen und Kindern. Aufgrund dieser Umstände konnte ein Weber auf dem Lande mehr produzieren als sein städtischer Kollege. Gleichwohl konnte die Entlohnung der Landweber aufgrund der allgemein niedrigeren Lebenshaltungskosten auf dem Lande unter die der Stadtweber gedrückt werden. Darüber hinaus erlaubte der agrarische Nebenerwerb eine Bezahlung, die für sich allein genommen unter den Reproduktionskosten der Arbeitskraft und den Kosten für die Erneuerung der Produktionsmittel bleiben konnte.[14]

Die Mechanisierung der Textilherstellung verschärfte den Verarmungsprozeß der meist in äußerster Dürftigkeit lebenden Hausindustriellen. Die technischen Veränderungen begannen in der Spinnerei und Appretur. Wohl kaum ein anderer Zweig industrieller Güterproduktion war während des Untersuchungszeitraumes derart vom ,,Sieg der Maschinenarbeit über die

Handarbeit"[15] gekennzeichnet. Das Bedürfnis nach einer rationelleren Methode der Garnherstellung als die Handspinnerei wurde durch die Erfindung des Schnellschützen 1760 geweckt. Mit Hilfe des Schnellschützen wurde der Handwebstuhl so weit verbessert, daß ein handwerklich arbeitender Weber nunmehr täglich ein doppelt so großes Arbeitsquantum liefern konnte als zuvor. Die Garnproduktion blieb hinter der gestiegenen Nachfrage der Weber zurück. Erst durch die Entwicklung der Spinnmaschinen wurde die Garnknappheit behoben. Ein Maschinenspinner leistete mit der Jennymaschine bereits etwa zweihundertmal soviel wie ein Handspinner.[16]

Die Mechanisierung des Spinnens trug entscheidend zum Niedergang der Leinenherstellung und zur Notlage der Flachsspinner und Leinenweber bei. Baumwollstoffe verdrängten das Leinen als das meist verwendete Gewebe, weil sich mechanisierte Produktionsverfahren zuerst erfolgreich bei der Verarbeitung der Baumwolle anwenden ließen. Die Maschinenspinnerei von Leinengarn erwies sich dagegen anfangs als außerordentlich schwierig.[17] Nachdem die maschinelle Trennung der Baumwollkapsel von den Fasern möglich geworden war und damit die Baumwollverarbeitung in einem großen Umfang beginnen konnte, wurden Baumwollgarne zu einem wesentlich niedrigeren Preis geliefert als Leinengarne. Etwa zu dem Zeitpunkt, als die Leinenherstellung durch die billigere Produktion von Baumwollstoffen Rückschläge erlitt, verlor die deutsche Leinenindustrie zudem durch die Kontinentalsperre und englischen Zölle den Zugang zu den bisherigen Märkten. Die verlorenen Marktanteile konnten trotz einer Vervollkommung der maschinellen Leinenproduktion nicht zurückgewonnen werden. Für die professionellen Flachsspinner der Spinnerkolonien sowie für die große Zahl der ursprünglich nebengewerblich mit der Flachsverarbeitung beschäftigten Bauern und Landarbeiter, die vielfach Flachsspinnen zu ihrem Hauptgewerbe und die Landwirtschaft zur Nebenarbeit gemacht hatten, begann der ökonomische und soziale Niedergang. In den 1830er und 1840er Jahren führten die Bevölkerungsvermehrung, sinkende Löhne und steigende Lebenshaltungskosten[18] zu deren Ruin. In Schlesien erlagen in den 1840er Jahren viele Spinner dem Hungertyphus. Die von der Handspinnerei „freigesetzten" Arbeiter mußten sich andere Arbeiten suchen. Teilweise fanden sie eine neue Beschäftigung in der Baumwollverarbeitung, ohne daß jedoch dadurch ihre Not unmittelbar gelindert wurde.[19]

In der Wollverarbeitung hatte die Verdrängung der Handspinnerei zunächst vergleichsweise keine sehr gravierenden sozialen Konsequenzen. Das Handspinnen und -kämmen von Schafwolle war wesentlich einfacher als die Leinen- und Baumwollgarnherstellung. Die Wollspinnerei war selten ein selbständiges Gewerbe, vielmehr wurde es i. d. R. als Nebengewerbe oder Füllarbeit hauptsächlich von Frauen betrieben. Die ersten kleinen Spinnmaschinen wurden von den Tuchmachern in ihr Handwerk integriert. Erst in den 1840er Jahren konnten die kleinen Spinnmaschinen, das handwerkliche Walken, Färben und Appretieren der Wolltuche den Verbesserungen der mechanischen Verarbeitung nicht mehr standhalten. Kleinere Spinnereien verschwanden zugunsten größerer Betriebe, in denen nahezu der gesamte Herstellungsprozeß mechanisiert war.[20] Unmittelbare Folge der Mechanisierung der Spinnerei und der Appretur nach der Erfindung von Walkmaschinen sowie von künstlichen Bleich- und Färbeverfahren war die fabrikmäßige Arbeitsorganisation. Nachdem in den deutschen Textilzentren bereits während der 1850er Jahre in der Appretur die Handarbeit von der Maschinenarbeit verdrängt worden war, setzte sich in den 1860er Jahren auch die maschinelle Spinnerei und deren fabrikmäßige Organisation weitgehend durch.[21]

Die Weberei wurde nicht in demselben Ausmaß wie Spinnerei und Appretur vom Fabrikwesen erfaßt. Vielmehr blieb sie trotz der zunehmenden Unterordnung der Textilherstellung unter marktorientierte kapitalistische Verwertungsbedingungen lange in kleingewerblich-handwerklichen Verhältnissen bestehen. Erst in den 1850er Jahren begann der Maschinenwebstuhl mit dem Handwebstuhl zu konkurrieren.[22] Wenn auch die Zahl der Maschinenstühle in den 1860er Jahren rasch zunahm, die der Handstühle dagegen bereits sank, waren die Handwebstühle noch nicht verdrängt. Dies änderte sich jedoch in den 1870er Jahren. Wenn auch 1875 auf einen Maschinenwebstuhl noch 1,8 Handwebstühle – einschließlich aller in der häuslichen und nebengewerblichen Produktion arbeitenden – kamen, so erlebten die professionellen Weber einen drastischen Rückgang der handwerklichen Weberei zugunsten fabrikmäßiger Herstellungsmethoden.[23] In den 1870er Jahren bestanden die niedergehende kleingewerblich-handwerkliche Handweberei, die spezialisierte manufakturiell organisierte Handweberei und die fabrikmäßige Maschinenweberei noch nebeneinander.

Während in der Spinnerei die Mechanisierung zu enormen Produktionssteigerungen geführt hatte, blieben die durch verbesserte Technik errungenen Produktionssteigerungen in der Weberei relativ bescheiden. Die Leistungsfähigkeit der Maschinenstühle wurde u. a. durch die stärkere Strapazierung der Garne beschränkt, was sich insbesondere bei der Verwendung weniger fester Garne in der Wollweberei bemerkbar machte, denn jedes Reißen des Fadens führte zum Anhalten des Stuhles. Die Vorteile des Maschinenstuhls lagen anfänglich allein in seiner höheren zeitlichen Ausnutzbarkeit und seiner genaueren Arbeit.

Verglichen mit der Handspinnerei fehlte der Weberei letztlich der entscheidende Impetus für eine forcierte Mechanisierung. Während die Handspinner nach Verbesserung des Handwebstuhls kaum den gestiegenen Bedarf an Garn hatten decken können,[24] stellte sich in der Weberei dieses Problem nicht. Die erhöhte Nachfrage nach Tuchen und Stoffen konnte einstweilen durch Produktionssteigerungen infolge der Verbesserungen des Handwebstuhls und der Vermehrung der Stühle befriedigt werden. Die

„freigesetzten“ Spinner und Leinenproduzenten stellten eine so große industrielle Reservearmee für die ohnehin personell schrumpfende Textilherstellung,[25] daß die Handweberei längere Zeit aufgrund der äußerst niedrigen Löhne billiger arbeitete als die Maschinenweberei.

Die Senkung von Lohnkosten durch den Einsatz von angelernten Männern und Frauen an den Maschinenstühlen wurde weitgehend durch die hohen Investitions- und Betriebskosten wieder aufgewogen. Die endgültige Verbreitung des Maschinenwebstuhls in der industriellen Textilherstellung verlief nicht gleichmäßig. Zuerst setzte er sich in der Baumwollverarbeitung durch, weil die Baumwollgarne die höchste Festigkeit aufwiesen. Wenig später wurden auch Leinen und Kammgarntuche mechanisch gewebt. Hingegen dauerte es vergleichsweise lange, bis auch Streichgarntuche mechanisch gewebt werden konnten. Die lockeren Wollfäden rissen leichter als andere Garne. Der Handwebstuhl konnte sich daher in der Wollverarbeitung am längsten behaupten. Außerdem behielten die Handwebstühle auch bei der Herstellung komplizierterer Muster ihre Bedeutung. Während einfachere Webarbeiten früh erfolgreich mechanisiert wurden, blieb der Handwebstuhl lange Zeit für höher qualifizierte Arbeiten unersetzlich.[26]

2. Der Arbeitsprozeß der Textilherstellung

Die Darstellung der Textilherstellung erfolgt am Beispiel der Baumwollverarbeitung.[27] Grob waren Vorbereitungsarbeiten, das Spinnen und Weben sowie das Appretieren zu unterscheiden. Die Vorbereitungsarbeiten begannen damit, daß die Baumwolle maschinell gelockert und gereinigt wurde. Auf der Krempelmaschine wurde die Baumwolle kardiert oder gekratzt. Dabei wurden die büschelförmig gewachsenen Fasern innerhalb eines fortlaufenden Bandes gleichförmig angeordnet. Diese Vorarbeiten leisteten ungelernte Männer. Der Spinnprozeß selbst bestand aus dem Strecken der Baumwolle, dem Vor- und Feinspinnen. Beim Strecken erhielten die kardierten Baumwollbänder die nötige Gleichmäßigkeit. Die an den Streckmaschinen arbeitenden Frauen hatten im wesentlichen nur darauf zu achten, daß die Baumwollfasern nicht rissen. Beim anschließenden Vorspinnen wurde das noch sehr lockere Material gedreht und dann auf Spulen gewikkelt. Den Arbeiterinnen oblag das Nachfüllen der Vorspinnmaschine mit kardierter Baumwolle. Die von der Maschine gedrehten Vorgespinstfäden wurden dann auf Spulen, die auf Spindeln befestigt waren, aufgewickelt. Die Arbeiterinnen führten die Fäden in die Spulen ein. Da sie im Akkord nach der Menge des produzierten Garnes entlohnt wurden, waren sie daran interessiert, das Einspulen der Fäden und eventuelles Wiederanknüpfen gerissener Fäden möglichst schnell zu erledigen, weil die Maschine während dieser Arbeiten still stand. Abschließend wurde das Garn feingesponnen. Je nach Garnbeschaffenheit und Material wurden Mule- oder Selfactorspinnmaschinen dabei verwendet. Die an der Mulemaschine notwendigen Arbeiten wie Spulenwechsel und das Wiederanknüpfen gerissener Fäden führten die Arbeiterinnen an der laufenden Maschine aus. Dabei waren Konzentration und hohe Fingerfertigkeit notwendig. An der Selfactorspinnmaschine arbeiteten vor allem Männer. Der Selfactor leistete wesentlich mehr als eine Mulemaschine und benötigte dabei weniger, jedoch höher qualifizierte Arbeitskräfte.[28] Zumeist bediente ein schon älterer Spinner mit drei Hilfskräften – Frauen oder Jugendlichen – zwei Maschinen mit jeweils 484 oder 900 Spindeln. Dem Spinner selbst oblagen die Arbeiten an der Maschine, die ein gewisses technisches Verständnis sowie „Intelligenz und Zuverlässigkeit"[29] erforderten. Die Hilfskräfte führten die Fäden in die Spulen ein und drehten sie an. Weitere Arbeiten der Spinnerei, wie Spulen, Haspeln und Zwirnen waren rein maschinelle Arbeiten, die vor allem Fingerfertigkeit verlangten und vor allem von Frauen erledigt wurden. Zur Vorbereitung des Webens gehörte neben dem Spulen die Fertigung der Kette. Die Kettfäden wurden von Männern geschlichtet, d. h. sie wurden mit einer klebrigen Flüssigkeit getränkt, die die Oberfläche glättete und das Reißen verhinderte.

Einen Überblick über die personelle Struktur von Spinnfabriken gibt ein Bericht von Spinnereibesitzern aus Chemnitz und Umgebung vom November 1873.[30] Danach waren 72% der Arbeiterschaft an den Vorbereitungs- und Spinnmaschinen sowie 20% an den Weifen (Garnwinden) beschäftigt. Die restlichen 8% entfielen auf das Personal für die Expedition, Leitung und Beaufsichtigung, Heizung und Wartung der Dampfmaschinen, Packerei, Auf- und Abladen sowie das Mischen der Wolle. Die letzte, kleinste Arbeitsgruppe bestand nur aus erwachsenen Männern. An den Weifen wurden ebenfalls nur Erwachsene, jedoch Männer und Frauen beschäftigt. An den Vorbereitungs- und Spinnmaschinen stellten die weiblichen Arbeiter im Alter von über 16 Jahren mit 40% aller Arbeiter die größte einzelne Gruppe. Die zweitgrößte Gruppe (12% aller Beschäftigten) bildeten bereits 12- bis 14jährige Kinder! Die Anzahl der Mädchen zwischen 14 und 16 Jahren (9%) übertraf dort die der erwachsenen männlichen Arbeiter (8%). Die kleinste Gruppe war die der Knaben zwischen 14 und 16 Jahren (3%). Nach dem Bericht der Spinnereibesitzer verließen die Knaben im Alter von 15 und 16 Jahren die Fabriken, um einen anderen Beruf, meist ein Metallhandwerk, zu erlernen. Jedoch muß bezweifelt werden, daß dieses Verhalten typisch für jugendliche Spinnereiarbeiter war. Die Möglichkeit auf einen Metallberuf auszuweichen bestand in Chemnitz aufgrund der dort ansässigen umfangreichen Maschinenbauindustrie. Viele Frauen und Mädchen verließen mit etwa 18 bis 20 Jahren die Fabriken, um zu heiraten. Vielfach versuchten erwachsene Arbeiter, ihre Kinder möglichst früh mit zur Fabrikarbeit heranzuziehen. Wahrscheinlich hatte die Kinderarbeit, auch die von Kindern unter 12 Jahren, ein weit höheres Ausmaß als die Chemnitzer Spinnereibesitzer angaben.[31]

In der Weberei arbeiteten sowohl Männer als auch Frauen. Während der Handwebstuhl wegen des Kraftaufwandes nur von Männern bedient wurde, wurden an den Maschinenwebstühlen auch Frauen eingesetzt. Die Arbeitsverrichtung[32] beim Weben bestand aus drei elementaren Bewegungen: dem Vorwärtstreiben des Schiffchens, der Betätigung des Fußpedals zum Antrieb der Schäfte und dem Schwingen der Lade zum Zusammenschlagen der Schußfäden. Beim eigentlichen Webvorgang schickte der Weber das Schiffchen mit dem Schußgarnfaden von der einen Seite des Webstuhls zur anderen durch die Kettfäden. Dabei mußten zwei Schäfte, die durch ein Fußpedal betätigt wurden, abwechselnd und nach jedem Durchgang die Kettfäden heben und senken und so das „Fach“, durch das sich das Schiffchen bewegte, bilden. Durch eine wie ein Pendel am Webstuhl schwingende Lade konnte der Weber jeden Schußgarnfaden gegen die Webkante des bereits fertigen Gewebes schlagen.

Die Arbeit des Handwebers erschöpfte sich jedoch nicht im Weben. Daneben hatte er eine Reihe Vorbereitungsarbeiten auszuführen, wie die Kettfäden am Kettbaum befestigen, die einzelnen Fäden durch die Ringe der Schäfte und den Webkamm führen und anschließend am Zeugbaum befestigen. Die Kettfäden mußten appretiert werden, damit sie nicht rissen. Diese Nebenarbeiten nahmen etwa ein Drittel der Arbeitszeit ein. Außerdem wurde der eigentliche Webprozeß durch reißende Fäden, Ablassen der Kette und Aufrollen des Tuches sowie Nachspannen unterbrochen. Durch Verbesserungen des Handwebstuhls konnte der Weber bei Arbeiten wie Spannen und Bearbeitung der Kettfäden entlastet werden. Durch das „fliegende Schiffchen“ (Schnellschütze) konnte durch eine einfache Vorrichtung das Weben stark beschleunigt werden. Weitere Verbesserungen erlaubten eine gleichmäßige Aufnahme des Tuches auf den Zeugbaum beim Weben sowie eine maschinelle Vorbereitung der Kette, die der Weber nun fertig für den Einsatz am Webstuhl erhielt.

Der mechanische Webstuhl veränderte den eigentlichen Webvorgang nicht. Der Antrieb der Schäfte, des Schiffchens und der Lade erfolgte nun über eine mechanische Kraftquelle, die an die Stelle der Muskelkraft des Webers trat. Unmittelbare Folge war, daß nun, weil kaum noch körperlicher Kraftaufwand nötig war, Webstühle auch von Frauen und Kindern bedient werden konnten.[33] Die Arbeit am mechanischen Webstuhl war weitgehend auf eine Überwachungs- und Kontrolltätigkeit reduziert. Gerissene Fäden mußten wieder angeknüpft und der Schußfaden im Schiffchen nachgefüllt werden. Ein Arbeiter bzw. eine Arbeiterin überwachten mehrere mechanische Stühle.

Der wohl wesentliche Vorteil des mechanischen Webstuhls bestand darin, daß an ihm nicht nur schneller, sondern auch länger gearbeitet werden konnte. Der physische Kraftaufwand beim Handweben begrenzte die Arbeitszeit infolge der Erschöpfung des Arbeiters. Hingegen konnte durch den mechanischen Stuhl aufgrund der kaum notwendigen Muskelkraft der Arbeiter die tägliche Arbeitszeit ausgedehnt werden.[34]

Die Baumwoll- und Wollweberei unterschieden sich in ihrer Organisation.[35] Die Baumwollweberei entwickelte sich vor allem auf Kosten der Leinenweberei. Erstere befand sich von Beginn an in den Händen handelskapitalistisch operierender Kaufleute, die das Garn importierten oder selbst spinnen ließen, den Webern zur Weiterverarbeitung übertrugen und die Endfertigung wieder in eigener Regie durchführten. Obwohl sich bei der Baumwollweberei aufgrund der festen Garne die maschinelle Weberei anbot, hielt sich das Verlagssystem sehr lange. Aufgrund der niedrigen Löhne, die den meist ehemaligen Leinenwebern gezahlt wurden, waren die Profite bei der Beschäftigung von Handwebern offensichtlich noch höher als bei einer Mechanisierung. Erst in den 1860er Jahren nahmen die mechanischen Webstühle in der Baumwollverarbeitung schneller zu als die Handwebstühle.[36]

In der Wollweberei, die die höchsten Qualifikationen der Weberei überhaupt voraussetzte, fand hingegen früher eine Zentralisierung statt, obwohl mit dem Maschinenwebstuhl nur unwesentlich mehr geleistet werden konnte als mit dem Handwebstuhl. Die hausindustrielle Weberei hatte hier geringere Bedeutung als bei der Herstellung anderer Textilien. Tuchfabriken entstanden häufig aus handwerklichen Tuchmachereien, die – nachdem sie erfolgreich die Spinnerei und Appretur mechanisiert hatten – mehrere (Hand-)Webstühle aufstellten und die Tuche nun großbetrieblich herstellten. Vor allem in Sachsen konnte sich jedoch die kleingewerbliche Tuchherstellung lange halten, weil die Tuchmacherinnungen eigene mechanisierte Spinnereien und Appreturanstalten errichteten, die die Rohstofflieferung bzw. die Endfertigung für die kleingewerblichen Tuchweber übernahmen.[37]

In der Appretur, die früh industrialisiert worden war, waren Bleicher, Färber und Drucker beschäftigt. Die Appreteure waren eine schlecht ausgebildete, schlecht bezahlte und schlecht organisierte Arbeiterschicht. Wie die Hilfskräfte beim Spulen, Haspeln und Verpacken wurde sie im Zeitlohn bezahlt.[38]

3. Die Lage der Textilarbeiter[39]

a) Die Textilhandwerker

Innerhalb weniger Jahrzehnte verlor ein Großteil der Handspinner und Appreteure seine berufliche Existenzgrundlage. Wenn sich auch der Arbeiterstamm der mechanischen Spinnereien, Appretur- und Färbereianstalten vielfach aus ehemaligen Textilhandwerkern rekrutierte, so fanden doch längst nicht alle von ihnen in den Fabriken Arbeit.[40]

Im Weberhandwerk bot der Kleinbetrieb den Gesellen traditionell einen sicheren Aufstieg zum Meister und eine solide Existenzgrundlage. Die Mitgliedschaft in den Tuchmacherzünften war nicht an Besitz gebunden, der Kapitalaufwand zur Anschaffung eines Webstuhls eher gering. Im Alter von etwa 22 oder 23 Jahren bestand für den Gesellen vielfach die Möglichkeit, sich selbständig zu machen. Unter diesen Bedingungen führten sehr viele Meister Ein-Mann-Betriebe, nicht gerechnet mithelfende Familienangehörige, die das Spulen und teilweise das Spinnen besorgten. In anderen Betrieben bestand zwischen dem Meiter und seinen ein bis zwei Gesellen meist eine enge Kooperation. Sie arbeiteten zusammen am sogen. „zweimännischen" Webstuhl.[41]

Mit zunehmender Zentralisierung der Garnherstellung und der Endverarbeitung der Tuche durch die Verleger reduzierte sich der Status der Weber auf den von hausindustriellen Lohnwebern. Sinkende Tuchpreise durch englische und irische Importe und die Konkurrenz von ehemaligen Leinenwebern, die in der Woll- und Baumwollweberei Arbeit suchten sowie durch die arbeitslos gewordenen Handspinner drückten deren Lage. Seit Beginn der 1860er Jahre verschlechterte sich die Lage der Handweber weiter durch die aufkommende Maschinenweberei. Das Maschinengarn war nun so gesponnen, daß es die strapazierende Webart des Maschinenstuhls aushielt. Damit sanken die Löhne für die Herstellung einfacher Gewebe. Die Handweberei beschränkte sich mehr und mehr auf die Produktion feiner und gemusterter Stoffe, die noch nicht maschinell hergestellt werden konnten.[42]

Faktisch hatten die für Verleger arbeitenden hausindustriellen Weber längst ihre handwerkliche Selbständigkeit verloren. Die hausindustriellen Handweber waren eine Art industrieller Reservearmee geworden. Während einer günstigen Konjunktur fanden sie Arbeit, sie waren jedoch die ersten, denen in der Krise die Aufträge entzogen wurden.[43] Sie klammerten sich bewußtseinsmäßig häufig an ihren Besitz eines Webstuhls und den nicht unüblichen Besitz eines Hauses und eines Stückchen Landes, auf dem sie nebengewerblich Landwirtschaft trieben. Vielfach wurde die Selbständigkeit nur noch mit Hilfe des kleinen Landbesitzes und dessen Erträgen ermöglicht. Wenn auch die Aussicht auf einen regelmäßigeren und häufig auch höheren Verdienst in Maschinen- oder zentralisierten Handwebereien bestand, lehnten die meisten Weber die Arbeit in den geschlossenen Betrieben ab, weil die Fabrikdisziplin, die Unterordnung unter einen Werkstattmeister,[44] die fixierten Arbeitszeiten und die nervlich anstrengendere Arbeit ihren Vorstellungen widersprachen. Im allgemeinen waren Gesellen wohl eher bereit, sich als Fabrikweber oder in der zentralisierten Handweberei zu verdingen als selbständige Webemeister.[45]

Der einzelne Arbeiter erlebte den Übergang vom Handwebstuhl zum mechanischen in erster Linie als einen Wertverlust seiner handwerklichen Qualifikationen. An die Stelle der handwerklichen Ausbildung, die zumindest in einer dreijährigen Lehre und ebensolangen Wanderschaft als Geselle bestand, trat eine 4- bis 6wöchige Anlernzeit. Aus dem handwerklich qualifizierten Arbeiter wurde ein angelernter. Statt wie bisher mit einem Werkzeug zu arbeiten, bediente der Arbeiter nunmehr nur noch eine Maschine, deren Takt er selbst nicht mehr kontrollierte.[46] Den Statusverlust und Verlust sozialer Sicherheit der Betroffenen umriß die Handelskammer Aachen in ihrem Jahresbericht für 1866 zutreffend:[47]

„Anstatt im Hause seines Meisters, auf gleichen Fuß mit der Familie gestellt, zu leben und durch die betreffende Korporation bis an das Ende seiner Tage vor Mangel sich geschützt zu wissen, ging er (der Arbeiter) nunmehr in die Fabriken arbeiten und blieb nach erfolgter Arbeitsunfähigkeit seinem Schicksal schutzlos überlassen."

b) Die Fabrikarbeiter

Die Arbeiter der Textilfabriken[48] wurden aus sehr unterschiedlichen sozialen Schichten rekrutiert. Die relativ kunstlose Arbeitsverrichtung an den Maschinen bedurfte keiner höheren Qualifikationen, so daß potentiell fast jeder in der mechanischen Textilproduktion arbeiten konnte. Eine direkte Folge davon war die umfangreiche Beschäftigung von Frauen,[49] Jugendlichen und Kindern[50] bei gleichzeitiger Arbeitslosigkeit der Männer.[51] In erster Linie rekrutierten die Textilfabriken, insbesondere die Webereien, ihre Arbeiter aus der niedergehenden Hausindustrie.[52]

Diese Arbeitergruppe konnte jedoch nicht genügend Arbeiter für alle Textilfabriken stellen, zumal viele handwerklich orientierten Weber(-meister) Fabrikarbeit ablehnten und lieber unter vielfach schlechteren Lebensumständen, als sie Fabrikarbeiter erlebten, ihre „Selbständigkeit" wahrten. Andere Arbeiter, insbesondere die in Spinnereien tätigen, kamen aus der Schicht der Verarmten, der Gelegenheits- und Wanderarbeiter. Vielfach fanden auch physisch schwache und kranke Personen, die körperlich anstrengende Arbeiten nicht verrichten konnten, in Textilfabriken eine Arbeitsstelle. Diese Arbeiter, die oftmals gerade auf die Arbeit in den Textilfabriken angewiesen waren und in anderen Industrien keine Arbeit finden konnten, waren eher als andere bereit, die niedrigen Löhne, die den Textilarbeitern gezahlt wurden, zu akzeptieren.[53] Für viele Frauen war die Fabrikarbeit attraktiver als das Los der Arbeitslosigkeit oder des Dienstbotendaseins.[54] Ähnliches galt auch für andere Arbeiter, insbesondere Landarbeiter, Söhne von Kleinbauern, Heuerlingen und Landarmen. Vielfach waren selbst die schlechtesten Arbeitsbedingungen in den Fabriken noch weniger unangenehm als die auf landwirtschaftlichen Gütern.[55] In den Fabriken, speziell in den Spinnereien, bildete sich so eine heterogene, mit der Textilproduktion nicht traditionell vertraute Arbeiterschaft mit unterschiedlichen Erfahrungen und Wertvorstellungen heraus.[56]

Verglichen damit bildete der schrumpfende Stamm der hausindustriellen Weber eine homogene Arbeiterschicht. Durch den Besitz von Haus und Land meist an den Ort gebunden sowie durch Berufsvererbung von dem Vater auf den Sohn[57] waren diese Arbeiter in den Traditionen und Wertvorstellungen handwerklicher Textilherstellung verhaftet.

Die Löhne der Textilherstellung waren stark differenziert und, verglichen mit denen anderer Industrien, niedrig (vgl. Tab. 7).[58]

Die Gegenüberstellung der Löhne, die im Jahre 1871 in der Textil- und in der eisenverarbeitenden Industrie gezahlt wurden, zeigt, daß die Textilarbeiterlöhne ca. 1/4 bis 1/3 unter denen der Metallarbeiter lagen. (Ein direkter Vergleich ist nicht möglich, da die Erhebungsgrundlagen uneinheitlich waren. Die Gesamttendenz wird jedoch deutlich.)

Die Hochkonjunktur der frühen 1870er Jahre konnte, wie die Lohnangaben aus dem Jahre 1872 zeigen, von den Textilarbeitern nicht für eine grundlegende Besserung der Löhne genutzt werden. In Crimmitschau dürften lediglich die Löhne der bestbezahlten Arbeiter für einen hinreichenden Familienunterhalt ausgereicht haben, der nach einer Meldung des *Crimmitschauer Bürger- und Bauernfreundes* bei 4 Tlr. 26 Gr. 9 1/2 Pf. pro Woche lag.[59] Nach dem Gründerkrach sank die Bezahlung in dieser stark konjunkturabhängigen Industrie teilweise unter das Niveau von 1871. In Chemnitz, so berichtete die *Chemitzer Freie Presse* 1877, lagen die Fabrikweberlöhne bei 5–6 Mark wöchentlich. Durch Arbeitsunterbrechungen (Kurzarbeit) verdienten die Arbeiter jedoch vielfach nur die Hälfte.[60] Ebenfalls mit etwa 5–6 Mark wurde für 1879 der Wochendurchschnittslohn eines Handwebers in Glauchau angegeben.[61]

Üblicherweise wurde in der Textilindustrie Akkordlohn gezahlt. Grob sind drei Lohngruppen zu unterscheiden. Die höchstbezahlten Textilarbeiter in den Fabriken waren die Aufseher, die Arbeiter an Selfactorspinnmaschinen und wenige gutbezahlte Appreteure und andere Arbeiter der Endfertigung. Die mittlere Lohngruppe umfaßte die männlichen Arbeiter für Spinnvorbereitungsarbeiten, die Kettenmacher und Weber an mechanischen Webstühlen. Am niedrigsten entlohnt waren die Haspler, Bleicher, Färber, Handweber, die meist im Stundenlohn bezahlten Hilfskräfte und die Spinner mit Ausnahme der Arbeiter an den Selfactorspinnmaschinen.[62]

Die Arbeiter in den mechanischen Webereien waren generell besser entlohnt als die in Spinnereien. Innerhalb der Spinnerei zahlten Kammgarnspinnereien die höchsten, Baumwollspinnereien mittlere und Flachsspinnereien die niedrigsten Löhne. Die Frauenlöhne, speziell in den Spinnereien, betrugen etwa die Hälfte der Männerlöhne. Das Ersetzen von Männerarbeit durch Frauenarbeit lief faktisch auf eine Lohnreduktion hinaus. Bei offenen

Tab. 7: Wochenlöhne 1871 und 1872 (in Mark) in der Textil- und eisenverarbeitenden Industrie

Textilfabriken 1871 im Handelskammerbezirk Plauen		Eisenindustrie (Gießerei in Crimmitschau und Maschinenfabrik in Reichenbach) 1871		Textilfabriken August/September 1872 im Handelskammerbezirk Plauen	
Spinnmeister	18	Vorarbeiter	30 –43	Appreteure	18 –24
Wollsortierer	12,75	Dreher	15 –36	Vorarbeiter an. mech.	
Baumwollweber an mech.		Former	12 –21	Webstühlen	18
Webstühlen, Durchschnitt	11,25–13	Tischler	12 –21	Maschinenweber	12 –12,75*
Männer, Maximum	23	Schlosser	12 –18	Handweber	9 –10,50
Frauen, Maximum	14,40	Schmiede	12 –15	Musselinweberinnen	9 –10,50
Spinner	10 –13	Arbeiter in mechanischen		Spuler an mech. Webstühlen	7,50– 8
Wollwäscher	9 –12,75	Werkstätten	10 –12	Spulerinnen	7 – 7,50
Frauen an Streckmaschinen	bis 12	Hilfsarbeiter	7,50– 9	Stepperinnen	6 – 9
Bleicher	11,25–12				
Färber	10,50–12				
Packer	10,50				
Wollweber (Handwebstuhl?)	7,50– 9				
Wollscherer (weibl.)	6 – 7,50				
Garnspinnerinnen					
(älter als 14 Jahre)	6 – 7				
Garnkämmerinnen	6,50				
Kettenspulerinnen	6				
Hilfsarbeiter (männl.)	5 – 7,50				
Hilfsarbeiter (weibl.)	4,50– 6				

* teilweise auch bis 18.

Lohnsenkungen konnten die Männerlöhne i. d. R. mehr gesenkt werden als die ohnehin schon sehr niedrigen Frauenlöhne.[63]

Die Arbeitszeiten waren i. d. R. sehr lang. In den ersten beiden Dritteln des 19. Jahrhunderts mußten die Arbeiter der mechanischen Spinnereien 14 bis 16 Stunden täglich arbeiten, teilweise betrug die Arbeitszeit bis zu 18 Stunden. Erst in den 1870er Jahren wurden die Arbeitszeiten verkürzt, blieben jedoch bei einer durchschnittlichen effektiven Arbeitszeit von 12 bis 14 Stunden vergleichsweise sehr lang. In der physisch stärker belastenden mechanischen Weberei betrugen die täglichen Arbeitszeiten bis zu den 1870er Jahren ca. 12 bis 15 Stunden und wurden dann auf etwa 11 bis 14 Stunden gesenkt. Arbeitszeiten von über 15 Stunden täglich waren in der Weberei selten.[64]

Bestrebungen der Textilarbeiter, die Arbeitszeiten zu verkürzen, hatten keinen durchgreifenden Erfolg. Noch in den 1880er Jahren arbeiteten Spinnereiarbeiter effektiv etwa zwölf Stunden täglich, incl. Pausen ca. 13 1/2 bis 14 Stunden. Teilweise lagen die Arbeitszeiten noch ein bis zwei Stunden darüber. In den Webereien hingegen arbeitete man zwischen 10 und 12 Stunden am Tag, in den Appreturen, Färbereien und Druckereien etwa 12 Stunden. Saisonale Schwankungen brachten es mit sich, daß die Arbeitszeiten teilweise auf 8 bis 9 Stunden am Tag verkürzt wurden, zu anderen Zeiten um ein bis zwei Stunden ausgedehnt wurden.[65]

Die Arbeit in den Fabriken war ungesund und vielfach gefährlich. Laufende Maschinen erzeugten einen ohrenbetäubenden Lärm. Schlechte Belüftung der Arbeitsräume, überlange Arbeitszeiten sowie eine durch die niedrigen Löhne bedingte schlechte Ernährung und ungesunde Wohnungen führten zu Schwindsucht und Blutarmut. Hohe Temperaturen, teils sehr trockene, teils sehr feuchte Luft, förderten Bronchial- und Brustleiden. Gestank, Lärm, Öl- und Staubpartikel in der Luft griffen die Gesundheit der Arbeiter an. Reinigungsarbeiten und Spulenauswechseln an laufenden Maschinen sowie mangelnde Schutzvorrichtungen an Maschinen und Transmissionsanlagen bildeten eine hohe Unfallgefahr. Viele Spinnereiarbeiterinnen erlitten Verkrüppelungen und Verkrümmungen der Gliedmaßen. Die Arbeitsverrichtung selbst führte gerade bei Kindern und Jugendlichen zu Verkrümmungen der Wirbelsäule, Krampfadern, Beingeschwulsten und Deformationen der Füße.[66] Die physische Verkümmerung von jugendlichen Arbeitern wurde bereits 1828 vom preußischen Militär registriert, weil die (Textil-)Fabrikgegenden nicht mehr genügend gesundheitlich taugliche Rekruten für die Armee stellen konnten.[67]

Die Arbeitsbedingungen in den Textilfabriken behinderten die Bildung von Gruppen- oder Klassenbewußtsein unter den Arbeitern erheblich. Die Arbeit an den Textilmaschinen war in einem außerordentlich hohen Maße fremdbestimmt. Die Arbeiter hatten keinen Einfluß auf den Arbeitsrhythmus und die Arbeitsgeschwindigkeit. Der Einzelne konnte sich kaum mit den Ergebnissen seiner Arbeit identifizieren. Unter diesen Umständen wurden Leistungsstolz und berufliches Selbstwertgefühl – vielfach erste Schritte zu einem kollektiven Bewußtsein – unterbunden. Die Arbeitsorganisation vereitelte zudem auch eine Gruppenbildung am Arbeitsplatz. Der Arbeitsablauf verlangte keine direkte Kooperation der Arbeiter miteinander. Selbst in Arbeitsgruppen – z. B. ein Spinner und seine Hilfskräfte – fand keine Zusammenarbeit statt. Vielmehr erfüllten die einzelnen Arbeiter losgelöst voneinander verschiedene Verrichtungen an den Maschinen. Diese Form der Arbeit und der Maschinenlärm reduzierten die Kommunikationschancen am Arbeitsplatz auf ein Minimum. Eine Integration der ohnehin schon sehr heterogenen Arbeiterschaft war in den Fabriken kaum möglich. Die Disziplinierung der Arbeiterschaft durch Fabrikordnungen[68] und die unterschiedlichen Interessen von Männern und Frauen, Gelernten und Ungelernten, besser und schlechter bezahlten Arbeitern ließen Solidarität nur schwerlich aufkommen.

4. Die sächsische Textilproduktion und die Arbeiter in Crimmitschau

a) Die Entwicklung der sächsischen Textilindustrie und die Lage ihrer Arbeiter

Die konjukturelle Entwicklung in der sächsischen Textilproduktion verlief in den Jahren nach der Gründung des Zollvereins nicht ungünstig. Durch das Fallen der Zollschranken vergrößerte sich das Absatzgebiet für sächsische Textilwaren, insbesondere vereinfachte sich der Export in die USA. In den Jahren zwischen 1834 und 1848 breitete sich aufgrund hoher Nachfrage die mechanische Spinnerei für Woll- und Baumwollgarne rasch aus.[69] Gleichzeitig expandierte die Weberbevölkerung, „freigesetzte" Spinner konnten häufig als Weber weiterarbeiten. Die hausindustrielle Weberei dehnte sich bis ins Erzgebirge und nach Franken aus. Wenn auch die Weber faktisch in einem Lohnverhältnis zu den Verlegern standen, wurde ihnen dieser Umstand während der guten Konjunktur nicht oder nur kaum bewußt. Sie fühlten sich noch als freie zünftige Handwerker, gestützt wurde dieses Bewußtsein durch die in den Städten noch bestehenden Innungen und deren Gepflogenheiten.[70] In der zweiten Hälfte der 1840er Jahre und im Vormärz verschlechterte sich die Marktposition der sächsischen Wollverarbeitung nicht grundlegend. Als drückend empfanden die Weber jedoch Lohnsenkungen und steigende Abhängigkeit von den Verlegern infolge des Ausbaus des Faktorensystems in den ländlichen Weberdistrikten.[71]

Die Ausdehnung der Weberei förderte die Konkurrenz zwischen den städtischen und den ländlichen Webern und erlaubte so den Verlegern und deren Faktoren Lohnsenkungen und -abzüge. Den Verlegern kam dabei insbesondere zugute, daß die ländliche Weberei häufig mit landwirtschaftlicher Produktion verbunden war. Der ländliche Weber hing ökonomisch weit weniger als sein städtischer Kollege allein von den Einkünften aus der Weberei ab, sondern konnte durch seine Landwirtschaft auch bei extrem niedrigen Löhnen existieren.[72] Die Vergabe der Aufträge an Weber auf dem Lande erregte den Unwillen der in den Städten. Diese Praxis, bei der die städtischen Weber trotz anhaltender Nachfrage nach Textilien arbeitslos wurden, führte zusammen mit einer enormen Teuerung der Lebensmittel in Glauchau 1848 zur offenen Revolte.[73]

Erst die 1860er Jahre brachten tiefgreifende Veränderungen mit sich. Die Einführung der Gewerbefreiheit in Sachsen 1861 löste die sich eigentlich schon seit dem Beginn des 19. Jahrhunderts in einem Zerrüttungsprozeß befindenden Innungen endgültig auf. Statt ihrer entstanden sogenannte „freie Innungen", die sowohl die älteren Unterstützungskassen als auch das gesellschaftliche Leben der sich noch als freie Zunftmeister empfindenden Weber und Tuchmacher weiterführten.[74]

Unmittelbar spürbar für die Weber wurde jedoch, daß Mitte der 1860er Jahre der amerikanische Markt für sie aufgrund des Sezessionskrieges nicht mehr zugänglich war. Infolgedessen mußten allein in Glauchau zwischen 1862 und 1865 25 Geschäfte den Konkurs anmelden. Im Winter 1864/65 herrschte offene Not unter der Weberbevölkerung. Die Arbeitslosigkeit und die Lohnsenkungen erreichten im April und Mai 1865 ihren Höhepunkt. Jedoch auch nach Ende des amerikanischen Bürgerkrieges konnte die Krise nicht überwunden werden. Die allgemeine schlechte wirtschaftliche Lage sowie der Krieg zwischen Preußen und Österreich 1866 verringerten die Absatzmöglichkeiten für sächsische Textilien. Die Arbeitslosigkeit und die Armut der Weber hielt infolgedessen an.[75]

Auch nach der Reichsgründung 1871 besserte sich die Lage der Weber nicht. Durch die Annexion Elsaß-Lothringens wurde etwa ein Drittel der französischen Textilindustrie in den deutschen Markt integriert und verschärfte die Konkurrenz. Die verstärkte Einführung des mechanischen Webstuhls in den Jahren 1873 bis 1875 verschlechterte die Marktposition der Handweber rapide.[76] Trotz eines Rückgangs der Handwebstühle im Bereich Glauchau um 15% während der Jahre 1873 bis 1879 standen in derselben Zeit etwa jeweils 20 bis 30% dieser Stühle mangels Aufträgen still.[77] Die Lage der Handweber hatte sich durch wochenlange Arbeitslosigkeit und wiederholte Lohnsenkungen derart verschlechtert, daß Kartoffeln und Brot ihre einzige Nahrung bildeten. Im Vogtland waren zwei Menschen verhungert.[78]

b) Textilindustrie und Arbeiterschaft in Crimmitschau

Crimmitschau war eine der bedeutendsten Textilstädte Sachsens. Gleichzeitig war Crimmitschau eine Hochburg der Sozialdemokratie – bereits 1867 gewann bei den Reichstagswahlen der Kandidat der Sächsischen Volkspartei, einer Vorläuferin der Sozialdemokratie, diesen Wahlkreis[79] – und das Zentrum der frühen Textilarbeiterbewegung.[80] Die vergleichsweise gute Organisation der Textilarbeiter dokumentiert sich darin, daß 1909 etwa die Hälfte der dort ansässigen Textilarbeiter Gewerkschaftsmitglieder waren, hingegen im Reichsdurchschnitt nur 18%.[81]

Die Crimmitschauer Textilherstellung überwand fast hundert Jahre lang nicht die Folgen des Dreißigjährigen Krieges. Einen neuen Aufschwung nahm sie, als 1742 David Friedrich Oehler die verschuldete Färberei seines Vaters übernahm. Die Oehlersche Manufaktur bzw. Fabrik dominierte die Entwicklung der Textilproduktion am Ort. Gleichzeitig zeigte sich in der Geschichte dieses Unternehmens und im Schicksal der von ihm abhängigen kleinen Warenproduzenten paradigmatisch die strukturelle Entwicklung der Textilherstellung im Übergang zum Kapitalismus.

Aufgrund erfolgreicher Färbeversuche sowie Erfahrungen und finanzieller Gewinne aus einem Englandaufenthalt baute Oehler eine Berilldruckerei auf. Ursprünglich ließ er die zu bedruckenden Flanelle aus England importieren, ging dann aber dazu über, das Rohgewebe (Zeug oder Rasch) von hausindustriellen Tuchmachermeistern aus Crimmitschau und Umgebung herstellen zu lassen. Wenn sich auch Oehlers Manufaktur ursprünglich auf die Appretur der Tuche beschränkte, so kontrollierte er doch den Verkauf der fertigen Tuche. Die Tuchmacher verloren nach und nach ihren Zugang zum Markt und wurden weitgehend von der Abnahme ihrer Produkte seitens Oehlers abhängig. Nach weiteren Studien in England führte er die mechanische Streichgarnspinnerei in Crimmitschau ein. Die fabrikmäßige Zentralisierung der vorher in die Tuchmachereien integrierten und im Nebengewerbe betriebenenen Spinnerei schränkte die Selbständigkeit der Weber- und Tuchmachermeister weiter ein. Die Lieferung des Rohstoffs und die Abnahme des Zeugs drohten, in einer Hand konzentriert zu werden. Durch den Aufkauf einer Schafzucht bekam Oehler 1764 zudem auch die Produktion der Rohwolle in seine Hand.[82] Die von Oehler abhängigen kleinen Produzenten waren faktisch nur noch Lohnweber, die in einer – mit Ausnahme der Weberei – zentralisierten Textilherstellung Heimarbeit verrichteten. Der formale Status der Selbständigkeit entsprach nicht mehr der realen Lebenssituation der Weber.

Oehler war jedoch nicht der einzige Textilunternehmer in Crimmitschau. Etwas später folgten auch andere seinem Beispiel und faßten die Textilherstellung zunehmend in geschlossenen Betrieben zusammen. Ab ca. 1800 verdrängte die maschinelle Garnherstellung die Handspinnerei. 1814 wurden für die Wollbereitung und die Appretur Krempelmaschinen, Rauh-

und Schermaschinen eingeführt. 1826 wurde in Crimmitschau die erste Dampfmaschine aufgestellt.[83]

Einzig die Weberei – in Crimmitschau herrschte Wollverarbeitung vor – blieb von der Verdrängung der Handarbeit einstweilen verschont: Bei einem Versuch, 1848 mechanische Webstühle einzuführen, drohten die Weber dem Verleger, sein Haus anzuzünden. Erst zehn Jahre später, 1858, wurde trotz der Widerstände der Weber der erste mechanische Webstuhl in Crimmitschau in Betrieb genommen.[84] Die mechanische Weberei verdrängte die Handweberei jedoch erst in den 1870er Jahren.

Zwischen 1845 und 1870 expandierte die Handweberei noch einmal. Auf insgesamt 1470 Stühlen arbeiteten 1845 557 Tuchmacher-, Zeugmacher- und Webemeister mit zusammen 722 Gesellen und 318 Lehrlingen. Bis zum Jahre 1870 stieg die Zahl der Handwebstühle noch um ca. 500 auf insgesamt 2000 an. Damit war 1870 die größte Verbreitung der Handwebstühle erreicht. Anschließend ging die Zahl der Handwebstühle endgültig zurück. 1875 wurde noch auf ca. 1500 und 1880 nur noch auf 430 Handstühlen gewebt. 1890 schließlich arbeitete in Crimmitschau kein Handwebstuhl mehr.[85]

c) Die Textilarbeiter Crimmitschaus und die Arbeiterorganisationen

Die Geschichte der Arbeiterbewegung Crimmitschaus zwischen 1863 und 1878 zeigt beispielhaft die strukturelle Verlagerung der Trägerschaft der frühen Arbeiterbewegung – soweit sie ihren Ursprung im Liberalismus hatte[86] – von meist (noch) selbständigen (Klein-)Handwerkern hin zu Fabrikarbeitern. Gegen den drohenden Verlust der Selbständigkeit organisierten die Handwerker auf der Grundlage liberaler Selbsthilfevorstellungen einen Arbeiterbildungsverein und eine Genossenschaft. Die zunehmende Unterordnung der lokalen Textilarbeiter unter fabrikmäßige Produktionsmethoden regte die Bildung einer Textilarbeitergewerkschaft zum Zwecke der kollektiven Existenzsicherung der Fabrikarbeiterschaft an. Politisch schlug sich der Autonomieverlust der Textilarbeiter in deren Wendung von der bürgerlich-demokratischen zur sozialdemokratischen Bewegung nieder.

Bereits im Jahre 1848 entstanden in Crimmitschau die ersten Arbeiterorganisationen.[87] Nach der Reaktionszeit wurde im Jahre 1863 der derzeit selbständige Zeugmacher Ernst Stehfest als Vertreter der Crimmitschauer Textilarbeiter in den Stadtrat gewählt. Noch in demselben Jahr wurde auf der Grundlage der Selbsthilfe und der Ablehnung der Lassalleschen Ideen ein Arbeiterbildungsverein gegründet. Die in dieser Zeit rein politisch ausgerichtete lassalleanische Bewegung sprach mit ihrer Forderung nach Produktivassoziationen mit Staatshilfe die zu der Zeit weitgehend selbständigen Textilhandwerker nicht an. Das liberale Konzept der Selbsthilfe, wie es auch von den Arbeiterbildungsvereinen vertreten wurde,[88] entsprach eher den am Erhalt ihres Eigentums und ihres Status' interessierten selbständigen Crimmitschauer Textilhandwerkern.[89] Julius Motteler, der spätere „Rote Feldpostmeister",[90] war maßgeblich an der Gründung beteiligt. Aus dem Arbeiterbildungsverein erwuchs 1864 ein Konsumverein, ein Jahr später folgte eine Sängerabteilung. Nach der Gründung der Sächsischen Volkspartei unter der Führung von August Bebel und Wilhelm Liebknecht im Jahre 1866 wurde Crimmitschau Sitz des „Demokratischen Wahlkomitees" für den 18. sächsischen Reichstagswahlkreis für die Wahlen des Jahres 1867.[91]

Bereits diese erste Reichstagswahl 1867 verlief für die Crimmitschauer Arbeiterbewegung erfolgreich. Rechtsanwalt Schraps gewann den Wahlkreis und hielt ihn bis 1874, als Motteler für die SDAP kandidierte.[92] Bei Zugrundelegung des Chemnitzer Programms der Sächsischen Volkspartei[93] entwickelte sich unter der Beteiligung von Motteler, Stehfest und dem späteren sozialdemokratischen Reichstagsabgeordneten Stolle aus dem Wahlkomitee ein Volksverein. Formell wurde er im Juni 1867 gegründet.[94] Der Crimmitschauer Volksverein zählte mit zu den Gründungsorganisationen der SDAP. Stolle vertrat ihn auf dem Eisenacher Kongreß. Der Verein zählte zu diesem Zeitpunkt 600 Mitglieder.[95] Nach der Gründung der Eisenacher Partei blieb der Volksverein bestehen und übernahm die Funktion eines sozialdemokratischen Ortsvereins, die er bis zu seinem Verbot 1878 behielt.[96] Bald nach seiner Gründung löste der Volksverein, durch den nach einem Bericht der Kreisdirektion zu Zwickau vom November 1871 Crimmitschau „bekanntlich" zu einem „Hauptsitz der Sozialdemokratie" wurde,[97] den Arbeiterbildungsverein als Zentrum der Crimmitschauer Arbeiterbewegung ab. Der Volksverein entwickelte dabei ein breites Spektrum verschiedener Aktivitäten, so unterhielt man u. a. auch eine Gesangsabteilung und einen Deklamatorischen Klub.[98] Über die innere Entwicklung des Vereins ist wenig bekannt. 1875 zählte er „etwa 500 Mitglieder – eher mehr als weniger". An den Parteiarbeiten nahmen allerdings – so wurde im „Volksstaat" berichtet – „nur wenige Anteil, dieselben liegen vorzüglich den jüngeren Leuten ob, mit Ausnahme einiger weniger älterer".[99] Unabhängig von der begrenzten politischen Arbeit der Mitglieder wies der Volksverein, wie die Beitragsüberweisungen an die Kasse der SDAP belegen, jedoch eine hohe organisatorische Stabilität auf.[100]

Die Beibehaltung der im ganzen recht erfolgreichen Volksvereine in Crimmitschau und anderen sächsischen Orten ergab sich aus deren Funktionen und Traditionen, die weit über die üblichen von lokalen Parteiorganisationen hinausgingen. In den Volksvereinen flossen die sozialen, politischen und geselligen Aktivitäten der lokalen Arbeiterbewegung zusammen.[101] Bei Gründung selbständiger SDAP-Lokalorganisationen in Sachsen und gleichzeitigem Austrocknen der älteren Volksvereine hätte man auf eine erprobte und in den örtlichen Verhältnissen verwurzelte Organisationsform verzichtet. Insbesondere hätte sich dann die Zusammenarbeit von Arbeiterschaft und kleinbürgerlichen Schichten, die aus der Volkspartei herrührte, sicherlich nicht so lange aufrecht halten lassen.

Die essentielle Vorbedingung für diese Kooperation war jedoch, daß es – wie in Crimmitschau – zwischen den selbständigen Kleinhandwerksmeistern, hier speziell den Tuchmachermeistern, und deren Gesellen keine offenen Arbeitskonflikte und ein Reservoir gemeinsamer Wertvorstellungen gab. Mögliche arbeitsbezogene Konflikte konnten durch den Hinweis auf die Alternative der Fabrikarbeit oder eine eigene Werkstattgründung entschärft werden. Landwirtschaftlicher Nebenverdienst durch das Bestellen eines eigenen Gartens oder eines eigenen Feldes nahm – verglichen mit Arbeitern, die ihren Lebensunterhalt allein aus ihrem Lohn bestreiten mußten – möglichen Lohnkonflikten ihre Schärfe. Aufgrund der Stücklohnzahlung seitens des Verlegers an die Meister sowie einer tradierten Verabredung der Lohnteilung zwischen Meistern und Gesellen waren die Lohn- und Einkommensverhältnisse in der handwerklichen Textilherstellung durchschaubar und bekannt. Meister und Gesellen wußten voneinander, daß sie sich in einer ähnlich ungünstigen ökonomischen Lage befanden. Lohnkonflikte zwischen ihnen waren wenig wahrscheinlich.[102] Beide waren aufgrund der Ausbreitung der mechanischen Weberei von einer Entwertung ihrer handwerklichen Qualifikationen bedroht. Die gemeinsame Arbeit, das traditionelle Leben der Gesellen im Haus der Meister, die Durchschaubarkeit des Lebensstandards der Meister, der sich wohl kaum – berücksichtigt man, daß der Meister eher eine Familie hatte als ein Geselle – von dem der Gesellen unterschied, sowie die hergebrachte Zugehörigkeit zur selben handwerklichen sozialen Gruppe verstärkte das Bewußtsein einer gemeinsamen Lebenssituation und behinderte die Entwicklung politischer Gegensätze.[103]

Ihre frühe Stärke verdankte die sächsische Sozialdemokratie großenteils gerade dieser in den Volksvereinen gepflegten Koalition von selbständigen (Klein-)Handwerkern und Arbeiterschaft, die sich in Crimmitschau und anderen sächsischen Orten auch bei den Gemeinderatswahlen bestätigte.[104] Aufgrund des sächsischen Gemeindewahlrechts[105] und anderer sozialer Bedingungen – ein Fabrikarbeiter würde wohl kaum für Gemeinderatssitzungen von der Arbeit beurlaubt worden sein – konnten nur wirtschaftlich relativ unabhängige Personen Mitglieder des Gemeinderats werden. Bei der Ergänzungswahl 1872 konnte der Volksverein beispielsweise acht selbständige Handwerksmeister bzw. „Fabrikanten“ sowie je einen Rechtsanwalt und einen „Materialisten“ als Kandidaten nominieren, die dann bei der Wahl eine Mehrheit errangen.[106]

Aus dem Volksverein ging 1868 eine Initiative zur Gründung einer Spinn- und Webgenossenschaft hervor. Im Juli des Jahres gründete eine „Anzahl Textilarbeiter, die ihrer politischen Einstellung wegen Arbeit und

Brot verloren hatten", eine Kommanditgesellschaft zur Herstellung von Tuchen und Garnen. Die ersten 17 Kommanditisten, die zusammen 2000 Tlr. einlegten, waren sechs Tuchmacher bzw. -bereiter, fünf Kauf- und Handelsleute, zwei Zeugmacher und je ein Weber, ein Handarbeiter (200 Tlr. Einlage!),[107] ein Maurer und ein Rechtsanwalt. Innerhalb kurzer Zeit erhöhte sich die Zahl der Teilhaber auf 76 mit einem Einlagekapital von fast 8000 Tlr. Die Gewinne der Genossenschaft sollten nach Abzug von 4% Zinsen für die Kapitaleigner je zur Hälfte an Kapital und Arbeit ausgeschüttet werden, jedoch mit der Einschränkung, daß die Gewinnanteile der Arbeiter in der Genossenschaft stehen bleiben mußten.

Infolge der „Großen Depression" kam die Genossenschaft in ökonomische Schwierigkeiten und wurde 1878 liquidiert. Die Forderungen der Gläubiger wurden zu 45% befriedigt, Einlagen von Arbeitern gingen verloren.[108]Die Crimmitschauer Spinn- und Webgenossenschaft gehörte noch zur Phase vor der „Trennung der proletarischen von der bürgerlichen Demokratie".[109]

Trotz verschiedener Hinweise, bei der Trägerschaft der Spinn- und Webgenossenschaft habe es sich um „Arbeiter" gehandelt,[110] scheinen doch eine Reihe von Indizien darauf hinzudeuten, daß die Genossenschaftler eher dem selbständigen (Klein-)Handwerk als der Fabrikarbeiterschaft entstammten. Allein die Einlagesummen der Kommanditisten erwecken Zweifel an einer proletarischen, letztlich mittellosen Trägerschaft. Bei der genannten Einlagesumme von 8000 Tlrn., die von 76 Kommanditisten aufgebracht wurde, stellte jeder Genossenschaftler dem Unternehmen durchschnittlich ca. 105 Tlr. zur Verfügung. Geht man bei einem qualifizierten Textilarbeiter von einem Höchstlohn von ca. 4 bis 5 Tlr. wöchentlich aus,[111] so entspräche das etwa 20 bis 25 Wochenlöhnen. Bei den von der Genossenschaft gezahlten Löhnen von 3½ Tlr. wöchentlich[112] dürfte es für die Arbeiter sehr schwierig, wenn nicht unmöglich gewesen sein, monatlich einen Taler für die Genossenschaft zu erübrigen.[113]

Auch bei der Gewichtung der Interessen von Kapital und Arbeit in der Genossenschaft waren die Interessen der Kapitalgeber bevorzugt. Nicht nur das eingelegte Kapital wurde vorab verzinst, auch die verbleibenden Gewinne sollten paritätisch zwischen den (wahrscheinlich relativ wenigen) Kommanditisten und den (wahrscheinlich relativ vielen) Arbeitern geteilt werden. Diese Hinweise sowie die wenigen vorliegenden Berufsangaben deuten eher auf einen Kreis selbständiger Handwerker, die in der Genossenschaft eine Gelegenheit sahen, dem Konkurrenzdruck der Verleger und Textilfabriken im Rahmen der Selbsthilfe besser standhalten zu können.

Das Crimmitschauer Genossenschaftsexperiment war Teil der in der frühen sächsischen Arbeiterbewegung geübten Kooperation von selbständigen (Klein-)Handwerkern und Arbeiterschaft. Diese Zusammenarbeit hatte ihre Grundlage in der gemeinsamen Geschichte der selbständigen Kleingewerbetreibenden und der Arbeiter der Textilherstellung: die einen hatten bereits ihre Selbständigkeit verloren, die der anderen bestand noch, war jedoch auch bedroht. In der Genossenschaft dominierten sichtlich die Interessen der Kommanditisten, der noch selbständigen Kleingewerbetreibenden. An diesem Interessengegensatz mußte die Koalition längerfristig notwendig zerbrechen. Von den 17 namentlich genannten Kommandisten[114] spielte nur einer, Motteler, über eine längere Zeit eine wichtige Rolle in der Arbeiterbewegung.

Eine strukturelle Verlagerung des aktiven Kerns der Crimmitschauer Arbeiterbewegung markierte die Gründung der ,,Internationalen Gewerksgenossenschaft der Manufaktur-, Fabrik- und Handarbeiter beiderlei Geschlechts". Die Initiative zum Aufbau dieser Gewerkschaft ging von 28 Vereinen und Unterstützungskassen, die zusammen über 400 Mitglieder zählten, aus und führte im Februar 1869, nur sieben Monate nach Entstehen der Spinn- und Webgenossenschaft, zur Konstituierung der ersten Textilarbeitergewerkschaft. Federführend beteiligt waren Motteler und der Crimmitschauer Volksverein, mit dem die Gewerkschaft in der Gründungsphase und während der 1870er Jahre personell eng verflochen war.[115]

Im April 1869 lud ein neunzehn Personen umfassendes Organisationskomitee zur ersten Generalversammlung ein.[116] Die soziale Zusammensetzung dieses Komitees[117] gibt einen Hinweis auf den sich aktivierenden proletarischen Teil der Crimmitschauer Arbeiterbewegung. Von den neunzehn Personen sind elf – neun Männer und erstmals in der Gewerkschaftsgeschichte[118] zwei Frauen – eindeutig einem fabrikmäßigen Arbeitszusammenhang zuzuordnen: zwei Walker, zwei Handarbeiterinnen, zwei Handarbeiter, drei Feuerleute, ein Spinner und ein Krempelmeister. Eine handwerklich-selbständige Existenz war bei einem Strumpfwirker, zwei Webern und fünf Tuchmachern nicht auszuschließen, obwohl auch hier die Wahrscheinlichkeit für einen gewissen Anteil Fabrikarbeiter spricht. Drei der Komiteemitglieder – die beiden Weber und ein Tuchmacher – gehörten nachweislich auch zu den Kommanditisten der Spinn- und Webgenossenschaft. Eindeutig wies die junge Gewerkschaft in ihrer Entstehungsphase zumindest in ihrer Führung eine proletarische Trägerschaft auf, obwohl die Mitgliedschaft in ihr auch für viele selbständige Handwerker aufgrund der geplanten Unterstützungskassen vorteilhaft gewesen sein könnte.[119]

Die erste Generalversammlung der jungen Gewerkschaft zu Pfingsten 1869, auf der allein aus Crimmitschau 1000 Arbeiter vertreten waren, thematisierte wie kein anderer Gewerkschaftskongreß zuvor die Unterdrückung und Ausbeutung der Arbeiterschaft durch den Kapitalismus.[120] Es war daher nur konsequent, wenn Motteler sich vom liberalen Berliner Stuhlarbeiterkongreß distanzierte. Er qualifizierte die von Hirsch und Dunker veranstaltete Versammlung als ,,Aftercongreß", der die Arbeiter schwächen und trennen sollte.[121] In der Diskussion auf dem Manufakturarbeiterkongreß sah man keine Möglichkeit einer Zusammenarbeit mit den Hirsch-Dunkerschen Gewerkvereinen, jedoch wurde eine Verständigung mit den ebenfalls auf sozialistischen Prinzipien aufgebauten lassalleanischen Gewerkschaften auf nationaler Ebene durchaus erwünscht. Hier wurde die neue Qualität der sächsischen – und damit auch der Crimmitschauer – Arbeiterbewegung, die sie 1869 erreicht hatte, manifest. Engagierte sich die Crimmitschauer Arbeiterbewegung bis 1868 nur im Rahmen liberaler Vorstellungen, so wurde diesen bei der Gewerkschaftsgründung 1869 eine Absage erteilt. Statt dessen wandte man sich arbeitskampfbezogenen Organisationen zu und sah trotz aller ideologischen Differenzen eher Verständigungsmöglichkeiten mit den lassalleanischen Arbeiterschaften.

Unter dem Vorsitz Mottelers entwickelte sich die Internationale Gewerksgenossenschaft der Manufakturarbeiter nach Ansicht der Polizei in den nächsten Jahren zu einer der „Brutstätten der lokalen Agitation".[122] Bereits im November 1869 umfaßte sie an 36 Orten etwa 5000 Mitglieder. Bis Ende Januar 1870 wurden bisher bestehende Kranken- und Sterbekassen von Textilarbeitern zusammengefaßt und in einer neuen Kasse verschmolzen. Bis zur nächsten Generalversammlung im Juli 1870 erreichte die Mitgliedschaft ihre größte Ausdehnung. Unter den ca. 6000 bis 7000 eingeschriebenen Mitgliedern befanden sich etwa 1000 Frauen. Der Mitgliedsstand der Krankenkasse hatte die Zahl 735 erreicht.[123] Die junge Gewerkschaft, die ihre Mitglieder vor allem aus den kleineren und mittleren sächsisch-thüringischen Textilorten rekrutierte,[124] verdankte ihre frühen Organisationserfolge sicherlich nicht zu einem geringen Teil dem Umstand, daß sie bei ihrer Gründung eine Reihe von Vereinen und Kassen zusammenfassen konnte.

Der Deutsch-Französische Krieg ließ auch die Aktivitäten dieser Gewerkschaft zum Erliegen kommen. Nach der Reichsgründung forderten Textilarbeiter an einigen Orten, so auch in Crimmitschau, Glauchau und Meerane, bessere Löhne und kürzere Arbeitszeiten. Die von der beginnenden Gründerkonjunktur angeregte Bewegung, die im ganzen wenig erfolgreich war, suchte mit der Einberufung eines allgemeinen deutschen Webertages zu Pfingsten 1871 einen organisatorischen Neubeginn, bei dem die bisherigen Differenzen innerhalb der Arbeiterbewegung überwunden werden sollten. Der Webertag in Glauchau war mit 151 Delegierten aus 134 Orten gut besucht. Sämtliche politischen Gruppen waren vertreten. Bebel hielt das Hauptreferat, und man beschloß, eine umfassende Organisation nach dem Vorbild der Internationalen Gewerksgenossenschaften zu gründen. Ein Organisationskomitee wurde in Glauchau gebildet, das innerhalb eines Jahres eine Organisation entwerfen und zu einem weiteren Kongreß einladen sollte.[125] Der zweite Webertag fand ein Jahr darauf in Berlin statt. Lassalleanische und „Eisenacher" Delegierte gründeten einen „Allgemeinen Deutschen Weber- und Manufakturarbeiter-Bund", der die verschiedenen politischen Fraktionen umfassen sollte. Insbesondere wandte sich der neugegründete Bund der Organisation von Kranken- und Invalidenkassen zu. In einer Zeit, als andere Gewerkschaften noch vielfach gewerbliche

Frauenarbeit überhaupt ablehnten, forderte dieser Bund bei seiner Gründung bereits die Gleichstellung von Frau und Mann in den Fabriken.[126] Der Weber- und Manufakturarbeiterbund ging bald nach seiner Gründung in der beginnenden Krise wieder ein.[127]

Unabhängig davon, daß der Weber- und Manufakturarbeiterbund nicht lange existierte, bleibt die Tatsache bemerkenswert, daß die Textilarbeiter bereits 1871/72 versuchten, die politische Zersplitterung der gewerkschaftlichen Organisationen der Arbeiterbewegung zu überwinden. Bei den anderen Gewerkschaften bildete erst die ,,Große Depression" den auslösenden Faktor, der eine Vereinigung parteipolitisch unterschiedlich orientierter Verbände ermöglichte. Anders formuliert: Der Gründerboom begünstigte die Zersplitterung der Arbeiterbewegung, u. a. auch weil die organisationspolitischen Erfolge beider Fraktionen der sozialdemokratischen Arbeiterbewegung eine Vereinigung (noch) nicht notwendig erscheinen ließen. Die Textilarbeiter gehörten mit Sicherheit zu den Arbeitern, die mit am wenigsten von der Gründerkonjunktur profitierten. Der Weg zu einer Vereinigung verschiedener Organisationen war damit für die Textilarbeiter, nicht zuletzt auch angesichts des Rückschlags gewerkschaftlicher Organisationsbemühungen durch den Deutsch-Französischen Krieg, leichter zu beschreiten als für andere gewerkschaftlich organisierte Arbeiter.

Wenn auch der Weber- und Manufakturarbeiterbund ganz entscheidend von der Internationalen Gewerksgenossenschaft der Manufakturarbeiter getragen wurde, ersetzte der Bund die Gewerksgenossenschaft jedoch nicht. Nach deren Reorganisation im Sommer 1871 erlebte sie bereits 1872 polizeiliche Verfolgungen. Auf der Generalversammlung im Dezember 1872, die erst nach mehreren Verboten stattfand, beschloß man aus taktischen Gründen die Qualifizierung ,,international" zu streichen. In den folgenden Jahren stagnierte die Entwicklung. Auf der Generalversammlung 1874, also schon nach Einbruch der Wirtschaftskrise, waren nur noch 1000 Mitglieder vertreten. Jedoch zählte die Krankenkasse der Gewerkschaft 1784 Mitglieder.[128] Der ungewöhnliche Umstand, daß eine Gewerkschaftskrankenkasse mehr Mitglieder zählte als die Gewerkschaft selbst, unterstrich mehr als alle programmatischen Erklärungen den besonderen Charakter der Textilarbeitergewerkschaft. Sie war – im Gegensatz zu den anderen Gewerkschaften – weniger eine Arbeitskampforganisation, vielmehr ging es den organisierten Arbeitern um ,,Kassen als Institutionen kollektiver Existenzsicherung".[129] In den nächsten Jahren änderte sich der niedrige Mitgliederstand nicht mehr. 1877 zählte die Gewerkschaft noch 1250 Mitglieder an 32 Orten. Im wesentlichen bestand ihr Zentrum noch dort, von wo ihre Entwicklung 1869 ausgegangen war: im sächsischen Textilzentrum um Crimmitschau, Glauchau und Meerane.[130] Trotz ihrer Schwäche in arbeitsbezogenen Konflikten erwies sich die Textilarbeitergewerkschaft in den 1870er Jahren in Crimmitschau und Umgebung damit als relativ stabil, ja sogar für Textilarbeiter als ungewöhnlich stabil.[131]

Arbeitskämpfe standen offensichtlich nicht im Mittelpunkt der Aktionen der Crimmitschauer Textilarbeitergewerkschaft. Überhaupt fanden zwischen 1870 und 1878 dort nur drei kleinere Streiks statt. Als erste legten am 10. Oktober 1871 10- bis 14jährige Kinder, Andreher in der Hüfferschen Spinnerei, die ca. 400 bis 500 Arbeiter beschäftigte,[132] die Arbeit nieder und setzten eine Lohnerhöhung durch.[133]

Ohne die Kenntnis der konkreten Umstände dieses Streiks ist eine Einschätzung kaum möglich. Eindeutig ist jedoch, daß sozialdemokratisches Gedankengut, besser: das Wissen um die Möglichkeit eines Arbeitskampfes, in Crimmitschau so verbreitet war, daß es auch den Kindern geläufig war. Bekannt ist allerdings nicht, ob es sich um eine vereinzelte Aktion handelte, oder ob die Arbeitsniederlegung nur die Spitze einer breiteren Bewegung war. Häufig genügte die Arbeitsniederlegung einer Arbeitsgruppe, um für alle Arbeiter Verbesserungen durchzusetzen. Daher ist nicht auszuschließen, daß die Erwachsenen die Kinder vorschickten. Einmal war durch den Andreherstreik eine Weiterarbeit der Spinnmaschinen nahezu unmöglich, so daß ein ähnlicher Effekt erreicht wurde wie bei einer Arbeitsniederlegung der erwachsenen Arbeiter, zum anderen aber waren im Falle einer Streikniederlage die Folgen – wahrscheinliche Entlassung der Streikenden – am leichtesten zu ertragen, weil die Kinder sicher den kleinsten Anteil zum Familieneinkommen beitrugen.

Tags darauf folgten die Spinner der Fabrik Wagner diesem Beispiel und streikten, weil ihre Forderung nach der Verkürzung der täglichen Arbeitszeit von 13 auf 12 Stunden abgelehnt worden war. Bereits nach einer halbtägigen Arbeitseinstellung wurde der Forderung nach Arbeitszeitverkürzung nachgegeben. Die Kritik des *Volksstaat* an der „Genügsamkeit" der Crimmitschauer Spinnereiarbeiter – „. . . überall in Deutschland ist der zehnstündige Normalarbeitstag auf der Tagesordnung, und in Crimmitschau . . . fordert man zwölf Stunden"[134] – beleuchtete die vergleichsweise elende Lage der Spinnereiarbeiter. Angeregt von diesem Beispiel einer erfolgreichen Arbeitseinstellung forderten noch in demselben Monat die Arbeiter der Spinnerei Wipper und Wiehe eine Verkürzung der Arbeitszeit von täglich 14 (!) auf 13 Stunden. Offensichtlich empfanden die Spinnereibesitzer eine Forderung von Arbeitern als einen derartigen Affront, daß sie – quasi als Strafe – die tägliche Arbeitszeit auf 15 (!) Stunden verlängerten. Am 28. Oktober begann ein Streik der betroffenen Arbeiter – nun gegen die Verlängerung der Arbeitszeit.[135] Das Streikergebnis ist nicht bekannt. Über weitere Arbeitskämpfe seitens der Crimmitschauer Textilarbeiter liegen keine Nachrichten vor.

Die Crimmitschauer Textilarbeiterschaft war nicht trotz, sondern wegen ausgesprochen schlechter Lebens- und Arbeitsbedingungen nur sehr wenig konfliktbereit. Das Streikrisiko der Fabrikarbeiter – nur diese waren in Crimmitschau in Arbeitskämpfe verwickelt – muß als vergleichsweise sehr hoch angesehen werden. Durch die Zuwanderung von Arbeitern aus weniger industrialisierten Gegenden wie dem Vogtland, Reuß und Altenburg hätten die streikenden Spinnereiarbeiter sofort durch zugewanderte ersetzt werden können. Auch die außerordentlich niedrigen Löhne dürften eher dazu beigetragen haben, die Risiken eines Streiks – Lohnausfall während der Arbeitsniederlegung (die Streikunterstützung hätte die Löhne sicherlich nicht vollständig ersetzt) und die Gefahr des Arbeitsplatzverlustes – zu vermeiden.

Die für eine erfolgreiche Konfliktaustragung notwendige Verständigung der Arbeiter mit ihren Kollegen am Arbeitsplatz war während der Arbeit aufgrund des Lärms der laufenden Maschinen kaum möglich. Die Akkordentlohnung ließ auch kaum Zeit für ein Gespräch. Jeder Arbeitsausfall hätte die ohnehin schon niedrigen Löhne weiter gesenkt. Über die beschränkten Verständigungsmöglichkeiten hinaus behinderte die Fragmentierung der Arbeiterschaft eine gemeinsame Interessenfindung: Die Interessen von mit unterschiedlichem Status versehenen und unterschiedlich bezahlten Arbeitern an verschiedenen Maschinen, von Familienernährern, Frauen, jüngeren Arbeitern ohne familiäre Verpflichtungen und dazuverdienenden Kindern waren zu heterogen, als daß eine schnelle Verständigung möglich gewesen wäre. Die Größe der Spinnereien,[136] ihre Unüberschaubarkeit und die üblicherweise hohe Fluktuation der Arbeiterschaft[137] beeinträchtigte die Interessenfindung am Arbeitsplatz, die überlangen Arbeitszeiten die außerhalb der Arbeit.[138]

Die arbeitsbezogenen Konflikte hatten wegen der ungünstigen Arbeitsmarktposition der Fabrikarbeiter – leichte Ersetzbarkeit der Arbeiter, hohe Frauenarbeit etc. – keine oder nur eine sehr geringe organisationsstimulierende Wirkung.[139] Obwohl Fabrikarbeiter und -arbeiterinnen in Crimmitschau sehr früh gewerkschaftlich organisiert waren, war vor 1878 nur ein kleiner Teil der Fabrikarbeiterschaft der Manufakturarbeitergewerkschaft beigetreten. Für viele Textilarbeiter, insbesondere die, die nicht mit zünftlerischen Traditionen vertraut waren, blieb der Wert einer Organisationsbildung zweifelhaft. Ihnen schienen die Kosten der Organisierung gegenüber den – kurzfristig – zu erwartenden Erfolgen zu hoch. Bei den Arbeitskonflikten in den Textilfabriken zeigte sich dann, daß die gewerkschaftliche Organisation noch nicht hinreichte, sich auf einen größeren Arbeitskampf und eine konsequente Interessenvertretung einzulassen. Weil der Organisationsaufbau der Textilarbeitergewerkschaft mangels hinreichender Kommunikationsmöglichkeiten am Arbeitsplatz nicht an ein durch die Arbeitsverrichtung bestimmtes erstes informelles Kommunikationsnetz anknüpfen konnte, ließ sich eine hinreichende Organisierung der Textilarbeiter nicht erst im Konfliktfall kurzfristig aufbauen. Daher mußte die Wirksamkeit der Gewerkschaft im Arbeitskampf trotz sonst günstiger Bedingungen in Crimmitschau gering bleiben. Die trotzdem relativ große Stabilität der Gewerksgenossenschaft in den sächsischen Textildistrikten war hingegen eine Folge der durch die Gewerkschaft organisierten Unterstützungskassen. Die Gewerkschaft trat hier an die Stelle der Innungen, die infolge der Gewerbefreiheit „in ihrer auf das Volkswohl gerichteten gedeihlichen Tätigkeit vollständig beseitigt" worden waren.[140]

In den Volksvereinen und den anderen Organisationen der Arbeiterbewegung lebten die Traditionen der sächsischen Textilhandwerker fort. Die (noch) selbständigen Tuchmacher und Weber sowie die Fabrikarbeiter, die aus der handwerklichen Textilherstellung rekrutiert worden waren, brachten ihre handwerklichen Wertvorstellungen, Organisationstraditionen und Kenntnisse der Interessenverständigung in die Arbeiterbewegung ein. Die Arbeiterorganisationen, die nach Erlaß der Gewerbefreiheit in Sachsen entstanden waren, knüpften an die Aufgaben und Funktionen der handwerklichen Innungen an. Gleichsam nach Abbiegen der zünftlerischen Spitze wurden deren frühere Aufgaben – insbesondere Sozialfürsorge, Geselligkeit und politische Interessenvertretung auf der kommunalen Ebene – von den Organisationen der Arbeiterbewegung, dem Volksverein, der Spinn- und Webgenossenschaft sowie der Gewerksgenossenschaft der Manufakturarbeiter, wahrgenommen. Die alte Organisationskultur des Handwerks wurde hier in die Arbeiterbewegung eingebracht und den neuen Bedingungen angepaßt.

Im Volksverein blieb die aus der Sächsischen Volkspartei stammende politische Kooperation von kleinem Handwerk und Arbeiterschaft erhalten. Förderlich dafür war die ähnlich schlechte Lage von Meistern und Gesellen. Solange keine offenen Arbeitskonflikte ausgetragen wurden, bestand keine Veranlassung, die handwerkliche Koalition von Meistern und Gesellen zu beenden. Die Mitgliedschaft von Fabrikarbeitern empfanden die Handwerksmeister nicht als eine Bedrohung, da viele von jenen aus dem örtlichen Handwerk stammten und damit aus derselben sozialen Gruppe kamen. Das Aufgreifen liberaler Selbsthilfekonzepte bei Gründung der Spinn- und Webgenossenschaft entsprach Ende der 1860er Jahre einer noch weitgehend selbständigen handwerklichen Trägerschicht der Arbeiterbewegung, die an dem Erhalt eines kleinen Eigentums und des handwerklich-selbständigen Status interessiert war. Unter dem Eindruck fortschreitender fabrikmäßiger Textilherstellung, die die Aufrechterhaltung handwerklich-kleingewerblicher Produktion vielfach illusionär erscheinen ließ, wandte sich ein Teil der Arbeiter einer gewerkschaftlichen Organisation zu. Die wichtigste Funktion der jungen Gewerkschaft lag offensichtlich in der Sozialhilfe, daneben jedoch war der klassenkämpferische Aspekt nicht zu übersehen. Man suchte nicht mehr die Anlehnung an Schulze-Delitzsch und die Liberalen, sondern an die lassalleanischen Arbeiterschaften, die in Berlin bereits erfolgreich Arbeitskämpfe organisierten. An diesem Punkt wurde – im Rahmen Crimmitschaus – die entscheidende praktische und organisatorische Wendung von Liberalismus zum Sozialismus unter der Bedingung der fortschreitenden Integration der ortsansässigen Textilarbeiterschaft in den Fabrikbetrieb und der damit verbundenen neuen Qualität arbeitsbezogener Konflikte – z. B. Arbeitszeitfragen – vollzogen.

Jedoch erscheint es an dieser Stelle notwendig, die These von der „*Trennung* der proletarischen von der bürgerlichen Demokratie" (Gustav Mayer) zu relativieren. Eher differenzierten sich verschiedene Organisationen der Arbeiterbewegung entsprechend der fortschreitenden Einbeziehung der Arbeiterschaft in fabrikmäßige Produktionsformen. So bezog sich die Bemerkung einer bürgerlichen Zeitung Crimmitschaus,[141] „die Arbeiterpartei vertritt nicht nur wesentlich, sondern ausschließlich das städtische Gewerbe, besteht ausschließlich aus Fabrikarbeitern, selbst zum Kleingewerbe, zum sogen. 'Kleinbürger' steht sie im Gegensatz" eher auf den SDAP-Kongreß 1870, auf dem in Übereinstimmung mit den Basler Beschlüssen der I. Internationale das „Gesellschaftseigentum an Grund und Boden" gefordert wurde, was schließlich zum „Krakehl" mit der Volkspartei führte.[142] Die tatsächliche Organisationskultur Crimmitschaus bestätigt keinesfalls eine derartig rigorose Abgrenzung der Fabrikarbeiter von den handwerklich-selbständigen „Kleinbürgern".

5. *Die Berliner Textilindustrie und ihre Arbeiter*

a) Die Entwicklung der Berliner Textilindustrie

Die Textilherstellung galt traditionell als führendes Gewerbe der Stadt Berlin. Jedoch aufgrund verschiedener Standortnachteile ging die Berliner Textilproduktion seit Beginn des 19. Jahrhunderts zurück. Das Fehlen natürlicher Energiequellen wie Wasserkraft beschränkte die frühe mechanische Spinnerei grundlegend. Berliner Fabrikanten verlagerten aufgrund der vergleichsweise hohen Produktionskosten in Berlin, die durch eine hohe Grundrente und relativ hohe Löhne bedingt waren, die Produktion in Orte außerhalb Berlins.[143] Die Zahl der in der Textilherstellung in Berlin tätigen Personen sank daher von 19 200 im Jahre 1849 auf 14 900 im Jahre 1875 bei einem gleichzeitigen Wachstum der Gesamtbeschäftigung im gewerblichen Sektor der Reichshauptstadt um 113%. Der relative Anteil der in Berlins Textilindustrie Beschäftigten sank von 21,7 auf 7,8%.[144]

In der in den Grenzen Berlins verbliebenen Spinnerei hatten sich fabrikmäßige Produktionsformen durchgesetzt. In der Wollspinnerei (Kamm-, Streichgarn- und Vigognespinnerei) arbeiteten noch 722 Personen in neun Betrieben mit mehr als fünf Beschäftigten. Durchschnittlich arbeiteten 80,2 Personen in einem Betrieb.[145] Dieser ausgesprochen großbetrieblichen Struktur der Spinnerei stand eine in weiten Bereichen kleingewerbliche Weberei gegenüber. In der Streichgarn- und Vigogneweberei waren noch 179 Personen in 122 Kleinbetrieben, die mit insgesamt 121 Web- und 6

Strumpfwirkstühlen ausgestattet waren, tätig.[146] In der Kamm- und Garnweberei, dem Zweig der Textilherstellung, der sich aufgrund der expandierenden Berliner Konfektionsindustrie noch am besten in der Reichshauptstadt behaupten konnte,[147] arbeiteten noch ca. 20% aller dort Tätigen im Kleingewerbe (453 von 2296). In den größeren Betrieben arbeiteten durchschnittlich 23,9 Arbeiterinnen und Arbeiter. Zumindest ein Drittel von ihnen war in Betrieben mit mehr als 50 Beschäftigten tätig.[148] Insgesamt waren die Betriebseinheiten der Weberei damit wesentlich kleiner als die der Spinnerei.

Infolge der Verlagerung der Textilherstellung entwickelte die in Berlin verbliebene Textilherstellung eine untypische Struktur. Die Unternehmen hielten nach der Verlagerung der fabrikmäßigen Produktionsstätten in Berlin ihre Büros, spezialisierte Zweigbetriebe und ihre Musterwerkstätten,[149] weil sie dort die Nähe zu den Kunden suchten. Da dort weniger Massenware, hingegen aber Mustertuche und solche mit schwieriger zu arbeitenden Musterungen hergestellt wurden, dominierten kleinere Betriebseinheiten und handwerkliche Produktionsmethoden.[150] Der Handwebstuhl, insbesondere wenn er eine Jacquardvorrichtung hatte, erwies sich bei der Herstellung komplizierter gemusterter wollener und halbwollener Tuche gegenüber dem mechanischen Webstuhl als überlegen.[151] Diese vielfach heimindustriell organisierte Weberei hielt sich in Berlin bis in die 1890er Jahre.[152]

b) Kämpfe und Organisationsbemühungen der Berliner Textilarbeiter

Die Arbeiter in der hausindustriellen Textilherstellung Berlins gründeten im Zusammenhang von Lohnbewegungen zwar einige gewerkschaftliche Organisationen, keine jedoch – vielleicht mit Ausnahme der Berliner Mitgliedschaft der Internationalen Gewerksgenossenschaft der Manufakturarbeiter – konnte sich auch nur ansatzweise stabilisieren. Arbeiter aus Textilfabriken lassen sich als Teilnehmer politischer oder gewerkschaftlicher Bewegungen nicht nachweisen.

Die erste bekannte Bewegung für höhere Löhne unter „den Berliner Webern, überhaupt Stuhlarbeitern" begann im März 1871. Angeregt durch „ein günstiges Resultat", das die „Long-Chales-Weber" in Lohnverhandlungen mit den Fabrikanten erzielt hatten, forderten die „Chales-Tücher- und Stoffarbeiter" (-gesellen) in einer Versammlung am 24. März 1871 eine 20%ige Lohnerhöhung und – dies war spezielles Problem der hausindustriellen Weberei – die „Bezahlung für Vorrichten und Nebenarbeiten aller Art".[153] Am 2. April 1871 versammelten sich auf Initiative der Gesellen die selbständigen Stuhlarbeiter, namentlich die Weber und Wirker für „Tücher-, Shawls- und Zeugfabrikanten". Sie schlossen sich den Forderungen ihrer Gesellen an und beabsichtigten ein gemeinsames Vorgehen mit ihnen. In einem ersten Schritt sollte den Fabrikanten eine ,,Denkschrift" mit den Forderungen überreicht werden. Als jedoch nach etwa drei Wochen keine hinreichenden Zugeständnisse seitens der Fabrikanten gemacht worden waren, beschlossen die Gesellen, um die Meister zu einem festeren Standpunkt zu bewegen, nun mit ihren Forderungen – einen Tarif für die Nebenarbeiten, der sich auf 25 Sgr. Tagelohn belaufen sollte, und eine allgemeine Lohnerhöhung um 20% – voranzugehen. Ungleich radikaler als die Meister, drohten sie mit Streik, falls ihre Forderungen nicht bis zum 7. Mai bewilligt seien.

In der Frage der Bezahlung ihrer Arbeit waren die Interessen von Gesellen und Meistern durchaus gleich. Die Intensität des Konfliktes war – verglichen mit den Verhältnissen in Crimmitschau – hoch. Das Beispiel und die höheren Löhne anderer Arbeiter sowie die hohen Lebenshaltungskosten der Großstadt verdeutlichten den Webern in einem hohen Maße die eigene unbefriedigende Lage. Schließlich waren die großstädtischen Textilarbeiter (wahrscheinlich) allein von ihrem Arbeitsverdienst abhängig und hatten kein landwirtschaftliches Nebeneinkommen. Jedoch teilten die Meister nicht das Engagement der Gesellen bei der Vertretung ihrer Interessen, weil ihr Streikrisiko ungleich höher war. Der meist besitzlose Geselle konnte die Stadt verlassen oder in einer anderen Industrie Arbeit suchen. Der Meister hingegen war an den Besitz seines Webstuhls gebunden. Die Entziehung der Aufträge führte zwar zur Arbeitslosigkeit der Gesellen, vernichtete jedoch die selbständige Existenz des Webemeisters. Allein der Betrieb seines Webstuhls und eventuell die Beschäftigung eines Gesellen definierten seinen Status als selbständigen Handwerker und seinen Verdienst, der mit ca. 6–8 Tlrn. (18–24 Mark) – der wöchentliche Gesellenlohn wurde im *Volksstaat* mit etwa 4 Tlrn. (12 Mark) angegeben[154] – nicht über den eines Facharbeiters hinausreichte, aber noch höher war als ein von demselben Mann in einer anderen Industrie zu erzielender.

Inzwischen war – wahrscheinlich seitens der Gesellen – eine Streikorganisation, der ,,Verein der Stuhlarbeiter Berlins", gegründet worden.[155] Der drohende Streik veranlaßte die Gesellen zu ,,massenhafte(n) Einzeichnungen".[156] Am 8. Mai begann daraufhin eine Arbeitseinstellung der ,,Teppich-, Chales- und Seidenweber", an der sich nicht nur Gesellen, sondern auch die von Fabriken beschäftigten kleineren Meister beteiligten.[157] Seitens der Fabrikanten wurden die Forderungen der Meister erfüllt, während auf die Forderungen der Gesellen – dabei handelte es sich wahrscheinlich vor allem um die Bezahlung der Nebenarbeiten – ,,gar keine Rücksicht genommen und von einer Verständigung mit ihnen ganz abgesehen wurde, weil dieselben zu den Fabrikanten nicht in direkter Beziehung ständen". Der Streik der Gesellen wurde fortgesetzt,[158] endete aber schließlich ,,trotz der Nachricht von der glücklichen Beendigung" zu Ungunsten der Arbeiter. Meister und Fabrikanten hatten zwar die Forderungen der Arbeiter gebilligt, ließen aber die Stühle stehen mit der Erklärung, zum jetzigen Lohnsatz hätte man keine Arbeit, wohl aber zum früheren.[159]

Offensichtlich wandten Fabrikanten und Meister hier eine ähnliche Taktik an wie die Konfektionsschneider. In der Phase des Geschäftsdrucks willigte man in die Forderungen der Arbeiter ein, damit ein Arbeitskampf beendet oder vermieden werden konnte. Später, bei ablaufender Geschäftssaison, wurden die Zugeständnisse widerrufen. Eine Arbeitseinstellung hätte dann ohne allzu große Schwierigkeiten unterlaufen werden können, indem die Fabrikanten die verbleibende Produktion in die Weberorte außerhalb Berlins verlagert hätten.

Seitens der Arbeiterbewegung genossen die Weber bei ihrem Arbeitskampf – zumindest moralische – Unterstützung. Der *Volksstaat* berichtete ausführlich, der Allgemeine Deutsche Arbeiter-Unterstützungsverband forderte zur Unterstützung auf.[160] Eine enge Bindung des Vereins der Stuhlarbeiter, der angeblich 500 Mitglieder zählte,[161] an eine politische Organisation kann nicht nachgewiesen werden. Diese erste gewerkschaftliche Organisation der Berliner Textilarbeiter[162] knüpfte unmittelbar an die Arbeitsorganisation der hausindustriellen Weberei in Berlin an. Sie organisierte nur die Arbeiter einer Spezialbranche. Sie entstand im Zusammenhang und für einen Arbeitskampf. Darüber hinausgehende Ziele sind nicht bekannt. Nach dem Ende des Arbeitskonfliktes hatte diese Arbeitskampforganisation keinen ersichtlichen besonderen Zweck. Deshalb existierte sie nicht lange. Bereits an der Gründung des Berliner Arbeiterbundes im November 1871 nahm sie nicht teil, während jedoch sechs Delegierte zusammen 600 anscheinend (noch) nicht organisierte Stuhlarbeiter und ein weiterer 25 Wollwarenarbeiter vertraten.[163]

Die Berliner Strumpfwirker beschlossen am 30. Oktober 1871, „um so etwaigen Eventualitäten die Spitze bieten zu können“, eine Streikkasse zu gründen. Jedoch scheint es nicht zur Gründung gekommen zu sein, da sich Meister und Gesellen im November nach kleineren Arbeitsniederlegungen auf eine 16⅔%ige Lohnerhöhung einigten.[164]

Zu Beginn des Jahres 1872 konnten die Fondwebergesellen eine 25%ige Lohnerhöhung nach einem Streik durchsetzen.[165] Nachdem im Dezember 1871 die Lohnforderung der Gesellen abgelehnt worden war, legten sie am 15. Januar 1872 die Arbeit nieder. Am 4. Februar einigten sich Meister und Gesellen auf einen neuen Wochenlohn von 6 Tlrn. bei voller Arbeit. Höhere Lohnsätze, das gestanden die Gesellen zu, seien wegen der Wiener Konkurrenz nicht möglich. Versuche der Berliner Sozialdemokratie, die Gesellen zu einem Anschluß an den Berliner Arbeiterbund zu bewegen, verliefen wenig erfolgreich.[166] Die Gründung des „Vereins der Fond-, Grandfond- und Deckenwebergesellen“ im Mai 1872 – der Verein hatte angeblich 100 Mitglieder – war wahrscheinlich eine direkte Folge der Lohnbewegung.[167]

Neben den bereits erwähnten Vereinen der Weber Berlins entstanden, wahrscheinlich infolge der Lohnbewegung 1871/72, ein „Verein selbständiger Stuhlarbeiter der Rosenthaler Vorstadt“ im September 1871, ein „Verein der Teppichweber“ (angeblich 200 Mitglieder) im Februar 1872 und ein „Verein der Weber und Wirker (Seidenweber)“ (angeblich 300 Mitglieder) im August 1872.[168] Von keinem dieser Vereine sind öffentliche Aktivitäten bekannt. Lediglich die Existenz der Berliner Mitgliedschaft der Internationalen Gewerksgenossenschaft der Manufakturarbeiter läßt sich von Januar 1872 bis Ende 1876 nachweisen. In den Jahren 1874 bis 1876 bestand die Mitgliedschaft jedoch nur formal, Berichte über Versammlungen u. ä. in dieser Zeit liegen nicht vor.[169]

Wenn auch kein einzelner Konflikt oder kein einzelnes Ereignis benannt werden kann, mit dem die Gründung der Berliner Mitgliedschaft der Internationalen Manufakturarbeitergewerksgenossenschaft in direktem Zusammenhang steht, muß deren Entstehung aber trotzdem im Zusammenhang mit der Lohnbewegung unter den Berliner Webern in den Jahren 1871/72 gesehen werden. Es kann nicht ausgeschlossen werden, daß hier Arbeiter, die der SDAP nahestanden (vgl. Tab. 2) und gleichzeitig in einem der neu gegründeten Streikvereine Mitglied waren,[170] versuchten, die neuen Vereine in die Manufakturarbeitergewerkschaft hineinzuziehen und so die gewerkschaftliche Organisation der Berliner Weber zu stärken. Jedoch zählte die Gewerksgenossenschaft nie wesentlich mehr als ca. 30 Mitglieder.[171] Auch der zweite Deutsche Webertag zu Berlin[172] hatte keinen nachweisbaren organisationsstimulierenden Effekt. Die letzte Lohnbewegung der Berliner Weber im Sommer 1873 trug durch ihr Scheitern eher zum Niedergang der Gewerkschaft bei. Im Sommer 1873 versuchten die Berliner Textilarbeiter noch einmal, ihre Löhne zu verbessern. Da die Löhne der meisten Weber sich nur auf 4 Tlr. wöchentlich beliefen, zum Leben und Unterhalt einer Familie in Berlin jedoch zumindest 6 Tlr. notwendig waren, wurde eine 50%ige Lohnerhöhung gefordert.[173] Erstmals gelang es, eine Kommission sämtlicher Stuhlarbeiter zu wählen. Diese nahm mit der Wirker- und Weberinnung, also der berufsständischen Organisation der Meister, Kontakt auf. Man verständigte sich schnell über die Berechtigung der Forderungen. Es wurde vereinbart, daß die Innung sich mit den anderen Stuhlarbeiterinnungen verständigen sollte, um dann gemeinschaftlich in Verhandlungen mit den Fabrikanten eine Verbesserung der Arbeitspreise durchzusetzen. Offensichtlich scheiterten jedoch diese Bemühungen. Als erste legten daraufhin die Fondweber für kurze Zeit die Arbeit nieder. Ihre Forderungen wurden rasch erfüllt. Gegenüber den anderen Stuhlarbeitern verweigerten die Fabrikanten jedoch befriedigende Zugeständnisse. Vielmehr versuchten sie, die Stuhlarbeiter zu spalten, indem sie erklärten, sie wollten keine Vereinbarungen mit den Innungsvorständen mehr abschließen, sondern nur noch mit ihren „eigenen“ Webemeistern. Angeregt durch den Streikerfolg der Fondweber initiierten die Gesellen eine Versammlung sämtlicher Stuhlarbeiter – Meister und Gesellen –, auf der man die Forderungen, eine Lohnerhöhung um 50% sowie eine akzeptable Regelung der Vergütung der Nebenarbeiten, präzisierte. Gleichzeitig stellten die Meister das Ultimatum, die Arbeit würde eingestellt, falls die Fabrikanten nicht bis zum 1. Juli 1873 den Forderungen der Stuhlarbeiter nachgäben. Jedoch kam es zu keiner Vereinbarung. Ab 1. Juli streikten dann nahezu 4000 Weber in Berlin, wenig später schlossen sich auch auswärtige Stuhlarbeiter, die für Berliner Fabrikanten arbeiteten, an. Angeblich beteiligten sich an diesem Ausstand 10 000 Arbeiter. Die Fabrikanten drohten daraufhin, in Zukunft ihre Aufträge an Zuchthäuser, nach außerhalb Berlins oder Schlesien zu vergeben.[174] Am 25. Juli trat der Arbeitskampf in ein neues Stadium ein: die gemeinsame Kampffront von Meistern und Gesellen zerbrach. Ohne daß es seitens der Fabrikanten zu Zugeständnissen gekommen war, wollten die Meister die Arbeit zu den alten Bedingungen wieder aufnehmen. Die Innungen seien nicht in der Lage, den Streik zu unterstützen, da kein Geld vorhanden sei. Statt dessen sollte nun gerettet werden, ,,was noch zu retten sei". Die Gesellen hingegen waren nach einer Gesellenversammlung nicht bereit, ihren Meistern zu folgen. Aber auch ihre Streikfront begann – wohl nach Streitigkeiten zwischen Lassalleanern und Eisenachern – zu bröckeln. Einige Gesellen arbeiteten ,,unter der Vorspiegelung einer Lohnerhöhung" oder aufgrund der Überredungskünste der Meister. Trotz alledem wollten die Gesellen den Streik auch ohne die Beteiligung der Meister weiterführen.[175] Am 10. August 1873 mußte der Streik schließlich abgebrochen werden. Die beginnende Wirtschaftskrise, das frühzeitige Einlenken der Meister, die Uneinigkeit der Gesellen, schließlich wohl unzureichende Organisation und Vorbereitung verursachten die Streikniederlage.[176]

Die Berliner Weber konnten weder in Arbeitskonflikten Kampferfolge erringen noch ansatzweise stabile gewerkschaftliche Organisationen aufbauen. Die Innungen blieben im wesentlichen ein Verständigungsorgan der Meister. Der Zusammenbruch der gemeinsamen Streikfronten von Meistern und Gesellen wurde durch das Fehlen einer gemeinsamen institutionalisierten Verständigungsbasis wesentlich beschleunigt.

Mit Ausnahme der Manufakturarbeitergewerkschaft waren alle anderen erwähnten Weberorganisationen reine Arbeitskampfverbände, die i. d. R. jeweils nur eine Gruppe spezialisierter Arbeiter vereinen wollten. Aufgrund der kleinbetrieblichen Organisationsformen der hausindustriellen Weberei – Zwei-Mann-Betriebe waren weit verbreitet – wurde das Bewußtsein der Zugehörigkeit zu einem Spezialzweig der Weberei eher gestärkt, zumindest jedenfalls nicht die Erkenntnis einer gemeinsamen (Klassen-)Lage gefördert, und die Verständigung der Arbeiter untereinander stark behindert. Allein die Gewerksgenossenschaft der Manufakturarbeiter existierte nachweislich über einen Arbeitskampfzyklus hinaus. Im Gegensatz zu den anderen, kurzlebigeren Organisationen wurde sie sowohl durch die enge Verflechtung mit der Berliner SDAP-Gruppe als auch durch die von der

Gewerkschaft unterhaltenen Kassen stabilisiert. Das kommunikative Beziehungsgeflecht, auf dem die Gewerksgenossenschaft basierte, ergab sich weniger aus der Arbeitsorganisation, als vielmehr aus dem engen Beieinanderwohnen der Mitglieder. Soweit nachweisbar, wohnten nahezu alle Mitglieder der Gewerksgenossenschaft im Stralauer Viertel[177] nur wenige Straßen voneinander entfernt.[178]

Arbeiter aus der fabrikmäßigen Textilherstellung Berlins fanden sich aufgrund der in Berlin besonders deutlich nachzuweisenden Tendenz der Verdrängung männlicher zugunsten (unqualifizierter) weiblicher Arbeitskräfte nicht in den Organisationen der Arbeiterbewegung.[179] Der Rückgang der Beschäftigung[180] und die gleichzeitige Ersetzung männlicher Arbeiter durch weibliche verhinderten jede Form gezielter organisierter Interessenvertretung der Fabrikarbeiter der Textilindustrie.

6. Zusammenfassung und Ergebnisse

Die Organisationsbestrebungen der Textilarbeiter und ihre Bereitschaft, Arbeitskonflikte offen auszutragen, waren sehr gering. Das Konfliktverhalten der Arbeiter war deutlich abhängig von der Markt- und Absatzlage der Textilindustrie. Allein die Jahre 1871 und 1873 wiesen deutliche Kampf- und Organisationsimpulse auf, die Jahre also, für die bei einer zwischen 1871 und 1878 insgesamt stagnierenden Textilproduktion deutliche Steigerungen gegenüber dem jeweiligen Vorjahr zu verzeichnen waren.[181]

Die Marktbedingungen der personell relativ schrumpfenden Textilherstellung waren von einem tendenziellen Überangebot und dem Wettbewerb mit ausländischen Konkurrenten sowie zwischen Fabriken und proletaroiden Hausindustriellen geprägt. Die Absatzlage der Industrie war angesichts dieser Umstände äußerst preiselastisch, sie hing vielfach von kurzfristigen Marktschwankungen ab.[182] Aufgrund ihrer schwachen Marktposition verweigerten die Fabrikanten Verbesserungen der Lohn- und Arbeitsbedingungen hartnäckig, weil sich durch höhere Produktionskosten die Marktchancen und Profitaussichten der einzelnen Unternehmen verschlechtert hätten.[183] Der aus den spezifischen Marktkonditionen der Textilindustrie entspringende Widerstand der Textilunternehmer gegen organisierte Interessenvertretungen und gegen soziale Verbesserungen sowie die daraus resultierende Erfolglosigkeit der Arbeiter bei der Austragung arbeitsbezogener Konflikte behinderten die Stabilisierung gewerkschaftlicher Vereinigungen.

Die großbetriebliche Struktur der fabrikmäßigen Textilherstellung und die leichte Ersetzbarkeit der Textilarbeiter erschwerten gewerkschaftliche Organisationsbemühungen ganz erheblich. Da nur ein sehr geringes Maß an Qualifikationen benötigt wurde, war einerseits die Konkurrenz unter den Arbeitern groß, andererseits bestand für die Textilarbeiter nur eine geringe Möglichkeit, in andere Industrien auszuweichen. In den Fabriken selbst beschränkten die Arbeitsbedingungen – Lärm, Akkordarbeit an Maschinen, Fragmentierung der Arbeiterschaft nach Herkunft, Qualifikation und Interessen – die Verständigungsmöglichkeiten.

Ein großer Teil der Arbeiter der Textilfabriken wurde aus der Landarbeiterschaft und der Gruppe der Gelegenheitsarbeiter rekrutiert. In ihrer Zusammensetzung war die Arbeiterschaft der Textilfabriken daher sehr heterogen und verfügte aufgrund ihrer Herkunft nur über ein sehr niedriges Sozialprestige. In der Textilindustrie verbesserte sich die Lage dieser Arbeiter, die vielfach mit dem Wechsel von überlangen Arbeitszeiten und häufiger Arbeitslosigkeit bzw. unregelmäßiger oder stark saisonabhängiger Beschäftigung vertraut waren, dadurch, daß sie nun (häufig) regelmäßige Arbeit mit fixierten Arbeitszeiten hatten. Zudem waren selbst die niedrigen Textilarbeiterlöhne verglichen mit denen für Landarbeiter noch relativ hoch.[184] Frauen und Mädchen glaubten häufig, sich durch Fabrikarbeit eine größere persönliche Freiheit und Unabhängigkeit sichern zu können als z. B. durch ein Dienstbotendasein. Sie maßen den arbeitsbezogenen Konflikten in den Fabriken keine hohe Bedeutung bei, weil die außerhäusliche Arbeit in ihren Wertvorstellungen gegenüber Ehe und Familie nur eine untergeordnete Rolle spielte.[185]

Die an- und ungelernten Arbeiter der Textilfabriken waren nur selten bereit, ihre Interessen unter dem Risiko des Verlustes des Arbeitsplatzes zu vertreten. Sie waren kurzfristig durch andere Arbeiter ersetzbar, und vielfach hing die neu errungene relative soziale Sicherheit von der Arbeit in einer bestimmten Fabrik ab. Eine Entlassung hätte sie auf die außerordentlich niedrige soziale Stufe zurückgeworfen, die sie vor dem Eintritt in die Fabrik gehabt hatten. Das Streikrisiko war daher für einen ungelernten Arbeiter der Textilfabriken ungleich höher, als für einen qualifizierten Arbeiter, der seine Fähigkeiten unter verschiedenen Bedingungen verwerten konnte und nicht an eine Fabrik gebunden war.

Auch die sozialpsychologischen Voraussetzungen für ein zielgerichtetes Protestverhalten fehlten den meisten Arbeitern in den Textilfabriken. Zwischen dem Status als Textilarbeiter und dem früheren empfanden die Arbeiter meist keinen für sie nachteiligen Widerspruch. Die Arten der Arbeitsverrichtung trugen nicht dazu bei, daß die Arbeiter aus ihrer Arbeit heraus Formen eines Selbstbewußtseins – von Klassenbewußtsein soll hier noch gar nicht die Rede sein – entwickelten. An den weitgehend selbsttätigen Maschinen waren die Aufgaben der Arbeiter auf Überwachung und Kontrolle reduziert. Der Arbeiter bediente nicht einmal mehr die Maschine und stellte damit ein Produkt her, sondern die Maschine funktionierte weitgehend losgelöst vom Arbeiter, der nur noch bei technischen Funktionsstörungen einsprang. Mit der Arbeit an der Textilmaschine verband sich nur in geringem Maße eigene Leistung des Arbeiters. Seine Tätigkeit reduzierte sich darauf, die Zeiten, in denen die Maschine nicht laufen konnte, möglichst gering zu halten. Die Arbeiter werden diese Form der Arbeit vor allem als Belastung erfahren haben. Das Erlebnis eigener Leistung, eigenen Produzierens dürfte demgegenüber unbedeutend gewesen sein. Daher konnte sich kaum ein aus der eigenen Arbeitsleistung motiviertes Selbstwertgefühl herausbilden.

Daß sich trotz all dieser für zielgerichtetes Protest- und Organisationsverhalten nachteiligen Faktoren ein Teil der Crimmitschauer Fabrikarbeiter den gewerkschaftlichen und politischen Organisationen der Arbeiterbewegung anschloß, erklärt sich aus ihrer Herkunft. Ein großer Teil der Arbeiter in den Textilfabriken stammte aus der kleingewerblich-handwerklichen Textilherstellung und brachte deren Traditionen, Wertvorstellungen und Artikulationsmethoden als handwerkliche Erbschaft mit in die Bildung des Fabrikproletariats ein.

Für die kleingewerblich selbständigen Textilhandwerker entsprang das Bedürfnis nach einer Organisation aus drohendem Statusverlust und Existenznot. Die selbständigen Weber und Tuchmacher spürten die Konkurrenz der Fabriken. Jede Ausweitung der Fabrikherstellung – sei es durch neue Fabriken oder eine Intensivierung der Arbeit in den bestehenden – ruinierte eine Anzahl handwerklicher Weber und Tuchmacher. Die Aufgaben der gewerkschaftlichen und genossenschaftlichen Organisationen der Textilarbeiter Sachsens und Crimmitschaus lagen weniger im Arbeitskampf als vielmehr in der kollektiven Existenzsicherung. Gerade die Organisation von Hilfskassen muß als Grund dafür gelten, daß in Crimmitschau die Manufakturarbeitergewerksgenossenschaft relativ stabil blieb.

Eine bedeutende Hilfe bei der Organisationsbildung war in Crimmitschau, Glauchau und Meerane die Kenntnis vorindustriell-handwerklicher Innungen. Den Textilhandwerkern waren tradierte Organisationsmodelle und Kassen vertraut. Die gemeinsame Tradition aus der bürgerlich-demokratischen Bewegung, den Volksvereinen und der Sächsischen Volkspartei, die Vertrautheit im Umgang miteinander und die durch die landwirtschaftliche Nebentätigkeit verringerte Intensität der Konflikterfahrung erlaubte es, daß mögliche Konflikte zwischen Meister und Gesellen nicht offen ausbrachen. Ähnliche gemeinsame handwerkliche Traditionen kamen in Berlin nicht zum Tragen. Die Großstadt erschwerte aufgrund ihrer geringen Überschaubarkeit eine informelle Kommunikation[186] der Angehörigen eines Handwerks und damit die Bewahrung von Traditionen. In den kleineren Orten Sachsens war die Möglichkeit der gegenseitigen Verständigung außerhalb der Arbeit wesentlich besser.

V. Lage und Organisation der Maschinenbauarbeiter

1. Die Entstehungsgeschichte der Maschinenbauindustrie

Der Maschinenbau entstand in England in der Mitte des 18. Jahrhunders als Folge der Mechanisierung der Textilherstellung.[1] Die anfänglich handwerkliche Produktion der Maschinen durch Angehörige unterschiedlicher Berufe, meist durch die Benutzer selbst, wurde bald durch eine arbeitsteilige manufakturielle Arbeitsorganisation ersetzt. Der Prozeß der Mechanisierung ergriff die Maschinenherstellung in England jedoch erst gegen Ende der Industrialisierung.[2]

Die erste deutsche Nachfrage nach Maschinen gegen Ende des 18. Jahrhunderts wurde durch Importe aus England befriedigt, weil England anfangs ein Monopol im Maschinenbau besaß. Englische Prohibitivgesetze, die dieses Monopol schützen sollten, förderten jedoch eher die Entwicklung einer deutschen Maschinenbauindustrie, weil sie den englischen Export derart behinderten, daß die steigende Nachfrage in Deutschland nicht mehr allein aus englischen Importen gestillt werden konnte. Die Entwicklung einer deutschen Maschinenbauindustrie begann, nachdem die Napoleonischen Kriege den Zerfall der zünftlerischen Wirtschaftsbeschränkungen mit sich gebracht hatten, der preußische Staat den freien Wettbewerb durch eine – wenn auch einstweilen begrenzte – Gewerbefreiheit, staatliche Hilfen und Vorleistungen sowie durch eigene Entwicklungsunternehmungen wie die „Seehandlung" förderte[3] und gleichzeitig mechanisierte Produktionsverfahren in einigen Bereichen allmählich traditionell-handwerkliche ersetzten. Die beginnende Mechanisierung sprengte bald selbst ihre ersten Grenzen, die durch herkömmliche Antriebsmittel wie menschliche und tierische sowie Wasserkraft gezogen waren. Unerläßliche Voraussetzung für eine Mechanisierung größeren Stils wurden mechanische Antriebskräfte, die vor allem durch die Dampfmaschine geliefert wurden. Die erste Mechanisierung rief somit selbst einen steigenden Bedarf an Maschinen und Antriebsaggregaten hervor.

Entscheidend angeregt wurde der deutsche Maschinenbau jedoch durch den Aufbau eines Eisenbahnsystems, den der preußische Staat seit etwa 1840 forciert vorantrieb.[4] Durch den Bau und die Erweiterung des deutschen Eisenbahnnetzes entstand unmittelbar eine große Nachfrage nach Gütern des Maschinenbaus. Eine Reihe wichtiger deutscher Maschinenbauunternehmen entstand direkt für den Eisenbahnbau.[5] Neben diesem unmittelbaren Stimulans förderte der Ausbau der Eisenbahnen die Maschinenbauindustrie auch mittelbar. Durch einen verbesserten Gütertransport konnten neue Rohstoff- und Absatzmärkte erschlossen werden. Die durch das neue Verkehrssystem gestiegenen neuen Absatzchancen führten zu Neuinvestitionen, die häufig in der Form der Anschaffung von Maschinen wiederum zur Ausweitung des Maschinenbaus beitrugen.

Der größere Teil der deutschen Maschinenbauanstalten[6] wurde unmittelbar als solche gegründet. Viele Betriebe entstanden auch aus der handwerklichen Metallverarbeitung. Eine kleinere Anzahl Fabriken entstand aus Eisenhüttenwerken und Textilfabriken.[7] Die Betriebe der ersten und teilweise der zweiten Gruppe entstanden vielfach unmittelbar im Anschluß an die Gründung des Zollvereins oder in direktem Zusammenhang mit der Entwicklung des Eisenbahnwesens. Ihre rasche Entwicklung verdankten sie besonderer staatlicher Förderung.[8] Darlehen, Zinsbeihilfen, Zollerlasse und Schenkungen von Maschinen ließen die ersten Maschinenbauanstalten schnell aus ihrer handwerklichen und manufakturiellen Grundlage herauswachsen.

Die aus dem Handwerk hervorgegangenen Maschinenbauanstalten entwickelten sich aus dem Reparaturhandwerk, insbesondere der Schlosserei und der Schmiederei, der Tischlerei und Zimmerei sowie dem Uhrmacherhandwerk und dem Kleingewerbe zur Herstellung optischer und physikalischer Geräte. Die letztgenannten Handwerker waren mit der Metallverarbeitung sowie mit der Herstellung komplizierter Apparate vertraut.
Die aus Eisenhüttenwerken bzw. aus der Textilindustrie hervorgegangenen Maschinenbauanstalten entwickelten sich meist aus Reparaturabteilungen, teilweise aus den jeweiligen Betrieben angegliederten Werkstätten zur Herstellung neuer Maschinen für den eigenen Bedarf. Der Schritt zur Verselbständigung der Maschinenwerkstätten zu selbständigen Betrieben war bei den Eisenhüttenwerken nicht groß, weil man dort insbesondere mit der Gußeisenherstellung vertraut war. Die Herstellung gußeiserner Maschinenteile bzw. der von den Werken selbst benötigten Dampfmaschinen, Walzen, Pressen und Gebläse lag nahe.

Bereits in den 1830er Jahren begann die maschinelle Maschinenproduktion mit der handwerklichen zu konkurrieren. Die volle Ausbildung des Fabriksystems als die der Maschinenherstellung „entsprechende neue Basis“[9] erfolgte in den 1860er Jahren. Die Maschinenbauindustrie verzeichnete in dieser Zeit ein enorm rasches und überproportionales Wachstum aufgrund ihrer zentralen Stellung in der Industrialisierung. Ohne die fabrikmäßig-maschinelle Herstellung von Maschinen, Transportmitteln und Antriebsaggregaten wäre eine Industrialisierung im großen Stil nicht möglich gewesen.[10]

Nach den ersten Gründungen im Anschluß an die Etablierung des Zollvereins erfolgte die nächste rege Gründungsphase zwischen 1852 und 1858, in der die Zahl der preußischen Maschinenbauanstalten um nahezu

80% stieg. Dieses Wachstum blieb jedoch bescheiden, vergleicht man es damit, daß sich zwischen 1861 und 1875 die Zahl der Maschinenbauanstalten fast verdreifachte.[11] Die Proportionen dieses Wachstums zeigen sich auch in der Entwicklung der Zahl der im Maschinenbau Beschäftigten. Zwischen 1858 und 1875 stieg deren Anteil an der Gesamtbevölkerung um zwei Drittel. Zwischen 1861 und 1875 stieg die Zahl der im Maschinenbau Tätigen in Preußen sogar um 78%, während die Zahl der insgesamt in Industrie und Handwerk Tätigen nur um 29% stieg. Allein das polygraphische Gewerbe wies in diesen Jahren – allerdings bei wesentlich niedrigeren absoluten Zahlen – ein größeres personelles Wachstum auf.[12]

2. *Die Berliner Maschinenbauindustrie in den 1870er Jahren*

Der Maschinenbau Berlins errang etwa zwischen dem vierten und siebten Jahrzehnt des 19. Jahrhunderts sowohl die quantitativ führende Stellung in der Industrie der Stadt als auch im deutschen Maschinenbau überhaupt.[13] In den 1850er und insbesondere den 1860er Jahren wurden aus handwerklichen Maschinenbauanstalten Fabriken, deren „Charakteristikum darin bestand, daß sie über ein arbeitsteiliges Maschinensystem mit zentralem Antrieb verfügten“. In den 1860er Jahren setzten sich das Maschinensystem und der Dampfantrieb endgültig durch.[14]

In der Hochkonjunkturphase 1872/73 konnten die Berliner Betriebe der Nachfrage nach Lokomotiven und Maschinen nicht voll entsprechen.[15] Dies änderte sich 1874. Die „Große Depression“ schlug sich zuerst im Investitionsgütersektor nieder. Die Preise für Lokomotiven sanken und die Aufträge blieben aus. Die Belegschaften der Berliner Maschinenbauanstalten wurden reduziert.[16] Die ausgebliebenen Aufträge konnten teilweise durch Waffenbestellungen ausgeglichen werden. Jedoch allein rationalisierte Arbeitsmethoden blieben in der Krise relativ erfolgreich. Die Fabrikation „nach amerikanischem System . . . war . . . vollauf beschäftigt“.[17]

Im Berliner Maschinenbau waren am 1. 12. 1875, also bereits nach den ersten Entlassungen infolge der Wirtschaftskrise, in 229 Betrieben mit mehr als fünf Gehilfen insgesamt 15 740 Personen beschäftigt. Davon waren 405 Lehrlinge.[18] Selbst bei vorsichtiger Schätzung kann man annehmen, daß ca. zwei Drittel der Arbeiter des Berliner Maschinenbaus in Betrieben mit mehr als 50 Beschäftigten und ca. ein Drittel sogar in Betrieben mit mehr als 200 Beschäftigten arbeiteten. Von den 229 Betrieben verfügten 98 über insgesamt 182 stationäre Dampfmaschinen. Nicht unberechtigt ist wohl die Annahme, daß in erster Linie die 110 Betriebe, die bis zu 10 Gehilfen beschäftigten sowie einige andere Betriebe, die bis zu 50 Gehilfen hatten, nicht über einen Dampfantrieb verfügten. Der hohe Mechanisierungsgrad des Berliner Maschinenbaus dokumentiert sich auch darin, daß die genannten 229 Betriebe über 73 Dampfhämmer und 4941 Werkzeugmaschinen verfügten.[19]

Nur etwa 1/8 aller Maschinenbauarbeiter Berlins waren 1875 ,,gelernte Maschinenbauer".[20] Die 405 genannten Lehrlinge reichten in der Tat nicht hin, um einen ausreichenden Nachwuchs für eine Arbeiterschaft von gut 15 000 Personen zu stellen. Die meisten qualifizierten Arbeiter des Maschinenbaus hatten eine Lehre in der kleingewerblichen Metallverarbeitung durchlaufen. In der kleingewerblichen Metallverarbeitung des Deutschen Reiches wurden 1875 bei einer Beschäftigung von knapp 72 000 Gehilfen in ca. 163 000 Betrieben knapp 51 000 Lehrlinge ausgebildet. Vor allem wurden im Schmiedehandwerk, der Klempnerei und der Schlosserei die späteren Arbeiter des Maschinenbaus ausgebildet.[21]

Die Wirtschaftskrise beschleunigte Rationalisierungsmaßnahmen. Die herkömmliche Produktionsform war die Einzelherstellung von Maschinen nach Kundenwünschen.[22] Die Krise förderte die Tendenz zur Verwendung standardisierter und normierter Teile, die in Serienproduktion hergestellt werden konnten. Die Verwendung austauschbarer Teile, die Produktion nach ,,amerikanischem System", setzte sich zuerst bei kleinen Maschinen, insbesondere den Nähmaschinen durch. Daneben beschränkte man auch bei großen Maschinen die Produktion auf eine begrenzte Typenzahl. Gleichzeitig versuchte man in einzelnen Firmen trotzdem, die Produktionspalette möglichst vielgestaltig zu erhalten, um durch das Angebot ganzer Maschinenanlagen, z. B. Werkzeugmaschinen mit zentralem Dampfantrieb, größere Aufträge zu bekommen und Kunden an sich zu binden.[23] Für die Arbeiter bedeuteten diese Rationalisierungsbemühungen, daß nicht mehr in demselben Maße wie bisher hohe handwerkliche Geschicklichkeit gefragt war, weil an die Stelle individueller Arbeit am Einzelstück die arbeitsteilige Serienproduktion normierter Stücke trat. Die Möglichkeiten der Arbeiter, den Arbeitsprozeß selbst zu steuern, sanken.[24] Dabei verschlechterte sich die Arbeitsmarktposition der handwerklich qualifizierten Arbeiter in dem Maße, wie die Serienproduktion und Arbeitsteilung zunahm. Die Bedeutung der handwerklich ausgebildeten Facharbeiter im Produktionsprozeß sank – bei insgesamt tendenziell steigendem Ausbildungsniveau der gesamten Maschinenbauarbeiterschaft[25] – über die Jahre relativ ab.[26]

3. Die Arbeiter der Maschinenbaufabriken

Für das Protest- und Organisationsverhalten der Maschinenbauarbeiter hatte deren innere Differenzierung eine entscheidende Bedeutung. Diese Differenzierung der Arbeiterschaft war auf zwei Ebenen zu beobachten. Einmal bildete das Maschinenbauproletariat keine in sich homogene Arbeiterschaft, weil aufgrund der Arbeitsteilung verschiedene Arbeiter verschiedene Tätigkeiten ausführten – entsprechend der Arbeitsorganisation der Maschinenbaufabriken. Zum anderen rekrutierten sich die Maschinenbauer als stark expandierende Berufsgruppe aus sehr unterschiedlichen Gewerbezweigen. Neben qualifizierten Metallhandwerkern, die unter sich bereits verschiedene zünftlerische Traditionen hatten, fanden sich qualifizierte Handwerker anderer Zweige, die Arbeiten ihres Gewerbes ausführten, so z. B. die (Modell-)Tischler, die Zimmerleute und teilweise Maurer etc. Für die Arbeit an den Werkzeugmaschinen wurden meist Handwerker anderer Branchen angelernt. Schließlich als letzte Gruppe blieb die der Ungelernten, die im wesentlichen die Transport-, Reinigungs- und andere Hilfsarbeiten ausführten. Die unterschiedlichen Differenzierungsebenen – betriebliche Differenzierung und berufliche Sozialisation – überschnitten sich und waren in der Realität kaum voneinander abzugrenzen. Für die Analyse scheint es mir aber notwendig, diese Ebenen zu trennen.

a) Die Strukturierungen auf der betrieblichen Ebene

Eine Maschinenbaufabrik gliederte sich in die zentralen Bereiche der Fabrikleitung (Direktion), Kraftzentrale (Kesselhaus, Maschinenhaus, Dampf- und Kraftmaschinen) und den Bereich Heizung, Beleuchtung, Bewachung, Reinigung, Transport und Verpackung. Daneben standen die Verwaltung und der Betrieb. Letzterer, der hier eigentlich interessante Teil einer Maschinenbaufabrik, zerfiel wiederum in die Modelltischlerei, Eisengießerei, Schmiede, Kesselschmiede, mechanische Werkstätten, Montage und den Probierstand.[27] Abweichend von diesem Grundmodell verzichteten vor allem kleinere Maschinenfabriken auf die Modelltischlerei und Gießerei und ließen diese Arbeiten von anderen Firmen ausführen. In sehr großen Fabriken und solchen, die sich vornehmlich mit dem Lokomotiv- und Waggonbau beschäfigten, waren eine Stellmacherei und Sattlerei sowie eine Kupfer- bzw. Gelbschmiede und weitere Unterteilungen der einzelnen Bereiche zu finden.[28]

Die Beschreibung des Produktionsprozesses zeigt die Aufgaben der beteiligten Arbeiter und deren Qualifikationen auf.[29] Nach der Fertigstellung des Konstruktionsplanes einer Maschine begann der eigentliche Produktionsprozeß in der Modelltischlerei. Die Modelltischler bauten ein Modell der entworfenen Maschine in Holz.[30] Die Arbeiter dort waren handwerklich qualifizierte Tischlergesellen. Neben den üblichen handwerklichen Fähigkeiten mußten sie die Arbeit an Holzbearbeitungsmaschinen beherrschen. Diese Arbeit unterschied sich nicht allzusehr von der an den Metallbearbeitungsmaschinen. Außerdem mußten die Modelltischler mit den grundlegenden Kenntnissen der Technologie des Maschinenbaus vertraut sein.[31] Sie waren aufgrund ihrer hohen Qualifikationen eine gut bezahlte Arbeitergruppe. Von den 16 800 im Jahre 1873 im Berliner Maschinenbau Beschäftigten arbeiteten 1200 als Modelltischler oder Zimmerer – für größere Arbeiten – bzw. als deren Hilfskräfte in den Modellwerkstätten. Ihr wöchentlicher Lohn lag bei 8 bis 10 Tlr., der der Hilfskräfte bei 5 bis 7 Tlr.[32]

Von dem Modell oder nach Entwürfen der Konstruktionsbüros wurden in der Formerei bzw. Gießerei[33] Gußformen hergestellt, mit deren Hilfe dann die gegossenen Maschinenteile produziert wurden. Neben den Hilfsarbeitern an den Öfen, den Heizern und den Sandmüllern fanden sich in der Gießerei vier verschiedene Arbeitergruppen: Former bzw. Gießer, Schmelzer, Kernmacher und Gußputzer. Allein die Former waren gelernte, qualifizierte Arbeiter. Die Formerei galt als eine der schwierigsten und verantwortungsvollsten Arbeiten des Maschinenbaus. Sie erlaubte eine sehr weitgehende eigenständige Arbeitsdisposition der Arbeiter.[34] Die Herstellung der Gußformen anhand der Holzmodelle erforderte Geschicklichkeit und Intelligenz, Körperkraft und ausdauernde Gesundheit. Die Arbeit war fast reine Handarbeit. Beim üblichen Arbeitsablauf wurden von den drei bis fünf Mann umfassenden Formerkolonnen vormittags die Formen modelliert und nachmittags, nachdem sie getrocknet waren, ausgegossen.[35] Der Arbeitsprozeß selbst war kooperativ. In den Kolonnen fungierten die gelernten Former quasi als Vorarbeiter. Die Arbeit gestattete Gespräche sowohl in der jeweiligen Kolonne als auch von Arbeitsplatz zu Arbeitsplatz.[36] Die Former waren verantwortlich sowohl für das richtige Austrocknen der aus Lehm, Ton oder ähnlichen Materialien hergestellten Formen als auch für das Gelingen des Gusses selbst. Die Formen wurden – außer bei einigen Massenartikeln – nur einmal benutzt. Die Former wurden meist im Gruppenakkord entlohnt.[37] Ihre Löhne gehörten, abgesehen von denen der Vorarbeiter, mit zu den höchsten des Maschinenbaus. Die ca. 1800 Berliner Former und Gießer sowie die ca. 15o Gelbgießer verdienten wöchentlich ca. 10 bis 12 Tlr.[38]

Neben den Formern arbeiteten in der Gießerei die Schmelzer, Kernmacher[39] (soweit deren Arbeit nicht von den Formern mit erledigt wurde), Gußputzer, die in Hand- oder Maschinenarbeit die gegossenen Stücke von Gußnähten, Formerstiften und Unebenheiten reinigten,[40] und teilweise Stein- und Lehmformer.[41] Die Entlohnung, teils stundenweise, teils im Akkord, entsprach wohl der anderer Hilfsarbeiter und lag 1873 durchschnittlich zwischen 4 und 6 Tlrn. wöchentlich.

Ähnliche Bedeutung wie die Gießerei hatte die Schmiede. Hier entstanden die schmiedeeisernen Maschinenteile. Das Schmieden – Verformen von Metallstücken in glühendem Zustand – mußte wegen des hohen Materialverlustes schnell vor sich gehen und erforderte große Geschicklichkeit. Beim Schmieden mit dem Handhammer unterschied sich handwerkliches und fabrikmäßiges Schmieden nicht. Der Einsatz des Dampfhammers veränderte die Arbeitstechniken nicht grundsätzlich, vielmehr erlaubte er eigentlich nur, größere Stücke zu bearbeiten. Beim Schmieden hielt der Schmied (Schirrmeister) das glühende Werkstück und erteilte den Zuschlägern, meist noch junge Schmiede, Arbeitsanweisungen. Der Arbeitsprozeß war kooperativ. Die Tätigkeiten des Schirrmeisters und der Zuschläger ergänzten sich. Beim Schmieden mit dem Dampfhammer leitete der Hammerschmied die Arbeit. Ihm unterstanden der Hammerführer, die Schweißer, die Ofenleute, die Kran- und Hammermaschinisten. Darüber hinaus oblag dem Hammerschmied die Verantwortung für den technisch einwandfreien Zustand der Hammereinsätze und der Untersättel sowie die Lage der zu bearbeitenden Stücke auf dem Untersattel (Amboß).[42] Die Bezahlung erfolgte meist im Gruppenakkord.[43] Die 800 Berliner Schmiede erhielten einen durchschnittlichen Wochenlohn in der Höhe von 10 bis 12 Tlrn., ihre 1900 Helfer 5 bis 7 Tlr.[44] Nach anderen Angaben bestand zwischen Schirrmeistern und Zuschlägern ein Lohnverhältnis von 7 : 5.[45]

Zu den Schmieden im weiteren Sinne zählten auch die Kesselschmiede und Nieter im Lokomotiven- und Kesselbau für Dampfmaschinen. Die Röhrenkessel wurden mit Hilfe fingerdicker, glühender Nieten zusammengefügt und anschließend gegen Undichtigkeiten verstemmt. Eine Nieterkolonne bestand aus drei Mann. Ein junger Arbeiter brachte die Nieten zum Glühen, ein zweiter steckte aus dem Kesselinneren die Nieten durch das Loch, während ein dritter von außen die Niete festschlug. Die Verstemmer oder eigentlichen Kesselschmiede dichteten mit Hammer und Meißel den Kessel ab. Sie waren in größeren Gruppen zusammengefaßt.[46] Die Bezahlung der 600 Berliner Kesselschmiede lag zwischen 9 und 10 Tlrn. wöchentlich, die ihrer ca. 1000 Helfer zwischen 6 und 9 Tlrn. Die 100 Nieter erhielten 8 bis 10 Tlr., die 150 Halter 6 bis 8 Tlr.[47]

Die Tischler, Gießer und Schmiede bildeten in den Fabriken in sich abgeschlossene Werkstätten.[48] Ihre Arbeit unterschied sich nicht allzusehr von der rein handwerklichen, außer daß die Fabrikarbeit vielfach eine Spezialisierung und Arbeit an größeren Werkstücken mit sich brachte. Das kooperative Arbeiten und die relative Abgeschlossenheit der Werkstätten gegenüber Berufsfremden förderte die Gruppenbildung am Arbeitsplatz.

Die in der Gießerei oder Schmiede verfertigten Werkstücke wurden in den mechanischen Werkstätten weiterbearbeitet. Mit Hilfe von Werkzeugmaschinen wurden Arbeiten ausgeführt, die nicht in der Gießerei oder Schmiede geleistet werden konnten. Drehbänke, Bohr-, Fräs-, Hobel- und andere Maschinen verformten die Werkstücke durch Spanabhebung. An den Maschinen befanden sich Arbeiter unterschiedlicher Qualifikationsgrade. Die bestbezahlten und qualifiziertesten Arbeiter waren die ca. 500 Dreher, die wöchentlich zwischen 9 und 12 Tlr. Lohn erhielten. Den Drehern oblag die genaue Formung des Werkstückes einschließlich sämtlicher Einschnitte, Gewinde und Schraubenvorrichtungen. Nicht ganz so gut entlohnt, aber auch gelernte Arbeiter, waren die Schlosser in den mechanischen Werkstätten. Von der Masse der Arbeiter dort, die nur Angelernte waren, unterschieden sie sich dadurch, daß sie die komplizierteren Arbeiten ausführten, die größere Genauigkeit und technisches Verständnis voraussetzten. Ferner oblag ihnen das handwerkliche Nacharbeiten mit der Feile. Zwischen den handwerklich ausgebildeten Schlossern und den angelernten Arbeitern an den Werkzeugmaschinen verwischten sich die Grenzen. Die Arbeit war Einzelarbeit, die in zahlreichen Fällen im Akkord entlohnt wurde. Entsprechend den Qualifikationen und dem Arbeitseinsatz lagen die wöchentlichen Löhne dieser Arbeiter zwischen 6 und 10 Tlrn., die der Helfer zwischen 4 und 6 Tlrn.[49]

In der Montagewerkstatt wurden die Maschinen zusammengebaut. Die dort beschäftigten Maschinenbauer waren meist gelernte Schlosser oder Mechaniker. Beim Zusammenbau wurden die Teile durch Hand- oder Maschinenarbeit nachgearbeitet und eingepaßt. Abschließend wurde die Maschine auf ihre Funktion geprüft. Die Bezahlung erfolgte im Gruppenakkord. Die 300 Berliner Monteure, die meist die Montagen leiteten, standen in dem Ruf, die Elite der Maschinenbauer zu sein. Neben handwerklich-praktischem Können benötigten sie Verständnis für die technische Konstruktion der Maschinen und deren Arbeitsweise. Dementsprechend war auch ihre Bezahlung. Ihr wöchentlicher Lohn lag zwischen 10 und 14 Tlrn. und war somit – abgesehen von dem der Werkstattmeister und Vorarbeiter – der höchste der Maschinenbauarbeiter überhaupt. Die 400 Hilfskräfte der Monteure erhielten wöchentlich zwischen 8 und 9 Tlr., Maschinenschlosser und andere gelernte Arbeiter kamen auf einen Wochenlohn von ca. 5 bis 8 Tlr.[50]

Insgesamt ergibt sich aus den vorliegenden Angaben folgende Abstufung der Lohnhöhen[51]: Die bestbezahlten Arbeiter waren die Monteure, bei denen es sich um besonders hoch qualifizierte Schlosser oder Mechaniker handelte. Ihnen folgten auf etwas niedrigerem Lohnniveau die Former und Schmiede. In beiden Gruppen dominierte die handwerkliche Gruppenarbeit. Daran schlossen sich die Modelltischler, Nieter und Kesselschmiede an. Auf etwa demselben Niveau damit lagen die Löhne, die an die Dreher in den mechanischen Werkstätten gezahlt wurden. Die anderen Arbeiter der mechanischen Werkstätten, die Schlosser und Arbeiter an den Werkzeugmaschinen wie Hobler, Fräser und Bohrer, wurden deutlich niedriger entlohnt. Den Abschluß der Lohnhierarchie bildeten die Maschinenschlosser.[52] Die – abgesehen von den Lehrlingen – am schlechtesten bezahlte Arbeitergruppe war die der 2000 Hilfsarbeiter. Sie waren für Reinigungs-, Transport- und ähnliche Arbeiten eingesetzt. Ihr Lohn lag bei durchschnittlich 4 bis 6 Tlr. pro Woche.[53] Hier zeigt sich, daß die bestbezahlten Arbeiter die waren, die qualifizierte handwerkliche Gruppenarbeit leisteten. Je weniger handwerkliche Fähigkeiten für eine bestimmte Arbeit notwendig waren, desto niedriger war das Lohnniveau. Eine gewisse Ausnahme bildeten die Schlosser, weil es für sie nicht ein abgeschlossenes Arbeitsgebiet gab. Aber auch innerhalb dieser Gruppe, deren Lohnspanne von den höchsten Löhnen bis zu denen reichte, die niedriger waren als die der Angelernten, scheint die Abstufung von dem Ausmaß der geleisteten qualifizierten handwerklichen Arbeit abgehangen zu haben.

Im Gegensatz zu den Modelltischlern, Formern und Schmieden arbeiteten die anderen handwerklich qualifizierten Arbeiter – Schlosser, Dreher und die kleine Gruppe der Klempner – nicht in für sich abgeschlossenen Werkstätten.[54] Die Dreher waren immerhin noch in den mechanischen Werkstätten als Spezialarbeiter zusammengefaßt. Die Schlosser und Klempner verteilten sich hingegen nahezu auf den gesamten Maschinenbau. Die Klempner – und gleiches galt wohl auch für die Schlosser – waren aufgrund ihrer „außerordentliche(n) Vielseitigkeit in der Bearbeitung sämtlicher Metalle" und ihrer „theoretische(n) Ausbildung" sehr gefragt.[55] Den Schlossern und Klempnern fehlten daher kollektive gruppenspezifische Erfahrungen am Arbeitsplatz. Die breite Streuung und die große Lohnspanne gerade der Schlosser als der größten Fabrikhandwerkergruppe dürfte eher zu einer Fragmentierung dieser Arbeitergruppe beigetragen haben.

Um den betrieblichen Aufbau einer Maschinenfabrik an einem Beispiel darzulegen, sei hier kurz die Geschäftslage und personelle Zusammensetzung der Chemnitzer Maschinenfabrik Richard Hartmann dargelegt.[56] Die Hartmannsche Fabrik gehörte zu denen in der Branche des Lokomotiven- und Werkzeugmaschinenbaus, die „ganz oder großen Teils vom Eisenbahnbedarf abhängen". Im Kommissionsstand wurde diese Abhängigkeit deutlich. Im Juli 1873 lagen der Firma Aufträge über 13,4 Millionen Mark vor, wovon allein auf den Lokomotivenbau 10,2 Millionen Mark entfielen. Erwähnenswert waren ferner Aufträge über Dampfmaschinen in Höhe von 1,3 Millionen Mark, über Werkzeugmaschinen im Wert von 1,1 Millionen Mark und über Textilherstellungsmaschinen (Selfaktor-, Streichgarnspindel- und Webstuhlbau) von ca. 419 000 Mark sowie Aufträge für Turbinen über 356 000 Mark. Im Mai 1877, auf dem Tiefpunkt des konjunkturellen Niedergangs, lagen für insgesamt 1,2 Millionen Mark Bestellungen vor. Das waren weniger als 10% des Bestandes vom Juli 1873. Auf den Lokomotivenbau entfielen 286 000 Mark, auf den Dampfmaschinenbau 496 000 Mark, den Textilmaschinenbau 353 000 Mark, den Werkzeugmaschinenbau 38 000 Mark und auf den Turbinenbau 32 000 Mark des Auftragsvolumens.

Die Zahl der von der Firma Hartmann beschäftigten Arbeiter sank vom Juli 1873 bis zum Mai 1877 von 2975 Mann auf 1515, also um 49,1%. Die Arbeiter verteilten sich, wie in Tabelle 8 (S. 152) aufgeführt."

Über die Arbeitsorganisation in diesem Unternehmen ist nichts genaues bekannt. Die mechanischen Werkstätten dieser Fabrik waren relativ klein. Vermutlich wurden die Schlosser- und Dreherarbeiten zusammen mit der jeweiligen Maschinenmontage in den Werkstätten der Abteilungen Loko-

Tab. 8: Zahlen der von der Fa. Hartmann, Chemnitz, 1873 und 1877 beschäftigten Arbeiter[57]

	1873	%	1877	%
(Modell-)tischlerei	114	3,8	76	5,0
Gießereien	376	12,6	240	15,8
Schmiede	304	10,2	114	7,5
Kesselschmiede	266	8,9	80	5,3
Kupferschmiede	73	2,5	30	2,0
mechanische Werkstätten	476	16,0	202	13,3
Lokomotivenbau	462	15,5	152	10,0
Dampfmaschinenbau	222	7,5	217	14,3
Werkzeugmaschinenbau	274	9,2	122	8,1
Textilmaschinenbau	300	10,1	218	14,4
Werkzeugreparatur	19	0,6	9	0,6
Packerei, Niederlage, Lackiererei, Feuerleute, Sattlerei	89	3,0	55	3,6
	2975	100%	1515	100%

motivenbau, Dampfmaschinenbau usw. vorgenommen, so daß in der mechanischen Werkstatt weitgehend Teile produziert wurden, die einen breiteren Verwendungsraum fanden, wie z. B. Befestigungsstücke oder Werkzeuge.[58]

b) Die Berufssozialisation der Maschinenbauarbeiter

Im Maschinenbau befanden sich Arbeiter unterschiedlicher Ausbildung. Die verschiedenen Gruppen wurden bereits 1847 anschaulich beschrieben:[59]

„Die Arbeiter auf den Maschinenfabriken teilen sich in drei Klassen. Und zwar besteht die erste Klasse aus denen, welche durch ihre Profession auf den Maschinenfabriken unentbehrlich sind (Schmiede, Schlosser, Zeugschmiede, Drechsler und Tischler); in die zweite Klasse rechne ich alle die, welche keiner solchen Profession angehören, sondern einer anderen, die sich auf die Fabrik begaben, wo sie durch günstige Umstände, durch Emsigkeit und Talent sich eine Geschicklichkeit erwarben, die ihnen eine ehrenwerte Existenz sichert. Sie nennen sich Maschinenbauer und finden zwischen sich und der ersten Klasse keinen Unterschied, da ihrer Meinung nach ein Schlosser oder Tischler ebensowenig auf die Fabrik gehört, als ein Müller oder Strumpfwirker. Es gibt in dieser Klasse Leute aus allen

Professionen: Müller, Formstecher, Spinner, Drucker, Bäcker, Fleischer, Weber, Strumpfwirker u. a., die sich meistens an der Drehbank befinden, zuweilen am Schraubstock und der Hobelbank, seltener am Feuer. Die dritte Klasse bilden endlich die Handarbeiter und Tagelöhner, die, wenn auch nicht die zahlreichsten, doch die ärmsten sind."

Diese Gruppierung der Maschinenbauarbeiter blieb während des 19. Jahrhunderts bestehen. Die Modelltischler, Gießer, Schmiede, Dreher, Schlosser, Klempner und Zimmerleute entstammten meist dem Handwerk. Sie wandten im Maschinenbau ihre in der handwerklichen Lehre erworbenen Fähigkeiten an. Diese qualifizierten Fabrikhandwerker bewahrten – jede Gruppe eher für sich als gemeinsam[60] – handwerkliche Traditionen und Werte. Bis auf eine kleine Minderheit hatten diese Fabrikhandwerker eine Lehre im Kleingewerbe durchlaufen. Der Arbeitsplatzwechsel vom Handwerk in die Fabrik wurde bereits seit den 1840er Jahren nicht mehr als sozialer Abstieg empfunden. Anders als in anderen Handwerken gingen gerade die am besten qualifizierten Handwerker, teilweise auch Handwerksmeister,[61] wegen des höheren Lohnniveaus in die Fabriken. Kleingewerbetreibende klagten über den Mangel an guten Fachkräften. Die nahezu dauernde Nachfrage nach guten Facharbeitern bestätigte daher deren Ansehen und hohe Selbsteinschätzung. Der Wechsel vom Handwerk in die Fabrik war sicherlich der meist beschrittene Weg, aber auch die Rückkehr in das Handwerk war nicht unüblich. Gerade hierin zeigte sich die bleibende Verbundenheit mit dem Handwerk.[62]

Die hohe handwerkliche Selbsteinschätzung dokumentierte sich darin, daß die Fabrikhandwerker ihren Handwerkergesellenstatus aufrecht zu halten suchten.[63] Das schlug sich u. a. in den Anredeformen nieder. Unter den „Handwerksgenossen" war es verpönt, sich mit jedem „beliebigen Handarbeiter" zu duzen.[64] Der gelernte Geselle sah in dem Hilfsarbeiter nicht den Kollegen, der wie er Lohnarbeiter war, sondern gleichsam seinen „Bedienten".[65] Diese quasi „arbeiteraristokratische"[66] Selbsteinschätzung der Fabrikhandwerker konstituierte sich aufgrund der handwerklichen Werte und Normen. Angesichts dieser Umstände kann es nicht überraschen, daß diese hoch qualifizierten Maschinenbauarbeiter kein kollektives Bewußtsein aufgrund ihres Lohnarbeiterdaseins entwickelten, sondern in Übereinstimmung mit der gesellschaftlichen Einschätzung ein gruppenspezifisches von „mechanischen Künstlern".[67]

Wenn auch diese Arbeiter, insbesondere bei Aufträgen für größere Maschinen, die nach den individuellen Wünschen der Kunden gefertigt wurden, handwerkliche Präzisionsarbeit leisteten und nicht zu ersetzen waren,[68] mußten sie doch um ihren Status als „mechanische Künstler" fürchten. Durch die Vervollkommnung und Spezialisierung der Werkzeugmaschinen sowie den Übergang zur Produktion standardisierter und austauschbarer Teile wurde das Nacharbeiten mit Feile, Hammer und Meißel unbedeutender.[69] Auch die Maschinenarbeit nahm mit steigender Mechanisierung zu. Wenn auch – anders als in der Textilherstellung – der einzelne Arbeiter den Arbeitstakt der Maschine selbst bestimmte und das Werkzeug führte,[70] wurde es leichter, für bestimmte Arbeiten auf hochqualifizierte Arbeiter zu verzichten und statt dessen auf weniger qualifizierte zurückzugreifen. Insbesondere machte sich die Verdrängung der Handarbeit in der Nagel-, Bolzen- und Nietenschmiederei bemerkbar.[71]

Der Autonomieverlust der Arbeiter war am stärksten bei einer Neuorganisation der Arbeitsverrichtung zu verspüren. Die Arbeitsteilung wurde vorangetrieben, die Tätigkeitsbereiche des einzelnen Arbeiters reduziert und die Arbeitsverrichtung beschleunigt. Das Ineinandergreifen von Dequalifikation und arbeitsorganisatorischer Rationalisierung, der damit verbundene Status- und meist auch Einkommensverlust der Arbeiter riefen den Protest der Betroffenen hervor.[72]

Die zweite Arbeitsgruppe des Maschinenbaus, die Angelernten, arbeiteten an den Werkzeugmaschinen in den mechanischen Werkstätten. Sie rekrutierten sich weitgehend aus Gesellen der nicht-metallverarbeitenden Handwerke.[73] Das Bevorzugen von gelernten Arbeitern vor ungelernten für diese Tätigkeiten[74] rührte wohl daher, daß Arbeiter, die eine Lehre durchlaufen und in einem anderen gelernten Beruf gearbeitet hatten, sich leichter in die Arbeitsdisziplin des Fabrikbetriebes einpassen konnten.[75] Für die vielfach monotone Arbeit an den Werkzeugmaschinen waren weniger fachliche Qualifikationen erforderlich, sondern ausdauernde Konzentration. Die Einzelarbeit an der Werkzeugmaschine verlangte ferner eine nicht unbeträchtliche individuelle Verantwortung für das zu bearbeitende Werkstück.

Die angelernten Arbeiter des Maschinenbaus entstammten meist niedergehenden Handwerken, in denen sie keinen ausreichenden Lebensunterhalt mehr fanden.[76] Die angelernte Fabrikarbeit bedeutete für sie meist eine ökonomische Besserstellung. Die subjektive Haltung dieser Arbeiter wird jedoch unterschiedlich gewesen sein, je nachdem, ob sie die Fabrikarbeit als Ergebnis eines sozialen Abstiegsprozesses vom Status eines – eventuell selbständigen – Handwerkers oder als neue Existenzgrundlage und annehmbare soziale Alternative sahen. Entscheidend für die Einschätzung der neuen Lage durch die Betroffenen wird deren Haltung gegenüber handwerklichen Werten und Normen gewesen sein. Man kann wohl davon ausgehen, daß Arbeiter, deren handwerkliche Wertvorstellungen erschüttert waren, eher bereit waren, in die Fabrik zu gehen, als die, die noch in einer zünftlerischen Vorstellungswelt lebten. Die stärker in traditionellen Verhaltensmustern verhafteten Arbeiter werden den Widerspruch zwischen zünftlerischen Traditionen und moderner Fabrikarbeit am intensivsten verspürt haben. Allerdings dürften diese Verhaltensmuster dieselben Arbeiter wohl auch von politischen und gewerkschaftlichen Organisationen ferngehalten haben. Eine Rückkehr in ein niedergehendes Handwerk wird für die meisten angesichts der dort herrschenden höheren Arbeitsplatzunsicherheit und niedrigeren Löhne keine Alternative gewesen sein. Im Durchschnitt werden die Angelernten ihre Fabrikarbeit als Verbesserung ihrer Lage interpretiert haben. Der Maschinenbauerstatus konnte einen verlorenen handwerklichen Status zumindest partiell ersetzen. Die Bedingungen für Protest- und Organisationsverhalten dieser aus verschiedenen Handwerken zusammengewürfelten Arbeitergruppe dürften – nicht zuletzt wegen mangelnder Assimilation – nicht sehr günstig gewesen sein.

Für die ungelernten Arbeiter stellte sich die Fabrikarbeit wohl insgesamt vorteilhaft dar.[77] Diese Arbeiter, die vielfach gerade vom Lande in die Stadt gekommen waren, weil sie in ihrer Heimat keine ausreichende Lebensgrundlage mehr fanden, oder die als Tagelöhner nur unregelmäßig beschäftigt waren, konnten in der Fabrikarbeit, wenn sie erst einmal eingestellt waren, die Möglichkeit eines regelmäßigen Lohnerwerbs und damit einer gewissen sozialen Absicherung, die gerade bei einem Wunsch nach Familiengründung bedeutend war, sehen. Jedoch darf nicht vergessen werden, daß die ungewohnte Fabrikdisziplin, die Unterordnung unter einen sehr rigiden und fremdbestimmten Arbeitsprozeß, der auf traditionelle Lebensweisen keinerlei Rücksicht nahm, auf diese Arbeiter, die die am schlechtesten bezahlten und unangenehmsten Arbeiten ausführen mußten,[78] schokkierend wirkte.[79] Diese neuen Erfahrungen bedurften einer Anpassungsphase, in der die Frustrationen der neuen Arbeitswelt verarbeitet wurden.

Die dargestellte Differenzierung der Arbeiter im Maschinenbau – sowohl von der Arbeitsorganisation als auch von der Berufssozialisation der Arbeiter her – bewirkte, daß ohne besondere Lernprozesse kein kollektives Arbeiterbewußtsein entstehen konnte. Vielmehr bietet sich diese Differenzierung dazu an, das Entstehen des Elitebewußtseins der „mechanischen Künstler" zu erklären. Es liegt nahe, daß für die Entstehung von Protest- und Organisationsverhalten die Bedingungen unter den qualifizierten Fabrikhandwerkern am günstigsten waren. Aufgrund ihrer Qualifikation waren sie am schwersten zu ersetzen und besaßen daher eine relativ starke innerbetriebliche Stellung. Die Bindung an handwerkliche Werte und Vorstellungen vermittelte Vorbilder im Organisations- und Protestverhalten. Begünstigt wurden potentielle Organisationsbestrebungen bei den Schmieden, Formern und Modelltischlern durch ihre Gruppenarbeit in abgeschlossenen Abteilungen. Die gemeinsame Interessenlage gegenüber dem Unternehmen war aufgrund der Homogenität der Arbeitsgruppen und gemeinsam erfahrener Konflikte am Arbeitsplatz deutlicher als in sozial heterogen zusammengesetzten Werkstätten.[80] Die Bedingungen für eine Verständigung der Arbeiter untereinander waren hier wesentlich besser als an irgendeiner anderen Stelle einer Maschinenfabrik – vielleicht mit Ausnahme der Montage. Diese Bedingungen förderten eher eine gruppenspezifische Interessenartikulation. Die Schlosser, Klempner und Dreher waren nicht in einer vergleichbar günstigen Lage, teilweise, weil sie vereinzelt arbeiteten, und teilweise, weil durch die Kooperation mit Arbeitern anderer Handwerke sich nicht in demselben Maße Gruppensolidarität herausbilden konnte.

Die angelernten Arbeiter an den Werkzeugmaschinen verfügten wohl großenteils über Kenntnisse handwerklichen Protest- und Organisationsverhaltens. Allerdings handelte es sich bei ihnen um Arbeiter verschiedener handwerklicher Herkunft, die meist Einzelarbeit verrichteten. Die unterschiedlichen individuellen Erfahrungen mußten erst einmal zu kollektiven gebündelt werden, bevor hier ein Gruppenbewußtsein entstehen konnte. Die Einzelarbeit erschwerte dabei die Kommunikation untereinander und die Assimilation neuer, im Maschinenbau noch unerfahrener Kollegen.[81] In der ersten Phase der Zugehörigkeit zu einem Maschinenbaubetrieb hielt die erfahrene relative Verbesserung der Lebenssituation die Arbeiter von Protest- und Organisationsverhalten ab. Organisationsfähig waren diese Arbeiter sicherlich erst, wenn sie sich bewußtseinsmäßig nicht mehr als Angehörige ihres früheren Berufes oder Handwerks empfanden, sondern als Maschinenbauarbeiter.

Den Hilfsarbeitern fehlten weitestgehend die Voraussetzungen für zielgerichtetes Protest- und Organisationsverhalten – was jedoch kein besonderes Spezifikum des Maschinenbaus war, sondern für Ungelernte allgemein galt. Anders als den Fabrikhandwerkern fehlten der sehr heterogenen Gruppe der Ungelernten grundlegende gemeinsame Erfahrungen, die Organisationstraditionen und die Übung in kommunikativen Beziehungen, die zielgerichtetes Gruppenverhalten erst ermöglichten. Letztlich waren sie aufgrund der leichten Ersetzbarkeit und der durch niedrigere Löhne bedingten geringeren Widerstandskraft nicht konfliktfähig,[82] sondern neigten zu individuellem Protest, der sich in „Blaumachen“, Aggressionen, Alkoholismus, starker Fluktuation und ähnlichem entlud.

Ein Hindernis für die Herausbildung eines gemeinsamen Gruppenbewußtseins unter den Maschinenbauarbeitern war die räumliche Trennung der verschiedenen Arbeitsbereiche. Voraussetzung für die Erkenntnis der handlungsrelevanten Gemeinsamkeiten war die Kenntnis der Arbeitsbedingungen der Kollegen in anderen Arbeitsbereichen. Dazu bedurfte es eines Informationsaustausches über die einzelne Werkstatt hinaus.[83] Im Regelfall ergab er sich jedoch aus der Arbeitsverrichtung heraus nicht. Lediglich die Transportarbeiter stellten eine personelle Verbindung der einzelnen Abteilungen dar. Sie kamen damit in erster Linie als Träger eines möglichen Informationsaustausches in Frage.[84] Jedoch dürfte der Umstand, daß diese Arbeiter am unteren Ende der Schichtung der Maschinenbauarbeiterschaft standen, die Kommunikation innerhalb einer Fabrik nicht positiv beeinflußt haben. Die Transportarbeiter teilten nicht die Organisationsinteressen der Fabrikhandwerker und standen deren Willensbildungstraditionen fremd gegenüber. Darüber hinaus erschwerten Statusdifferenzen koordiniertes Handeln. Zwischen Arbeitern, die im betrieblichen Alltag in einem

Unterordnungsverhältnis zueinander standen, war Solidarität nicht von vornherein zu erwarten.

Für die Ausbildung eines Gruppenbewußtseins der Arbeiter des Maschinenbaus spielten gemeinsame Konflikterfahrungen eine wesentliche Rolle. Eine wichtige Konfliktebene rührte aus Dequalifikationserfahrungen im Zuge der fortschreitenden Mechanisierung her. Wenn auch die handwerkliche Arbeit nicht ersetzbar war, verlor sie doch durch verbesserte Maschinenarbeit und geringeren Arbeitsaufwand beim Nacharbeiten der Stücke an Bedeutung. Kollektiv erfuhren die Arbeiter das Fortschreiten der Arbeitsteilung. Die Tätigkeiten der Fabrikhandwerker wurden auf Spezialarbeiten reduziert. Die Arbeitsverrichtung selbst wurde dadurch monotoner und der einzelne Arbeiter leichter durch einen weniger qualifizierten ersetzbar. Gerade die Formen der den Arbeitern aufgezwungenen Arbeitsteilung widersprachen deren Wertvorstellungen, die meist aus handwerklichen Traditionen geringer Arbeitszerlegung herrührten. Die tatsächlich erfahrenen Deprivationen durch Rationalisierungsmaßnahmen und der Widerspruch zwischen dem Erleben der Arbeitsteilung und tradierten handwerklichen Wertvorstellungen forcierten, wenn sie zusammentrafen, die kollektive Protestartikulation.[85]

Häufiger Anlaß für Konflikte im Betrieb war die sogen. „Meisterwirtschaft". Für die Fabrikleitung waren die meist aus der eigenen Facharbeiterschaft rekrutierten Werkmeister[86] unentbehrliche Hilfskräfte bei der Durchsetzung von Kostensenkungen. Sie kannten und beherrschten den Arbeitsprozeß und wußten, an welchen Stellen Lohneinsparungen möglich waren.[87] Die Hauptaufgabe der Werkmeister war es, die Leistungsfähigkeit einer Abteilung voll auszuschöpfen. Dafür verfügten sie über sehr weitreichende Vollmachten gegenüber den Arbeitern. Sie entschieden nahezu unkontrolliert über das Wohl und Wehe der ihnen Untergebenen, denn sie konnten Einstellungen und Entlassungen, disziplinarische Strafen und Lohnabzüge, die Festlegung von Akkordsätzen und die Zuteilung von Arbeiten selbständig verfügen oder die Entscheidungen der Fabrikleitung maßgeblich beeinflussen.[88] In ihrer Macht lag damit letztlich die Lohnhöhe und die Arbeitssituation der Arbeiter.[89] Diese Machtstellung führte notwendigerweise zu Konflikten um den Arbeitslohn und die Arbeitsleistung. Ungerechtfertigte Pressionen und herrisches Auftreten gegenüber den früheren Kollegen[90] intensivierten und personalisierten die Spannungen.[91] Das Verhalten der Meister förderte die Solidarisierung der Arbeiter. Die Konflikte um Akkordsätze oder um die Durchsetzung rationalisierter Arbeitsmethoden verhalfen zur Einsicht in die gemeinsame Interessenlage der Arbeiter gegenüber dem Unternehmen. Abwehrmaßnahmen, vor allem Leistungsverschleierung und kollektive Leistungszurückhaltung, waren nur möglich, wenn solche Strategien unter den Arbeitern abgestimmt werden konnnten. Absprachen über kollektives Arbeitsverhalten stimulierten die Organisierung. Die Meister hingegen begegneten den Solidarisierungsprozessen oftmals mit Repressionen gegen einzelne. Durch Ungleichbehandlung sollte die Solidarität zerbrochen werden.[92] Dabei wirkten vielfach die Aussicht, sich durch Bestechungen und Geschenke Vergünstigungen erkaufen zu können,[93] oder Hoffnungen, nach langer Betriebszugehörigkeit durch Anpassung selbst in die Reihen der Meister aufsteigen zu können, einer allgemeinen Solidarisierung entgegen.

4. Kämpfe und Organisation der Berliner Maschinenbauarbeiter

a) Arbeitskämpfe und Organisation während der Gründerkonjunktur

Bereits im Vormärz und in der Revolution 1848 traten die Berliner Maschinenbauarbeiter politisch und organisatorisch hervor. Sie gründeten einen Maschinenbauerverein sowie eine Kranken- und Sterbekasse und suchten sozialpolitische Verbesserungen zu erringen.[94] In den ersten Auseinandersetzungen zwischen Bürgertum und Arbeiterschaft versuchten Maschinenbauer zu vermitteln, um durch die Aufrechterhaltung der Kooperation von Bürgern und Arbeitern die Erfolge der revolutionären Ereignisse zu sichern und nicht durch weitere Auseinandersetzungen aufs Spiel zu setzen.[95]

Maschinenbauarbeiter stellten auch den Kern des 1864 gegründeten fortschrittlichen Arbeitervereins. Bei den Delegiertenwahlen für den Arbeiterkongreß im September 1868, aus dem die lassalleanischen Arbeiterschaften hervorgingen, wurden fast alle Berufsgruppen durch sozialdemokratische Delegierte vertreten. Nur die Maschinenbauer bestimmten 12 fortschrittliche Delegierte.[96] Nachdem Max Hirsch und andere Vertreter der Fortschrittspartei am 26. September 1868 nach einer für sie erfolglosen Geschäftsordnungsdebatte den Kongreß verlassen hatten, waren laut der Delegiertenliste keine Maschinenbauarbeiter mehr vertreten.[97] Am 15. November 1868 konstituierte sich daraufhin der Hirsch-Dunkersche Ortsverein der Maschinenbauer Berlins. Ein erster Delegiertentag wurde nach weiteren Gewerksvereinsgründungen an anderen Orten bereits zu Weihnachten 1868 abgehalten.[98] Dieser Gewerkverein der Berliner Maschinenbauer rekrutierte seine Mitglieder vor allem aus den Reihen des „Berliner Maschinenbauer-Vereins".[99] Der „Berliner Maschinenbauer-Verein" war im März 1866 als im wesentlichen berufsständische Einrichtung von Vertretern von 52 Berliner Maschinenbaubetrieben gegründet worden. Er wandte sich vor allem an die Mitglieder der seit 1849 bestehenden und offenbar florierenden Maschinenbauerkranken- und Sterbekasse.[100] Faktisch war er eine berufsspezifische Ergänzung des allgemeinen liberalen

Bildungsprogramms und – aufgrund der politischen Ausrichtung der Mehrheit der Maschinenbauarbeiter – eine Stütze der Fortschrittspartei.[101] Gegen Ende des Jahres 1868 zählte dieser Gewerkverein bereits 1220 Mitglieder, womit ca. 21% der Berliner Maschinenbauarbeiter in ihm organisiert waren.[102]

Die im Anschluß an den lassalleanischen Arbeiterkongreß gegründete ,,Allgemeine Deutsche Metallarbeiterschaft"[103] konnte in Berlin erst im Januar 1869 die Gründung einer etwa 30 Mann starken Mitgliedschaft verzeichnen.[104] Jedoch konnte diese lassalleanische Metallarbeiterorganisation ihren Anhang nicht ausweiten. Öffentliches Wirken ist nicht bekannt. Die Auseinandersetzungen um Schweitzers ,,Staatsstreich", in die auch die Metallarbeiterschaft verwickelt war,[105] ließen diese Organisation nicht gerade attraktiv erscheinen. Nach der Auflösung der Arbeiterschaften zum 1. Juli 1870 schmolz die Zahl der lassalleanisch orientierten Metall- und Maschinenbauarbeiter wahrscheinlich auf eine quantité négligeable.[106]

Dieser organisationspolitische Mißerfolg des ADAV bzw. der Organisationserfolg der liberalen Gewerkvereinsbewegung erklärt sich nicht zuletzt aus den politischen Traditionen der Berliner Maschinenbauer. Die erwähnte, bereits 1849 gegründete Krankenkasse der Maschinenbauer, sorgte von der Revolutionszeit her für eine organisatorische Kontinuität. Die Bedeutung dieser Kasse kann für die Herausbildung organisationspolitischer und bewußtseinsmäßiger Tradition wohl nicht hoch genug veranschlagt werden. Die Finanzierung dieser Kasse durch die Fabrikanten[107] konnte geradezu als Beweis für die von den liberalen Gewerkvereinen vertretene Theorie der ,,Harmonie von Kapital und Arbeit"[108] gelten. Im ,,Berliner Maschinenbauer-Verein" bestand eine den Arbeitern vertraute berufsbezogene Gemeinschaft. Eine intakte Organisationstradition war also vorhanden. Anders als z. B. bei den Zimmerleuten[109] konnte der ADAV nicht an ein organisationspolitisches Vakuum nach der Auflösung der Zünfte anschließen. Welchen Grund sollten die Maschinenbauer haben, bei einer Erweiterung des bereits vorhandenen Organisationsangebotes um eine Gewerkschaft sich anders als im Rahmen der für sie erfolgreichen Vereinsstrukturen zu organisieren? Die auf das ,,eherne Lohngesetz" zugeschnittene konkurrierende lassalleanische Agitation[110] leistete zudem keine Erklärung der Berufssituation dieser vergleichsweise hochbezahlten und expandierenden Arbeitergruppe.[111] Der zentralistische, auf die diktatorische Spitze Schweitzers ausgerichtete Aufbau der lassalleanischen Arbeiterschaften widersprach den demokratischen Vorstellungen der Maschinenbauer. Schließlich hegten sie politisch motivierte Skepsis gegenüber Schweitzer, der verdächtigt wurde, heimlich mit den Konservativen zusammenzuarbeiten. Die Maschinenbauer Berlins hatten also weder einen Grund, die für sie erfolgreiche organisationspolitische Tradition aufzugeben, noch sich der lassalleanischen Bewegung anzuschließen. Dies mußte sich aber in dem Augenblick ändern, als die liberale Harmonietheorie aufgrund tatsächlicher Konflikte sichtlich nicht mehr mit der Realität übereinstimmte.

Berliner Metallarbeiter streikten im Zuge der Streikwelle zu Ende der 1860er Jahre erstmals im Juli 1869. Etwa 500 Schmiede in Berlin und Umgebung legten die Arbeit nieder. Anlaß zum Protest gab die willkürliche Ausdehnung der nominell 12stündigen täglichen Arbeitszeit und die weitverbreitete Sonntagsarbeit. Am meisten hatten die Gesellen, die bei ihren Meistern in Kost und Logis lebten, unter deren willkürlichen Arbeitszeiten zu leiden. Die Schmiedegesellen, die wohl meist im Kleingewerbe tätig waren, forderten erst die Verkürzung der täglichen Arbeitszeit auf zehn, dann auf elf Stunden, und die Abschaffung der Sonntagsarbeit. Lohnforderungen wurden nicht gestellt. Die Löhne betrugen zwischen vier und sieben Taler wöchentlich, waren also vergleichsweise günstig. Der Ausschuß des (Hirsch-Dunkerschen) Ortsvereins der Schmiede versuchte diese Forderungen durchzusetzen. Eine Verständigung mit dem Innungsvorstand der Meister scheiterte jedoch. Teilweise wurden die Gewerkvereinsmitglieder von den Meistern entlassen. Am 3. bzw. 5. Juli begann der Ausstand. Am 23. Juli versuchten die Gesellen, durch ein paritätisch besetztes Schiedsgericht zu einer Einigung zu kommen, die Meister lehnten aber ab. Nach einer neuerlichen Ausweitung des Streiks – einige Meister waren den Forderungen der Gesellen nachgekommen und wurden nicht mehr bestreikt – war die Mehrheit der Schmiedemeister Anfang August bereit, die Forderungen der Gesellen zu akzeptieren, so daß der Streik erfolgreich beendet werden konnte. Allerdings ging die sonntägliche Arbeitsruhe bald wieder verloren.[112] Eine sicherlich nicht unbeträchtliche Fluktuation der Gesellen wird den Meistern die Rückkehr zu den alten Praktiken der willkürlichen Ausdehnung der Arbeitszeit erleichtert haben. Der Ortsverein der Schmiede ging bald wieder ein, so daß die Gesellen über keine eigene gewerkschaftliche Organisation verfügen konnten.[113]

Ein neuer Arbeitskampf fand in der Berliner Metall- bzw. Maschinenbauindustrie erst zwei Jahre später statt. Im Sommer 1871 gründeten lassalleanische Arbeiter eine Streikkasse für Maschinenbauer.[114] *Der Neue Social-Demokrat* hob besonders die Beteiligung von Fabrikarbeitern an diesem Unternehmen hervor. Diesem ersten Ansatz für einen sozialdemokratischen Organisationserfolg unter den Maschinenbauern folgte prompt die Entlassung des Vorsitzenden der Streikkasse, Bischoff, aus der Norddeutschen Fabrik für Eisenbahnbedarf. Wahrscheinlich gingen der Gründung der Streikkasse und der Entlassung Bischoffs Spannungen in dem Unternehmen voraus. Bischoff soll „allerhand Vorkommnisse in der Fabrik an die Öffentlichkeit gebracht" haben. Seine Maßregelung wurde von seinen Kollegen nicht hingenommen und ca. 1000 Mann stellten am 8. August 1871 die Arbeit ein. Es ging hier offensichtlich nicht um die Person Bischoffs, sonder darum, daß mit dessen Entlassung eine gewerkschaftliche Organisation der Maschinenbauarbeiter hintertrieben werden sollte.[115]

In einer Versammlung der streikenden Arbeiter am 9. 8. wurde an erster Stelle die Wiedereinstellung des gemaßregelten Vorsitzenden des Streikkassenvereins gefordert. Weiter verlangte die 11-köpfige Streikkommission: Beibehaltung der bestehenden Akkordsätze, Erlaubnis des Tabakrauchens in den Werkstätten, Normalarbeitstag von 10 Stunden, Abschaffung der Überstunden und Sonntagsarbeit, Zeitvergütung für Akkordarbeiter, wenn sie mangels Materials oder Werkzeugs nicht arbeiten könnten, volle Lohnauszahlungen, Erhöhung des Zeitlohns um 6 Pf. pro Stunde und kleinere Dinge.[116] Die prompte Organisation des Streiks, die Wahl einer Streikkommission und das Präsentieren der sicherlich schon früher diskutierten Forderungen, voran nach der Wiedereinstellung des Vorsitzenden der Streikkasse, was faktisch auf die Forderung der Respektierung der gewerkschaftlichen Organisation im Betrieb hinauslief, zeigten doch ein recht erhebliches Niveau der Interessenartikulation dieser Maschinenbauarbeiter. Dieser Streik ging allerdings nach etwa zwei- bis dreiwöchiger Dauer verloren, ohne daß es zu Verhandlungen mit der Fabrikleitung gekommen war. Gegen Ende August arbeitete ein großer Teil der Belegschaft wieder. Ein anderer Teil der Arbeiter hatte sich nach England anwerben lassen, wo sie die Arbeitsplätze streikender Kollegen in Newcastle übernehmen sollten.[117]

Als ein wesentlicher Grund für das Scheitern dieses Streiks muß die unzureichende Finanzierung angesehen werden. Bereits am 11. August meldete der *Neue Social-Demokrat,* die Kasse des Allgemeinen Deutschen Arbeiterunterstützungsverbandes sei infolge des Maurerstreiks leer.[118] Bei den begrenzten Mitteln der Arbeiterorganisationen hatte der gleichzeitig laufende Berliner Maurerstreik eindeutig Vorrang, weil die Bauarbeiter schon wesentlich weiter in die lassalleanische Bewegung einbezogen waren und vielleicht auch, weil der Maurerstreik eine realistischere Erfolgschance hatte. Eine Unterstützung der streikenden Maschinenbauer durch ihre Kollegen aus anderen Fabriken hat praktisch nicht stattgefunden: „Mit Bedauern müssen wir die Berliner Maschinenbauer erwähnen, die trotz ihrer großen Zahl nur 11 Mann aufweisen können – also noch lange nicht den tausendsten Teil – die einen Beitrag zur Unterstützung der von ihnen selbst als gerecht erkannten Sache gegeben haben."[119]

Das insgesamt recht protest- und streikfreundliche Klima unter den Berliner Arbeitern und frühere Konflikte in der Norddeutschen Fabrik hoben sicherlich die Streikbereitschaft der dort Beschäftigten. Unabhängig davon drückte sich aber in dem Arbeitskampf ein hohes Maß organisationspolitischen Bewußtseins aus. Man streikte in erster Linie für den Erhalt des Streikkassenvereins. Die Wahl einer Streikkommission, das Führen der Streikkasse, die Formulierung der Streikziele und die Abrechnung nach dem Streikende zeigten, daß hier bereits ein Kern von Arbeitern vorhanden war, der fähig war, die Maschinenbauarbeiter zu organisieren und zu führen. Daß dieser Kern jedoch noch recht klein war, wurde in der mangelnden Streikunterstützung deutlich. Der Streikkassenverein überstand den Mißerfolg nicht. Trotz der Niederlage bewies dieser Streik, daß die lassalleanische Bewegung bereits 1871 einen, wenn auch wahrscheinlich noch sehr kleinen, Anhang unter den Berliner Maschinenbauern besaß. Es muß als weiterer sozialdemokratischer Organisationserfolg gelten, daß neunzig Arbeiter der Nähmaschinenfabrik Wernicke einen Delegierten zur Gründungsversammlung des Berliner Arbeiterbundes im November 1871 entsandten. Nicht bekannt ist allerdings, ob sich diese 90 Arbeiter tatsächlich organisatorisch zusammengeschlossen hatten.[120] Unabhängig von dem tatsächlichen Grad der Organisation der Nähmaschinenbauarbeiter zeigt deren Beteiligung am Arbeiterbund – wie auch der Streik der Arbeiter der Norddeutschen Fabrik für Eisenbahnbedarf –, daß ein Teil der Maschinenbauarbeiter der Sozialdemokratie nicht mehr grundsätzlich feindlich gegenüberstand, sondern zur Kooperation bereit war.

Eine neue Bewegung unter den Maschinenbauarbeitern folgte im Frühjahr 1872. Der *Neue Social-Demokrat* berichtete im März 1872 über Mechanikerversammlungen, die allerdings schwach besucht waren. Lassalleanische Redner empfahlen, sich – lassalleanisch – zu organisieren, allerdings einstweilen ohne Erfolg. Die Position des ADAV wurde durch den Hirsch-Dunkerschen Ortsverein der Maschinenbauer und politische Differenzen unter den Arbeitern erschwert.[121] Vermutlich stellten die Lassalleaner jetzt ihre eigenständigen Organisationsbestrebungen erst einmal zurück und versuchten, Einfluß auf den parteipolitisch nicht festgelegten Verein der Berliner Maschinenbauer zu gewinnen. Auf einer Generalversammlung des Vereins am 12. Mai 1872, der derzeit nach einer Meldung des *Neuen Social-Demokrat* 1400 Mitglieder zählte,[122] wurde der dem ADAV angehörende Bäthge zum Versammlungsvorsitzenden gewählt.[123] Die Versammlung verständigte sich, von den Fabrikanten einen Minimallohn für gelernte Arbeiter von täglich 1 Tlr. und für Hilfsarbeiter 25 Sgr. bei zehnstündiger Arbeitszeit zu verlangen. Außerdem forderte man die Einhaltung der Pausen von zwei Stunden pro Tag sowie die Abschaffung der Sonntags-, Nacht- und Überstundenarbeit. Die Akkordsätze sollten an die Erhöhung der Zeitlöhne angepaßt werden.[124] Diesen Forderungen des Maschinenbauervereins schloß sich auch der Generalrat des Gewerkvereins und der Berliner Ortsverein der Maschinenbauer an. Die Forderungen wurden damit von angeblich 6000 bis 7000 Maschinenbauern unterstützt.[125] Nach einem Bericht des *Volksstaat* übermittelte der Gewerkverein der Maschinenbauer diese Forderungen. Neben der Arbeitszeitverkürzung und Verbesserung der Pausenregelung wurde ein Tageslohn von 1 Tlr. 10 Sgr. gefordert. Die Fabrikanten lehnten die Forderungen ab und einigten sich darauf, keine Arbeiter, die streikten oder gestreikt hatten, einzustellen. Für den Fall von Streiks plante man Aussperrungen.[126]

Im Juli 1872 streikten daraufhin Arbeiter in mehreren Maschinenbaufabriken Berlins. Als erste legten Metallarbeiter der Dottischen Fabrik die

Arbeit nieder, weil ihnen eine 10prozentige Lohnerhöhung abgeschlagen worden war.[127] Kurz darauf folgten die Modelltischler der Wöhlertschen Maschinenfabrik. Sie forderten eine Gleichstellung im Lohn mit den von der Firma beschäftigten Zimmerleuten, die wahrscheinlich von der vom Allgemeinen Deutschen Zimmererverein durchgesetzten Lohnerhöhung profitiert hatten.[128] Auch noch im Juli 1872 stellten die Arbeiter der Nähmaschinenfabrik Wernicke & Co. die Arbeit ein. Dieser Streik wurde vom Berliner Maschinenbauarbeiterverein unterstützt.[129] Ob die Gruppe der 90 Arbeiter, die im November einen Delegierten zur Gründung des Berliner Arbeiterbundes entsandt hatte, bei dieser Arbeitsniederlegung eine führende Rolle spielte, ist nicht bekannt, jedoch nicht auszuschließen.

Bei keinem der vorliegenden drei Streiks ist etwas Genaues über Verlauf und Ergebnis bekannt. Die eher zurückhaltende Berichterstattung der sozialdemokratischen Organe *Volksstaat* und *Neuer Social-Demokrat* läßt annehmen, daß bei diesen Arbeitskämpfen sozialdemokratische Arbeiter keine führende Rolle innehatten. Die bloße Meldung des Streikausbruchs läßt auf eine kurze Streikdauer und eine hohe Wahrscheinlichkeit eines Erfolges schließen. Ein langandauernder Streik oder eine massive Verhärtung in einer solchen Arbeitskampfsituation wäre mit Sicherheit von der sozialdemokratischen Presse aufgegriffen worden. Für erfolgreiche oder zumindest teilweise erfolgreiche Ergebnisse dieser Klassenauseinandersetzungen spricht auch die allgemeine Konjunkturlage des Jahres 1872 sowie die Bereitschaft vieler Unternehmer, Forderungen der Arbeiter vor einem Streikausbruch zu bewilligen.[130]

Diese ersten Streiks änderten nichts daran, daß die Fabrikanten weiterhin jede Art allgemeiner, alle Maschinenbauer betreffender Verhandlungen ablehnten. Die Maschinenbauer beschlossen auf einer Generalversammlung jedoch, vorläufig von einer allgemeinen Arbeitsniederlegung abzusehen.[131] Hinter dieser Entscheidung stand wahrscheinlich die Überzeugung, daß die schrittweise Durchsetzung der Forderungen durch das sukzessive Bestreiken einzelner Firmen erfolgreicher sei als eine Arbeitseinstellung in sämtlichen Berliner Fabriken auf einmal.

Die Bewegung der Maschinenbauer setzte sich fort. Am 18. August 1872 versammelten sich die Arbeiter der Pflugschen Maschinenfabrik und beschlossen, eine allgemeine Lohnerhöhung von 20% und eine Arbeitszeitverkürzung auf täglich zehn Stunden einschließlich einer halben Stunde Frühstückspause sowie anderthalb Stunden Mittagspause zu fordern. Der Arbeitgeber wurde davon in Form einer Zuschrift in Kenntnis gesetzt.[132] Der Leiter dieser Aktiengesellschaft, der nationalliberale Reichstagsabgeordnete von Unruh, lehnte es ab, auf diese Forderungen einzugehen, weil dadurch die Dividenden beeinträchtigt würden. Daraufhin stellten sämtliche Schmiede, Schlosser und Dreher am 23. August die Arbeit ein. Nach einer Meldung des *Neuen Social-Demokrat* streikten insgesamt 2000 Arbeiter.[133]

Die Berliner Maschinenbauunternehmer bauten nun eine Koalition gegen die streikenden Arbeiter auf. Sie erklärten den laufenden Arbeitskampf für ungerechtfertigt. Gegen eine Konventionalstrafe verpflichteten sich die Fabrikanten, keinen der streikenden Arbeiter einzustellen.[134] Eine „von mehreren Tausenden besuchten Generalversammlung der Berliner Maschinenbauer" erklärte sich dagegen am 30. August 1872 in einer Resolution mit ihren streikenden Kollegen der Pflugschen Fabrik solidarisch und verpflichtete sich, ihre Kollegen zu unterstützen, bis ihre gerechten Forderungen bewilligt seien. Die Erklärung der Fabrikantenkoalition, keine Arbeiter ohne ordnungsgemäße Abgangszeugnisse mehr einzustellen, wurde zurückgewiesen. Zukünftig wollten die Maschinenbauer überhaupt keine Abgangszeugnisse mehr annehmen, da sie „freie Arbeiter und keine Dienstboten seien".[135] In Volksversammlungen wurde der Arbeitskampf mit Hinweisen auf den Aktienschwindel und Gründerprofite sowie die zu niedrigen Löhne begründet.[136] Von der ca. 2000 Mann starken Belegschaft erhielten die 200 am besten bezahlten Arbeiter einen Wochenlohn von 9 bis 10 Tlrn., 500 bis 600 weitere Arbeiter kämen auf wöchentlich 6 bis 8 Tlr.. Die übrigen 1200 Maschinenbauer verdienten „nicht volle 5 Tlr." wöchentlich. Die Dividende hätte in den letzten Jahren zwischen zehn und vierzehn Prozent betragen.[137]

Ein Versuch des Leiters der Pflugschen Fabrik, von Unruh, den Streik durch die Bekanntmachung, am Montag, dem 16. September, beginne die Arbeit wieder, zu unterlaufen, schlug fehl. Die Arbeiter beschlossen, den Streik unvermindert weiterzuführen.[138] Eine wohl recht gut funktionierende Streikunterstützung erleichterte diesen Beschluß. Insgesamt standen dem Streikkomitee bis Mitte September 5016 Tlr. für Streikgelder zur Verfügung, wovon bis dahin 2932 Tlr. an die Streikenden ausgezahlt worden waren. Im Ganzen wurden bis Mitte September etwa 1200 Arbeiter unterstützt. Die Verheirateten erhielten 3 Tlr., die Unverheirateten 2 Tlr. wöchentlich.[139] Bis etwa kurz über die Mitte September scheint der Streik tatsächlich ungebrochen fortgeführt worden zu sein. In der zweiten Monatshälfte begannen sich jedoch erste Auflösungstendenzen bemerkbar zu machen. Der *Neue Social-Demokrat* meldete am 20. 9. 1872, daß „höchstens 250" Mann wieder arbeiteten, dabei handele es sich aber fast nur um Invaliden und alte Leute. Der *Volksstaat* berichtete noch fünf Tage später, es gebe kein Nachgeben.[140] Auch die Solidaritätsbekundungen von Arbeitern anderer Fabriken konnten jetzt eine Wende im Streikablauf nicht mehr verhindern. Es fanden sich Streikbrecher, die die Plätze der für die Erfüllung ihrer sozialen Forderungen kämpfenden Kollegen einnahmen. Nachdem am 25. 9. noch über 1200 Streikende berichtet worden war, versuchte der ADAV noch einmal die Streikfront zu mobilisieren. Speziell an die ADAV-Anhängerschaft war die Erinnerung gerichtet, daß die Maschinenbauer bisher das Bollwerk der Fortschrittspartei waren und man jetzt diese Arbeiter zum ADAV herüberziehen müsse.[141] Damit war erstmals ein parteipolitischer Aspekt in diesen Streik hineingekommen. In einer Versammlung am 24. September wurde eine Resolution angenommen, die versuchen sollte, die Streikbrecher wieder für den Streik zu gewinnen:[142]

„Diejenigen Arbeiter der Pflugschen Fabrik, welche bis Sonnabend die Arbeit freiwillig niederlegen, sich persönlich bei der Kommission melden und sich acht Tage der Kontrolle unterzogen haben, werden von den jetzt noch streikenden Kollegen als Unterstützungsbedürftige aufgenommen. Ausgeschlossen sind diejenigen, welche bei Ausbruch des Streiks nicht in der Kontrolle geführt sind."

Dieses Unterstützungsangebot und Versammlungen des Vereins der Berliner Maschinenbauer, in denen über Wochenlöhne von 4½ bis 5 Tlr. bei „gewöhnlicher" Arbeitszeit, was wohl zehn Stunden täglich hieß, geklagt wurde, konnten den Streikverlauf nicht mehr ändern.[143] Eine am 11. Oktober veröffentlichte Meldung, der Streik dauere „ungeschwächt"[144] fort, scheint die reale Streikentwicklung kaum noch treffend wiedergegeben zu haben. Die Streikberichterstattung ließ zumindest seit Anfang Oktober in den Parteiorganen nach. Tatsächlich waren am 1. Oktober bereits wieder mehr als tausend Arbeiter in der Pflugschen Fabrik beschäftigt. Am 20. Oktober konnte der Streik seitens der Fabrikleitung als beendet angesehen werden, denn es arbeiteten insgesamt wieder 1440 Mann.[145] Am 23. Oktober gestand der ADAV die Streikniederlage ein. Die Arbeitsniederlegung sei „resultatslos" verlaufen, woran die zur Fortschrittspartei tendierenden Gewerkvereine die Schuld trügen.[146] Vier Tage später wurde diese Meldung jedoch korrigiert: Der Streik sei nicht gänzlich resultatslos verlaufen, vielmehr seien die Löhne doch erhöht worden. Die Arbeiter erhielten jetzt einen Wochenlohn von 6 Tlrn., was eine Erhöhung von 10% ausmachte.[147]

Diesem Streik verdankten die Berliner Lassalleaner wohl entscheidende Einbrüche in das Lager der Maschinenbauarbeiter auf Kosten der Fortschrittspartei. Der Arbeitskampf hatte die liberale Ideologie der Harmonie von Kapital und Arbeit offensichtlich unglaubwürdig gemacht. Max Hirsch kompromittierte die Gewerkvereine, indem er zu früh den Streik aufgeben wollte. Gerade er hatte die Forderungen der Arbeiter angesichts der Preissteigerungen für berechtigt erklärt, dann aber behauptet, die Arbeiter müßten im Interesse des Geschäftsprofites ihre Forderungen zurückziehen.[148] Diese Argumentation bewies aber gerade die von den Lassalleanern behauptete Ausbeutung der Arbeiter[149] und nicht die Harmonieideologie.

Das gewandelte Verhältnis zwischen Maschinenbauern und ADAV zeigte sich u. a. darin, daß die Druckerei des *Neuen Social-Demokrat* eine Rede des – meines Wissens nicht zum ADAV gehörenden – Drehers Neukrantz aus der Pflugschen Fabrik, die er anläßlich des Streiks dort am 28. August 1872 im Berliner Universum hielt, druckte und verbreitete.[150] Die Maschinenbauarbeiter begannen, ihre Zurückhaltung gegenüber den Lassalleanern aufzugeben, als diese – im Vergleich vor allem zu den 1860er

Jahren – weniger doktrinär auftraten und sich liberale Organisationen im Arbeitskonflikt als unzureichend erwiesen hatten. Die Lassalleaner konnten infolge dieses Streiks auch ihren Einfluß im Berliner Maschinenbauer-Verein vergrößern. Das Berliner Polizeipräsidium schätzte die Tendenzen des im Herbst 1872 2000 Mitglieder zählenden Vereins als ,,sehr verschieden" ein.[151] Allein der Umstand eines Vortrags des ADAV-Funktionärs und Vorsitzenden des Allgemeinen Deutschen Zimmerervereins Kapell bewies die zunehmende Bedeutung der Lassalleaner.[152] Schließlich erklärte eine Versammlung des Vereins am 10. 12. 1872 den *Neuen Social-Demokrat* zum Vereinsorgan.[153]

Den gestiegenen Einfluß des ADAV unter den Maschinenbauern dokumentierte auch die Wahl der Arbeitervertreter für die Krankenkasse der Maschinenbauer. Laut Abrechnung des Vorstandes zählte diese Kasse im Frühjahr 1873 29 177 Versicherte. Bei den Vertreterwahlen im Februar 1873 wurden alle elf Arbeitervertreter aus dem ADAV-Lager gewählt.[154] Daraufhin setzte der Berliner Magistrat für Juli 1873 eine Neuwahl an, die allerdings durch eine Schlägerei verhindert wurde.[155] Bei der Neuwahl an einem neu angesetzten Termin konnte eine sozialdemokratische Mehrheit gehalten werden.[156] Eine letzte Nachricht über diese Krankenkasse publizierte der *Neue Social-Demokrat* im September: Die Maschinenbauerkrankenkasse würde durch ,,Machinationen der Fabrikanten" noch immer der ,,unabhängig gesinnten Mehrheit der Arbeiter", sprich der sozialdemokratischen Mehrheit, vorenthalten.[157] Der Hirsch-Dunkersche Ortsverein der Maschinenbauer dagegen ging 1872/73 stark zurück, ,,weil eine Menge der Mitglieder dem Allgemeinen deutschen Arbeiterverein beigetreten" war.[158] Neben dem Waldenburger Streik 1869 wurde hierfür insbesondere der mißglückte Streik in der Pflugschen Fabrik verantwortlich gemacht.

Die Taktik des ADAV, in dem parteipolitisch ungebundenen Berliner Maschinenbauerverein seine Positionen zu vertreten und dort Anhang zu suchen, war offensichtlich erfolgreich. Dieser Erfolg war aber wohl nur möglich, weil der ADAV in den Arbeitskämpfen der Maschinenbauer politische Fragen und eigene Organisationsmodelle zurückstellte. So ist nichts über eine Neuformierung oder Reaktivierung einer lassalleanischen Metallarbeiterorganisation bekannt. Man vermied, die Maschinenbauer in die Auseinandersetzungen um die Stellung des ADAV zu den Gewerkschaften mit hineinzuziehen.[159] Die Lassalleaner verdankten ihren Einbruch ins Fortschrittslager dem Umstand, daß die Arbeiter erkannten, ihre Interessen würden im Konfliktfall von den Lassalleanern konsequenter vertreten als von den Gewerkvereinen oder der Fortschrittspartei. Allerdings standen diesem ersten Eindringen in die bisherige Bastion der Fortschrittspartei keine organisationspolitischen Erfolge gegenüber.

Nach dem Streik in der Pflugschen Fabrik folgten bis zum Börsenkrach im Mai 1873 nur noch zwei weitere Streiks in der Berliner Metallindustrie.[160] Über Verlauf und Ergebnis des ersten Arbeitskampfes – Instrumentenbauer streikten für eine Lohnerhöhung – ist nichts bekannt. Der andere Streik, in dem Nähmaschinenbauarbeiter im April 1873 eine Lohnerhöhung durchsetzen wollten, verlief erfolglos.

Aus der Zeit zwischen Gründerkrach und Erlaß des Sozialistengesetzes sind fünf weitere Streiks der Berliner Maschinenindustrie bekannt. Beim ersten Streik zu Anfang des Jahres 1874 in einer Gewehrfabrik ging es noch um eine Lohnerhöhung und Verbesserung der Arbeitsbedingungen. Eine von den Arbeitern gewählte Kommission wurde entlassen. Die Furcht vor weiteren Arbeitsplatzverlusten verhinderte ein solidarisches Auftreten aller Arbeiter.[161] Bei einem kleineren Streik im März 1874 scheiterten 32 Metallarbeiter im Kampf gegen eine Lohnsenkung.[162] Zweihundert Visierbauer der Nähmaschinenfabrik Löwe & Co. konnten dagegen im Januar 1875 eine 25prozentige Lohnsenkung verhindern.[163] Über die Ergebnisse der beiden anderen Streiks, die sich gegen eine Lohnreduktion[164] bzw. eine Arbeitszeitverlängerung[165] richteten, ist nichts bekannt. Die knappe Berichterstattung spricht angesichts der ungünstigen Konjunkturlage eher für Mißerfolge.

Betrachtet man die Lohnentwicklung in der Hochkonjunkturphase, so zeigt sich deutlich, daß die Berliner Maschinenbauer Verbesserungen durchgesetzt haben. Im Jahr 1873 lagen die durchschnittlichen Wochenlöhne qualifizierter Arbeiter zwischen 5 und 14 Tlr., wobei ein knappes Drittel davon zwischen 8 und 10 Tlr. in der Woche verdiente. Für diese Arbeiter – also ohne die Hilfsarbeiter – kann ein wöchentlicher Durchschnittslohn von ca. 8½ Tlrn. angenommen werden. Bezieht man die Hilfsarbeiter mit ein, so käme man auf einen wöchentlichen Durchschnittsverdienst von ca. 7 Tlrn. 24 Sgr.[166] Die Mehrzahl der Lohnverbesserungen war ohne Arbeitskämpfe durchgesetzt worden. So zahlte z. B. die Firma Siemens in der Hochkonjunkturphase zu Beginn der 1870er Jahre, ohne daß ein Streik stattgefunden hatte, den qualifizierten Akkordarbeitern einen durchschnittlichen Wochenlohn von 10 Tlrn. Gegenüber 1866 bedeutete dies eine knappe Verdoppelung.[167] Soweit bekannt, wurden auch die Maschinenbauunternehmen Borsig, Egells und Schwarzkopff nicht bestreikt. Unwahrscheinlich ist dagegen, daß die Arbeiter dieser Fabriken nicht an der allgemeinen Lohnentwicklung teilgehabt hätten. Mit welchen Mitteln in diesen Fabriken die Lohnerhöhungen durchgesetzt wurden, muß hier offenbleiben. Insbesondere kann die Bedeutung individuellen Protestverhaltens in Form des Arbeitsplatzwechsels hier nicht eingeschätzt werden.

Die liberale Harmonielehre war gegen Ende der Streikwelle aufgrund der Haltung einiger Unternehmer in den Arbeitskämpfen erschüttert. Maßregelungen von Arbeitervertretern, Antistreikkoalitionen, Verweigerungen kollektiver Verhandlungen für die gesamte Berliner Maschinenbauarbeiterschaft und insbesondere der Streik in der Pflugschen Fabrik untergruben das Vertrauen in die Gewerkvereine. Jedoch waren in den meisten Fabriken

Lohnerhöhungen ohne oder nur mit Hilfe kurzer Streiks erzielt worden, also durchaus „harmonisch" im Sinne der Gewerkvereine. Die Konflikterfahrungen von Arbeitern verschiedener Fabriken waren damit durchaus nicht einheitlich.

Die konfliktbezogene Position der Lassalleaner wurde im Arbeitskampf bei Pflug bestätigt. Gemessen an den Forderungen der Arbeiter hatte man nur einen relativen Erfolg erzielt. Gegen den Widerstand der Leitung der Gesellschaft hatte man allerdings überhaupt Lohnverbesserungen durchgesetzt, jedoch nicht in der Höhe, wie beabsichtigt. Die sozialdemokratische Position, nach der ein konsequenteres Durchhalten des Streiks erfolgreicher gewesen wäre, war sicherlich plausibel, aber der überzeugende Erfolg fehlte noch.

Die Erfahrungen dieser Arbeitskämpfe reichten offensichtlich hin, die liberalen Organisationen in Bedrängnis zu bringen, nicht aber, um schlagkräftige sozialdemokratische Organisationen aufzubauen. Den Schritt in eine sozialdemokratische Organisation zu tun, waren die Maschinenbauer offensichtlich (noch) nicht bereit. Hingegen stimmten sie bei Wahlen vielfach für Vertreter des ADAV, wie die Vertreterwahlen für die Krankenkasse zeigten. Auch bei den Reichstagswahlen 1874 konnte die Sozialdemokratie im 6. Berliner Wahlkreis, in dem das Maschinenbauerviertel lag, einen deutlichen Zugewinn gegenüber 1871 registrieren, wenn auch noch keine Majorität gegenüber der Fortschrittspartei.[168]

b) Die Berliner Maschinenbauarbeiter in der Wirtschaftskrise

Die Jahre 1874 bis 1878 standen unter dem Eindruck großer Arbeitslosigkeit. In der Depressionsphase hatte die Maschinenfabrikation, insbesondere die für Herstellung von Verkehrsfahrzeugen und Eisenbahnbetriebsmaterial, sehr starke Einbußen hinzunehmen.[169] Eine große Entlastungswelle scheint in der zweiten Jahreshälfte 1875 stattgefunden zu haben. Im Oktober berichtete der *Volksstaat*, die Arbeiterentlassungen nähmen „ungeschwächten Fortgang", insbesondere seien die Arbeiter der Maschinenbaufabriken betroffen.[170] Vor allem Arbeiter der großen Fabriken seien entlassen worden. In kleineren Fabriken gebe es hingegen noch Arbeit, aber auch hier seien die Aussichten schlecht.[171]

In den 687 Fabriken und gewerblichen Anlagen der Stadt Berlin, die der Fabrikinspektion unterlagen, waren tatsächlich am 1. Dezember 1875 6515 Personen weniger beschäftigt als im Januar 1874. Allein in der Eisenindustrie – cum grano salis war hiermit die Berliner Maschinenbauindustrie gemeint[172] – wurden zwischen Januar 1874 und Dezember 1875 5236 Personen entlassen. Das bedeutete, daß ein Großteil aller Arbeiter, die innerhalb der genannten zwei Jahre ihren Arbeitsplatz verloren, aus der eisenverarbeitenden Industrie kamen.[173] Am 1. 12. 1876 zählte man weitere 9458 „in den Fabriken Berlins entbehrlich gewordenen Arbeiter".[174] Allein die Zahl der aus Maschinenbaufabriken Entlassenen betrug 3776 (= 39,9%).

Die vor dem 1. 12. 1875 erhobenen Daten zur Beschäftigungslage waren nicht immer ganz korrekt. Genaue Angaben über die Entwicklung der Arbeitslosigkeit sind erst für die Zeit nach dem genannten Stichtag möglich. Die Entlassung von 3376 Arbeitern aus den Maschinenbaufabriken Berlins 1875/76 bedeutete eine Reduzierung aller im Maschinenbau Berlins Tätigen um 20,1%.[175] Gegenüber dem Januar 1874 hatte schätzungsweise gut ein Drittel der Maschinenbauarbeiter seine Arbeitsstelle verloren.

Im Jahre 1877 hielt die Arbeitslosigkeit unvermindert an. Von den 1200 Schmiedefeuern der Oranienburger Vorstadt[176] waren nur 100 ganztägig in Betrieb.[177] Etwa die Hälfte der Bewohner dieses Stadtviertels waren arbeitslos.[178] Bis zum 1. 12. 1877 sank die Zahl der im Berliner Maschinenbau beschäftigten Arbeiter auf 13 811.[179] Damit dürften gegenüber 1874 etwa 40% der Maschinenbauarbeiter keine Arbeitsstelle mehr gehabt haben. Bis Dezember 1878 stabilisierte sich die Beschäftigungslage auf niedrigem Niveau. Am 1. 12. 1878 wurden 14 754 Maschinenbauarbeiter gezählt, also knapp 1000 mehr als ein Jahr zuvor.[180]

Die Folgen der Gründerkrise wurden nicht nur in der Form der Arbeitslosigkeit, sondern auch durch Lohnkürzungen auf die Arbeiterklasse abgewälzt. Über eine verhinderte 25prozentige Lohnsenkung in der Nähmaschinenfabrik Löwe wurde bereits berichtet.[181] Lohneinbußen bei Borsig um etwa 15% konnten nicht verhindert werden. Andere Fabriken senkten die Löhne um ca. 15 bis 25%.[182]

Kurzarbeit stellte neben Entlassungen und Lohnkürzungen die dritte Form der Krisenabwälzung dar. Im September 1875 verkürzte Borsig – nachdem die Löhne nochmals um 10% reduziert worden waren – die neunstündige Arbeitszeit auf sechs Stunden.[183] Im Dezember wurde nur noch 5½ Stunden täglich gearbeitet.[184] Für 1876 glaubte man „gering zu rechnen", wenn „das Maß der Verkürzung der Arbeitszeit im Ganzen auf ¼ angenommen wird".[185]

Kurzarbeit, Arbeitslosigkeit und Lohnsenkungen verschlechterten auch andere Verdienstmöglichkeiten, die vielfach von Unbeschäftigten wahrgenommen wurden. Im Dezember 1875 wurde z. B. für Eishauen auf Berliner Seen und Flüssen ein Tageslohn von 20 bis 25 Sgr. gezahlt. Im Winter 1874/75 wurden dagegen noch Tageslöhne von 2 und 2½ Tlrn. gezahlt.[186]

Die voll beschäftigten Arbeiter hatten in der Krise faktisch alle Lohnverbesserungen der Hochkonjunkturphase wieder eingebüßt. Die Lebenshaltungskosten hatten sich jedoch nicht in demselben Maße gesenkt.[187] Der Lebensstandard der voll beschäftigten Arbeiter war 1877/78 auf den von 1871 – eher sogar etwas darunter – gesunken. Arbeitslose und Kurzarbeitende litten Not. Zur Gruppe der Arbeitslosen und Kurzarbeiter gehörten überproportional viele Angelernte und Ungelernte.[188] Faktisch waren von der Kurzarbeit und Arbeitslosigkeit insbesondere die Arbeiter betroffen, die ohnehin schon die niedrigeren Löhne erhielten.

5. Kämpfe und Organisation der Arbeiter der Maschinenbauindustrie

Ein Überblick über die dargestellten Streikkämpfe zeigt, daß die Träger der Streiks vornehmlich die handwerklich qualifizierten Fabrikgesellen waren. Bei Wöhlert streikten 1872 die Modelltischler. Bei Pflug waren es die Schmiede, Schlosser und Dreher, die als erste die Arbeit niederlegten. Bei dem einzigen nachweisbaren Streikerfolg nach dem Gründerkrach verhinderten 200 Visierbauer einer Nähmaschinenfabrik eine Lohnreduktion.[189] Auch an anderen Orten, wie z. B. in Hamburg bei dem Lauensteinschen Streik 1869, begannen die Fabrikgesellen – Schmiede, Dreher, Stellmacher – den Ausstand, ihnen schlossen sich dann die Tischler, Schlosser und Sattler an.[190] Eine Durchsicht der Arbeitskämpfe 1871 bis 1875[191] zeigt für die Ausstände in der Maschinenbauindustrie, für die die Teilnahme oder Initiative bestimmter Berufsgruppen nachweisbar ist, daß in allen diesen Fällen der Kampf von den Fabrikhandwerkern wie Schlossern, Formern, Drehern und Schmieden ausging.[192]

Handwerkliche Traditionen und Wertvorstellungen spielten als Maßstab für die Bewertung des fabrikmäßig betriebenen Maschinenbaus eine wichtige Rolle.[193] Obwohl die Arbeit in den Fabriken meist besser entlohnt wurde als die im kleinen Handwerk und Fabrikarbeit nicht als sozialer Abstieg empfunden wurde, hielten die Metallarbeiter trotzdem vielfach an dem Wunsch nach kleinhandwerklicher Selbständigkeit fest. In dem Aufruf an die ,,Metallarbeiter aller Länder" vom 25. Mai 1869 beklagte der Führer der Nürnberger Metallarbeiter, Johann Faaz, daß in der Metallindustrie die ,,moderne Produktionsweise", die er durch die Zentralisation des Kapitals und die Klassenspaltung zwischen Kapitalisten und Arbeitern charakterisierte, für die Arbeiter keine Gelegenheit mehr lasse, sich selbständig zu machen. Sie verblieben so ,,in ewiger Abhängigkeit".[194] Als einen wesentlichen Konfliktpunkt empfanden z. B. die Chemnitzer Maschinenbauarbeiter die fortschreitende Reduzierung der Arbeitsverrichtung auf eintönige, repetitive Handgriffe an Maschinen:[195]

> ,,Der Arbeiter wird zum Maschinenhandlanger und durch das immerwährende Einerlei der Arbeit stumpft er geistig ab, verliert er das Selbstbewußtsein des Menschen."

Als unmittelbare Folge der Mechanisierung und Arbeitsteilung wuchs die Angst vor einem Arbeitsplatzverlust: Die qualifizierten Arbeiter sahen die Gefahr, durch ,,gewöhnliche"[196] ersetzt zu werden.

Die Arbeiter lernten relativ schnell, sich in die neuen Umstände einzufinden. Sie akzeptierten, daß die Entbehrungen und Härten des Fabrikalltags durch die Lohnzahlung kompensiert wurden. Ebenso richteten sie sich auf die zeitorientierte Arbeitsverrichtung und die Koppelung von Arbeitsdauer und Lohnhöhe ein. Wenn auch diese rationalisierte Form des Tausches Arbeit gegen Lohn als solche nicht mehr kontrovers war, so war doch die Höhe des Lohnes im Verhältnis zur Arbeitszeit nunmehr Thema fast jeden Streiks. Auch Handwerker forderten in vorindustrieller Zeit bessere Bezahlung, das war nichts Neues. Neu war jedoch die Forderung nach Verkürzung der Arbeitszeit, dem 10-Stunden-Tag, der im Maschinenbau in den frühen 1870er Jahren weitgehend durchgesetzt wurde. Die Forderung der Arbeitszeitverkürzungen war die Reaktion auf die neue zeitorientierte Arbeitsrationalität. Verbunden mit der Forderung nach kürzeren Arbeitszeiten war das Interesse am Schutz der eigenen Arbeitskraft vor übermäßiger Ausbeutung und frühem körperlichen Verschleiß. Überlange Arbeitszeiten führten zwangsläufig zum früheren Verfall der Gesundheit der Arbeiter.[197] Kürzere Arbeitszeiten und generell verbesserte Arbeitsbedingungen trugen daher zum längeren Erhalt der Arbeitskraft des einzelnen bei und hatten damit zur Folge, daß ein Arbeiter bis in ein höheres Alter fähig war, seinen Lebensunterhalt selbst zu verdienen. Eng hiermit verbunden war die Forderung nach einer höheren Entlohnung der Überstunden.[198] Einerseits sollte durch die Höherbezahlung der über die Normalzeit hinausgehenden Arbeit diese gerade durch einen hohen Preis möglichst verhindert werden, andererseits die über das Normalmaß hinausgehende Belastung besonders vergütet werden. Die Arbeiter hatten das marktwirtschaftliche Prinzip des Tausches Arbeitszeit gegen Lohn als eine Form des Äquivalententausches verstanden und handelten nun in dessen Kategorien.

Die neuen Arbeitsbedingungen verschlechterten häufig die Lage der Arbeiter. Nicht zu Unrecht spürten sie, daß Unternehmensrisiken auf sie abgewälzt wurden. So forderten die Berliner Maschinenbauarbeiter 1871 Zeitvergütung für Akkordarbeiter, wenn diese wegen Materialmangels oder fehlender Werkzeuge nicht arbeiten könnten.[199] Deutlich im Sinne einer Absicherung war die Forderung von Nürnberger Maschinenbauarbeitern nach festen Akkordsätzen gemeint.[200]

Jedoch blieben die Forderungen der Arbeiter nicht in den Kategorien, die durch die Formen kapitalistischen Wirtschaftens vorgegeben waren. In den Forderungen nach allgemein verbindlichen Verabredungen bezüglich der Arbeitszeiten und Löhne suchten sie die ,,Spielregeln" in ihrem Sinne zu beeinflussen und als Gesprächspartner anerkannt zu werden. Die Forderung nach der Wiedereinstellung des Leiters einer Streikkasse in Berlin 1871 beinhaltete die Respektierung der gewerkschaftlichen Organisation und deren Anerkennung als legitime Vertretung der Interessen der Arbeiter. Hierin artikulierte sich auch der Unwillen, nur als Objekt unternehmerischer Entscheidungen betrachtet und behandelt zu werden.

Die Arbeitseinstellungen der Maschinenbauarbeiter verliefen längst nicht alle erfolgreich. Der allgemeinen Besserstellung der Maschinenbauer auch ohne heftige Arbeitskampfmaßnahmen während der Hochkonjunkturperiode standen einerseits große Streikniederlagen, andererseits aber auch tragbare Kompromisse nach kürzeren und weniger heftigen Konflikten gegenüber. Der Chemnitzer Streik 1871 endete wie auch der Arbeitskampf der Arbeiter der Norddeutschen Fabrik für Eisenbahnbetriebsmaterial und der Aktiengesellschaft für Fabrikation von Eisenbahnbedarf in Berlin erfolglos. Beim Chemnitzer Streik wie auch beim Streik in der Norddeutschen Fabrik lassen sich die Niederlagen zu einem großen Teil aus der unzureichenden Vorbereitung erklären. Zu wenige Arbeiter hatten sich gewerkschaftlichen Organisationen angeschlossen, die Streikkassen verfügten nicht über ausreichende Mittel und schließlich mangelte es an Unterstützung durch andere Arbeiter. Die Arbeitseinstellung der Arbeiter der Pflugschen Fabrik (AG für Fabrikation von Eisenbahnbedarf) war besser vorbereitet, Unterstützungsgelder konnten gezahlt werden, aber trotzdem endete auch dieser Streik in einer Niederlage. Hingegen waren gerade die Arbeitsniederlegungen bei den kleineren Fabriken nach kurzer Streikdauer eher erfolgreich. Die Arbeiter und die Leitung der Maschinenbaufabrik Klett-Cramer in Nürnberg einigten sich in Verhandlungen miteinander ohne Streik über eine Verkürzung der täglichen Arbeitszeit auf 10 Stunden, Überstundenvergütung, Anhebung der Akkordsätze und Zeitlöhne sowie Mitspracherechte der Arbeiter bei Angelegenheiten der Fabrikkrankenkasse.[201]

Zwei weitgehend übereinstimmende Bedingungen scheinen für den Erfolg eines Arbeitskampfes eine Rolle gespielt zu haben: die Größe eines Betriebes und die Rechtsform. Jeweils die Arbeiter großer Aktiengesellschaften[202] unterlagen bei Arbeitskämpfen, die der kleineren oder mittleren Betriebe, i. d. R. Personalunternehmen,[203] hingegen waren erfolgreich. Die Streikorganisation war in einer sehr großen Fabrik wesentlich schwieriger als in einer kleineren, weil erstere allein aufgrund der Größe schlechter zu überschauen war. Mit zunehmender Ausdehnung eines Betriebes wurde auch die Kommunikation unter den Arbeitern erschwert. Große Betriebe waren meist kapitalkräftiger und konnten einen Streik länger durchhalten. Ein längerandauernder Produktionsausfall konnte eher die Existenz kleinerer Betriebe gefährden als die großer. In einem kleineren oder mittleren Personalunternehmen konnte ein Unternehmer bei Konflikten schneller eigenverantwortlich entscheiden. Hingegen war der Entscheidungsspielraum der Geschäftsleitung einer Aktiengesellschaft enger, weil die Vorstandsmitglieder später ihr Handeln vor den Aktionären zu verantworten hatten. Ein Nachgeben gegenüber Streikforderungen war dort aus prinzipiellen Gründen stets schwer zu rechtfertigen, selbst wenn in bestimmten Situationen das Nachgeben dem unternehmerischen Interesse entsprochen hätte. Leiter großer Unternehmen neigten eher als andere zu einem ausgeprägteren „Herr-im-Hause-Standpunkt". Die mit der Betriebsgröße wachsende soziale Distanz zwischen Fabrikleitung und Arbeiterschaft führte zu kompromißloserem Verlangen nach Unterordnung der Arbeiter. Alfred Krupp forderte anläßlich eines Streiks Essener Maschinenbauarbeiter 1870 seine Angestellten auf, jeden Arbeiter oder Meister, der sich einer gewerkschaftlichen Vereinigung anschlösse oder „nur Miene macht, opponieren zu wollen" – gemeint war, selbständig seine Interessen zu vertreten –, zu entlassen. Dabei sollte keinerlei Rücksicht auf die Qualifikation des Mannes genommen werden.[204] Solch eine Position zu vertreten fiel bei der Größe eines Unternehmens des Ausmaßes von Krupp entschieden leichter als bei kleineren Unternehmen. Das Ersetzen auch sehr hoch qualifizierter Arbeiter dürfte i. d. R. in einem größeren Unternehmen leichter gewesen sein als in einem kleineren – nicht zuletzt aufgrund des größeren eigenen Personalbestandes.

6. *Industrie- oder berufsverbandliche Organisation*

Die frühen gewerkschaftlichen Organisationen der Metall- und Maschinenbauarbeiter waren sowohl in politische Richtungen als auch in Berufsverbände getrennt. Der liberale Hirsch-Dunkersche Gewerkverein der Maschinenbauer suchte eine gewerkschaftliche Organisierung auf der Basis des Industrieverbandsprinzips zu verwirklichen. Der Gewerkverein entsprach mit seinen Angeboten an Unterstützungsleistungen und Fortbildungsmöglichkeiten den Interessen der Maschinenbauer. Solange die Qualifikationen, Aufstiegsmöglichkeiten und das Sozialprestige nicht in Frage gestellt waren, lag diesen Arbeitern eine sozialreformerische Politik näher als die sich revolutionär verstehende der Sozialdemokratie.[205] Zudem waren die liberalen Organisationen in Berlin anfangs erfolgreich, weil sie an tradierte Vorstellungen und Organisationsformen, vor allem die Krankenkasse der Maschinenbauer, anknüpfen konnten. Die Mechanisierung der Arbeit in den Maschinenbaufabriken, die Entwertung handwerklicher Fähigkeiten und die sinkende Aussicht auf einen sozialen Aufstieg auf dem Hintergrund gestiegener Ansprüche und einer allgemeinen Proteststimmung mußten die Maschinenbauer jedoch zu einer kämpferischen Verteidigung ihrer Ansprüche drängen. Genau an diesem Punkte, bei der Wahrung und Verteidigung kollektiver Interessen im Arbeitskampf, versagten die liberalen Gewerkvereine. Beim Berliner Maschinenbauerstreik 1872 wurden nicht nur die ideologischen Vorstellungen der Liberalen widerlegt, sondern auch die primär individuelles Fortkommen unterstützenden Gewerkvereine stießen hier an ihre Grenzen. Auch die „Internationale Gewerksgenossenschaft der Metallarbeiter", die 1869 in Nürnberg gegründet worden war, versuchte das Industrieverbandsprinzip zu verwirklichen. Nach dem Nürnberger Vereinstag des Verbandes Deutscher Arbeitervereine 1868[206] entstanden dort auf Initiative des Arbeiterbildungsvereins „allerhand Gewerksgenossenschaften".[207] Als erste sozialdemokratische Gewerkschaft wurde im April 1869 eine Gewerksgenossenschaft der Metallarbeiter gegründet. Auf Initiative des Rotgießers Johann Faaz wurde noch in demselben Jahr ein internationaler Metallarbeiterkongreß abgehalten, auf dem die Internationale Gewerksgenossenschaft der Metallarbeiter gegründet wurde. Faaz wurde deren Vorsitzender, Vorort wurde Nürnberg.[208]

Die Internationale Gewerksgenossenschaft vereinigte sich im November 1869 mit Teilen der lassalleanischen Metallarbeiterschaft, die sich nach Schweitzers „Staatsstreich" vom ADAV getrennt hatten. Neuer Vorort wurde die ehemalige Hochburg der lassalleanischen Metallarbeiter Hannover, die Kontrollkommission wurde nach Nürnberg verlegt.[209] Gegen Ende 1871 wurde Chemnitz zum neuen Vorort gewählt, gleichsam als Anerkennung für die Leistungen während des Maschinenbauerstreiks.[210] Jedoch erwies sich Chemnitz nicht als geeignet, diese Funktion auf Dauer zu übernehmen. Die Verfolgung und Unterdrückung gewerkschaftlich organisierter Arbeiter dürfte – vielleicht mit Ausnahme Berlins – in kaum einer deutschen Stadt rigoroser gewesen sein. Die Anzahl der zahlenden Mitglieder der Metallarbeitergewerkschaft in Chemnitz sank laut Kassenabrechnung von 2117 im Dezember 1871[211] auf nur 39 im April und Mai 1878.[212] Nur wenige wagten sich noch zu organisieren. Das Risiko, den Arbeitsplatz zu verlieren, war für die Gewerkschaftsmitglieder offensichtlich so groß, daß sie als Funktionäre Personen wählten, die nicht im Maschinenbau arbeiteten. Von den vier letzten Vorstandsmitgliedern der Lokalorganisation waren zwei Restaurateure und einer Brotbäcker – alle jedoch gemaßregelte Maschinenbauarbeiter. Lediglich ein Agitator der Gewerkschaft, Richard Wolf, galt noch als Maschinenbauer.[213]

Typisch für die gewerkschaftlichen Organisationsbestrebungen der lassalleanischen Metall- und Maschinenbauarbeiter in den 1870er Jahren scheint mir die organisationspolitische Absonderung einzelner Gesellengruppen des Maschinenbaus. Versuche, die Metall- und Maschinenbauarbeiter berufsübergreifend in lassalleanischen Organisationen zusammenzufassen, scheiterten. Die 1868 gegründete „Allgemeine Deutsche Metallarbeiterschaft" konnte „nicht leben und sterben".[214] Die Verschmelzung der lassalleanischen Gewerkschaften zum „Allgemeinen Deutschen Arbeiterunterstützungsverband" am 1. Juli 1870 schädigte eher eventuell noch vorhandene Organisationsansätze, als daß sie sie förderte. Bei der Gründung des „Berliner Arbeiterbundes" am 19. und 20. November 1871, also schon in der Streikwelle nach der Reichsgründung, waren Maschinenbauarbeiter lediglich durch 22 Mitglieder der Berliner Gruppe der Internationalen Gewerksgenossenschaft der Metallarbeiter sowie 90 Arbeiter einer

Nähmaschinenfabrik, über deren Organisation nichts bekannt ist, vertreten.[215]

Der dem ADAV nahestehende ,,Allgemeine Deutsche Formerbund"[216] hingegen war als Vereinigung einer arbeiteraristokratischen Schicht und aufgrund seines ,,Zunftcharakters"[217] – die Aufnahme ungelernter Arbeiter blieb kontrovers[218] – relativ erfolgreich. Der Formerbund wurde auf dem Deutschen Former-Kongreß im Mai 1872 gegründet. Repräsentanten von 1321 Formern nahmen teil. Der Schwerpunkt des Vereins lag im Hamburger und Schleswig-Holsteinischen Raum.[219]

Auch wenn der Formerbund eine lassalleanische Organisation war, so versuchte er doch, auch Arbeiter anderer politischer Richtungen aufzunehmen. Der Berliner Delegierte Wilcken, der am Formerkongreß 1872 teilnahm, war sicherlich kein ADAV-Anhänger. Er widersprach der grundsätzlichen Forderung eines zehnstündigen Normalarbeitstages und wandte sich gegen eine Verpflichtung der Mitglieder, nicht gegen die Interessen der Arbeiterbewegung, was hier wohl nichts anderes hieß als gegen die Interessen des ADAV, zu handeln.[220]

Bei der ersten Generalversammlung des Bundes ein Jahr später waren keine Berliner Delegierten anwesend. Man hoffte aber, die Berliner würden sich bald wieder dem Bund anschließen, ,,wenn sie sich von der Kapitalpartei emanzipiert hätten". In einem Brief hatten Berliner Former erklärt, sie wollten ,,nichts mit der Arbeiterpartei (d. h. dem ADAV, W. R.) zu schaffen haben".[221] Beide Stellungnahmen, die auf dem Kongreß und die der Berliner Former 1873, legen nahe anzunehmen, daß die Berliner Former mehrheitlich im Lager der Fortschrittspartei standen und eher den Gewerkvereinen zuneigten.

Im Januar 1873 ging von Hamburger Schlossern eine Initiative zur Gründung eines Schlosservereins aus.[222] Eine erwähnenswerte Bedeutung erlangte ein Schlosserverein allerdings nicht.[223]

Im Frühjahr 1874 wurde versucht, die sowohl berufsständische als auch parteipolitische Separierung der Metall- und Maschinenbauarbeiter zu überwinden. Im Februar 1874 begann in Berlin die Agitation für einen Metallarbeiterkongreß, der dann vom 5. bis 9. April 1874 in Hannover stattfand. Der Besuch der allgemeinen Berliner Metall- und Maschinenbauarbeiterversammlungen lag im Januar und Februar 1874 – von einer Ausnahme abgesehen – zwischen 20 und 50 Personen. Ab Anfang März wiesen die Versammlungen – ausgenommen zwei mit 30 bzw. 100 – zwischen 160 und 400 Teilnehmern auf.[224] In den Berliner Werkstätten waren Unterschriftslisten für Mandate ausgelegt und für die Deckung der Unkosten des Kongresses gesammelt worden. Insgesamt wurden 12 693 Unterschriften geleistet. Die finanziellen Beiträge zum Kongreß flossen dagegen sehr spärlich. Insgesamt sollen bei 40 000 ,,Gewerks-Kollegen" nur etwa 150 M. gesammelt worden sein.[225] Man kann annehmen, daß finanzielle Zuwendungen für den Kongreß nur von den Arbeitern geleistet wurden, die auch ihre Unterschrift gaben. Auf diese verteilt, spendete jeder Arbeiter, der sich in Hannover vertreten lassen wollte, etwa 1,2 Pfennig für den Kongreß! Die Berliner Metall- und Maschinenbauarbeiter zeigten hier, daß zwar ein reges Interesse für sozialistische Organisationsbemühungen bestand – immerhin waren die über 12 000 Unterschriften durchaus beachtenswert. Die Erkenntnis der Notwendigkeit und die Bereitschaft zur wirklichen Organisierung der Arbeiter hatte sich aber noch nicht durchgesetzt.

Das Protokoll des Metallarbeiterkongresses 1874 verzeichnete für Berlin die Vertretung von 16 000 lassalleanischen Metall- und Maschinenbauarbeitern und 78 Angehörigen der (Internationalen) Gewerksgenossenschaft der Metallarbeiter. Angeblich waren über 47 000 Arbeiter repräsentiert.[226] Die wohlwollende „Aufrundung" der Berliner Unterschriftslisten um über 3000 Stimmen belegt, daß die auf dem Kongreß angegebenen Vertretungen alles andere als tatsächliche Organisationserfolge darstellten. Einigen Realitätsanspruch hat wahrscheinlich die Mitgliedsangabe der Berliner Gruppe der Internationalen Metallarbeitergewerksgenossenschaft. Ein der SDAP nahestehender Delegierter kommentierte die Delegiertenliste damit, daß man wohl eine Null von den knapp 50 000 Auftraggebern abziehen müßte, wenn man die Sammellisten für die Finanzierung des Kongresses nachzählte.[227] Tatsächlich aber müßten bei den Berliner Mitgliedern des neu gegründeten Deutschen Metallarbeiterverbandes wohl eher zwei Nullen von den angeblich 16 000 auf dem Kongreß vertretenen Arbeitern gestrichen werden. Der neue Verband erreichte keine organisatiorische Stabilität und schlief bald wieder ein.[228] Die offizielle Auflösung ließ jedoch auf sich warten, bis sich im Anschluß an den Gothaer Vereinigungsparteitag noch bestehende lassalleanische Metallarbeiterorganisationen der (Internationalen) Metallarbeitergewerksgenossenschaft angliederten.[229] Jedoch bewirkte die Vereinigung der verschieden ausgerichteten sozialdemokratischen Metallarbeitergewerkschaften keinen unmittelbar folgenden Anstieg der Mitgliedszahlen. Für 1876 wies ein Polizeibericht für die Metallarbeitergewerkschaft einen Mitgliederbestand von 5000 Personen aus, davon waren jedoch nur 80 Berliner.[230] Bei der Generalversammlung 1877 vertraten zwei Delegierte 160 Berliner Mitglieder.[231]

Wie wenig erfolgreich der Versuch der gewerkschaftlichen Zusammenfassung aller Metall- und Maschinenbauarbeiter war, zeigte die gut ein Jahr nach dem Hannoverschen Kongreß erfolgte Gründung eines Schmiedevereins in Berlin.[232] Durch die Wirtschaftskrise geriet die Gewerkskrankenkasse der Schmiede, in der unabhängig von ihrem jeweiligen Arbeitsplatz alle Schmiede versichert waren, in Schwierigkeiten. Nach einer Beitragserhöhung für diese Kasse wurde für den 21. Mai 1875 eine Zusammenkunft aller sozialdemokratisch gesinnten Schmiede anberaumt, um die Angelegenheiten der Krankenkasse zu erörtern und zwecks Abhilfe einen Verein zu gründen. Am 14. Juni 1875 waren dann ca. 1500 Schmiede zur Vereinsgründung versammelt, 500 traten dem neu gegründeten Schmiedeverein sofort bei. Innerhalb kurzer Zeit stieg die Zahl der Mitglieder angeblich auf 900 Personen. 1876 scheiterte ein Versuch, die Schmiede korporativ in den Metallarbeiterverband aufzunehmen.[233] Vielmehr bereitete man infolge einer Koalitionsbildung von Schmiedemeistern die gewerkschaftliche Organisierung der Schmiedegesellen auf Reichsebene vor. Der erste Schritt dazu war die Gründung einer Schmiedezeitung, des *Ambos*.[234] Da die Schmiede nicht bereit waren, sich der Metallarbeitergewerkschaft anzuschließen, beklagte man auf deren Generalversammlung 1877 den „Kastengeist" der Schmiede.[235]

Das Verhalten der Schmiede wird verständlich, wenn man bedenkt, daß 1876 im Berliner Schmiedeverein immerhin 430 Schmiede organisiert waren gegenüber 80 Mann im Metallarbeiter-Verband.[236] Die Berliner Schmiede lehnten nicht nur den Anschluß an die Metallarbeitergewerkschaft ab, sondern trugen wesentlich dazu bei, daß 1877 der „Verband deutscher Schmiede" gegründet wurde.[237] Dieses organisationspolitische Verhalten dokumentierte, wie auch der Aufruf zum Schmiedekongreß vom 24. März 1877, [238] eine eigentümliche Mischung von berufsständischem Bewußtsein und Ansätzen eines allgemeineren Arbeiterbewußtseins. In dem Aufruf zum Schmiedekongreß wurde ausdrücklich auf die Auflösung zünftlerischer Organisationen durch die Gewerbefreiheit aufmerksam gemacht. Für eine Verbesserung ihrer Lage mußten die Gesellen die Erkenntnis „der heutigen Gesellschaftszustände, sowie unserer Klassenlage" verbreiten. Dieser Feststellung wurde die Notwendigkeit der „Erkenntnis" eines postulierten „guten Rechts", womit auf zünftlerische Formen der Existenzsicherung rekurriert wurde, gegenübergestellt. Eine „stramme Organisation" der „Gesellenmasse" sollte „einmütiges Auftreten" sichern. Die Zeit lehre, daß „ohne Organisation die Arbeiter nichts erreichen können".

Der Hinweis auf die „Klassenlage" implizierte, daß die Schmiedegesellen erkannt hatten, daß ihrer Konflikterfahrung eine allgemeinere Struktur zugrunde lag, die nicht auf das Schmiedehandwerk beschränkt war. Nicht die Kooperation mit den Meistern wollte man daher, sondern die Mobilisierung der „Gesellenmasse". Wenn auch im Zusammenhang mit dem Organisationsgedanken bereits auf eine gemeinsame Interessenlage der Arbeiterschaft hingedeutet wurde, berief man sich gleichwohl im Sinne handwerklicher Traditionen auf ein vermeintliches „gutes Recht". Die Organisationsbemühungen der Schmiede in einem Berufsverband brachten diese ambivalente Haltung zwischen handwerklichem Sonderbewußtsein und Ansätzen eines allgemeineren Arbeiterbewußtseins auf die organisationspolitische Ebene.

Der Schmiedeverband, der wie auch andere Gewerkschaften dem Sozialistengesetz zum Opfer fiel, zählte zu Ende des Jahres 1877 an nur sechs Orten immerhin 600 Mitglieder.[239] Nach anderen Angaben zählte der

Schmiedeverband bei seinem Verbot 1192 Mitglieder an zwölf Orten, allein in Berlin 219 Mitglieder.[240] Die Metallarbeitergewerkschaft zählte gegen Ende 1877 an einhundert Orten insgesamt 4000 Mitglieder,[241] in Berlin zählte sie nach der Kassenabrechnung für Mai 1878 259 Mitglieder.[242] Bei aller gebotenen Vorsicht bei der Einschätzung der sich häufig widersprechenden Mitgliederangaben, die sich sicherlich teilweise auch aus einer hohen Fluktuation der Mitgliedschaft ergaben, scheint zumindest deutlich zu sein, daß in Berlin der sozialdemokratische Schmiedeverein etwa genauso stark war wie die Metallarbeitergewerkschaft. Der Schmiedeverband war damit, auch wenn er auf Reichsebene wesentlich kleiner war als die Metallarbeitergewerkschaft, erfolgreicher bei der Organisierung seiner Klientel. Die Schmiede waren schließlich nur ein Bruchteil der im Maschinenbau tätigen Arbeiter. Die Durchschnittsgröße einer Mitgliedschaft des Schmiedeverbandes betrug 1877 immerhin einhundert Mann, während die der Metallarbeitergewerkschaft nur vierzig zählte. Aufgrund der Durchschnittsgrößen und des höheren Organisationsgrades war der Schmiedeverband wohl eine stabilere Organisation als die Metallarbeitergewerkschaft.

Die gewerkschaftlichen Organisationsbestrebungen der Schmiede begannen mit einer Interessenartikulation angesichts des desolaten Zustandes ihrer Berliner Gewerkskrankenkasse. Die Organisierung auf der Grundlage des Berufsverbandsprinzips erfolgte aufgrund handwerklicher Traditionen, zu denen auch die Existenz der Gewerkskrankenkasse gehörte, aufgrund praktisch-verbandsegoistischer Motive – der Organisationsgrad des Schmiedevereins lag wesentlich über dem der Metallarbeitergewerkschaft – und aufgrund der vergleichsweise geringen Integration der Schmiede in die allgemeine Metallarbeiterschaft. Die relative Isolierung beim Arbeitsprozeß entweder im handwerklichen Kleinbetrieb[243] oder in der abgeschlossenen Schmiedewerkstatt des Maschinenbauunternehmens, die durch die vergleichsweise gute handwerkliche Berufssozialisation in Form einer mehrjährigen Lehre erzielte Integration der jungen Schmiede in den Berufsstand sowie die dadurch erzielte hohe Homogenität und geringen Assimilationsschwierigkeiten innerhalb des Berufes und der dadurch geförderte berufsständische Stolz[244] begünstigten den Aufbau des Schmiedevereins. Handwerkliche Traditionen wurden dabei für den Aufbau einer arbeitskampforientierten Organisation nutzbar gemacht.

Allerdings wäre es verfehlt anzunehmen, es führte ein gradliniger Weg von handwerklichen Traditionen zu einer gewerkschaftlichen Vereinigung. Dieselben Traditionen, die den Schmiedegesellen in Berlin halfen, ihren Schmiedeverein aufzubauen, konnten auch unter anderen Bedingungen das Gegenteil bewirken. Dieses zeigt ein Antwortschreiben auf Versuche der Berliner Schmiedegesellen aus dem Jahr 1876, auch außerhalb Berlins Mitgliedschaften zu gründen. Die Altgesellen der Danziger Schmiede antworteten auf ein Anschreiben ihrer Berliner Kollegen, „daß es unser Wunsch ist, den alten Kasten wieder zu öffnen, damit daß die alte Zunft wieder ins Leben treten möchte; dagegen der neue Kasten zugeschlossen sein könnte. Denn das Alte ist stets das Beste".[245]

Eine andere Gruppe der Metallarbeiter, die Klempner, organisierte sich ebenfalls eigenständig. Der Verein der Klempner zählte im Jahre 1876 in Berlin immerhin 150 Mitglieder, zu dem Zeitpunkt also mehr als die Metallarbeitergewerkschaft.[246] Anders als der Verein der Schmiede schloß sich der Klempnerverband 1877 oder am 1. 1. 1878 der Metallarbeitergewerkschaft an. Diese Vereinigung beschränkte sich jedoch auf die Vereinsspitzen und die Zentralkassen, an den einzelnen Orten blieben die alten Mitgliedschaften beider Organisationen, sofern lebensfähig, nebeneinander bestehen. Dies hatte den Vorteil, daß im Falle des Verbots eines Vereins der andere eventuell die Funktionen des ersten hätte übernehmen können.[247]

Eine Ursache für die Bereitschaft der Klempner, auf ihre eigene Organisation zu verzichten bzw. sich eng an die Metallarbeitergewerkschaft anzulehnen, war sicherlich in der Form ihrer Arbeitsverrichtung zu finden. Die überwiegende Zahl der abhängig Beschäftigten beider Berufe, Schmiede und Klempner, verrichtete in Berlin nur noch Fabrikarbeit oder fabrikähnliche Arbeit – mit Ausnahme der Hufschmiede und der Bauklempner.[248] Vergleicht man die Situation der Klempner mit der der Schmiede, so wird man cum grano salis wohl davon ausgehen können, daß auch im alten Zunfthandwerk der Klempner die tradierten Normen und Werte eine selbständige gewerkschaftliche Organisation der Fabrikgesellen begünstigten. Mit Ausnahme der Herstellung von Lampen sowie von Gas- und Wasseranlagen[249] unterschied sich die Arbeitssituation der Klempner jedoch wesentlich von der der Schmiede. Letztere waren bei ihrer Arbeit in abgeschlossenen Werkstätten unter sich und relativ isoliert von anderen Arbeitern. Die Arbeits- und Konflikterfahrung war damit meist allein auf die Schmiede bezogen, was eine eigenständige Organisationsbildung förderte. Die Klempner arbeiteten hingegen nicht in abgeschlossenen Werkstätten. Ihnen oblagen Spezialarbeiten, die sichtbar einen Teil eines größeren Arbeitsprozesses bildeten. Allgemeine Arbeitskonflikte konnten daher von den Klempnern – anders als von den Schmieden in ihren relativ isolierten Werkstätten – nicht als spezifische Probleme der Klempner interpretiert werden, vielmehr stand ihnen weit deutlicher die Lage aller Arbeiter vor Augen. Die Einsicht in eine gemeinsame Interessenlage aller Metallarbeiter war für die Klempner wesentlich leichter als für die Schmiede.

Nach den vorliegenden Angaben waren in Berlin im Jahre 1878 insgesamt etwa 480 Metallarbeiter in eindeutig sozialdemokratischen Gewerkschaften organisiert. Nach der Gewerbezählung vom 1. Dezember 1875 waren in der gesamten Berliner Metallverarbeitung 33 791 abhängige männliche Gehilfen beschäftigt.[250] Davon arbeiteten insgesamt 15 305 Arbeiter in der Maschinen-, Werkzeuge- und Apparateherstellung. Nimmt man für 1878 einen Arbeitsplatzabbau von etwa 30% gegenüber 1875 an und weiter, daß alle organisierten Arbeiter im Maschinenbau beschäftigt waren, so wären etwa 5% der Berliner Maschinenbauer in sozialdemokratischen Gewerkschaften organisiert gewesen. Wahrscheinlich lag der Organisationsgrad allerdings niedriger, da man nicht annehmen kann, daß alle organisierten Metallarbeiter im Maschinenbau arbeiteten. Die relativ geringe Beteiligung der Berliner Metallarbeiter an den sozialdemokratischen Gewerkschaften war wohl nur zu einem sehr kleinen Teil auf die Konkurrenz der Hirsch-Dunkerschen Gewerkvereine zurückzuführen. Diese zählten nach eigenen Angaben in Berlin im Jahr 1880, anderthalb Jahre nach Erlaß des Sozialistengesetzes, aufgrund dessen die sozialdemokratischen Organisationen verboten worden waren, insgesamt 555 Mitglieder in den Metall- und Maschinenbauarbeitervereinen.[251] Es kann zumindest nicht ausgeschlossen werden, daß die Hirsch-Dunkerschen Ortsvereine von dem Verbot der sozialdemokratischen profitiert haben. Ein Indiz hierfür ist auch die Tatsache, daß drei der insgesamt sechs Berliner Ortsvereine der Metall- und Maschinenbauarbeiter erst 1876 und 1877 gegründet worden sind. In dieser Zeit litten die sozialdemokratischen Vereinigungen bereits unter massiver staatlicher und unternehmerischer Repression. Mitglieder sozialdemokratischer Gewerkschaften mußten um ihre Arbeitsplätze fürchten. Das Risiko, das man durch den Beitritt zu einer sozialdemokratischen Gewerkschaft einging, war sicherlich wesentlich höher als das bei einem Eintritt in einen Hirsch-Dunkerschen Ortsverein. Drohende Verbote und Kassenauflösungen werden sicherlich manches potentielle Mitglied von einem Beitritt abgehalten und andere, nicht politisch festgelegte Arbeiter, den Beitritt zu einem Hirsch-Dunkerschen Ortsverein haben vorziehen lassen. Trotz dieser Organisationsvorteile rekrutierten diese Ortsvereine 1880 kaum achtzig Mitglieder mehr als die sozialdemokratischen Gewerkschaften 1878.

7. Zusammenfassung und Ergebnisse

An keinem der in die Untersuchung einbezogenen Orte bestand 1878 eine auch nur ansatzweise stabile gewerkschaftliche Organisation der Metall- oder Maschinenbauarbeiter. Die relativ schwache Organisation der Arbeiter kann aus ihrer Interessenlage heraus erklärt werden. Aufgrund der beschriebenen unterschiedlichen Lage und Herkunft der Arbeiter der Maschinenindustrie waren deren Interessen nicht von vornherein identisch. Sicherlich waren alle Arbeiter gemeinsam an höheren Löhnen, kürzeren Arbeitszeiten und besseren Arbeitsbedingungen interessiert, aber das allein reichte für eine erfolgreiche gewerkschaftliche Organisierung nicht hin. Den Aspekten der gemeinsamen Interessenlage standen Unterschiede in der Stellung im Arbeitsprozeß, in der Lohnhöhe, in den Aufstiegschancen und in der Herkunft gegenüber. Die arbeiteraristokratische Absonderung der

Fabrikhandwerker, die ungünstigeren Verständigungsmöglichkeiten und die leichtere Ersetzbarkeit der an- und ungelernten Arbeiter, die zudem meist eine erste Fabrikarbeitergeneration darstellten, behinderten eine erfolgreiche gemeinsame Organisation aller Maschinenbauarbeiter entscheidend.

Zu einer Artikulation ihrer Interessen und zur gewerkschaftlichen Organisierung sahen sich die Arbeiter aufgrund ihrer Konflikterfahrung am Arbeitsplatz veranlaßt. Stimulierend für ein selbständiges Vertreten ihrer Anliegen wirkte die sich ausweitende soziale Kluft zwischen Unternehmern und Arbeitern. Die soziale Distanz zwischen den Klassen mußte auch den hochqualifizierten Fabrikhandwerkern im Maschinenbau zunehmend unüberbrückbar erscheinen. In dem Maße, in dem ein individueller Aufstieg in die Reihen der Selbständigen oder auch nur in die mittleren Schichten der Gesellschaft schwieriger wurde, stieg das latente Interesse der Arbeiterschaft an einer eigenständigen kollektiven Willensäußerung.

Eine gewerkschaftliche Organisation hatte im Lohnkonflikt eine wohl entscheidende Bedeutung. Der Anreiz, sich einer Gewerkschaft anzuschließen, stieg mit dem Erfolg der Gewerkschaft in Lohnverhandlungen. Auch wenn die Verbesserungen der Löhne und Arbeitsbedingungen allen Arbeitern zugute kamen und nicht nur den organisierten, war die Notwendigkeit einer gewerkschaftlichen Vereinigung für den Arbeitskonflikt sehr vielen Arbeitern bewußt. Das zeigte der enorme Mitgliederzuwachs der Gewerkschaften kurz vor oder während Arbeitskämpfen, wie z. B. beim Chemnitzer Maschinenbauerstreik. Am Ende der Konflikte sank das Organisationsinteresse dann meist wieder ab.

Neben den arbeitsbezogenen Konfliktebenen bestand ein herausragender Anreiz zum Anschluß an eine gewerkschaftliche Vereinigung in der Teilhabe an den Gewerkschaftskassen. Es verging fast kein Gewerkschaftskongreß, auf dem nicht über Streik-, Kranken-, Wanderunterstützungs- und Invalidenkassen diskutiert wurde.[252] Bei der Gründung des Schmiedevereins hatte eine Krankenkassenangelegenheit unmittelbare Bedeutung. Das gewerkschaftliche Unterstützungswesen mußte daher als besonderer selektiver Anreiz – im Gegensatz zu den Vorteilen, die auch den unorganisierten Kollegen zukamen – gelten. Allerdings wurde der Anschluß an eine Unterstützungskasse als Beitrittsmotiv relativiert durch die bestehenden Fabrik- und Ortskassen. Diese Kassen wurden vielfach kritisiert, aber nicht generell in Frage gestellt. Der Beitritt zu einer noch schwachen und weitgehend instabilen Kasse wird für viele Arbeiter nicht besonders attraktiv gewesen sein, auch wenn Unzufriedenheit gegenüber den bestehenden Kassen herrschte. Durch Zwangsmitgliedschaften in Orts- oder Fabrikkassen wurde das Interesse an gewerkschaftlichen Kassen gesenkt. Unter den gegebenen Bedingungen stellten Streikkassen eine Ausnahme dar, da sie nur von den Gewerkschaften unterhalten wurden. Der Beitritt zu einer Streikkasse, der mit dem Gewerkschaftsbeitritt faktisch identisch war, setzte die Erkenntnis einer Konfliktlage voraus, in der Arbeitskämpfe als angemessene Mittel erschienen.

Mit diesem latenten Interesse der (gelernten) Fabrikarbeiter verbanden sich mehrere Gründe, die Berufsorganisationen der einzelnen (Fabrik-) Handwerkergruppen naheliegender erscheinen ließen als ein industrieverbandliches Organisationsmodell. Vor allem die Differenzierung der Arbeitsfunktionen und der Betriebsorganisation förderten separate Berufsverbände. Darüber hinaus neigten die hochqualifizierten Arbeitergruppen aufgrund ihrer vergleichsweise günstigen Lage – hohe Löhne, hohes Sozialprestige, ausgeprägtes Gruppenbewußtsein und erschwerte Ersetzbarkeit – zu Organisationen, die ihre kollektiven Interessen nicht nur in Arbeitskämpfen vertreten sollten, sondern sie auch gegenüber „gewöhnlichen" Arbeitern abgrenzen sollten. Dieses latente Interessenmoment behinderte zwar Gewerkschaftsgründungen nicht grundsätzlich, wohl aber den Aufbau einer allgemeinen Metallarbeitergewerkschaft.

Eine Integration aller Metall- und Maschinenbauarbeiter in einer Metallarbeiterorganisation hätte die Überzeugung von einer gemeinsamen Interessenlage aller Arbeiter dieser Branche vorausgesetzt. Verbal postulierte man bereits „Klassenbewußtsein" anstelle des „Korporationsstolze(s)", doch es wurde noch nicht realisiert.[253] Im Kopf des einzelnen Arbeiters war handwerkliches Sonder- oder gar Elitebewußtsein noch kaum durch ein allgemeines Arbeiterbewußtsein verdrängt. Der Mangel an gemeinsamen berufsübergreifenden Traditionen und einer einheitlichen Arbeitssituation erwies sich als Nachteil für die Bemühungen der Maschinenbauer um einen übergreifenden Branchen- oder Industrieverband.

Die hochgradige Arbeitsteilung und Differenzierung im Maschinenbau begünstigten einerseits handwerksspezifische gewerkschaftliche Vereinigungen, andererseits behinderten sie aber auch die Organisierung von Kampfverbänden überhaupt, denn sie boten qualifizierten Arbeitern potentiell innerbetriebliche Aufstiegschancen. Die Aussicht, bei langjähriger Betriebstreue als Monteur oder Werkmeister in die Reihe der „Feldwebel in der Fabrik"[254] aufzurücken oder sich unter besonders günstigen Umständen gar selbständig machen zu können, senkte die Konfliktbereitschaft von vielen Arbeitern. Für spätere individuelle Besserstellungen nahm man erst einmal kollektive Verletzungen des Gerechtigkeitsgefühls protestlos hin. Hoffnungen auf eine individuelle soziale Verbesserung erschwerten den Beitritt zu einer Vereinigung, die soziale Besserstellung kollektiv erreichen wollte. Zudem mußte wohl jeder Arbeiter, der auf eine betriebliche Beförderung rechnete, daran denken, daß ein Beitritt zu sozialdemokratischen Organisationen seine Chance auf einen Aufstieg eher schmälerte. Die Aufgaben eines Werk- oder Akkordmeisters bestanden in erster Linie darin, gegenüber den Arbeitern die Interessen des Kapitals an niedrigen Lohnsätzen und möglichst rationeller Arbeitsorganisation zu vertreten, und das war wohl mit der Mitgliedschaft in einer sozialdemokratischen gewerkschaftlichen Organisation unvereinbar.

Die Arbeit im Maschinenbau bot den besonders qualifizierten Arbeitern, die in erster Linie das potentielle Rekrutierungsfeld der Arbeiterbewegung darstellten, in einigen Fällen eine hohe Befriedigung. Die technischen Fortschritte, die in der Regel die Arbeit eintöniger machten, konnten partiell für Arbeiter, die an neueren, komplizierteren und aufwendigeren Maschinen arbeiteten, eine gewisse Arbeitsbefriedigung mit sich bringen.[255] Insbesondere galt dies für einige Modelltischler, Gießer und Monteure, die seitens der Konstruktionsbüros aufgrund ihrer Qualifikationen und Erfahrungen an der Konstruktion neuer Maschinen beteiligt wurden.[256] Hierdurch konnten nicht nur Deprivationserfahrungen im Fabrikbetrieb kompensiert werden, sondern eine solche Stellung konnte vielleicht sogar einen größeren Dispositionsspielraum als das Handwerk bieten. Die Interessenlage dieser Arbeiter ließ den Beitritt zu einem gewerkschaftlichen Kampfverband kaum geraten erscheinen.

Zu den Arbeitern, die für sich die Möglichkeit einer individuellen Verbesserung ihrer sozialen Lage als günstiger einschätzten als eine kollektive, gehörten auch die, die vor allem über einen Arbeitsplatzwechsel versuchten, ihre Situation zu verbessern. Allerdings bestand zwischen der Mitgliedschaft in einer Gewerkschaft und dem Arbeitsplatzwechsel als Protestverhalten kein Widerspruch. Auch ein Gewerkschaftsmitglied wird sicherlich einen besseren Arbeitsplatz vorgezogen haben, wenn er geboten wurde. Die relativ günstige Arbeitsmarktlage für Maschinenbauer in der Hochkonjunkturphase 1872, in der sich viele durch Arbeitsaufnahme in einer anderen Fabrik ökonomisch verbessern konnten, und die großen Streikniederlagen in Berlin 1871 und 1872 hatten eine gewerkschaftliche Organisation vielfach als wenig sinnvoll oder gar überflüssig erscheinen lassen.

Die meisten Maschinenbauer konnten in der Hochkonjunkturphase individuell oder durch kurzfristige betriebliche Zusammenschlüsse ihre soziale Lage verbessern. Die Bedingungen des Arbeitsmarktes waren so günstig, daß auch ohne größeren organisationspolitischen Aufwand viele der artikulierten Ansprüche verwirklicht werden konnten. Die bestehenden Organisationen waren zudem nicht besonders attraktiv, denn weder sozialistische noch liberale Vereinigungen hatten wirksam bewiesen, daß mit ihrer Hilfe sozialpolitische Besserstellungen zu erreichen seien. Die lassalleanischen Organisationsexperimente mit dem Allgemeinen deutschen Arbeiter-Unterstützungsverband und dem Berliner Arbeiterbund mußten auf potentielle Interessenten eher abschreckend wirken, weil in ihnen augenscheinlich die politischen Interessen des ADAV gegenüber denen der Maschinenbauer dominierten. Die Lassalleaner verzeichneten ihre Erfolge unter den Maschinenbauern erst, nachdem sie ihre Organisationsspielereien zurückstellten und innerhalb der bestehenden Vereinigungen ihre Positionen zu vertreten suchten. Daß sich auch die Maschinenbauer von den klassenkämpferischen Positionen des ADAV und wohl auch von den Erfolgen anderer lassalleanisch geführter Gewerkschaften wie der der Bauhandwerker angesprochen fühlten, zeigten die 12 000 Unterschriften für den Metallarbeiterkongreß 1874. Die Notwendigkeit einer gewerkschaftlichen Vereinigung stellte sich erst deutlich für die Arbeiter dar, als in der Wirtschaftskrise ihr ökonomischer und sozialer Status kollektiv durch Entlassungen, Lohnabbau und Arbeitszeitverlängerungen in Frage gestellt wurde. Die Krise zerstörte Hoffnungen auf individuellen Aufstieg und demonstrierte durch pauschale Lohnkürzungen die gemeinsame Lage aller Arbeiter. Die allerdings kaum zur Wirkung gekommenen Konsolidierungstendenzen der sozialdemokratischen Gewerkschaften nach 1875 sprechen für diese Annahme. Diese Tendenzen, die sich vor allem in Berlin bemerkbar machten, wurden jedoch von der Wirtschaftskrise und massiver Repression seitens der Unternehmer und des Staates unterdrückt. Gewerkschaftliche Aktivitäten setzten die Arbeiter dem Risiko der Maßregelung aus. Politische Drangsalierungen konnten zusammen mit Entlassungen die Existenzgrundlage nicht nur des einzelnen Arbeiters, sondern auch die seiner Familie gefährden. Der Preis der Mitgliedschaft in einer Gewerkschaft und insbesondere der des öffentlichen Bekenntnisses zu ihr war bereits in den letzten Jahren vor den Sozialistengesetzen außerordentlich hoch. Unter diesen Umständen waren selbst Organisationsgrade von 5% und weniger durchaus beachtenswert.

Handwerkliche Traditionen und Wertvorstellungen im Konflikt mit der neuen industriellen Wirklichkeit waren ein wesentliches Vehikel für die Organisationsbestrebungen der Maschinenbauarbeiter. Die handwerklichen Überlieferungen wirkten ambivalent. Ohne sie wäre jedoch zu diesem Zeitpunkt kaum eine Organisierung von Metallarbeitern möglich gewesen. Gleichzeitig verhinderten sie allerdings die Zusammenfassung aller am Maschinenbau beteiligten Arbeitergruppen. Für die Überwindung der Heterogenität der Maschinenbauarbeiterschaft stellten handwerkliche Traditionen keine Hilfe mehr dar. Für eine erfolgreiche Vereinigung der Fabrikarbeiter waren weitere Lernprozesse notwendig.

VI. Schluß

Ziel dieser Arbeit war es, am Beispiel von vier verschiedenen Arbeitergruppen die Prozesse proletarischer Willensbildung, Interessenartikulation und Organisationsverhaltens in der Zeit zwischen 1871 und 1878 auf dem Hintergrund der jeweiligen alltäglichen Erfahrungen, insbesondere aber der Arbeitsbedingungen, zu untersuchen. Die Erfahrungen der Arbeiter und ihre Reaktionen darauf stellen sich für die untersuchten Gruppen zusammengefaßt so dar:

Die großstädtischen Bauhandwerker Berlins hatten die überlieferten Formen der Sozialsicherung – die Unterstützungseinrichtungen der Zünfte oder die Einbindung im ländlichen Lebensbereich – verloren. Gleichzeitig veränderten sich infolge großer Bauvorhaben und steigender Betriebsgrößen die Relationen zwischen Baumeistern und Gesellen bzw. zwischen Bauunternehmern und Arbeitern. Anstelle der tradierten gemeinsamen standesbezogenen Interessen trat der Konflikt um Lohn und Leistung zwischen dem kapitalistisch operierenden Bauunternehmer und dessen Arbeitern. Die soziale Distanz zwischen beiden aufgrund sehr unterschiedlicher Einkommen verschärfte die Erfahrung der Klassentrennung. Die Bedingungen für eine Organisationsbildung der Arbeiter waren auf den Baustellen sehr günstig. Die gemeinsame Konflikterfahrung und Kooperation am Arbeitsplatz förderte die Einsicht in die gemeinsame Lage und ermöglichte eine intensive Kommunikation und Verständigung untereinander. Die weitgehende Beschränkung der Arbeit auf gelernte Bauhandwerker erleichterte die Integration der Arbeiter, da kaum Berufsfremde integriert werden mußten. Dadurch, wie auch durch eine gleichbleibende Arbeitsverrichtung (eine Mechanisierung fand im Baugewerbe während des Untersuchungszeitraumes nicht statt), blieben tradierte Verhaltensweisen und Formen der Verständigung erhalten. Die Organisationen der Bauarbeiter faßten beruflich kooperierende Arbeiter entsprechend der Gestaltung der Arbeitsteilung zusammen. Die Maurer und Zimmerleute, später auch die Putzer organisierten sich jeweils in eigenen Berufsverbänden.

Für die Bauunternehmer war es außerordentlich schwierig, den Arbeitsmarkt zu kontrollieren und auf diese Weise Organisations- und Arbeitskampferfolge der Arbeiter zu vereiteln. Bauaufträge wurden in der Regel als Terminarbeit vergeben. Fristüberschreitungen wurden häufig mit Konventionalstrafen geahndet. Dadurch befanden sich die Arbeiter in einer starken Position. Arbeitskonflikte während Terminarbeiten hätten hohe Kosten für die Bauunternehmer mit sich gebracht. Eine Anwerbung zusätzlicher Arbeiter, die gegebenenfalls streikende hätten ersetzen können, war bei guter Konjunktur während der Bausaison sehr schwer. Da weder die räumliche noch die zeitliche Verlagerung eines Baus möglich war, jedoch höhere Lohnkosten unter Umständen auf die Kunden abwälzbar waren, waren die Bauunternehmer häufig bereit, den Arbeiterforderungen zwecks Vermeidung von Streiks nachzugeben. Unter diesen Umständen war es für die Bauunternehmer weitaus schwieriger, eine Koalition zu bilden als für die Arbeiter, sich in Gewerkschaften zusammenzufinden. Der Aufwand und Gewinnausfall langandauernder Arbeitskämpfe stand für die Unternehmer vor der Wirtschaftskrise in keinem akzeptablen Verhältnis zu den möglichen Vorteilen.

Die zweite untersuchte handwerkliche Arbeitergruppe, die Schneider, befanden sich in einer anderen Situation als die Bauhandwerker. In diesem Handwerk erlebten Meister und Gesellen gemeinsam den Niedergang des zünftigen Handwerks und dessen Unterminierung durch die Konfektionsherstellung. Der bereits sehr frühe Niedergang des Handwerks, der sich aus einer Reorganisation der Arbeitsteilung und nicht aus technischen Innovationen ergab, führte zu einer vergleichsweise frühen Organisationsbildung. Die gemeinsame gedrückte Lage aller am Handwerk Beteiligten stimulierte in der ersten Protestphase ein gemeinsames Vorgehen von Meistern und Gesellen gegen die Konfektionäre. Jedoch zerbrach diese Koalition sehr schnell, weil das Arbeitskampfrisiko sehr ungleich verteilt war. Während eines Arbeitskampfes konnten die Konfektionäre die Produktion schnell an andere Orte verlagern. Eine Niederlage der Arbeitseinstellung hätte für die Gesellen einen vergleichsweise geringer zu bewertenden Verlust des Arbeitsplatzes bedeutet, für den für Konfektionäre arbeitenden Meister hätte sie den Ruin seines Geschäftes und seiner mühsam erhaltenen, wenn auch meist kümmerlichen Selbständigkeit bedeutet. Darüber hinaus konnte die Koalition von Meistern und Gesellen ohnehin nicht lange bestehen, da eine krasse Ausbeutung von Gesellen und Lehrlingen vielfach die einzige Möglichkeit war, mit der ein Meister ökonomisch seine „Selbständigkeit“ sichern konnte. Der Konflikt um Lohn und Leistung fand in erster Linie zwischen Meistern und Gesellen statt, so daß spätestens bei der ersten Auseinandersetzung um Löhne und Arbeitszeiten – letztere waren in der Schneiderei überlang – die fragile Zusammenarbeit von Meistern und Gesellen zerbrach. Die häufig im Anschluß an arbeitsbezogene Konflikte gegründeten gewerkschaftlichen Organisationen der Gesellen erwiesen sich meistens als nicht besonders stabil und wenig erfolgreich im Durchsetzen von Forderungen. Die zunehmende Dezentralisierung der Konfektionsherstellung durch die Vergabe der Aufträge über Zwischenmeister an Heimarbeiter, den Einsatz ungelernter Frauen und teilweise Kindern anstelle gelernter Schneider und letztlich die geringen Ausweichmöglichkeiten auf andere Berufe gestalteten die Arbeitsmarktsituation der Schneider gegenüber den

Konfektionären derart ungünstig, daß Verbesserungen der Lohn- und Arbeitsbedingungen auch mittels einer Organisation nicht durchsetzbar waren. Letztlich wurden dadurch auch Organisationserfolge der qualifizierten Schneider aus den besseren Kundenwerkstätten vereitelt. Das potentiell unbegrenzte Arbeitskräftereservoir, die Dezentralisation der Schneiderei und die Verlagerung der Arbeit in die Stuben der Heimarbeiter erschwerte die Kommunikation der Arbeiter untereinander derart, daß eine Interessenverständigung nicht möglich war. Der Niedergang der Schneideorganisation Berlins verlief parallel zur Dezentralisierung der Konfektionsschneiderei, wodurch diese Arbeiter der Arbeiterbewegung als Rekrutierungsbasis verloren gingen.[1]

Die außerordentlich schwache Position der Schneider auf dem Arbeitsmarkt, die keine durchgreifende Besserung der Lage der Arbeiter erlaubte, ließ eine politische Organisierung naheliegender erscheinen als eine gewerkschaftliche. Die Schneider stellten einen großen Teil der ADAV-Mitgliedschaft. Die Erkämpfung des Wahlrechts und das Streben nach Produktivassoziationen mit Staatskredit erschienen vielen als unmittelbarere, radikalere und realistischere Wege zu sozialen Veränderungen als der über eine gewerkschaftliche Organisierung.

Die Textilarbeiter erwiesen sich als die am wenigsten konflikt- und organisationsbereite untersuchte Arbeitergruppe. Über den Arbeitsmarkt konnten weder die hausindustriellen Textilhandwerker noch die Arbeiter in den Fabriken ihre Forderungen durchsetzen, weil sie zum einen aufgrund des relativ schrumpfenden Bedarfs an Arbeitern, zum anderen aufgrund des hohen Beschäftigungsgrades von Frauen, Kindern und Ungelernten leicht ersetzt werden konnten. Aufgrund dieser ausgesprochen ungünstigen Arbeitsmarktbedingungen wirkte sich die Fragmentierung der Arbeiterschaft, hier vor allem die Spaltung in die Gruppe der (handwerklich) qualifizierten und die ungelernten Arbeiter, in Männer, Frauen und Kinder, in dieser Branche wohl noch deutlicher zum Nachteil der Arbeiter aus als in anderen. Diese schlechte Position auf dem Arbeitsmarkt behinderte letztlich die gewerkschaftliche Organisierung statt sie zu fördern.

Die Textilhandwerker erlebten den Niedergang der handwerklich-hausindustriellen Textilherstellung und deren Verdrängung durch die Fabriken als einen für sie ruinösen Wettbewerb. Ihnen blieb häufig nur der Weg in die Fabrik, die ihnen ihre handwerkliche Selbständigkeit nahm. Demgegenüber bot die Fabrikarbeit ungelernten Arbeitern, die aus agrarischen Verhältnissen stammten, sowie vielen Frauen eine willkommene Alternative zum Gesinde- oder Dienstbotendasein. Das Unterwerfen unter eine rigorose Fabrikdisziplin, schlechte Löhne und Arbeitsbedingungen erfuhr die eine Arbeitergruppe als Existenzbedrohung, die andere hingegen trotz ungünstigster Bedingungen als relative Besserung ihrer Situation. Die letztgenannten Arbeiter waren – über ihre Beschäftigung hinaus – einstweilen wenig an weiteren Forderungen interessiert. Zudem bestand für sie aufgrund ihrer außerordentlich leichten Ersetzbarkeit kaum eine Aussicht, im Konfliktfall ihre Forderung zu realisieren. Ferner erschwerte die vom Maschinentakt diktierte Form der Arbeitsverrichtung und der Lärm in den Fabrikhallen eine Verständigung dieser heterogenen Arbeitergruppen, so daß die Chance, eine gemeinsame Willensbildung zu erzielen, äußerst gering war.

Die relative Stabilität der Crimmitschauer Textilarbeiterorganisation hingegen erklärt sich vor allem aus dem Anknüpfen an handwerkliche Innungstraditionen. Die Manufakturarbeitergewerksgenossenschaft knüpfte an die sozialsichernden Einrichtungen der Innungen, vor allem an die Unterstützungskassen, an und übernahm deren Funktion. Die Crimmitschauer Arbeiterorganisationen waren in diesem Sinne weniger Kampf-, als vielmehr Unterstützungsorganisationen und gewannen aufgrund dieser Funktion ihre Stabilität. In Crimmitschau beteiligten sich jedoch auch Arbeiter der Spinn- und Webfabriken an der Arbeiterbewegung. Hier handelte es sich offensichtlich um Arbeiter, die in einer Textilhandwerkertradition standen bzw. mit einer solchen verbunden waren. Gerade durch Textilhandwerker, die in die Fabriken zu gehen gezwungen waren, wurden handwerkliche Organisationsvorstellungen und -bestrebungen in das Fabrikproletariat weitergegeben.

Die Maschinenbauarbeiter galten als eine relativ privilegierte und ,,arbeiteraristokratische" Gruppe. Im Gegensatz zu den anderen in dieser Arbeit untersuchten Handwerken bzw. Industrien verfügte der Maschinenbau nicht über eine unmittelbare vorindustrielle oder vorkapitalistische Tradition. Bereits seit seiner Entstehung wurde der Maschinenbau nach kapitalistischen Verwertungskriterien betrieben. Die Arbeiterschaft rekrutierte sich aus verschiedensten Gewerben, wobei Handwerker aus der Metallverarbeitung aufgrund ihrer Qualifikationen eine Schlüsselstellung innehatten. Der Maschinenbauarbeiterschaft in ihrer Gesamtheit fehlte daher ein gemeinsamer traditionsgeleiteter Maßstab zur Beurteilung der Erfahrung am Arbeitsplatz. Autonomie- und Statusverlust erlebte sie nicht in erster Linie als verlorene Perspektive handwerklicher Selbständigkeit, sondern in Form von Rationalisierungsmaßnahmen, Straffungen der Fabrik- und Arbeitsdisziplin, Unterordnung unter rigide Fabrikordnungen und Konkurrenz weniger qualifizierter Arbeiter. Die betriebliche Realität mit der Ausweitung hochdifferenziert arbeitsteiliger Produktionsmethoden sowie der aus der Arbeitsteilung und Mechanisierung folgenden Entwertung handwerklicher Arbeitsqualifikationen entsprach nicht mehr dem Selbstbewußtsein der ,,mechanischen Künstler". Der Verlust der Perspektive handwerklicher Selbständigkeit erregte zwar auch einigen Unwillen, hatte jedoch nicht eine mit anderen Arbeitergruppen vergleichbare Intensität, weil die Übernahme von Fabrikarbeit im Maschinenbau nicht denselben Satusverlust mit sich brachte, wie in anderen Branchen. Vielfach wurden verlorene Selbständigkeitserwartungen auch durch die Aussicht auf einen innerbetrieblichen Aufstieg zum Werkmeister oder Vorarbeiter kompensiert.

Vor Erlaß des Sozialistengesetzes konnte eine stabile gewerkschaftliche Organisation, die die in verschiedenen Arbeitszusammenhängen beschäftigten Maschinenbau- oder Metallarbeiter zusammenfaßte, noch nicht aufgebaut werden. Gegenüber den Ansätzen zu einer nach Industrieverbandsprinzipien aufgebauten Organisation erwiesen sich Berufsverbände, wie vor allem die der Schmiede und Former, einstweilen als erfolgreicher. Offensichtlich neigten die höchstqualifizierten Arbeiter am deutlichsten zu Berufsverbänden – sie waren gleichzeitig die organisationsbereitesten. Für dieses organisationspolitische Verhalten der Maschinenbauarbeiterschaft bzw. einiger Gruppen davon lassen sich verschiedene Gründe anführen. Die traditionell handwerklichen Bindungen, die Schlosser, Klempner, Dreher, Former oder Schmiede jeweils unter sich hatten, stimulierten die Organisationsbildung nach handwerklichen Vorbildern. Teils wurden die Berufsverbände durch noch bestehende Unterstützungskassen, die – wie beispielsweise bei den Schmieden – die Arbeiter unabhängig vom jeweiligen Arbeitsplatz zusammenfaßten, indirekt unterstützt. Der Heterogenität der Traditionen, der Herkunft und Berufssozialisation der Arbeiter entsprach die Verschiedenheit der Qualifikationen, der Lohnhöhe und der Stellung im Arbeitsprozeß. Einen nachhaltigeren Einfluß auf die Organisationsbildung als traditionelle Bindungen oder Differenzierungen der Arbeiterschaft hatte jedoch die Arbeitssituation. Die wegen ihrer oftmals berächtlichen Größe schwer überschaubaren Maschinenbaufabriken gliederten sich in einzelne Werkstätten. In einigen dieser Werkstätten – also längst nicht in allen – arbeiteten jeweils die Angehörigen eines Handwerks zusammen. Die Arbeitsbedingungen, die Konflikte um die meist übliche Akkordentlohnung, Rationalisierungsmaßnahmen usw. betrafen diese Arbeiter jeweils als geschlossene Gruppe. Sie sahen sich untereinander durch die Kooperation am Arbeitsplatz, aber auch durch eine ähnliche Herkunft, ähnliche Ansprüche und ein ähnliches Bewußtsein verbunden und konnten sich aufgrund dessen relativ gut über gemeinsame Interessen und deren Vertretung verständigen. Daher ist es kein Zufall, daß gerade in abgeschlossenen Werkstätten handwerklich kooperierende Arbeiter eher zu Berufsverbänden neigten als andere. Als schließlich eine industrieverbandlich organisierte Metall- und Maschinenbauarbeitergewerkschaft neben Berufsverbänden bestand, erschien den Mitgliedern der Berufsverbände die Integration in den Industrieverband nicht als besonders attraktiv. Lediglich der Klempnerverein schloß sich unter Wahrung der Lokalorganisationen der Metallarbeitergewerksgenossenschaft an, während der Schmiedeverein diesem Schritt nicht folgte. Die Schmiede hatten wenig Anlaß zu einem solchen Schritt. Anders als die Klempner waren sie in eigenen Werkstätten zusammengefaßt und hatten zudem keinen Grund, ihre erfolgreiche eigene Organisation zugunsten einer noch instabilen anderen aufzugeben.

Viele Metallarbeiter - wie auch andere Arbeiter – schlossen sich der Gewerkschaft nur im Konfliktfall oder kurz vor Ausbruch eines Konfliktes an. Nach einem (verlorenen) Arbeitskampf verließen sie die Organisation wieder. Ein Grund lag darin, daß die Metallarbeitergewerkschaften über das Angebot einer Streikkasse hinaus kaum weitere „selektive Anreize"[2] bieten konnten. Für die meisten Arbeiter in den Maschinenbaufabriken bestanden Zwangskrankenkassen, so daß eine gewerkschaftliche Unterstützungskasse keine reelle Chance hatte, viele Mitglieder zu gewinnen. Wanderunterstützungskassen, die vielfach als Arbeitslosenunterstützungskassen fungierten, weil arbeitslose Handwerker wieder auf die Wanderschaft gingen, waren für die Fabrikarbeiter, die meist mit Frau und Kindern in der Großstadt ansässig waren, wenig attraktiv.

Die größeren Arbeitskämpfe der Maschinenbauer endeten in Niederlagen für die Arbeiter. Die Voraussetzungen einer Kontrolle des Arbeitsmarktes waren für sie weitaus ungünstiger als für die Maschinenfabrikanten. Die große Zahl der im Maschinenbau tätigen Personen und deren unterschiedliche Lebens- und Arbeitsbedingungen erschwerten ein zielgerichtetes Verhalten auf dem Arbeitsmarkt. Einzelne Arbeitergruppen, offensichtlich leichter ersetzbare, neigten in offenen Arbeitskonflikten eher zum Aufgeben des Kampfes als andere. Hingegen verstanden es die Maschinenbaufabrikanten recht gut, sich in Anti-Streikkoalitionen zusammenzuschließen. Die Zahl der Maschinenbauunternehmer war nicht sehr groß, so daß eine Verständigung untereinander nicht schwer war. Die großen Maschinenbaugesellschaften waren kapitalkräftig genug, zum einen, um längere Streiks und Aussperrungen durchzustehen, zum anderen aber auch, um Arbeitskämpfe durch paternalistische Zugeständnisse zu unterlaufen, so daß vielen Arbeitern das Verhältnis zwischen dem Aufwand eines längeren Arbeitskampfes und den ursprünglichen Zielen nicht mehr angemessen erschien. In kleineren Fabriken dauerten Arbeitskämpfe meist nicht lange, weil dort die Folgen für die Stabilität des Unternehmens gravierender gewesen wären. Vielfach konnten die höher qualifizierten Arbeiter ihre Forderungen auch individuell über den Arbeitsmarkt durchsetzen, indem sie – solange Arbeitskräfte knapp waren – den Arbeitsplatz wechselten.

Unter dem Einfluß unterschiedlicher Bedingungen am Arbeitsplatz, unterschiedlicher Arbeitsmarktkonditionen und unterschiedlicher Traditionen gab es unter allen in dieser Arbeit untersuchten Arbeitergruppen gewerkschaftliche Organisationsbestrebungen. Ebenfalls Angehörige aller Gruppen beteiligten sich an der politischen Interessenvertretung der Arbeiterschaft durch Arbeiterparteien sowie an genossenschaftlichen oder sozialfürsorgerischen Bestrebungen. Die Momente, die das Interesse an einer Organisationsbildung weckten, sie ermöglichten und beeinflußten, waren in jeder Arbeitergruppe unterschiedlich und auf komplexe Art miteinander verbunden.

Das Interesse an einer kollektiven Willensartikulation und mithin an einer Organisationsbildung war nicht bei allen Arbeitern gleich stark ausgeprägt.[3] Generell werden Personen, die eine soziale Besserstellung durch individuelle Bestrebungen, sei es durch eine eigene Geschäftsgründung oder innerbetriebliches Aufrücken in besser bezahlte Stellungen, erhofft haben, Arbeitskampforganisationen nicht beigetreten sein. Daneben bestand auch bei den Arbeitern, die aus der agrarischen Überschußbevölkerung für Fabrikarbeit rekrutiert wurden, zumindest anfangs kein Organisationsinteresse. Selbst schlechteste Fabrikbedingungen, die erst einmal schockierten, erschienen diesen Arbeitern auf die Dauer annehmbarer als das Knechts-, Tagelöhner- oder Arbeitslosendasein auf landwirtschaftlichen Gütern. Ähnliches traf auch für Frauen zu. Regelmäßige Fabrik- oder Heimarbeit bot vielfach einen größeren individuellen Freiraum als das Dienstbotendasein.

Ein ausgesprochen geringes Organisationsinteresse bestand bei den Arbeitern, deren Lebenskreis außerhalb der Industriegesellschaft lag und die nur einen begrenzten Teil ihres Lebensunterhalts durch Lohnarbeit verdienten. Eine in den ländlichen Lebenskreis integrierte Person, die als Wanderarbeiter regelmäßig oder unregelmäßig für einen begrenzten Zeitraum in eine Stadt ging, um von den besseren städtischen Verdienstmöglichkeiten zu profitieren, erlebte die strukturellen Klassenspannungen weit weniger intensiv als Arbeiter, die gänzlich und andauernd von der Lohnarbeit ihren Lebensunterhalt bestreiten mußten. Der Wunsch, in kurzer Zeit möglich kurzfristig viel zu verdienen, um dann die Lohnarbeit zumindest für eine gewisse Zeit wieder aufzugeben, widersprach grundsätzlich den gewerkschaftlichen Bemühungen, durch Organisation und Arbeitskämpfe langfristig das Los der Arbeiterschaft zu bessern. Arbeitskämpfe brachten für diese Arbeiter in erster Linie nur einen Verdienstausfall mit sich, weil sie nicht oder nur sehr wenig von möglichen Kampferfolgen profitierten.

Strukturell begrenzt sich damit das Interesse an einer Organisierung auf die Arbeiter, die ihren Lebensunterhalt andauernd vollständig oder nahezu vollständig durch Lohnarbeit bestreiten mußten, die keine Aussicht hatten, aufgrund individueller Anstrengungen ihre Lage grundsätzlich zu verbessern, die keine Bindung an vorindustrielle oder vorkapitalistische Gesellschaftsstrukturen besaßen, die in relativ langfristigen Arbeitsverhältnissen standen und die die kapitalistisch organisierte Arbeit nicht als wesentliche Verbesserung gegenüber vorher ausgeübten Formen der Arbeit empfanden. Das Organisationsinteresse beschränkte sich somit weitgehend auf den stadtansässigen Facharbeiterstamm, der von Jugend auf oder sogar über die Generation der Väter mit der Lohnarbeit vertraut war.

Das Interesse vorausgesetzt, war eine Organisationsbildung nur möglich, wenn die Arbeiter sich untereinander verständigen konnten und so zu einer gemeinsamen Willensbildung kamen. Die Ausbildung eines Bewußtseins einer gemeinsamen Lage und der Möglichkeit der Verbesserung der Situation durch kollektive Arbeitskampfmaßnahmen sowie die Festlegung von

Zielen und Taktik und letztlich auch die Agitation für die auf freiwilligem Zusammenschluß basierenden Organisationen setzte einen intensiven Meinungs- und Erfahrungsaustausch voraus. Der Arbeitsplatz war dabei der Ort, an dem gemeinsame Erfahrungen diskutiert wurden und eine erste Interessenklärung stattfand. Die Arbeitsorganisation strukturierte die Arbeiterschaft und schuf so ein Organisationsraster, das die gewerkschaftliche Vereinsbildung prägte. Die kooperativen Arbeitsbeziehungen im Baugewerbe förderten die Kommunikation am Arbeitsplatz, was eine der Arbeitsgliederung entsprechende Organisierung der Maurer und Zimmerleute förderte. Im Maschinenbau spiegelte die berufsverbandliche Gewerkschaftsbildung die durch die Werkstätten vorgegebene Gruppenbildung wider. Hingegen behinderte die Dezentralisation der Schneiderei und die Isolierung der einzelnen Arbeiter eine Verbandsbildung. Die meist allein arbeitenden Schneider besaßen keine hinreichende Gelegenheit zu einer dauerhaften Verständigung untereinander, die das Bewußtsein der gemeinsamen Lage und die Hoffnung auf eine kollektive Verbesserung gestärkt hätte. Die Textilarbeiter in den Fabriken arbeiteten zwar an einem Ort, der jeweiligen Fabrik, doch erlaubte ihre Arbeit kaum Gespräche miteinander. Die Form und das Tempo der Arbeitsverrichtung war bei keiner anderen der hier untersuchten Gruppen in demselben Ausmaß vom Maschinentakt bestimmt. Die stets notwendige Aufmerksamkeit gegenüber dem Lauf der Maschinen sowie der Maschinenlärm verhinderten eine Verständigung während der Arbeit.

Einen erheblichen Einfluß auf den Erfolg der Organisationsbemühungen hatte die innere Strukturierung der jeweiligen durch die Organisation der Arbeit zusammengeführten Arbeitergruppen. War die Arbeitergruppe sehr heterogen, so bestand kaum Aussicht auf eine erfolgreiche Organisationsbildung. Dies zeigte sich bei den Schneidern und Textilarbeitern, wo das Nebeneinander von gelernten und ungelernten Arbeitern, Männern, Frauen und Kindern den Organisationsaufbau in hohem Maße behinderte. Die Maurer und Zimmerleute als in sich homogene Arbeitergruppen kannten diese Schwierigkeiten nicht. Im Maschinenbau gab es Fabrikationsbereiche mit heterogenen neben Bereichen mit homogenen Gruppen. Die in sich sehr weitgehend einheitlich strukturierten Facharbeitergruppen, die in Spezialwerkstätten wie der Schmiede oder der Gießerei zusammenarbeiteten, kannten bei der Organisationsbildung keine Behinderungen aufgrund innerer Differenzierungen. Vielmehr besaßen sie dank einer meist handwerklichen Berufssozialisation gleiche Bewertungskriterien für gemeinsame Erfahrungen am Arbeitsplatz. In den mechanischen Werkstätten hingegen arbeiteten neben Facharbeitern wie Drehern und Schlossern eine große Anzahl un- und angelernte Arbeiter. Die Inhomogenität erschwerte eine Organisationsbildung der dort zusammengefaßten Arbeiter.

Die Qualifikation war das wichtigste Strukturierungselement der Arbeiterschaft. Die Organisationsfähigkeit der Arbeiter stieg oder fiel weitestgehend mit der Qualifikation. Im Untersuchungszeitraum waren cum grano salis allein die Facharbeiter, d. h. die handwerklich ausgebildeten, fähig, ihre Interessen zu artikulieren und zu vertreten. Ihre vergleichsweise starke Stellung auf dem Arbeitsmarkt hob ihre Konfliktfähigkeit. Die gegenüber anderen Arbeitern meist bessere Schulbildung erleichterte das Erlernen von Versammlungs- und Organisationstechniken. Die formale handwerkliche Berufssozialisation erhöhte die Integration der Angehörigen eines einzelnen Handwerks, vermittelte gemeinsame Wertvorstellungen und begünstigte so die Verständigung im Kollegenkreis. Berufsstolz steigerte die Sensibilität gegenüber Dequalifizierungs- und Rationalisierungserfahrungen. Qualifikationen stimulierten auch Ansprüche, die über kollektive Aktionen durchgesetzt werden mußten. Die Forderung nach einer Beteiligung an den Produktivitätsfortschritten,[4] nach einer Teilhabe an den Gewinnen der Industrialisierung, z.B. in Form von Lohnerhöhungen und Arbeitszeitverkürzungen, konnte in erster Linie nur von den Arbeitern artikuliert werden, die die Produktivitätsentwicklung überschauten, bzw. die durch ihre Fähigkeiten ein höheres technologisches Niveau erst ermöglichten. Durch diese neue Qualität der Ansprüche verloren vergangenheitsorientierte Forderungen der Arbeiterbewegung an Bedeutung.

Im Gegensatz zu den Facharbeitern fehlte es den un- und angelernten Arbeitern an Organisationsmöglichkeiten. Die weniger qualifizierten Arbeiter waren im Arbeitsprozeß leichter ersetzbar, wodurch ihre Konfliktfähigkeit reduziert wurde. Die Berufssozialisation dieser Arbeiter war sehr heterogen. Konflikterfahrungen wurden nicht aufgrund gemeinsamer Wertmaßstäbe interpretiert, so daß gemeinsame Erfahrungen am Arbeitsplatz kaum integrierend wirkten. Die Aussicht, daß diese Arbeiter sich ihrer grundlegend gemeinsamen Lage bewußt wurden, muß als gering betrachtet werden. Damit fehlte eine wesentliche Voraussetzung für einen erfolgreichen Organisationsbildungsprozeß. Darüber hinaus erschwerten Statusunterschiede den Anschluß an bestehende, von Facharbeitern getragene Organisationen.

Organisationsbestrebungen wurden meist durch Konflikte am Arbeitsplatz ausgelöst. Die häufigste strukturelle Konfliktlage war die um die Lohnhöhe. Eng damit verbunden waren Bestrebungen, die Arbeitszeiten zu verkürzen. Nachdem in Fabriken und auf Baustellen zeitorientiertes Arbeiten an die Stelle des aufgabenorientierten getreten war und die Arbeiter die Mechanismen des Tausches von Arbeitskraft pro Zeit gegen Lohn selbst anwenden konnten, standen Arbeitszeit- und Lohnforderungen in einem unmittelbaren Zusammenhang. Löhne und Arbeitszeiten waren nur noch zwei Seiten der selben Sache.

Außer dem Lohn-Leistungs-Konflikt stimulierten Auseinandersetzungen um Veränderungen des Arbeitsprozesses oder Arbeitsablaufs Organisierungsbemühungen. Der Niedergang handwerklicher Produktion infolge einer veränderten Produktions- und Absatzorganisation sowie infolge der

Mechanisierung förderte die Vereinsbildung unter den Textilhandwerkern und Schneidern.

Darüber hinaus schlossen sich viele Arbeiter vor der Aktualisierung von Spannungen den gewerkschaftlichen Organisationen an in der Hoffnung, so im Falle eines Arbeitskampfes Unterstützung aus einer Streikkasse beziehen zu können. Eine dauernde Stabilisierung der Arbeiterorganisationen wurde jedoch einstweilen dadurch verhindert, daß eine große Zahl von Arbeitern nach einem Arbeitskampf, insbesondere wenn er in einer Niederlage endete, die Organisationen wieder verließen.

Die jeweilige konjunkturelle Lage förderte oder hemmte die Bestrebungen der Arbeiterschaft. In Phasen der Hochkonjunktur erlaubten die Marktbedingungen weit eher ein Durchsetzen der Arbeiterforderungen als während wirtschaftlicher Krisenzeiten. Die Kampfzeiten der Gewerkschaften fielen daher in wirtschaftliche Boomphasen.[5]

Jedoch scheint der Effekt der Wirtschaftsentwicklung bei verschiedenen Arbeitergruppen unterschiedlich zu sein. Überwog als Beitrittsmotiv zu einer Gewerkschaft die Teilhabe an einer Unterstützungskasse – wie bei den Textilarbeitern in Crimmitschau und Umgebung –, dann war die Stabilität der Organisation weit weniger konjunkturabhängig als wenn sie sich in erster Linie auf Arbeitskämpfe konzentrierte. In besonderem Maße konjunkturabhängig waren die Bauarbeiterorganisationen. Das lag nicht allein daran, daß das Baugewerbe selbst sehr stark auf saisonale und konjunkturelle Schwankungen reagierte, sondern auch daran, daß das gewerkschaftliche Organisationsmotiv sich weitgehend auf den Lohn- und Arbeitszeitkonflikt beschränkte, der seitens der Arbeiter nur während der Bausaison und der Hochkonjunkturphasen aktualisierbar war. Bei den Maschinenbauarbeitern nahm derselbe Konflikt zwar auch eine bedeutende Rolle ein, darüber hinaus jedoch stimulierten Rationalisierungsmaßnahmen und Dequalifikationen der Arbeiter das Interesse an einer kollektiven Interessenvertretung auch während wirtschaftlichen Krisenzeiten. Tatsächlich waren die Bestrebungen, die Metallarbeiterorganisationen zu vereinen und zu konsolidieren, eine Folge der Wirtschaftskrise.

Überhaupt regten wirtschaftliche Krisenerscheinungen eine Zusammenfassung der gewerkschaftlichen Kräfte an. Im Boom förderten Erfolge Neugründungen und eine rasche Ausdehnung der Arbeiterorganisationen. Selbst relativ kleine Gruppen verfügten über eigene Vereine. Die Zersplitterung der Arbeiterbewegung in den frühen 1870er Jahren war auch eine Konsequenz der guten wirtschaftlichen Bedingungen für Organisationsbestrebungen. Die Umkehrung dieser Situation in der Krise hatte den gegenteiligen Effekt. Der Rückgang der Mitgliedschaft zwang zur Zusammenfassung aller Kräfte. Anstelle ideologischer und persönlicher Rivalitäten traten nun stärker die gemeinsamen arbeitsbezogenen Interessen hervor. Die Konsolidierungstendenzen der Arbeiterbewegung nach 1875 waren in hohem Maße eine Folge der Verschlechterung der Lage der Arbeiterschaft.

Sowohl die Beurteilung von Entwicklungen der Arbeitsbedingungen als auch Maßnahmen zur Errichtung von Arbeiterorganisationen waren vielfach traditionsgeleitet.[6] Die Erfahrungen in einem kapitalistisch verfaßten Wirtschaftssystem wurden an Werten und Normen gemessen, die häufig vorindustriellen Gesellschaftsvorstellungen entsprachen. Die soziale Desintegration der Trägerschaft der Arbeiterbewegung resultierte gerade aus dem Zerfall ständischer oder zünftiger Institutionen. Die kapitalistische Wirtschaft drängte viele dem Handwerk entstammende Arbeiter in eine neue „Unterschicht",[7] in der sie sich nun mit Personen verschiedener unterständischer Herkunft auf eine Stufe gestellt sahen. Dieser Statusverlust brachte für die Betroffenen den politischen und sozialen Ausschluß aus der bürgerlichen preußisch-deutschen Gesellschaft mit sich. Es ist daher kein Zufall, daß sich Formen des Protestes und die frühe Organisationsbildung an überlieferten Vorbildern orientierten und gleichsam hergebrachte Institutionen, insbesondere ihre sozialfürsorgerischen Funktionen, wiederherstellen sollten.

Das Anknüpfen an tradierte Organisations- und Artikulationsmodelle hatte einen entscheidenden Einfluß auf den Erfolg von Vereinigungsinitiativen. Für die Bauarbeiter in Berlin und die Textilarbeiter in Crimmitschau konnte nachgewiesen werden, daß zumindest der anfängliche Organisationserfolg durch die Kenntnis tradierter Organisationsmuster und den Wunsch nach Wiederherstellung der sozialsichernden Unterstützungskassen ermöglicht wurde. Auch die frühe Organisationsbildung der Schneider ging auf Zunfttraditionen zurück. Jedoch zeigen die Beispiele der Schneider und der Berliner Maschinenbauer, daß Traditionen allein keine hinreichende Grundlage für dauernden Organisationserfolg sind. Die erste gewerkschaftliche Organisation der Maschinenbauarbeiter auf liberaler Grundlage büßte einen großen Teil ihres Anhanges ein, weil sich diese Vereinigung in Konfliktfällen als unzureichend erwies.

Traditionen erwiesen sich damit als ein wichtiges, vielleicht sogar unerläßliches Vehikel bei einer erfolgreichen Organisationsbildung, jedoch wurden sie in dem Augenblick der Gründung gewerkschaftlicher Vereinigungen bereits transzendiert, denn die Errichtung von Streikkassen – dies war ein zentrales Anliegen fast aller Gewerkschaftsgründungen – ging über die von den Zünften vorgegebenen Muster hinaus. In der Bildung von Streikkassen schlug sich vielmehr schon die Kenntnis der neuartigen Marktvermittlung von Löhnen, Arbeits- und Lebenschancen sowie der Versuch, dieses Marktgeschehen zu beeinflussen, nieder.

Die Organisierung der Arbeiterschaft war Teil eines gesamtgesellschaftlichen Formierungsprozesses. Daher muß die Entwicklung der Arbeiterorganisationen in ihrer Abhängigkeit von anderen Organisationstendenzen gesehen werden. Die Erfolgschancen der Arbeiter bei Verwirklichung ihrer Forderungen sanken, wenn die Unternehmer sich erfolgreich selbst organisieren konnten. Dies war ganz offensichtlich im Maschinenbau der Fall.

Der hohe Organisationsgrad der Kapitaleigner in Form von Aktiengesellschaften, Großbetrieben und Unternehmerkoalitionen erlaubte ein koordiniertes Vorgehen gegen gewerkschaftliche Bestrebungen. Auch in der Schneiderei vereitelte die Organisation der Produktion durch Konfektionäre und deren Zwischenmeister Erfolge der Arbeiterbewegung. Hingegen zeigte sich im Bauhandwerk, daß die Fragmentierung der vielen kleineren Baubetriebe für die Arbeiter vorteilhaft war.

Ein Teil des gesellschaftlichen Organisationsprozesses war auch die verstärkte Staatstätigkeit. Die Arbeiterbewegung erlebte den preußisch-deutschen Staat in erster Linie als Gegner ihrer Bestrebungen, der im Interesse der Unternehmer handelte. Die staatlichen Repressionsmaßnahmen, die ihren Höhepunkt im Sozialistengesetz fanden, behinderten die Entwicklung der Arbeiterorganisationen. Sie trugen jedoch auch entscheidend zur Vereinheitlichung der politischen Interessenartikulation der Arbeiterschaft bei. Strafrechtliche Verfolgungsmaßnahmen und Beschränkungen der politischen Tätigkeiten während der Ära Tessendorf, die sich als Vorspiel zu dem Sozialistengesetz erwies, ließen ideologische Differenzen zwischen den Fraktionen der sozialdemokratischen Arbeiterbewegung unbedeutend werden[8] und beschleunigten den Vereinigunsprozeß von ADAV und SDAP. Die Unterdrückungsversuche hatten so den Effekt, die Arbeiterschaft zu politisieren,[9] weil die kollektive politische Desintegration aktualisiert und verdeutlicht wurde.

Die im deutschen Kaiserreich untrennbar verknüpfte politische *und* soziale Desintegration der Arbeiterschaft führte dazu, daß die organisierte Arbeiterbewegung gleichzeitig als politische und soziale Emanzipationsbewegung entstand. Das Neben- und Miteinander von Gewerkschaften, Genossenschaften, Hilfskassen und der politischen Partei schuf die Grundlage, auf der die sozialdemokratische Arbeiterbewegung als Massenbewegung entstand.

Verzeichnis der Abkürzungen

ADAV	Allgemeiner Deutscher Arbeiterverein (1863–1875)
AfS	Archiv für Sozialgeschichte
Bd., Bde.	Band, Bände
Bl.	Blatt, Blätter
BzG	Beiträge zur Geschichte der Arbeiterbewegung
fl.	Gulden (1 fl. = 60 kr., entsprach 1,71 Mark)
GG	Geschichte und Gesellschaft
Hg., hg.	Herausgeber, herausgegeben
HStAD	Hauptstaatsarchiv Düsseldorf
IISG	Internationales Institut für Sozialgeschichte, Amsterdam
IRSH	International Review of Social History
IWK	Internationale wissenschaftliche Korrespondenz zur Geschichte der deutschen Arbeiterbewegung
Jg.	Jahrgang
kr.	Kreuzer
LADAV	Lassallescher Allgemeiner Deutscher Arbeiterverein
M	Mark
maschr.	maschinenschriftlich
MEW	Marx-Engels-Werke
NSD	Neuer Social-Demokrat
NWB	Neue Wissenschaftliche Bibliothek
Pf.	Pfennig
PVS	Politische Vierteljahresschrift
SAP	Sozialistische Arbeiterpartei (1875–1878)
SDAP	Sozialdemokratische Arbeiterpartei (1869–1875)
Sgr.	Silbergroschen
Sp.	Spalte
StAD	Staatsarchiv Dresden
StAL	Staatsarchiv Ludwigsburg
StAP	Staatsarchiv Potsdam, ehemals Brandenburgisches Landeshauptarchiv
StAW	Staatsarchiv Würzburg
SVfSP	Schriften des Vereins für Socialpolitik
T.	Teil
Tlr.	Taler (1 Tlr. = 30 Sgr. = 360 Pf., entsprach 3 Mark)
VDAV	Vereinstag/Verband Deutscher Arbeitervereine
Vst.	Volksstaat
ZfG	Zeitschrift für Geschichtswissenschaft
ZStAM	Zentrales Staatsarchiv Merseburg, ehemals Deutsches Zentralarchiv, Abt. II
ZStAP	Zentrales Staatsarchiv Potsdam, ehemals Deutsches Zentralarchiv, Abt. I

Anmerkungen

I. Einleitung

1 Die Beschränkung auf die sozialdemokratische Arbeiterbewegung soll jedoch nicht darüber hinwegtäuschen, daß eine Arbeiterbewegung nicht eo ipso sozialdemokratisch ist. Die Existenz von – teilweise erfolgreichen – liberalen und christlich-sozialen Arbeiterorganisationen beweist gerade das Gegenteil. Es bedarf vielmehr der Frage, warum sich in Deutschland sozialdemokratische Arbeiterorganisationen erfolgreicher als andere entwickelt haben. Im Rahmen dieser Arbeit wird auf nicht-sozialdemokratische Arbeiterorganisationen nur eingegangen, soweit sie als Konkurrenzorganisationen einen Einfluß auf die Entwicklung sozialdemokratischer Vereinigungen hatten.

2 Vgl. u. a. C. *Stephan*, ,,Genossen, wir dürfen uns nicht von der Geduld hinreißen lassen!" Aus der Urgeschichte der Sozialdemokratie, Frankfurt 1977; S. *Miller*, Das Problem der Freiheit im Sozialismus, Frankfurt 1964; H.-J. *Steinberg*, Sozialismus und deutsche Sozialdemokratie, Bonn-Bad Godesberg (3. Aufl.) 1972.

3 Vgl. u. a. H. *Grebing*, Geschichte der deutschen Arbeiterbewegung, München 1966, [8]1977; F. *Mehring*, Geschichte der deutschen Sozialdemokratie, 2 Bde., Berlin-DDR 1960; H. *Wachenheim*, Die deutsche Arbeiterbewegung, 1844–1914, Opladen 1967; *Institut für Marxismus-Leninismus beim Zentralkomitee der SED* (Hg.), Geschichte der deutschen Arbeiterbewegung, Kapitel III, Berlin-DDR 1966; speziell den Untersuchungszeitraum dieser Arbeit behandelt G. *Eckert*, Die Konsolidierung der sozialdemokratischen Arbeiterbewegung zwischen Reichsgründung und Sozialistengesetz, in: H. *Mommsen* (Hg.), Sozialdemokratie zwischen Klassenbewegung und Volkspartei, Frankfurt 1974; A. *Herzig*, Der Allgemeine Deutsche Arbeiter-Verein in der deutschen Sozialdemokratie. Dargestellt an der Biographie des Funktionärs Carl Wilhelm Tölcke (1817–1893), Berlin 1979. Zur Geschichte der Gewerkschaften vgl. u. a. H. *Müller*, Die Organisationen der Lithographen, Steindrucker und verwandten Berufe, Berlin 1917; W. *Ettelt* u. H.-D. *Krause*, Der Kampf um eine marxistische Gewerkschaftspolitik in der deutschen Arbeiterbewegung 1868 bis 1878, Berlin-DDR 1975. Eien umfassende Studie zur Organisationsgeschichte der deutschen Gewerkschaften zwischen 1870 und 1890 legt W. Albrecht demnächst vor.

4 Vgl. M. *Schneider*, Gewerkschaften und Emanzipation. Methodologische Probleme der Gewerkschaftsgeschichtsschreibung über die Zeit bis 1917/18, in: AfS, Bd. 17, 1977, S. 442.

5 Vgl. *Eckert*, S. 35 ff.; D. *Groh*, Die Sozialdemokratie im Verfassungssystem des 2. Reiches, in: H. *Mommsen*, S. 62–83.

6 Vgl. E.-W. *Böckenförde*, Der Verfassungstyp der deutschen konstitutionellen Monarchie im 19. Jahrhundert, in: ders. (Hg.), Moderne deutsche Verfassungsgeschichte (1815–1918), Köln 1972, S. 146–170.

7 Vgl. W. *Schieder*, Das Scheitern des bürgerlichen Radikalismus und die sozialistische Parteibildung in Deutschland, in: H. *Mommsen*, S. 17–34.

8 Vgl. R. *Koselleck*, Preußen zwischen Reform und Revolution. Allgemeines Landrecht, Verwaltung und soziale Bewegung von 1791 bis 1848, Stuttgart 1967, [2]1975, S. 611 ff.

9 Vgl. U. *Engelhardt*, Gewerkschaftliche Interessenvertretung als ,,Menschenrecht". Anstöße und Entwicklung der Koalitionsrechtsforderung in der preußisch-deutschen Arbeiterbewegung 1862/63–1865 (1869), in: ders. u. a. (Hg.), Soziale Bewegung und politische Verfassung. Beiträge zur Geschichte der modernen Welt, Stuttgart 1976, S. 541.

10 Längerfristig besaßen die Genossenschaften für den Aufbau einer Massenbasis der Arbeiterbewegung nicht dieselbe Bedeutung wie die Gewerkschaften.

11 Wie stark die Gewerkschafts- und Parteibildungsprozesse miteinander verzahnt waren, belegt am Beispiel der Buchdrucker G. *Beier*, Schwarze Kunst und Klassenkampf, Bd. 1: Vom Geheimbund zum königlich-preußischen Gewerkverein (1830–1890), Frankfurt o. J., S. 376 ff.

12 J. *Kocka*, Klassengesellschaft im Krieg. Deutsche Sozialgeschichte 1914–1918, Göttingen 1973, ²1978, S. 3 ff.

13 Vgl. dazu auch E. P. *Thompson*, The Making of the English Working Class, (Penguin-Ausgabe), Harmondsworth, Middlesex 1968, S. 8 f., 939; M. *Vester*, Die Entstehung des Proletariats als Lernprozeß, Frankfurt 1970, S. 32 f.

14 Vgl. T. *Geiger*, Die soziale Schichtung des deutschen Volkes. Soziographischer Versuch auf statistischer Grundlage, Stuttgart 1932, 2. Nachdruck Darmstadt 1972, S. 46 f.

15 Vgl. H. *Zwahr*, Zur Konstituierung des Proletariats als Klasse. Strukturuntersuchung über das Leipziger Proletariat während der industriellen Revolution, in: H. *Bartel* u. E. *Engelberg* (Hg.), Die großpreußisch-militaristische Reichsgründung 1871, Bd. 1, Berlin-DDR 1971, S. 506.

16 Vgl. C. *Stephan*. „Wir pfeifen auf den Fortschritt", in: Kursbuch 52, 1978, S. 163 ff.; M. *Henkel* u. R. *Taubert*, Was läuft? Minima historica aus der politischen Werkstatt unserer Vorfahren, in: Kursbuch 50, 1977, S. 35 ff.

17 In diesem Sinne argumentierten bereits A. *Weber*, Das Berufsschicksal der Industriearbeiter, in: Archiv für Sozialwissenschaft und Sozialpolitik, 34. Bd., 1912, S. 380 f. u. *Geiger*, S. 14: „Das Märchen von der Uniformität des Proletariats ist längst aufgegeben, ohne daß es nötig wäre, das Vorhandensein einer proletarischen Klasse als Sozialgebilde zu bezweifeln."

18 Vgl. *Schneider*, S. 440 f.; H. *Zwahr*, Zur Strukturanalyse der sich konstituierenden deutschen Arbeiterklasse, in: BzG, 18. Jg., 1976, S. 608; K. *Marx*, Fragebogen für Arbeiter, in: MEW, Bd. 19, Berlin-DDR 1973, S. 230 ff.; vgl. dazu auch Y. *Karsunke* u. G. *Wallraff*, Fragebogen für Arbeiter, in: Kursbuch 21, 1970, S. 2 ff.

19 Vgl. dazu die speziell auf die Bergarbeiterschaft bezogenen Studien von K. *Tenfelde*, Sozialgeschichte der Bergarbeiterschaft an der Ruhr im 19. Jahrhundert, Bonn-Bad Godesberg 1977, S. 114 ff., 321 ff.; ders., Mining Festivals in the Nineteenth Century, in: Journal of Contemporary History, Bd. 13, 1978, S. 377–412; ders., Bergmännisches Vereinswesen im Ruhrgebiet während der Industrialisierung, in: J. *Reulecke* u. W. *Weber*, Fabrik – Familie – Feierabend, Wuppertal 1978, S. 315–344; speziell zur Wohnungssituation vgl. L. *Niethammer* unter Mitarbeit von F. *Brüggemann*, Wie wohnten die Arbeiter im Kaiserreich, in: AfS, Bd. 16, 1976, S. 61–134. Noch keine hinreichende Beachtung hat meines Wissens die Funktion der Gastwirtschaften, der „Kneipen", für die Verständigung der Arbeiter untereinander gefunden.

20 Vgl. W. H. *Schröder*, Arbeitergeschichte und Arbeiterorganisation. Industriearbeit und Organisationsverhalten im 19. und frühen 20. Jahrhundert, Frankfurt 1978, S. 193 ff.; H. *Zwahr*, Zur Konstituierung des Proletariats als Klasse. Strukturuntersuchung über das Leipziger Proletariat während der industriellen Revolution, Berlin-DDR 1978, S. 108 f., passim.

21 Vgl. S. *Weil*, Fabriktagebuch und andere Schriften zum Industriesystem, Frankfurt 1978, S. 141: „Meiner Ansicht nach kann es [das Klassenbewußtsein] durch gesprochene oder geschriebene Worte kaum entfacht werden. Es ist durch die effektiven Lebensbedingungen bestimmt. Kränkungen und Leiden, Unterordnung rufen es hervor . . ." In ähnlichem Sinne bezüglich der proletarischen Parteibildung *Schieder*, S. 18: „. . . der entscheidende Faktor proletarischer Parteibildung war . . . weniger das theoretische Bewußtsein ökonomischer Zusammenhänge als vielmehr die unmittelbare Erfahrung sozialer Konflikte . . ."

22 *Schneider*, S. 414.

23 Vgl. *Kocka*, S. 4 f.

24 Vgl. R. *Vetterli,* Industriearbeit, Arbeiterbewußtsein und gewerkschaftliche Organisation. Dargestellt am Beispiel der Georg Fischer AG (1890–1930), Göttingen 1978, S. 13.

25 Zur Begründung vgl. W. *Köllmann,* Zur Bedeutung der Regionalgeschichte im Rahmen struktur- und sozialgeschichtlicher Konzeptionen, in: AfS, Bd. 15, 1975, S. 43 ff.; *Schneider,* S. 405, 442 f.

26 Vgl. L. *Machtan,* Konjunkturen des Klassenkampfes, 1871–1875. Bedingungen, Ausmaß und Erfahrungsgehalt der Streikbewegung in Preußen-Deutschland, phil. Diss. Bremen 1977 (maschr.), S. 268 f.

27 E. *Bernstein,* Die Geschichte der Berliner Arbeiterbewegung. Ein Kapitel zur Geschichte der deutschen Sozialdemokratie, 3 Teile, Berlin 1907–1910.

28 Vgl. die Literaturübersicht von K. *Tenfelde,* Wege zur Sozialgeschichte der Arbeiterschaft und Arbeiterbewegung. Regional- und lokalgeschichtliche Forschungen (1945–1975) zur deutschen Arbeiterbewegung bis 1914, in: H.-U. *Wehler* (Hg.), Die moderne deutsche Geschichte in der internationalen Forschung 1945–1975, Göttingen 1978, S. 197–225.

29 L. *Baar,* Die Berliner Industrie in der industriellen Revolution, Berlin-DDR 1966.

30 J. *Bergmann,* Das Berliner Handwerk in den Frühphasen der Industrialisierung, Berlin 1973.

31 Vgl. L. H. A. *Geck,* Die sozialen Arbeitsverhältnisse im Wandel der Zeit. Eine geschichtliche Einführung in die Betriebssoziologie, Berlin 1931, Nachdruck Darmstadt 1977.

32 Vgl. S. u. B. *Webb,* Die Geschichte des britischen Trade Unionismus, Stuttgart 1895, S. 21 f.: „In allen Fällen, wo Trade Unions entstanden, hatte die große Masse der Arbeiter aufgehört, unabhängige Produzenten zu sein, die selbst den Arbeitsprozeß kontrollieren und Eigentümer des Materials und Produkts ihrer Arbeit sind, und waren in das Verhältnis von Lohnarbeitern auf Lebenszeit getreten, die weder Produktionswerkzeuge noch die Waren im fertigen Zustand eigneten."

33 Vgl. E. P. *Thompson,* Time, Work-Discipline and Industrial Capitalism, in: Past and Present, Bd. 39, 1967, S. 56–97.

34 Vgl. *Webb,* S. 5: „Der gelernte Arbeiter des qualifizierten Handwerks gehörte bis in eine verhältnismäßig neuere Zeit demselben sozialen Stand an wie sein Arbeitsherr." Vgl. auch E. *Michel,* Sozialgeschichte der industriellen Arbeitswelt, Frankfurt 1953 (3. Aufl.), S. 45 ff., 63.

35 Vgl. A. *Noll,* Sozioökonomischer Strukturwandel des Handwerks in der zweiten Phase der Industrialisierung unter besonderer Berücksichtigung der Regierungsbezirke Arnsberg und Münster, Göttingen 1975.

36 N. *Eickhof,* Eine Theorie der Gewerkschaftsentwicklung. Entstehung, Stabilität und Befestigung, Tübingen 1973, S. 9 ff.

37 Vgl. F. D. *Marquardt,* Sozialer Aufstieg, sozialer Abstieg und die Entstehung der Berliner Arbeiterklasse 1806–1848, in: H. *Kaelble* (Hg.), Geschichte der sozialen Mobilität seit der industriellen Revolution, Königstein/Ts. 1978, S. 135 ff.

38 S. *Thernstrom,* Soziale Mobilität der Arbeiterklasse in Amerika, in: *Kaelble,* S. 201–219, weist auf die Bedeutung sowohl der regionalen als auch sozialen Stabilität der Arbeiterklasse für eine erfolgversprechende Organisierung hin. Ähnlich auch F. *Engels,* Die Lage der arbeitenden Klasse in England, in: MEW, Bd. 2, Berlin-DDR 1976, S. 251: Das Proletariat sei erst dann in der Lage selbständige Bewegungen auszuführen, wenn der Arbeiter keine andere Aussicht habe, als lebenslang Proletarier zu bleiben.

39 Vgl. *Geck,* S. 40 ff.

40 Vgl. V. *Hunecke,* Arbeiterschaft und Industrielle Revolution in Mailand 1859–1892. Zur Entstehungsgeschichte der italienischen Industrie und Arbeiterbewegung. Göttingen 1978, S. 36 f. H. sieht in der „Aussicht auf wirtschaftliche Gewinne für die Unterklassen" einen wesentlichen Unterschied in der deutschen und italienischen Industrialisierung.

41 *Weber,* S. 381.

42 Vgl. dazu *Zwahr,* in: *Bartel* u. *Engelberg,* S. 508; ders., Zur Strukturanalyse, S. 617.

43 Vgl. E. J. *Hobsbawn,* Economic Fluctuation, in: ders., Labouring Men, London 1964, S. 129 ff.; P. N. *Stearns,* Measuring the Evolution of Strike Movements, in: IRSH, Bd. 19, 1974, S. 3 ff.

44 Diese knappe Darstellung orientiert sich vornehmlich an E. *Bernstein,* Geschichte der Berliner Arbeiterbewegung, Erster Teil: Vom Jahre 1848 bis zum Erlaß des Sozialistengesetzes, Berlin 1907.

45 Vgl. *Bernstein,* S. 1 ff.; D. *Bergmann,* Die Berliner Arbeiterschaft in Vormärz und Revolution, 1830–1850, in: O. *Büsch* (Hg.), Untersuchungen zur Geschichte der frühen Industrialisierung vornehmlich im Wirtschafsraum Berlin/Brandenbug, Berlin 1971.

46 Vgl. *Bernstein,* S. 114–158.

47 Ebd., S. 166 f. Zum Streik vgl. U. *Engelhardt,* ,,Nur vereinigt sind wir stark", 2Bde., Stuttgart 1977, S. 379 ff.

48 Schulze-Delitzsch, ein Organisator liberaler Arbeitervereinigungen, meinte 1863, der ,,Arbeiter könne nicht einseitig seinen Lohn festsetzen", zit. nach *Bernstein,* S. 120.

49 Vgl. IISG, Nachlaß Becker, D II 318, Lübkert an Becker am 21. 2. 1869. Bremer, Mitglied des Magdeburger Reformvereins, dann des ADAV und später Gründungsmitglied der SDAP beklagte sich, daß der ADAV in Magdeburg wieder Anhänger gewonnen hätte, weil dessen Agitatoren versprochen hätten, die Löhne auf 1 Tlr. täglich zu erhöhen. Die besser Gesinnten würden dadurch von der Bewegung ferngehalten, vgl. IISG, Nachlaß Becker, D I 257, Bremer an Becker am 10. 5. 1870. Die Orthographie innerhalb von Zitaten wurde i. d. R. modernisiert.

50 StAP, Rep. 30 Bln C, Tit. 94, Lit. P, Nr. 377 (12 193), Bl. 379 ff. (Polizeibericht 1869).

51 Vgl. August Bebels Kommentar zu Schweitzers Politik in einem Brief an Johann Philipp Becker vom 15. 7. 1869: ,,Losschlagen auf dem sozialen Gebiete bis ins äußerste Extrem, aber Beiseiteschieben der politischen Frage." In: A. *Bebel,* Ausgewählte Reden und Schriften, Bd. 1, Berlin-DDR 1970, S. 569.

52 Vgl. *Müller,* S. 132 ff.; G. *Mayer,* Johann Baptist von Schweitzer und die Sozialdemokratie, Jena 1909, S. 226 ff.; *Mehring,* S. 312 ff.

53 Schweitzers ,,Staatsstreich" war dessen oktroyierte Auflösung des ADAV und Verschmelzung mit der Splitterfraktion LADAV, der von der Gräfin Hatzfeld und ihrem ,,Präsidenten" Mende geleitet wurde, zu einem neuen ADAV in der Form eines ,,Theatercoups" im Juni 1869. Formal begründete man das Vorgehen mit dem Wunsch der Wiedererlangung der Einheit der lassalleanischen Bewegung, tatsächlich stand aber wohl das Interesse Schweitzers im Vordergrund, mit Hilfe dieses Coups die Beschränkungen der Macht des ADAV-Präsidenten, die auf der Generalversammlung in Barmen 1869 beschlossen worden waren, wieder zu beseitigen. Eine Bedingung der Vereinigung war die Wiedereinführung von Lassalles Statut von 1863. Dieser ,,Staatsstreich" und die ,,Diktatur" Schweitzers wurden zum Anlaß für die Gründung der SDAP. Vgl. A. *Bebel,* Aus meinem Leben, Zweiter Teil, Stuttgart 1911, S. 59–85, spez. S. 72 ff.; *Mayer,* S. 311 ff.; *Mehring,* S. 341 ff.; *Wachenheim,* S. 117; *Herzig,* S. 176 ff.

54 Vgl. dazu das nächste Kapitel dieser Arbeit.

55 Vgl. *Bernstein,* S. 206 ff. Die geringe Bedeutung, die der ADAV 1871 in Berlin hatte, belegen auch die Ergebnisse der Reichstagswahlen. Von 38 391 in Berlin abgegebenen Stimmen entfielen nur 1982 (= 5,2%) auf den ADAV. Auf Johann Jacoby, Demokratische Partei, entfielen 6393, auf die Kandidaten der Fortschrittspartei 25 473 Stimmen, vgl. ebd., S. 222. Partiell läßt sich das schlechte Abschneiden des ADAV bei der Reichstagswahl 1871 wohl auch mit dem Ausschluß großer Teile der Arbeiterschaft von der Wahl begründen. § 2 des Wahlgesetzes des Norddeutschen Bundes, der später unverändert in die Reichsgesetzgebung übernommen wurde, schloß ,,Personen des Soldatenstandes, des Heeres und der Marine . . . so lange, als dieselben sich bei der Fahne befinden" vom aktiven Wahlrecht aus. (Bundesge-

setzblatt des Norddeutschen Bundes, 1869, S. 145.) Im März 1871, zum Zeitpunkt der Reichstagswahl, waren sehr viele zum Heeresdienst eingezogene Arbeiter noch nicht wieder entlassen worden.

56 Vgl. Protokoll der Generalversammlung des Allgemeinen deutschen Arbeiter-Vereins zu Berlin vom 19. bis 25. Mai 1871, S. 1, 51 ff.

57 Vgl. *Bernstein,* S. 284.

58 Ebd., S. 287. 1871 waren im 6. Wahlkreis nur 82 Stimmen für den ADAV abgegeben worden, ebd., S. 222.

59 Vgl. Lübkert an Becker, 21. 2. 1869, in: IISG, Nachlaß Becker, D II 318: „. . . die Maschinenbauer sind die Knüppeljungen der Schulzeschen Quacksalberei . . .".

60 Vgl. *Bernstein,* S. 286 f.

61 *Eckert,* S. 50.

62. Vgl. *Bernstein,* S. 320.

63 Vgl. ebd., S. 388 ff.

64 StAP, Rep. 30, Bln. C, Tit. 94, Lit. S, Nr. 1175 (12 980), Bl. 2 (22. 11. 1871); ZStAM, Rep. 77, Tit. 500, Nr. 42, Bd. 2, Bl. 499. Die Bedeutung der Gewerkschaften für den Erfolg der Sozialdemokratie wurde am 30. 11. 1874 noch einmal unterstrichen: Diese dienten „. . . zu dem Zwecke, diejenigen Arbeiter, welche noch zu sehr an ihrem Gewerk hingen, und für die Prinzipien des Vereins (ADAV, W. R.) kein Verständnis hatten, dadurch, daß ihnen die Verbesserung ihrer Lage durch Gewährung von Unterstützungen, namentlich bei Streiks, in Aussicht gestellt wurde, dem Vereinsleben zuzuführen . . .", in: ebd., Bd. 6, Bl. 64.

65 Vgl. dazu die Ausführungen zu den Arbeitskämpfen in dieser Arbeit.

66 Vgl. W. *Renzsch,* Einleitung zum Nachdruck des „Agitator", Berlin-Bonn 1978, S. VII ff.; NSD, Nr. 2, 5. 7. 1871, Nr. 9, 21. 7. 1871, Nr. 10, 23. 7. 1871, Nr. 12, 28. 7. 1871, Nr. 14, 2. 8. 1871.

67 Vgl. *Mayer,* S. 226 ff., 313.

68 NSD, Nr. 61, 19. 11. 1871.

69 Vgl. A. *Moses,* Das Gewerkschaftsproblem in der SDAP 1869–1878, in: Jahrbuch des Instituts für Deutsche Geschichte an der Universität Tel Aviv, 3. Bd., 1974, S. 180 ff. Vgl. auch Bebel auf dem Eisenacher Gründungskongreß, in: Protokoll über die Versammlung des Allgemeinen Deutschen sozialdemokratischen Arbeiterkongresses zu Eisenach am 7., 8. und 9. August 1869, Leipzig 1869 (Nachdruck Glashütten/Bonn-Bad Godesberg 1971,) S. 40: „Niemand von uns wird behaupten, daß die Gewerksgenossenschaften die soziale Frage lösen . . ."

70 Vgl. Protokoll der Generalversammlung des Allgemeinen deutschen Arbeitervereins zu Berlin vom 22. bis 25. Mai 1872, Berlin 1872, S. 4 ff.

71 Vgl. Protokoll der Generalversammlung des Allgemeinen deutschen Arbeitervereins zu Berlin vom 18. bis 24. Mai 1873, Berlin 1873, S. 42, 47.

72 Vgl. ebd., S. 76.

73 Vgl. Protokoll der Generalversammlung des Allgemeinen deutschen Arbeitervereins zu Hannover vom 26. Mai bis 5. Juni 1874, Berlin 1874, S. 4, 37 ff.

74 NSD, Nr. 41, 10. 4. 1874.

75 Vgl. S. *Na'aman,* Demokratische und soziale Impulse in der Frühgeschichte der deutschen Arbeiterbewegung der Jahre 1862/63, Wiesbaden 1969, S. 97; ders., Lassalle, Hannover 1970, S. 682 ff.

76 Vgl. dazu auch die Ausführungen in Kap. II u. V dieser Arbeit. Leider gibt es über den ADAV m. W. keine Quellen, die vergleichbar sind mit denen über die Mitgliederstruktur der Berliner SDAP-Gruppe und des liberalen Berliner Arbeitervereins.

77 Vgl. H. *Gemkow,* Zur Tätigkeit der Berliner Sektion der Internationale, in: BzG, 1. Bd., 1959, S. 526 ff.

78 Vgl. S. *Na'aman,* Von der Arbeiterbewegung zur Arbeiterpartei, Der Fünfte Vereinstag

der Deutschen Arbeitervereine zu Nürnberg im Jahre 1868. Eine Dokumentation, Berlin 1976, S. 171 f.

79 Vgl. *Bernstein,* S. 181; StAP, Rep. 30 Bln C, Tit. 95, Lit. A 37 (14 938), Bl. 6, 13.

80 Vgl. StAP, Rep. 30 Bln. C, Tit. 95, Lit. W 40 (15 562), Bl. 42, 215.

81 *Bernstein,* S. 252.

82 Die Tabellen 1–3 wurden zusammengestellt aufgrund der von den Vereinen dem Berliner Polizeipräsidium eingereichten Mitgliedslisten. Vgl. StAP, Rep. 30 Bln C, Tit. 95, Lit. A 37 (14 938), passim u. ebd., Lit. W 40 (15 562), passim. Die Angaben für den Sozialdemokratischen Wahlverein sind nicht vollständig. Für 1874 liegen nur die Berufsangaben der Vorstandsmitglieder vor. Lediglich für die 1875 neu hinzugekommenen Mitglieder wurden durchgängig die Berufe genannt. Insgesamt verzeichnete der Wahlverein von seiner polizeilichen Anmeldung im Oktober 1874 bis zum letzten Nachtrag zur Mitgliederliste 239 Namenseintragungen. Von 88 Eingetretenen ist der Beruf bekannt.
Die Berufsnennungen „Fabrikant", „Drechslermeister", „Kolporteur" und „Möbelpolier" weisen m. E. nicht mit hinreichender Sicherheit auf eine manuelle oder nichtmanuelle Tätigkeit hin. Zigarren-„fabrikanten" waren z. B. häufig heimgewerbliche Arbeiter. Die Einordnung eines Handwerksmeisters kann sinvollerweise nur auf der Grundlage der Kenntnis der Betriebsgröße erfolgen.

83 Vgl. *Bernstein,* S. 251 f.

84 Vgl. K. *Birker,* Die deutschen Arbeiterbildungsvereine 1840–1870, Berlin 1973, S. 138 ff.; W. *Schmierer,* Von der Arbeiterbildung zur Arbeiterpolitik. Die Anfänge der Arbeiterbewegung in Württemberg 1862/63–1878, Hannover 1970, S. 60. Frühe lassalleanische Organisationen wiesen – im Unterschied zu den Arbeiterbildungsvereinen – eher eine „einheitliche Struktur" auf, vgl. *Na'aman,* Lassalle, S. 684.

85 Vgl. Vst., Nr. 130, 10. 11. 1875. Bei den manuellen Berufen wurden die, die nur einmal genannt wurden, zusammengefaßt.

86 Vgl. *Bernstein,* S. 184 ff.; *Müller,* S. 143 ff. Zur Fortschrittspartei und den liberalen Gewerkvereinen vgl. G. *Seeber,* Deutsche Fortschrittspartei (DFP), 1861–1884, in: Die bürgerlichen Parteien in Deutschland, hg. v. D. *Fricke,* 2 Bde., Leipzig 1968/70, Bd. 1, S. 333–354 u. W. *Schröder* u. P. *Haferstroh,* Verband der Deutschen Gewerkvereine (Hirsch-Dunker) (VDG), 1869–1933, in: ebd., Bd. 2, S. 684–710.

87 Zit. *Bernstein,* S. 186.

88 Vgl. ebd.

89 Vgl. *Schröder* u. *Haferstroh,* S. 687.

90 Vgl. W. *Steglich,* Eine Streiktabelle für Deutschland 1864 bis 1880, in: Jahrbuch für Wirtschaftsgeschichte, 1960, Teil II, Berlin-DDR 1961, S. 253 f. (Streik Nr. 194 und 202). U. *Engelhardt,* Zur Verhaltensanalyse eines sozialen Konflikts, dargestellt am Waldenburger Streik von 1869, in: O. *Neuloh* (Hg.), Soziale Innovation und sozialer Konflikt, Göttingen 1977, S. 69–94.

91 Vgl. M. *Hirsch,* Die Arbeiterfrage und die Deutschen Gewerkvereine. Festschrift zum fünfundzwanzigsten Jubiläum der Deutschen Gewerkvereine (Hirsch-Dunker), Leipzig 1893, S. 56.

92 Ebd., S. 57.

93 Vgl. L. *Machtan,* Zur Streikbewegung der deutschen Arbeiter in den Gründerjahren (1871–1873), in: IWK, 14. Jg., 1978, S. 419 ff.

94 Vgl. dazu die Ausführungen S. 55 ff. u. 163 ff.

95 So der Berliner Polizeipräsident in einem Bericht an den preußischen Innenminister vom 22. November 1871, in: ZStAM, Rep. 77, Tit. 500, Nr. 42, Bd. 2, Bl. 478.

96 Tab. 4 wurde aufgrund der dem Berliner Polizeipräsidium eingereichten Migliederlisten des Berliner Arbeitervereins zusammengestellt (vgl. Anm. 82). StAP, Rep. 30 Bln C, Tit. 95, Lit. A 23, Bd. 3 (14 898) u. Bd. 4 (14 899), passim.

97 Die Liste vom Januar 1871 reicht bis zur laufenden Nr. 152. Jedoch ist Nr. 30 gestrichen und Nr. 117 fehlt.

98 Darunter zähle ich auch Werkführer, Aufseher und Maurerpoliere.

99 Vgl. J. *Bergmann*, Berliner Handwerk, passim; zur Lage der Schneider vgl. Kap. 2 dieser Arbeit; bezgl. der Schuhmacher vgl. W. H. *Schröder*, S. 87 ff., 162 ff., bzgl. der Buchbinder vgl. *Beier*, S. 72 ff.

100 Vgl. *Engelhardt*, ,,Nur vereinigt . . .'', S. 883.

101 Im Jahre 1877 verließen angeblich ca. 900 Maschinenbauarbeiter den Berliner Ortsverein des Gewerkvereins der Maschinenbauer infolge persönlicher und finanzieller Differenzen. (Vgl. *Hirsch*, S. 59.) Abgesehen von der Frage, ob zu diesem Zeitpunkt noch 900 Maschinenbauer in den Listen des Gewerkvereins eingeschrieben waren, erscheinen die Gründe, die Hirsch nennt, für einen derartigen Massenaustritt kaum hinreichend. Unbekannt ist, ob der Berliner Arbeiterverein von diesem Ereignis in Mitleidenschaft gezogen wurde.

102 Vgl. dazu auch Vorwärts, Nr. 26, 29. 11. 1876.

II. Soziale Lage und Organisationsbestrebungen der Bauarbeiter

1 Ich beschränke mich bei der Beschreibung des Bauhandwerks auf Maurer und Zimmerleute als die beiden wichtigsten Arbeitergruppen.

2 Die folgenden Ausführungen orientieren sich an H. H. *Bass*, Arbeiter und Arbeitsverhältnisse in der Bauindustrie in Deutschland 1850–1914, volkswirtsch. Diplomarbeit (maschr.), Münster 1975,; F. *Flechtner*, Das Baugewerbe in Breslau, in: SVfSP, Bd. 70, Leipzig 1897, S. 377 ff.; G. *Schmoller*, Zur Geschichte der deutschen Kleingewerbe im 19. Jahrhundert, Halle 1870, S. 376 ff.

3 Zum Begriff vgl. *Michel*, S. 63.

4 Vgl. A. *Bringmann*, Geschichte der deutschen Zimmererbewegung, 2 Bde., Bd. 1 (2. Aufl.), Hamburg 1909, Bd. 2, Hamburg 1905; hier Bd. 1, S. 30 ff., 91 f.

5 Ebd., S. 71; *Schmoller*, S. 383 f.

6 Vgl. M. *Stürmer*, Herbst des Alten Handwerks. Zur Sozialgeschichte des 18. Jahrhunderts, München 1979, S. 159.

7 Im Jahre 1741 beschäftigte ein Bremer Meister bereits 70 Gesellen, 30 Handlanger und 3 Lehrjungen, vgl. K. *Schwarz*, Die Lage der Handwerksgesellen in Bremen während des 18. Jahrhunderts. Bremen 1975, S. 182. Auch in Berlin kannten die Bauhandwerke keine Beschränkung der Zahl der Gesellen pro Meister, vgl. O. *Wiedfeldt*, Statistische Studien zur Entwicklungsgeschichte der Berliner Industrie von 1720 bis 1890, in: Staats- und Socialwissenschaftliche Forschungen, 16. Bd., 2. Heft, Leipzig 1898, S. 279.

8 Zwischen 1816 und 1861 nahm in Preußen bei einer eher rückläufigen Zahl an Betrieben die Anzahl der Zimmerer um 41%, die der Maurer um 182% stärker zu als die der Bevölkerung, vgl. *Schmoller*, S. 382. Die Anzahl der im deutschen Baugewerbe Beschäftigten stieg von 337 000 im Jahre 1849 auf 1,63 Millionen im Jahre 1913. Relativ war dies eine Steigerung um 384% gegenüber einem Gesamtwachstum von Industrie und Handwerk von 220% während derselben Zeitspanne. Der Anteil des Baugewerbes an den Industriebeschäftigten erhöhte sich in dieser Zeit von 10,6 auf 15,6%, vgl. W. *Fischer*, Die Rolle des Kleingewerbes im wirtschaftlichen Wachstumsprozeß in Deutschland 1850–1914, in: ders., Wirtschaft und Gesellschaft im Zeitalter der Industrialisierung, Göttingen 1972, S 343.

9 Vgl. *Flechtner*, S. 382 ff.; *Stürmer*, S. 160. Auf die oftmals unseriösen Methoden der Kapitalbeschaffung soll hier nicht eingegangen werden.

10 Vgl. *Flechtner,* S. 391 ff.

11 F. *Habersbrunner,* Die Lohn-, Arbeits- und Organisationsverhältnisse im deutschen Baugewerbe, Leipzig 1903, S. 39.

12 *Schwarz,* S. 182.

13 *Bringmann,* Bd. 1, S. 124; vgl. T. *Kreuzkam,* Das Baugewerbe mit besonderer Rücksicht auf Leipzig, in: SVfSP, Bd. 70, Leipzig 1897, S. 610; P. N. *Stearns,* Lives of Labour, London 1975, S. 50, 214; ders., Adaptation to Industrialization: German Workers as a Test Case, in: Central European History, Bd. 3, 1970, S. 307.

14 Vgl. *Flechtner,* S. 381; *Kreuzkam,* S. 575.

15 *Bringmann,* Bd. 1, S. 35 ff.

16 *Kreuzkam,* S. 608.

17 *Bringmann,* Bd. 1, S. 85.

18 Vgl. *Schwarz,* S. 233 ff., 270 f., 295 f., 309 f.

19 J. *Bergmann,* Handwerk, S. 305 f.; *Stearns,* Lives, S. 129; A. *Voigt,* Das Kleingewerbe in Karlsruhe, in: SVfSP, Bd. 64, Leipzig 1895, S. 77.

20 *Bass,* S. 20 f.

21 J. *Bergmann,* S. 156; *Wiedfeld,* S. 286, 291 f.

22 Vgl. *Bass,* S. 19, 33; R. *Samuel,* The Workshop of the World: Steam Power and Hand-Technology in mid-Victorian Britain, in: History Workshop, Heft 3/1977, S. 27, 29.

23 Die folgenden Ausführungen stützen sich teilweise auf eigene Beobachtungen beim Abriß älterer Häuser im Zuge der „Sanierung" der Göttinger Innenstadt.

24 *Hilse,* Die Bewegung der Arbeiterlöhne im Baugewerbe zu Berlin, in: Städtisches Jahrbuch für Volkswirthschaft und Statistik, 1. Jg. 1874, S. 26.

25 K. *Oldenberg,* Das deutsche Bauhandwerk der Gegenwart, phil. Diss. Berlin 1888, S. 27.

26 Vgl. *Bass,* S. 34, 42.

27 *Hilse,* S. 26.

28 *Oldenberg,* S. 27.

29 *Hilse,* S. 26. Im Akkordlohn kostete das Vermauern von 1000 Steinen 3 1/2 Tlr., im Tagelohn dagegen angeblich etwa 5 Tlr.

30 *Oldenberg,* S. 28.

31 Ebd., S. 7, 28.

32 Vgl. *Kreuzkam,* S. 609 ff.; *Oldenberg,* S. 24. Der Wert des Handwerkszeugs (Geschirr) eines Zimmermanns betrug 1865 ca. 7 Tlr., das eines Maurers war etwa halb so teuer.

33 Die hier vorgetragenen Bemerkungen zur Arbeitsverrichtung sind teils aus Interpretationen bildlicher Darstellungen der Bauarbeit, teils aus Beobachtungen moderner Bautätigkeit, die mit Vorsicht auf vergangene Bauweisen übertragen wurden, gewonnen. Graphische Darstellungen von Bauarbeit finden sich z. B. in K. *Anders,* Stein für Stein. Die Leute von Bau-Steine-Erden und ihre Gewerkschaften 1869–1969, Hannover 1969, passim.

34 Vgl. *Hilse,* S. 22 f. Auf die Arbeitsleistungen gehe ich später ausführlicher ein.

35 *Kreuzkam,* S. 611.

36 *Oldenberg,* S. 25.

37 *Bass,* S. 86.

38 Vgl. Berliner Städtisches Jahrbuch, 3. Jg., 1877, S. 6; G. *Berthold,* Die Wohnverhältnisse in Berlin, insbesondere die der ärmeren Klassen, in: SVfSP, Bd. 31, Leipzig 1886, S. 200. Die Zahl der Einwohner Berlins entwickelte sich folgendermaßen:

1858	488 588	1864	632 379	1871	826 341	1880	1 122 330
1861	547 571	1867	702 437	1875	968 858		

39 G. *Assmann,* Die Wohnungsnoth in Berlin, in: Zeitschrift für Bauwesen, Bd. 23, 1873, Sp. 111 ff.

40 Fertiggestellte Neubauten, vgl. *Berthold* S. 208:

1872	1873	1874	1875	1876	1877	1878	1879	1880	1881
309	571	608	717	670	523	508	358	248	214.

41 Vgl. *Wiedfeldt,* S. 283.

42 W. *Becker,* Die Bedeutung der nichtagrarischen Wanderungen für die Herausbildung des industriellen Proletariats in Deutschland unter besonderer Berücksichtigung Preußens von 1850 bis 1870, in: H. *Mottek* (Hg.), Studien zur Geschichte der industriellen Revolution in Deutschland, Berlin-DDR 1960, S. 230.

43 *Bass,* S. 17.

44 Vgl. W. G. *Hoffmann* u. a., Das Wachstum der deutschen Wirtschaft seit der Mitte des 19. Jahrhunderts, Berlin 1965, S. 143.

45 Statistik des Deutschen Reiches, Bd. 34, T. 2, S. 300. In dieser Zahl waren u. a. Schornsteinfeger und Brunnenbauer enthalten, Bautischler und Bauklempner jedoch zumindest nur teilweise.

46 Vgl. H. *Rosenberg,* Große Depression und Bismarckzeit, Berlin 1967.

47 Vgl. *Wiedfeldt,* S. 284.

48 Vgl. die Analyse der Winterarbeitslosigkeit unten S. 44.

49 *Hoffmann,* S. 183.

50 Berechnet nach Berliner Städtisches Jahrbuch, 3. Jg., 1877, S. 65. Die mittlere Temperatur zwischen dem 27. 11. und 4. 12. wurde mit 6,4° C angegeben. Angeblich lag sie um 8,6° C unter dem üblichen Mittel. Vermutlich lag die Temperatur in der genannten Woche tatsächlich 6,4° *unter Null.* Das würde eher mit der Witterung der umliegenden Wochen sowie dem Grad der Abweichung von dem üblichen Mittel, das bei etwas über 2° C für diese Zeit lag, übereinstimmen, vgl. ebd., 4. Jg., 1878, S. 73. Die in °R angegebenen Temperaturen wurden von mir in °C umgerechnet.

51 Vgl. Berlin und seine Entwickelung, Städtisches Jahrbuch für Volkswirthschaft und Statistik, 5. Jg., 1871, S. 225; ebd., 6. Jg., 1872, S. 225.

52 Vgl. *Habersbrunner,* S. 32; *Voigt* S. 76 f.

53 Vgl. z. B. den Umfang des Baugewerbes im Regierungsbezirk Potsdam, Statistik d. Dt. Reiches, Bd. 34, T. 2, S. 300 f.

54 *Wiedfeldt,* S. 280. Zu den unterschiedlichen Erhebungsmethoden bei der Gewerbe- und Berufszählung vgl. *Hoffmann,* S. 180 f.

55 *Wiedfeldt,* S. 282.

56 O. *Büsch,* Das brandenburgische Gewerbe im Ergebnis der ‚Industriellen Revolution', in: ders. (Hg.), Industrialisierung und Gewerbe im Raum Berlin/Brandenburg, Bd. 2: Die Zeit um 1800/Die Zeit um 1875, Berlin 1977, S. 81.

57 Vgl. J. *Bergmann,* S. 159 f.; *Schmoller,* S. 377; *Wiedfeldt,* S. 287, 291.

58 *Wiedfeldt,* S. 281.

59 Die auch zum Baugewerbe gezählten Glaser, Ofensetzer, Schornsteinfeger usw. bleiben hier unberücksichtigt.

60 Vgl. Statistik d. Dt. Reiches, Bd. 34, T. 2, S. 234 f., 252 f.

61 Statistik d. Dt. Reiches, Bd. 35, T. 1, S. 617, 627, 635.

62 In Hamburg, wo die Temperaturen aufgrund des Seeklimas ausgeglichener sind als in Berlin, beschäftigten die Bauunternehmen am 1. 12. 1875 durchschnittlich 71,6 Arbeiter. Vgl. Statistik d. Dt. Reiches, Bd. 34, T. 1, S. 240 f.

63 Gegründet am 15. 2. 1872, vgl. ZStAM, Rep. 77, Tit. 662, Nr. 42, Beiheft 1, Bl. 17–36.

64 Vgl. unten S. 49.

65 Vgl. J. *Kuczynski,* Die Geschichte der Lage der Arbeiter unter dem Kapitalismus, Bd. 3, Berlin-DDR 1962, S. 417 ff., spez. S. 420 f.
Die Zahlenangaben bei G. *Bry,* Wages in Germany, 1871–1945, Princeton 1960, S. 331, 339, 354 sind bis 1876 mit denen von Kuczynski identisch, erlauben aber einen Vergleich mit den

bekanntermaßen relativ hohen Druckerlöhnen und einem Lebenshaltungskostenindex auf der Basis von Lebensmitteln und Mieten (Berliner Wochenlöhne in Mark):

	1871	1872	1873	1874	1875	1876	1877	1878
Bauarbeiter	18,00	25,50	27,00	27,00	27,00	25,32	23,55	21,75
Drucker	16,70	22,50	26,00	26,00	26,00	24,38	24,38	23,40
Lebenshaltungsindex	90	94	104	108	99	99	100	95

Die Bauarbeiterlöhne lagen im Boom über denen der Drucker, waren jedoch in der Wirtschaftskrise deutlich konjunkturanfälliger. J. *Rößler,* Zur Lage der Berliner Arbeiter und ihrer sozialistischen Bewegung vom Gründerkrach bis zu den Reichstagswahlen im Jahre 1881, wirtschaftswiss. Diss. (maschr.), Berlin-Karlshorst 1957, S. 164, nennt insgesamt etwas höhere Bauarbeiterwochenlöhne: 1872 24 M, 1873/74 27–30 M, 1875 18–21 M.

66 *Oldenberg,* S. 7, schätzt, daß etwa ein Drittel der Berliner Bauarbeiter „auswärts“ wohnten, so daß der stadtansässige Bauarbeiterstamm auf etwa zwei Drittel geschätzt werden kann. Leider gibt Oldenberg kein Datum für die Schätzung an.

67 *Stearns,* Adaptation, S. 310, verweist auf die geringe Konfliktbereitschaft ländlicher Wanderarbeiter. In demselben Sinn auch W. H. *Schröder,* Arbeitergeschichte, S. 42 ff.; vgl. auch Eickhof, S. 11 ff.

68 *Habersbrunner,* S. 38.

69 Vgl. *E. Young,* Labor in Europe and America, Washington D.C. 1876, S. 523 f.

70 Vgl. Berliner Städtisches Jahrbuch, 3. Jg., 1877, S. 131.

71 Ebd., 1. Jg., 1874, S. 15.

72 Als Hauptbeschäftigungsperiode werden die Monate angenommen, in denen die Zahl der Beschäftigten nicht mehr als ca. 10% unter die des Monats mit der höchsten Beschäftigungszahl fiel.

Nach den vorliegenden Angaben wurden beschäftigt (vgl. Anm. 69 u. 70) (Die Monate mit den Beschäftigungsminima und -maxima wurden von mir hervorgehoben.):

Monat 1874	Maurerges.	Zimmerges.	Monat 1875	Maurerges.	Zimmerges.
Januar	*1493*	1309	Januar	1295	1082
Februar	1523	*1204*	Januar	*523*	*784*
März	1964	1276	März	1412	932
April	2572	1490	April	2206	1157
Mai	2559	1498	Mai	2331	1082
Juni	2930	1590	Juni	*3110*	1516
Juli	*3065*	1727	Juli	2958	1551
August	2891	*1777*	August	2911	*1600*
			September	2461	1525
			Oktober	1990	1358

73 Die extrem ungünstige Beschäftigungslage im Februar 1875 war auf drei Wochen Dauerfrost zurückzuführen. Vgl. Berliner Städtisches Jahrbuch, 3. Jg., 1877, S. 65. Die Wochenmittel der Februartemperaturen lagen zwischen + 0,5° C und – 6,2° C. 1874 gab es vergleichbare Dauerfröste nicht, vgl. ebd. 2. Jg., 1876, S. 25 f.

74 Teilweise führten Bauerbeiter während des Winters andere Arbeiten, wie z. B. Eishauen auf den Seen und Flüssen Berlins, aus, vgl. NSD, Nr. 150, 19. 12. 1875.

75 Vgl. Anm. 69 u. 70. Die Angaben dort beziehen sich entweder auf Tageslöhne auf der Basis eines 10stündigen Arbeitstages (Young) oder auf Stundenlöhne (Berliner Städtisches Jahrbuch), sind also um saisonale arbeitszeitbedingte Lohnschwankungen bereinigt. In beiden

Fällen war die Lohnskala in zwölf vergleichbare Kategorien eingeteilt. Bei der folgenden Analyse wurden nur vier Lohngruppen berücksichtigt, in denen sich allerdings in den meisten Monaten über 90%, in wenigen über 80% aller Arbeiter befanden. Die Lohngruppen umfaßten Stundenlöhne von 40–43 Pf. (Tageslohn 1 Tlr. 12½ Sgr.), 44–45 Pf. (Tageslohn 1½ Tlr.), 46–48 Pf. (1 Tlr. 17½ Sgr.) und 49–50 Pf. (1 Tlr. 20 Sgr.).

76 Zur Lohnentwicklung vgl. auch den Abschnitt über Arbeitskämpfe und Organisation, S. 49 ff.

77 Vgl. J. *Bergmann,* S. 156; *Voigt,* S. 84 f.

78 Vgl. ZStAM, Rep. 120 BB VII 1, Nr. 1 b, Bd. 1, Bl. 192–194; vgl. *Rößler,* S. 104.

79 Vgl. Berthold, S. 201.

80 Nach der Staatsbürgerzeitung, Nr. 52, 21. 2. 1877, wurden vom Meisterbund beschäftigt:

Jahr	1872	1873	1874	1875	1876
Arbeiter	6630	6211	5403	5156	3879

zit. nach *Rößler,* S. 132; vgl. ders., Die Arbeitslosigkeit unter den Berliner Arbeitern nach dem Gründerkrach, in: BzG, Bd. 5, 1963, S. 989.

81 NSD, Nr. 30, 13. 3. 1874.

82 *Rößler* schätzt den Rückgang der Beschäftigten zwischen 1873 und 1876 auf insgesamt „reichlich 18%", vgl. ders., Zur Lage, S. 133.

83 Betr. den Anteil der Bauarbeiter an der Hamburger Arbeiterbewegung vgl. H. *Laufenberg,* Geschichte der Arbeiterbewegung in Hamburg, Altona und Umgebung, 1. Bd., Hamburg 1911, S. 240, 477 ff, 485.

84 Vgl. Protokoll der Generalversammlung des Allg. Dt. Zimmerer-Vereins und des Allg. Dt. Maurer-Vereins 1870, Berlin o. J., S. 10 f.

85 Vgl. F. *Paeplow,* Die Organisation der Maurer Deutschlands 1869–1899, Hamburg 1900, S. 22 f., 44.

86 Vgl. *Bringmann,* Bd. 2, S. 91 ff., 309; D. *Fricke,* Bismarcks Prätorianer, Berlin-DDR 1962, S. 34.

87 Vgl. die auf den Generalversammlungen und Parteikongressen vertretenen Orte nach den jeweiligen Delegiertenlisten in: D. *Fricke,* Die deutsche Arbeiterbewegung 1869 bis 1914, Handbuch über ihre Organisation und Tätigkeit im Klassenkampf, Berlin-DDR 1976, S. 7 ff., 36 ff., 75 ff.

88 Vgl. dazu S. 49.

89 C. *Paulmann,* Die Sozialdemokratie in Bremen 1864 bis 1964, Bremen 1964, S. 38, erwähnte in seiner Mitgliederanalyse des Bremer ADAV von 1864 keine Bauarbeiter. Nach U. *Böttcher,* Anfänge und Entwicklung der Arbeiterbewegung in Bremen, Bremen 1953, S. 163 ff., bestand die Organisation von Maurern vor 1878 „nur kurze Zeit", eine Zimmererorganisation vier Jahre. In Chemnitz entstanden Bauarbeiterorganisationen erst nach dem Fall des Sozialistengesetzes, vgl. E. *Heilmann,* Geschichte der Arbeiterbewegung in Chemnitz und dem Erzgebirge, Chemnitz 1912, S. 74. In Nürnberg, Schleswig-Holstein (mit Ausnahme der Vororte Hamburgs) und Südwestdeutschland spielten Bauarbeiter in der frühen Arbeiterbewegung nur eine sehr bescheidene oder offenbar nicht erwähnenswerte Rolle, vgl. H. *Eckert,* Liberal- oder Sozialdemokratie, Stuttgart 1968, S. 82, 267 ff., 303; H. V. *Regling,* Die Anfänge des Sozialismus in Schleswig-Hostein, Neumünster 1965, S. 269 ff.; J. *Schadt,* Die Sozialdemokratische Partei in Baden, Hannover 1971, S. 62 f.; W. *Schmierer,* Von der Arbeiterbildung zur Arbeiterpolitik, Hannover 1970, S. 164 ff., 276 f.

90 Aufgrund der übergreifenden Betriebsform der Bauunternehmung ist es sinnvoll, diese drei Gruppen zusammenzufassen.

91 Vgl. Wiedfeldt, S. 284.

92 Die genauen Zahlen lauten:

	Berlin	Preußen	Dt. Reich	Hamburg
Betriebe	905	84 451	164 134	644
Abhängige	10 215	101 363	199 225	4654

Vgl. Statistik d. Dt. Reiches, Bd. 34, 2 T., S. 234, 236, 240, 246, 248, 252, 254, 258.

93 Vgl. W. H. *Schröder,* S. 50.

94 Vgl. J. *Bergmann,* S. 207.

95 Ebd., S. 95.

96 Vgl. *Eickhof,* S. 12.

97 Vgl. *Voigt,* S. 87. Auf denselben Umstand in England verweisen *Webb,* S. 7.

98 Vgl. z. B. Vst., Nr. 34, 26. 4. 1874. In Chemnitz schlug die Agitation unter den aus Böhmen kommenden Bauarbeitern fehl.

99 Bemerkenswert ist in diesem Zusammenhang, daß beim Ruhrbergbau in Gebieten mit dörflich-agrarischen Lebensformen und kleinbetrieblichen Produktionseinheiten die Protestlatenz geringer war als in urbanen Agglomerationsgebieten. Vgl. K. *Tenfelde,* Sozialgeschichte der Ruhrbergarbeiter im 19. Jahrhundert, Bonn-Bad Godesberg 1977, S. 573 f.; ders., Konflikt und Organisation in einigen deutschen Bergbaugebieten 1867–1872, in: GG, 3. Jg., 1977, Heft 3, S. 233.

100 Vgl. ZStAM, Rep. 77, Tit. 500, Nr. 46, adhib. 2, Bd. 2, Bl. 27 ff.; ebd., Rep. 77, Tit. 662, Nr. 8, Bd. 13, Bl. 65 f.; ebd., Rep. 120, BB VII 1, Nr. 3, Bd. 3, Bl. 95 ff., 115 f.; L. *Machtan,* „Einigkeit macht stark!" Dokumentation und Fallstudien zur deutschen Streikbewegung nach der Reichsgründung (1871–1875), Berlin 1980, Nr. 266/1873 u. 120/1874.

101 IISG, Nachlaß Becker, D II 318.

102 Vgl. NSD, Nr. 16, 6. 8. 1871.

103 Vgl. StAP, Rep. 30 Bln. C, Tit. 94, Lit. A 212 (8597), Bl. 5, v. 1. 5. 1874.

104 Im einzelnen waren ausgewiesen: 105 Maurer, 54 Zimmerer, 17 Maler, 4 Dachdecker, 4 Bildhauer, 3 Stukkateure, 2 Putzer, 1 Glaser, vgl. Vst., Nr. 130, 10. 11. 1875, vgl. auch Tab. 4 in der Einleitung.

105 Vgl. ZStAM, Rep. 77, Tit. 500, Nr. 42, Bd. 4, Bl. 130; StAP, Rep. 30 Bln. C, Tit. 95, Lit A 37 (14 938), Bl. 22 f., 35, 87 f., 336 f.; Lit. W 40 (15 562), Bl. 108, 123 f., 144, 153, 161, 189, 203, vgl. auch Tab. 1–3.

106 Vgl. D. *Bergmann,* Berliner Arbeiterschaft, S. 503.

107 *Hilse,* S. 16

108 Berlin und seine Entwickelung, 3. Jg., Berlin 1869, S. 332.

109 Vgl. ebd., 4. Jg., 1870, S. 279.

110 Der Begriff „Polier" stammt von „*Par*lier". Der Polier fungiert in neuerer Zeit als Vorarbeiter und Interessenvertreter des Bauunternehmers auf der Baustelle, vgl. *Oldenberg,* S. 24 f.

111 Vgl. *Engelhardt,* „Nur vereinigt", S. 519 f.

112 Vgl. *Bringmann,* Bd. 2, S. 3 f. Zit. Social-Demokrat, Nr. 97, 19. 8. 1868, Bringmann, Bd. 2, S. 4; Engelhardt, S. 520.

113 Vgl. *Engelhardt,* S. 522 f.

114 Zum Kongreß vgl. *Müller,* S. 132 ff.

115 Vgl. *Bringmann,* Bd. 2, S. 8.

116 Abgedruckt ebd., S. 8 f.

117 Ebd., S. 8 ff.; *Engelhardt,* S. 695 ff.

118 Vgl. Berlin und seine Entwickelung, 4. Jg., 1870, S. 279 f. Dort wird eine zwölfstündige Arbeitszeit genannt. Nach ebd., S. 283 f., betrug sie elf Stunden. Vgl. *Bringmann,* Bd. 2, S. 20 ff., wird eine Arbeitszeit von 6 bis 19 Uhr genannt, was nach der üblichen Pausenregelung ebenfalls auf eine elfstündige tägliche Arbeitszeit hinausliefe. Ebd., S. 32 werden 15 031,18 M an Streikgeldern genannt.

119 Vgl. Berlin und seine Entwickelung, 4. Jg., 1870, S. 279.

120 *Bringmann,* Bd. 2, S. 21

121 Vgl. *Mayer,* S. 297 f.

122 Vgl. Berlin und seine Entwickelung, 3. Jg., 1869, S. 332.

123 Vgl. *Paeplow,* S. 11; *Engelhardt,* S. 705 f., *Müller.* S. 140.

124 Vgl. Berlin und seine Entwickelung, 4. Jg., 1870, S. 283 ff.; *Baar,* S. 205.

125 Vgl. Protokoll der Generalversammlung des Allgemeinen deutschen Zimmerer-Vereins und des Allgemeinen deutschen Maurer-Vereins 1870, S. 13.

126 Vgl. *Bernstein,* Bd. 1, S. 195 f.

127 Vgl. *Hilse,* S. 23.

128 Vgl. *Stearns,* Adaptation, S. 313: Ein Berliner Bauarbeiter vermauerte 1913 täglich 300 Steine, sein weniger gut organisierter Göttinger Kollege ca. 600. Vgl. auch B. *Quantz,* Ueber die Arbeitsleistung und das Verhältnis von Arbeitslohn und Arbeitszeit zur Arbeitsleistung im Maurergewerbe (nach Beobachtungen in Göttingen), in: Jahrbücher für Nationalökonomie und Statistik, III. Folge, 43. Bd., 1912, S. 643 ff.

129 Vgl. Berliner Städtisches Jahrbuch, 3. Jg. 1877, S. 131.

130 Vgl. *Mayer,* S. 363 ff.; *Bringmann,* Bd. 1, S. 185 ff.; *Müller,* S. 191 ff., 255 ff.

131 Vgl. W. *Schröder,* Handbuch der sozialdemokratischen Parteitage 1863-1909, München 1910 (Nachdruck Leipzig 1974), S. 332.

132 Vgl. Social-Demokrat Nr. 69, 17. 6. 1870, Nr. 95, 17. 8. 1870; *Müller,* S. 264; *Engelhardt,* S. 1057.

133 Vgl. *Bringmann,* Bd. 1, S. 190 f.

134 NSD, Nr. 16, 6. 9. 1871.

135 Vgl. Agitator, Nr. 20, 10. 6. 1871, Nr. 21, 17. 6. 1871, Nr. 22, 24. 6. 1871. Zur statuarischen Möglichkeit der Gründung lokaler berufsspezifischer Organisationen als Mitgliedschaft des Arbeiterunterstützungsverbandes vgl. *Müller,* S. 268.

136 *Paeplow,* S. 19 f.

137 *Bringmann,* Bd. 2, S. 57.

138 Vgl. Berlin und seine Entwickelung, 5. Jg., 1871, S. 224 ff.

139 Ebd.

140 Agitator, Nr. 19, 6. 8. 1870.

141 Ebd.

142 *Hilse,* S. 17.

143 Vgl. *Paeplow,* S. 20.

144 Vgl. Agitator, Nr. 17, 20. 5. 1871; Vst., Nr. 40, 17. 5. 1871.

145 Vst., Nr. 43, 27. 5. 1871.

146 Vgl. Agitator, Nr. 17, 20. 5. 1871.

147 Üblicherweise wurden bei Bauverträgen Fristen für die Bauausführung vereinbart, deren Überschreiten mit Konventionalstrafen belegt war. Da Immobilien keine Produktionsverlagerungen erlaubten, waren die Bauunternehmer in Arbeitskonflikten meist in einer schwachen Position, da Arbeitsniederlegungen Fristüberschreitungen mit sich gebracht hätten. Ein rasches Nachgeben bei Lohnforderungen konnte unter Umständen durchaus im Interesse der Unternehmer liegen, vgl. *Oldenberg,* S. 18.

148 NSD, Nr. 8, 19. 7. 1871, Nr. 10, 23. 7. 1871; Vst., Nr. 59, 22. 7. 1871; Berlin und seine Entwickelung, 5. Jg., 1871, S. 226; *Machtan,* Konjunkturen, S. 333 f.; H. *Beike,* Die Eisenacher und die Lassalleaner in der Zeit von 1871 bis 1875, phil. Diss. (maschr.), Leipzig 1956, S. 110.

149 NSD, Nr. 15, 4. 8. 1871; Vst., Nr. 62, 2. 8. 1871, Nr. 63, 5. 8. 1871; Berlin und seine Entwickelung, 5. Jg., 1871, S. 226 f.

150 Vgl. *Marquardt,* S. 150.

151 Die Anzahl der streikenden und abgereisten Arbeiter ist unklar. Berichte (vgl. Anm. 152) sprechen von 8000 bzw. 3000.

152 Vgl. NSD, Nr. 18, 11. 8. 1871, Nr. 26, 30. 8. 1871, Nr. 27, 1. 9. 1871, Nr. 36, 22. 9.1871; Vst., Nr. 64, 9. 8. 1871, Nr. 65, 12. 8. 1871, Nr. 83, 14. 10. 1871; *Bernstein,* S. 231 f.; *Paeplow,* S. 20 f.; *Machtan,* Konjunkturen, S. 333 ff.

153 Vgl. NSD, Nr. 43, 8. 10. 1871.

154 K. *Marx,* Das Kapital, Bd. 3, (MEW, Bd. 25), Berlin-DDR 1964, S. 828.

155 Zit. nach Berlin und seine Entwickelung, 6. Jg., 1872, S. 223.

156 *Thompson,* Time, S. 60.

157 Vgl. J. *Reulecke,* Vom blauen Montag zum Arbeiterurlaub, in: AfS, Bd. 16, 1976, S. 213.

158 Vgl. *Thompson,* S. 85 f.

159 Vgl. NSD, Nr. 9, 21. 7. 1871, Nr. 10, 23. 7. 1871, Nr. 12, 28. 7. 1871, Nr. 14, 2. 8. 1871. Zit. Nr. 9.

160 Vgl. auch *Machtan,* S. 336.

161 Vgl. F. *Lassalle,* Offnes Antwortschreiben, in: ders., Reden und Schriften, hg. von F. *Jenaczek,* München 1970, S. 181 f.

162 So Hasselmann auf dem Gothaer Kongreß 1875. Protokoll des Vereinigungskongresses der Sozialdemokraten Deutschlands, abgehalten zu Gotha vom 22. bis 27. Mai 1875, Leipzig 1875, S. 41.

163 Vgl. Einleitung zum Nachdruck des Agitator, S. VIII f.

164 Vgl. *Paeplow,* S. 22.

165 Vgl. NSD, Nr. 7, 17. 1. 1872, Nr. 41, 7. 4. 1872. Zum Berliner Arbeiterbund vgl. *Beike,* S. 69 ff.; *Müller,* S. 269 ff.

166 Vgl. NSD, Beilagen zu Nr. 63, 5. 6. 1872, Nr. 66, 12. 6. 1872, hier spez. Nr. 66.

167 Vgl. Protokoll der Generalversammlung des Allgemeinen Deutschen Arbeitervereins zu Berlin vom 22. bis 25. Mai 1872, Berlin 1872, S. 19 ff., 37 ff.

168 Vgl. *Bernstein,* S. 232/234; Vst., Nr. 49, 17. 6. 1871, Nr. 63, 5. 8. 1871, Nr. 64, 9. 8. 1871, Nr. 84, 18. 10. 1871; NSD, Nr. 10, 23. 7. 1871, Nr. 13, 30. 7. 1871, Nr. 15, 4. 8. 1871, Nr. 27, 1. 9. 1871; *Machtan,* Einigkeit, Nr. 57/1871; Berlin und seine Entwickelung, 6. Jg., 1872, S. 221 f.

169 Nach *Bernstein,* S. 240, u. *Bringmann,* Bd. 2, S. 58, fand diese Versammlung am 19. 10. 1871 statt.

170 Berlin und seine Entwickelung, 6. Jg., 1872, S. 222 f.

171 *Bernstein,* S. 230 f.; *Bringmann,* Bd. 2, S. 58 ff.

172 Vgl. Berlin und seine Entwickelung, 6. Jg., 1872, S. 225 f.

173 Ebd., S. 223.

174 *Bringmann,* Bd. 2, S. 60 ff.; *Hilse,* S. 17 f.; *Machtan,* Nr. 122/1872; Berlin und seine Entwickelung, 6. Jg., 1872, S. 224 ff.; NSD, Nr. 47, 21. 4. 1872, Nr. 51, 1. 5. 1872, Nr. 52, 3. 5. 1872, Nr. 54, 8. 5. 1872, Nr. 60, 29. 5. 1872, Nr. 63, 5. 6. 1872, Nr. 128, 3. 11. 1872; Vst., Nr. 42, 25. 5. 1872, Nr. 44, 1. 6. 1872.

175 Vgl. ZStAM, Rep. 77, Tit. 500, Nr. 42, Bd. 3, Bl. 196 f.

176 Vgl. *Bringmann,* Bd. 2, S. 63.

177 Vgl. NSD, Nr. 87, 2. 8. 1872, Nr. 89, 4. 8. 1872, Nr. 94, 16. 9. 1872; *Machtan,* Nr. 261/1872.

178 Vgl. Statistik d. Dt. Reiches, Bd. 34, T. 2, S. 300 f.

179 Vgl. *Young,* S. 521, 523 f. u. die Angaben unter Anm. 65.

180 Berliner Städtisches Jahrbuch, 1. Jg., 1874, S. 218.

181 Vgl. *Bernstein,* S. 268.

182 NSD, Nr. 26, 3. 3. 1873.

183 Berliner Städtisches Jahrbuch, 1. Jg., 1874, S. 218.

184 Vgl. *Machtan,* Nr. 71/1873, Nr. 182/1873, Nr. 193/1873, Nr. 235/1873, Nr. 264/1873; NSD, Nr. 30, 30. 3. 1873, Nr. 63, 6. 6. 1873, Nr. 68, 18. 6. 1873, Nr. 128, 5. 11. 1873; Vst.,

Nr. 72, 15. 8. 1873; H.-J. *Bochinski,* Die deutsche Arbeiterbewegung 1875–1878, phil. Diss. (maschr.), Leipzig 1959, S. 130.

185 NSD, Nr. 67, 15. 6. 1873; vgl. Berliner Städtisches Jahrbuch, 2. Jg., 1875, S. 175.

186 Zur „Ära Tessendorf" vgl. *Bernstein,* S. 289 ff.; *Fricke,* Prätorianer, S. 33 ff.

187 Vgl. *Paeplow,* S. 80.

188 Vgl. *Bringmann,* Bd. 2, S. 66 ff.

189 Vgl. K.-G. *Werner,* Organisation und Politik der Gewerkschaften und Arbeitgeberverbände in der deutschen Bauwirtschaft, Berlin 1968, S. 53 ff., *Bringmann,* Bd. 2, S. 119 ff.; *Paeplow,* S. 62 ff.

190 Vgl. z. B. Vst., Nr. 134, 15. 11. 1874, Nr. 135, 18. 11. 1874.

191 Vgl. H.-D. *Krause,* Gewerkschaften und politischer Kampf in Deutschland in den Jahren 1873/74, in: BzG, Bd. 14, 1972, S. 91, 96 f.

192 *Bringmann,* Bd. 2, S. 159 ff.

193 Der „Pionier" erschien seit dem 1. 8. 1874 als Organ der sozialistischen Gewerkschaften Berlins, seit dem 3. 6. 1876 als Organ der Zimmerleute und ab dem 4. 8. 1877 als Zentralorgan der Gewerkschaften. Der „Grundstein" erschien seit dem 1. 10. 1875 als Organ der Maurer, Steinhauer und verwandten Berufe. *Fricke,* Arbeiterbewegung, S. 648.

194 Vgl. G. *Trautmann,* Industrialisierung ohne politische Innovation – Parteien, Staat und „sociale Frage" in Deutschland 1857–1878, phil. Diss. (maschr.), Heidelberg 1972, S. 515 ff., 570 ff.

195 Vgl. *Zwahr,* in: *Bartel* u. *Engelberg,* S. 520.

196 Vgl. F. *Engels,* Die Lage der arbeitenden Klassen in England, (MEW, Bd. 2), Berlin-DDR 1957, S. 251.

197 Vgl. T. v. *Tijn,* A Contribution to the Scientific Study of the History of Trade Unions, in: IRSH, Bd. 31, 1976, S. 213, 227 ff.

198 Vgl. *Tenfelde,* Sozialgeschichte, S. 509 f.

199 Ähnliches läßt sich für Dachdecker, Glaser und Stukkateure nicht beobachten. Die Betriebsgrößen indizieren bei diesen Handwerken auch für Berlin kleingewerbliche Verhältnisse, aufgrund derer die Proletarisierungserfahrungen der Gesellen wahrscheinlich eher gering waren und somit ein entscheidendes Motiv zum gewerkschaftlichen Zusammenschluß entfiel. Zu den Betriebsgrößen vgl. Statistik d. Dt. Reiches, Bd. 34, 2. T., S. 258 ff, Bd. 35, 1. T., S. 640 ff.

200 Vgl. *Zwahr,* in: *Bartel* u. *Engelberg,* S. 508.

201 Vgl. *Schwarz,* S. 233 ff.

202 Vgl. W. *Ettelt* u. W. *Schröder,* Zur Rolle der Gewerkschaftsbewegung bei der Herausbildung der „Eisenacher" Partei, in: *Bartel* u. *Engelberg,* S. 560 f.

203 Vgl. die statistischen Angaben bei *Schmoller,* S. 382. E. *Engel,* Die deutsche Industrie 1875 und 1861. Statistische Darstellung ihrer Zweige, (2. Aufl.) Berlin 1881, S. 206, weist für die Jahre 1861 bis 1875 für Preußen und das Reich ein Rückgang der im Baugewerbe Tätigen aus. Allerdings wurden bei der Gewerbezählung 1861 Durchschnittszahlen der Beschäftigung zugrunde gelegt, 1875 hingegen die Zahlen des Stichtages 1. 12. 1875. Vgl. auch S. 41 f.

204 Vgl. J. *Bergmann,* S. 156; *Bringmann,* Bd. 1, S. 99 f.

205 Vgl. E. J. *Hobsbawm,* Economic Fluctuations and some Social Movements, in: ders., Labouring Men, London 1964, S. 132; *Ettel* u. *Schröder,* S. 562.

206 Vgl. *Oldenberg,* S. 7.

207 Vgl. oben S. 50.

208 Vgl. *Bringmann,* Bd. 2, S. 8 f; *Engelhardt,* S. 697 ff.

209 Vgl. *Engelhardt,* S. 1090 ff.

210 Vgl. oben S. 60.

III. Die Arbeiter des Schneidergewerbes

1 Vgl. *Michel,* S. 63.
2 Vgl. *Wiedfeldt,* S. 202.
3 E. *Bernstein,* Geschichte der deutschen Schneiderbewegung, 1. Bd., Berlin 1913, S. 25.
4 Vgl. *Schwarz,* S. 134 ff.
5 Vgl. ebd.
6 Vgl. J. *Bergmann,* S. 76. Ein Patentmeister besaß ein sogen. Gerwerbepatent, gehörte aber nicht zur Zunft und hatte meist auch keine Lehre bei einem Zunftmeister abgeschlossen, ebd., S. 40.
7 *Schmoller,* S. 642.
8 Ebd., S. 644.
9 Vgl. *Büsch,* S. 98. Wahrscheinlich lag die Zahl der in der Schneiderei ihren Lebensunterhalt suchenden Personen im Krisenjahr 1875 noch höher, als die Statistik angibt, vgl. ebd., S. 99.
10 Vgl. *Bernstein,* Schneiderbewegung, S. 34.
11 Vgl. J. *Bergmann,* S. 219.
12 *Bergmann* weist 26 Meister mit drei Gesellen, 6 mit 4 Gesellen und 2 mit 5 Gesellen aus, ebd., S. 219.
13 Ebd., S. 220.
14 Vgl. *Bernstein,* Schneiderbewegung, S. 53.
15 Vgl. Statistik d. Dt. Reiches, Bd. 34, T. 2, S. 174 f., Bd. 35, T. 1, S. 574.
16 Vgl. *Bernstein,* Schneiderbewegung, S. 49 f; A. *Winter,* Das Schneidergewerbe in Breslau, SVfSP, Bd. 68, Leipzig 1896, S. 5.
17 Die Darstellung der Entstehung der Berliner Konfektionsindustrie orientiert sich an *Baar,* S. 73 ff. Dort finden sich auch weitere Literaturangaben.
18 J. *Bergmann,* S. 283.
19 *Schmoller,* S. 646.
20 Vgl. K. *Hausen,* Technischer Fortschritt und Frauenarbeit im 19. Jahrhundert. Zur Sozialgeschichte der Nähmaschine, in: GG, 4. Jg., 1978, H. 2, S. 150.
21 Auf die Weißwaren- und Wäschekonfektion soll hier nicht eingegangen werden. Die dort häufig unter extremsten Ausbeutungsbedingungen beschäftigten Arbeiterinnen fanden keinen Anschluß an die Organisation der Arbeiterbewegung. Zur Frauenarbeit in der Konfektion vgl. *Baar,* S. 80 ff.
22 H. *Grandke,* Berliner Kleiderkonfektion, in: SVfSP, Bd. 85, Leipzig 1899, S. 142 f. Nach den Angaben der Presse der Arbeiterbewegung verdienten die Schneider jedoch nur während fünf Monaten des Jahres einen vollen Lohn, vgl. Vst., Nr. 95, 25. 11. 1871.
23 Vgl. *Grandke,* S. 158 ff.; *Baar,* S. 75: Bereits 1843 betrieben „ungelernte ‚Kollegen' " Schneidergeschäfte als Zwischenmeister.
24 Vgl. *Grandke,* S. 164 ff.
25 Ebd., S. 174 ff.
26 Ebd., S. 177.
27 Ebd., S. 178 f.
28 Eine Nähmaschine kostete 1870 zwischen 40 und 45 Tlr., vgl. *Baar,* S. 83. Kleine Betriebe, insbesondere Alleinmeister waren wegen der Kosten vielfach nicht in der Lage, sich eine Nähmaschine anzuschaffen. 1875 wurden in 9522 Berliner Haupt- und Nebenbetrieben nur 1900 Nähmaschinen benutzt. In den 135 Betrieben mit fünf und mehr Gehilfen wurde mit 270 Maschinen, also mit durchschnittlich zwei pro Betrieb gearbeitet. Hingegen fanden sich in den 9387 Klein- und Kleinstbetrieben nur 1630 Maschinen, also nur in jedem sechsten eine. Bezogen auf die in den Betrieben tätigen Personen (incl. Geschäftsleiter und Lehrlinge) kam in den größeren Betrieben eine Nähmaschine auf 7,5, in den kleineren auf 9,1 Personen.

Berücksichtigt man, daß viel „selbständige" Alleinmeister für größere Meister in Heimarbeit Handnäharbeiten verichteten, so kann man sicherlich nicht von einem signifikant höheren Mechanisierungsgrad der größeren Betriebe sprechen. Vgl. Statistik d. Dt. Reiches, Bad. 34, T. 2, S. 174 f.

29 *Grandke,* S. 184 ff.

30 Ebd., S. 179 ff.

31 Ebd., S. 186.

32 Vgl. Statistik d. Dt. Reiches, Bd. 34, T. 2, S. 174. Die Zahlen der Reichsstatistik und die Wiedfeldts stimmen nicht immer überein. *Büsch,* S. 99, nennt sogar 49 000 in der Schneiderei tätige Personen.

33 Vgl. *Wiedfeldt,* S. 203. Die Expansionsschübe der Bekleidungsproduktion fanden 1859 bis 1861 und 1870 bis 1871 statt, vgl. *Hoffmann,* S. 373.

34 Statistik d. Dt. Reiches, Bd. 34, T. 2, S. 174; *Wiedfeldt,* S. 203, nennt 5099 bzw. 9491 für 1875.

35 Hierin ist die Zuwanderung nach Berlin nicht berücksichtigt. Die Berufszählung von 1875 wies über 4000 Schneider mehr aus als die Gewerbezählung desselben Jahres. Diese Schneider haben berufsfremd gearbeitet oder waren arbeitslos, vgl. *Wiedfeldt,* S. 203; zur Grundlage der verschiedenen Zählungen vgl. *Hoffmann,* S. 180 f.

36 Die Bekleidungsindustrie hatte 1874 eine Produktionsspitze erreicht und verlief bis in die 1880er Jahre rückläufig, vgl. *Hoffmann,* S. 373. Die Berliner Konfektionsunternehmer überstanden die Krise aufgrund ihres hohen Exportanteils und sinkender Lohnkosten relativ unbeschadet, vgl. die jeweiligen Jahresberichte im Berliner Städtischen Jahrbuch, Bd. 1 ff., Berlin 1874 ff. 1875 bis 1882 vergrößerten sich die Betriebe wieder leicht, vgl. *Wiedfeldt,* S. 203.

37 Vgl. *Schmoller,* S. 647.

38 Vgl. J. *Bergmann,* S. 286.

39 Vgl. *Hoffmann,* S. 373.

40 Vgl. *Bernstein,* Schneiderbewegung, S. 90; *Engelhardt,* *„Nur vereinigt . . ."*, S. 339; *Schmoller,* S. 647; *Winter,* S. 46.

41 *Grandke,* S. 217 ff.

42 Auf die tatsächlich gezahlten Löhne gehe ich im Zusammenhang der Arbeitskämpfe ausführlich ein.

43 Vst., Nr. 95, 25. 11. 1871.

44 Vst., Nr. 90, 26. 9. 1873.

45 Vgl. Vst., Nr. 54, 12. 5. 1875, Nr. 25, 1. 3. 1876.

46 Vgl. NSD, Nr. 28, 7. 3. 1873, Nr. 30, 12. 3. 1873.

47 Vgl. *Hausen,* S. 159 ff.

48 Vgl. Vgl. *Winter,* S. 40.

49 *Grandke,* S. 283; vgl. auch die Darstellung von Ottilie Baader, in: W. *Emmerich* (Hg.), Proletarische Lebensläufe, Bd. 1, Reinbek 1974, S. 132 f.

50 Vgl. Vst., Nr. 25, 1. 3. 1876.

51 Vgl. Vst., Nr. 90, 26. 9. 1873.

52 *Grandke,* S. 188 ff.

53 Ebd., S. 194.

54 J. *Bergmann,* S. 55.

55 In welchem Verhältnis die für Kost und Logis üblichen Lohnminderungen zu den Kosten einer Schlafstelle standen, ist mir nicht bekannt.

56 Vgl. Statistik d. Dt. Reiches, Bd. 35, T. 1, S. 574. Dagegen waren im Maschinenbau 57,9%, bei den Maurern 39,6% und in der Textilherstellung 38,5% der Männer und 12,8% der Frauen verheiratet, vgl. ebd., S. 164, 374, 626.

57 *Grandke,* S. 225, 228 ff.

58 Vgl. G. *Mayer,* Konfektion und Schneidergewerbe in Prenzlau, in: SVfSP, Bd. 65, Leipzig 1895, S. 132 f.
59 Vgl. *Wiedfeldt,* S. 203, vgl. Anm. 36.
60 Vgl. *Grandke,* S. 287 ff.
61 Vgl. Vst., Nr. 90, 26. 3. 1873, Nr. 25, 1. 3. 1876.
62 Vgl. *Schwarz,* S. 285 ff, 305 ff.
63 Vgl. *Bernstein,* Schneiderbewegung, S. 65, S. 67 ff.
64 Ebd., S. 70 ff.
65 Vgl. ebd., S. 72 ff.
66 Vgl. ebd., S. 107 ff; *Engelhardt,* S. 337 ff.
67 Vgl. *Bernstein,* Schneiderbewegung, S. 92, 98 ff.
68 Vgl. Ebd., S. 95, 103, 105; H. *Bürger,* Die Hamburger Gewerkschaften und deren Kämpfe von 1865 bis 1890, Hamburg 1899, S. 28 f.
69 Botschafter, Nr. 43, 26. 10. 1867, zit. nach *Engelhardt,* S. 352.
70 Vgl. *Engelhardt,* S. 352.
71 Vgl. *Bernstein,* Schneiderbewegung, S. 111 ff.; *Engelhardt,* S. 356 ff.
72 *Engelhardt,* S. 363.
73 *Bernstein,* Schneiderbewegung, S. 114; *Engelhardt,* S. 366.
74 Vgl. *Bernstein,* Schneiderbewegung, S. 97, 105; *Engelhardt,* S. 344 f., 353. Unter den Bremer Lassalleanern, die zur Mende-Hatzfeld-Gruppe gehörten, stellten unter 239 Mitgliedern des Jahres 1864 die Schneider mit 72 Mitgliedern nach den Schuhmachern (78 Mitglieder) das zweitgrößte Kontingent, vgl. *Paulmann,* S. 38.
75 Vgl. *Bernstein,* Schneiderbewegung, S. 115. Die Hamburger Schneider schlossen sich dem Schneiderverein nicht an, weil sie im ADAV engagiert waren.
76 Vgl. *Bernstein,* Schneiderbewegung, S. 127 f., 131 f.; *Engelhardt,* S. 694 f.
77 *Bernstein,* Schneiderbewegung, S. 132 ff.
78 Ebd., S. 139. Das Problem einer sehr hohen Diskrepanz zwischen eingeschriebenen und zahlenden Mitgliedern stellte sich auch bei anderen Organisationen der Arbeiterbewegung. Diese Differenzen können nur durch eine enorme Fluktuation der Mitgliedschaft erklärt werden.
79 Ebd., S. 139 ff.
80 Ebd., S. 142 ff.; *Engelhardt,* S. 856 f.; vgl. *Mayer,* J. B. v. Schweitzer, S. 311 ff., *Müller,* S. 193.
81 *Bernstein,* Schneiderbewegung, S. 146 ff.
82 Ebd., S. 149 ff.
83 Ebd., S. 161 ff.
84 Ebd., S. 185 ff.
85 Vst., Nr. 3, 9. 1. 1876.
86 Vgl. *Bernstein,* Schneiderbewegung, S. 213 f., 221 f.; Pionier, 2. Jg., Nr. 4, 26. 1. 1878.
87 Vgl. W. H. *Schröder,* S. 142.
88 Von den 67 ADAV-Mitgliedern Frankfurts im Jahre 1863 waren 35 Schneidergesellen, vgl. Zwischen Römer und Revolution 1869–1969, Hundert Jahre Sozialdemokraten in Frankfurt am Main, hg. v. d. Sozialdemokratischen Partei, Unterbezirk Frankfurt, Frankfurt 1969, S. 21. Von den Bremer ADAV-Mitgliedern des Jahres 1864 waren fast ein Drittel Schneider, vgl. *Paulmann,* S. 38. Im Hamburger ADAV stellten 1868 die Schneider die größte Berufsgruppe. Von 909 Mitgliedern übten allein 245 den Beruf des Schneiders aus, vgl. *Laufenberg,* Bd. 1, S. 240. Die Würzburger ADAV-Mitgliedschaft bestand hauptsächlich aus Schneidern und Zigarrenarbeitern, vgl. StAW, Nr. 511, Bericht vom 10. 7. 1869. Im Hanauer ADAV fanden sich hauptsächlich Schneider- und Schustergesellen, vgl. 100 Jahre SPD Hanau, Hanau 1967, S. 16.
89 Vgl. *Zwahr,* Zur Konstituierung, S. 64 f.

90 Vgl. z. B. die „Grundzüge der Bestrebungen" des ADAV von 1867 mit dem Eisenacher Programm von 1869, in: D. *Dowe* u. K. *Klotzbach* (Hg.), Programmatische Dokumente der deutschen Sozialdemokratie, Berlin 1973, S. 160 f., 166 ff.

91 Z. B. die Forderung nach direkter Gesetzgebung, vgl. W. *Renzsch,* Die „direkte Gesetzgebung durch das Volk" im Eisenacher Programm, in: IWK, 13. Jg., 1977, S. 172 ff.

92 S. *Na'aman,* Lassalle, Hannover 1970, S. 683.

93 Vgl. zur Sozialstruktur des ADAV 1863/64: S. *Na'aman,* Demokratische und soziale Impulse in der Frühgeschichte der deutschen Arbeiterbewegung der Jahre 1862/63, Wiesbaden 1969, S. 97 ff. u. ders., Lassalle, S. 682 ff.

94 Vgl. dazu S. 87.

95 NSD, Nr. 61, 19. 11. 1871.

96 *Bernstein,* Schneiderbewegung, S. 92; *Engelhardt,* S. 339.

97 Vgl. *Bernstein,* Schneiderbewegung, S. 93 ff.; *Engelhardt,* S. 340 f.

98 *Bernstein,* Schneiderbewegung, S. 108.

99 Ebd., S. 112.

100 *Engelhardt,* S. 362.

101 Vgl. *Bringmann,* Bd. 1, S. 327 ff., spez. 330.

102 Vgl. oben S. 83.

103 Vgl. *Bernstein,* Schneiderbewegung, S. 164.

104 Vst., Nr. 11, 5. 2. 1870.

105 Berlin und seine Entwickelung, 5. Jg., 1871, S. 224.

106 Vst., Nr. 11, 5. 2. 1870.

107 Vst., Nr. 24, 23. 3. 1870.

108 Vst., Nr. 28, 6. 4. 1870.

109 Vgl. Berlin und seine Entwickelung, S. 224.

110 Vst., Nr. 19, 5. 3. 1870, Nr. 24, 23. 3. 1870; vgl. H. *Eckert,* S. 261 f., 298.

111 Vgl. Vst., Nr. 54, 12. 5. 1875: In Berlin und Leipzig wurden danach die höchsten Löhne des Schneidergewerbes gezahlt.

112 Berlin und seine Entwickelung, 6. Jg., 1872, S. 226; vgl. *Machtan,* Nr. 9/1871.

113 Berlin und seine Entwickelung, 6. Jg., 1872, S. 226.

114 Vgl. oben S. 55 ff.; *Stephan,* „Genossen", S. 172 ff.

115 Vgl. Berlin und seine Entwickelung, 6. Jg., 1872, S. 226.

116 Vgl. Vst., Nr. 48, 14. 6. 1871.

117 Vgl. *Bernstein,* Schneiderbewegung, S. 164.

118 *Müller,* S. 273.

119 Zum Schimpfwort „Mühlendammer" vgl. *Bernstein,* Berliner Arbeiterbewegung, S. 241 f. Der Mühlendamm war das Quartier der zumeist jüdischen Kleiderhändler. „Mühlendammer" stand häufig für „anreißerischer Schacherjude", wurde aber auch von den Lassalleanern zur Diffamierung der Mitglieder der SDAP in Berlin benutzt.

120 NSD, Nr. 31, 10. 9. 1871.

121 Vgl. *Winter,* S. 58.

122 Vst., Nr. 95, 25. 11. 1871.

123 Vgl. *Machtan,* Nr. 71/1872; Vst., Nr. 27, 3. 4. 1872; NSD, Nr. 35, 22. 3. 1872.

124 Vst., Nr. 31, 17. 4. 1872; NSD, Nr. 41, 7. 4. 1872.

125 Vst., Nr. 31, 17. 4. 1872.

126 Vgl. Berliner Städtisches Jahrbuch, 1. Jg., 1874, S. 223.

127 NSD, Nr. 28, 7. 3. 1873, Nr. 30, 12. 3. 1873.

128 NSD, Nr. 37, 28. 3. 1873.

129 *Machtan,* Nr. 130/1873.

130 NSD, Nr. 50, 30. 4. 1873.

131 NSD, Nr. 51, 2. 5. 1873.

132 NSD, Nr. 53, 7. 5. 1873.

133 *Machtan,* Nr. 160/1873; NSD, Nr. 60, 28. 5. 1873.

134 Vgl. NSD, Nr. 105, 12. 9. 1873, Nr. 113, 1. 10. 1873, Nr. 119, 15. 10. 1873; *Machtan,* Nr. 253/1873.

135 Für eine exakten Nachweis des Grades der Fluktuation der Mitgliedschaft in den Organisationen der Schneider liegt meines Wissens kein hinreichendes Material vor. Ein Indiz findet sich aber in den behördlichen Einschätzungen des Umfanges der Berliner Schneiderorganisationen. Angeblich zählte der Allgemeine Deutsche Schneiderverein im Herbst 1872 dort 1200 Mitglieder, vgl. ZStAM, Rep. 77, Tit. 662, Nr. 42, Beiheft 1, Bl. 17–36. Für 1876 wurde eine Mitgliederzahl von 750 genannt, vgl. ZStAM, Rep. 77, Tit. 500, Nr. 42, Bd. 8, Bl. 74–80. Die Angaben dürften die Zahlen der wirklich Beiträge entrichtenden Mitglieder um etwa das Zehnfache überstiegen haben. Bei keiner anderen Berufsgruppe ist mir zudem eine so enorme Diskrepanz zwischen den Angaben der Arbeiterbewegung und den staatlichen Annahmen bekannt. Vermutlich rührten die unterschiedlichen Angaben über den Umfang des Schneidervereins von verschiedenen Erhebungsmethoden her. Die Angaben Bernsteins und Schmöles, vgl. Anm. 139 u. 140, gaben möglicherweise die Zahl der Mitglieder nach den Beitragsabrechnungen wider. Hingegen mögen die staatlichen Zahlen auf den laufenden Nummern der Mitgliedslisten beruhen.
Einen Eindruck der Schwankungen der Mitgliedschaft der frühen Gewerkschaften geben zwei Kassenbücher von Stuttgarter Gewerkschaften. In der Schuhmachergewerkschaft zahlten 1877 und 1878 nicht mehr als ca. 40% der nominellen Mitgliedschaft für mindestens sechs Monate des Jahres ihren Beitrag. Zwischen 1875 und 1876 fand ein völliger Austausch der Mitgliedschaft statt, vgl. StA Ludwigsburg, Nr. 648. Etwas stabiler war die Metallarbeitergewerkschaft. Nach den quartalsmäßigen Abrechnungen zahlten – mit Ausnahme des 3. Quartals 1878 – zwischen 41 und 85% der Mitgliedschaft durchgehend für jeweils drei Monate ihren Beitrag. Eine leichte Stabilisierungstendenz war vom 4. Quartal 1876 bis zum 1. Quartal 1878 bemerkbar, vgl. StA Ludwigsburg, Nr. 646. Der hohe Grad der Fluktuation beschränkte sich jedoch nicht nur auf gewerkschaftliche Organisationen, sondern auch die Mitgliedschaft der Sozialdemokratischen Partei unterlag lange einer beträchtlichen Instabilität, vgl. R. *Michels,* Zur Soziologie des Parteiweisens in der modernen Demokratie, Leipzig 1911, S. 87 f.

136 Etwa 50% der Schneider wohnten und arbeiteten 1875 in den drei südlichen Stadtteilen Friedrichstadt, Luisenstadt und Stralauer Viertel sowie 11% in der Oranienburger und Rosenthaler Vorstadt. Insgesamt verteilten sich zwei Drittel der Schneider auf ein Drittel des damaligen Stadtgebietes, vgl. I. *Thienel,* Städtewachstum im Industrialisierungsprozeß des 19. Jahrhunderts, Das Berliner Beispiel, Berlin 1973, S. 72 f.

137 Vgl. NSD, Nr. 119, 15. 10. 1873, Nr. 120, 17. 10. 1873, Nr. 123, 24. 10. 1873, Nr. 144, 12. 12. 1873. Daß die Praxis der Altgesellenwahlen (vgl. dazu *Stürmer,* S. 206) noch bestand, beweist, daß es unter den Schneidergesellen noch funktonierende traditionelle Kommunikationskanäle gab. Die Gewerkskrankenkassen, die öfter Mittelpunkt von Gesellenorganisationen waren, basierten auf den alten Zunftkassen, die in die Hände der Gesellen übergegangen waren. 1883 wurden aus ihnen durch Gesetz die Ortskrankenkassen geschaffen, vgl. *Bringmann,* Bd. 1, S. 73 f.

138 *Bernstein,* Schneiderbewegung, S. 185 f.

139 Ebd., S. 198.

140 J. *Schmöle,* Die sozialdemokratischen Gewerkschaften in Deutschland seit dem Erlasse des Sozialisten-Gesetzes, Erster, vorbereitender Teil, Jena 1896, S. 65.

141 Berechnet nach Statistik d. Dt. Reiches, Bd. 34, T. 2, S. 174.

142 Vgl. § 8 der Verordnung über die Verhütung eines die gesetzliche Freiheit und Ordnung gefährdenden Mißbrauchs des Versammlungs- und Vereinigungsrechts v. 11. 3. 1850, in: Gesetz-Sammlung für die Königlich Preußischen Staaten, 1850, Berlin o. J., S. 277–283.

143 Wegen der faktischen Lohnabhängigkeit der übergroßen Zahl der Alleinmeister erscheint es nicht sinnvoll, den Organisationsgrad nur nach den Gehilfen zu berechnen.

144 *Engelhardt*, S. 710 f.

145 *Ettelt* u. *Krause*, S. 94.

146 W. *Gleichauf*, Geschichte des Verbandes der deutschen Gewerkvereine (Hirsch-Dunker), Berlin-Schöneberg 1907, S. 56 f.

147 M. *Hirsch*, Verbreitungsbild und Adressenverzeichnis der Deutschen Gewerkvereine (Hirsch-Dunker), Berlin 1880, S. 6.

148 Vgl. Vst., Nr. 54, 12. 5. 1875.

149 Vgl. K. *Schönhoven*, Zwischen Revolution und Sozialistengesetz, Die Anfänge der Würzburger Arbeiterbewegung 1848–1878, Mainfränkische Hefte, Nr. 63, Würzburg 1976, S. 24 ff.; H. *Hirschfelder*, Die bayrische Sozialdemokratie 1864–1914, 2 Bde., Erlangen 1979, S. 81 ff.; zur Agitationsreise von Bonhorst, Haustein, Kölsch: H. *Eckert*, S. 136, 157; *Schadt*, S. 33; W. *Fischer*, Die Fürther Arbeiterbewegung von ihren Anfängen bis 1870, wirtschaftswiss. Diss. Erlangen-Nürnberg 1965, S. 163.

150 StAW, Nr. 511, Bericht vom 10. 7. 1869.

151 Vgl. H. *Eckert*, S. 157; *Hirschfelder*, S. 75 ff.; I. *Fischer*, Industrialisierung, sozialer Konflikt und politische Willensbildung in der Stadtgemeinde. Ein Beitrag zur Sozialgeschichte Augsburgs 1840–1914, Augsburg 1977, S. 250 ff.

152 *Schönhoven*, S. 27.

153 StAW, Nr. 511, 29. 5. 1869.

154 StAW, Nr. 511, 4. 8. 1869.

155 Vgl. Protokoll über die Verhandlungen des Allgemeinen Deutschen sozial-demokratischen Arbeiterkongresses zu Eisenach am 7., 8. und 9. August 1869, Leipzig 1869, S. 11.

156 Vgl. StAW, Nr. 511, 6. 9. 1869; *Fricke*, Dt. Arbeiterbewegung, S. 86 ff., S. 375.

157 Zu den Vorgängen in Augsburg vgl. *Mayer*, v. Schweitzer, S. 364 ff.; F. *Mehring*, 2. Teil, S. 357; I. *Fischer*, S. 248 f.; *Hirschfelder*, S. 88 ff., 140 ff.; eine knappe Zusammenfassung findet sich in der Einleitung zum Nachdruck des „Agitator“, S.V. A.Wüchner vertrat auf dem konstituierenden Augsburger Kongreß die Würzburger Mitglieder, vgl. Vst., Nr. 4, 12. 1. 1870, Nr. 10, 2. 2. 1870, Nr. 60, 27. 7. 1870; *Fricke*, Dt. Arbeiterbewegung, S. 88; Protokoll über den ersten Kongreß der sozialdemokratischen Arbeiterpartei . . . 1870, Leipzig, S. 16 f.

158 Ein Gulden zählte 60 Kreuzer und entsprach ca. 1,71 Mark.

159 Der Proletarier, 2. Jg., Nr. 37, 10. 4. 1870.

160 *Schönhoven*, S. 36 f.; StAW, Nr. 511, 29. 9. 1871, 31. 10. 1871.

161 Vgl. StAW, Nr. 511.

162 StAW, Nr. 511, 11. 3. 1872, 16. 3. 1872.

163 Zur Person vgl. H. *Eckert*, passim.

164 StAW, Nr. 511, 2. 4. 1872.

165 Ebd., 9. 4. 1872.

166 Ebd., 17. 4. 1872; Vst., Nr. 25, 27. 3. 1872, Nr. 30, 13. 4. 1872, Nr. 32, 20. 4. 1872; *Machtan*, Nr. 98/1872.

167 StAW, Nr. 511, 13. 5. 1872.

168 Vst., Nr. 44, 1. 6. 1872, Nr. 59, 24. 7. 1872; StAW, Nr. 511, 28. 5. 1872.

169 Vgl. *Schönhoven*, S. 32 f.; StAW, Nr. 511, 26. 4. 1873, Nr. 1141, 28. 3. 1873, dort auch eine Mitgliedsliste. Die Darstellung Schönhovens über diese Mitgliedsliste ist nicht ganz korrekt. Er erwähnt einmal 8 und einmal 3 Schreiner. Das zweite Mal mußte es ‚Schneider‘ heißen. Nach meiner Zählung waren es 7 Schreiner und 4 Schneider.

170 StAW, Nr. 1141, 27. 6. 1873. Über diese Erwähnung des Streiks hinaus ist mir nichts darüber bekannt.

171 Vst., Nr. 120, 13. 10. 1874.

172 StAW, Nr. 511, 21. 3. 1874, 7. 4. 1874, dort sind „etliche 20" Mitglieder erwähnt.

173 Vgl. StAW, Nr. 511, 26. 8. 1874, dort m. W. die erste Erwähnung Ricks.

174 StAW, Nr. 511, 16. 1. 1875.

175 *Schönhoven,* S. 41; StAW Nr. 13 731, 7. 9. 1878.

176 Vst., Nr. 147, 19. 12. 1875.

177 Die „Gewerksgenossenschaften" (Gewerkschaften) hatten ihren Ursprung ebenfalls in Genossenschaftsvorstellungen. Sie können jedoch aufgrund ihrer frühen Entwicklung zum Arbeitskampfverband und der damit verbundenen Konfliktorientierung nicht unter die hier behandelten Genossenschaften subsumiert werden.

178 Vgl. H. *Faust,* Geschichte der Genossenschaftsbewegung. Ursprung und Aufbruch der Genossenschaftsbewegung in England, Frankreich und Deutschland sowie ihre weitere Entwicklung im deutschen Srpachraum, 3. Aufl., Frankfurt 1977.

179 *Na'aman,* Lassalle, S. 578; vgl. *Miller,* S. 45 ff.

180 Vgl. Vst., Nr. 52, 29. 6. 1870, der anläßlich des Verbandstages der unterfränkischen Erwerbs- und Wirtschaftsgenossenschaften nach dem Modell Schulze-Delitzsch schrieb, daß Genossenschaften „weiter nichts sind, als ein momentaner Hemmschuh für einen Bruchteil eines Teils des Mittelstandes, der trotzdem doch unwiderruflich herabsinken wird ins Proletariat."

181 Vgl. *Stephan,* „Genossen", S. 165 ff.

182 Vgl. *Engelhardt,* S. 353.

183 Vgl. *Bernstein,* Schneiderbewegung, S. 113.

184 Vst., Nr. 85, 22. 10. 1870.

185 Vgl. Vst., Nr. 48, 14. 6. 1871, Nr. 3, 10. 1. 1875; NSD, Nr. 98, 25. 8. 1872.

186 Vgl. Der Fortschritt, Nr. 27, 6. 7. 1878.

187 Vgl. H. *Rosenthal,* Die Anfänge der Arbeiterbewegung in Solingen 1849–1868, Langenfeld 1953; vgl. IISG, Nachlaß Marx/Engels, D 2666, L 5019, Nachlaß Becker D II 415 ff., Nachlaß Motteler Nr. 2800, 2907.

188 Vgl. R. *Morgan,* The German Social Democrats and the First International, 1864–1872, Cambridge 1965, passim.

189 Protokoll über den ersten Kongreß der social-demokratischen Arbeiterpartei . . . 1870, S. 39; vgl. IISG, Nachlaß Motteler, Nr. 3035/12, 3035/14.

190 Vgl. Protokoll 1870, S. 39 ff.

191 Vgl. *Rosenthal,* S. 30; HStA Düsseldorf, LA Solingen, Nr. 517, Bl. 147, Verzeichnis der Mitglieder des Arbeiter-Wahlvereins des Kreises Solingen, März 1876.

192 Von den 7358 bei der Gewerbezählung vom 1. 12. 1875 erfaßten Betrieben der Zeug-, Sensen- und Messerschmiederei etc. im Regierungsbezirk Düsseldorf beschäftigten 7143 Betriebe keine oder nicht mehr als fünf Gehilfen. In den genannten 7143 Betrieben waren zusammen 2334 Gehilfen und 1309 Lehrlinge beschäftigt, d. h. zumindest in 3500 Betrieben arbeitete ein Alleinmeister. Vgl. Statistik d. Dt. Reiches, Bd. 34, T. 1, S. 168.

193 Vgl. *Rosenthal,* S. 12 ff.; A. *Thun,* Die Industrie am Niederrhein und ihre Arbeiter, in: Staats- und socialwissenschaftliche Forschungen, Bd. 2, Heft 3, S. 90 ff.; ZStAM, Rep., 77, Tit. 500, Nr. 20, Bd. 6, Bl. 90 f.

194 Vgl. H. *Rosenthal,* Solingen, Geschichte einer Stadt, 3. Bd., Duisburg 1975, S. 148 ff.; *Thun,* S. 96 ff., 100 f.

195 Unter den vergleichbaren sozio-ökonomischen Bedingungen hatten auch die Schmuckarbeiter die Idee von Genossenschaften nicht aufgegeben, vgl. Der Genossenschafter, Nr. 23, 3. 10. 1878. Im Schweizer Jura wurden die hausindustriellen Uhrmacher unter ähnlichen Umständen Träger der anarchistischen Bewegung, in der auch Vorstellungen vom „atelier coopératif", also von Produktionsgenossenschaften heimisch waren, vgl. P. *Lösche,* Anarchismus, Darmstadt 1977, S. 30 f.; ders., Anarchismus – Versuch einer Definition und historischen Typologie, in: PVS, 15. Jg., 1974, S. 58 ff.

196 R. *Schaberg,* Die Geschichte der Solinger Arbeiterbewegung von ihren Anfängen bis zum Ausbruch des Ersten Weltkrieges, staats. wiss. Diss. (maschr.), Graz 1958, S. 29; *Thun,* S. 98.

197 *Engelhardt,* S. 340.

198 Vgl. *Stephan,* S. 164 f.

199 Vgl. *Marquardt,* S. 149 f.

200 Vgl. *Grandke,* S. 190.

201 Zu den Kriterien vgl. v. *Tijn,* S. 237.

202 Bzgl. der Kleidungsgewohnheiten einer Arbeiterfamilie vgl. H. *Mehner,* Der Haushalt und die Lebenshaltung einer Leipziger Arbeiterfamilie, in: Jahrbuch für Gesetzgebung, Verwaltung und Volkswirtschaft im Deutschen Reich, 11. Jg., 1887, S. 314 ff.

203 Vgl. dazu die Überlegung S. 65, die hier nicht weiter wiederholt werden soll.

204 Vgl. W. H. *Schröder,* S. 79.

205 Vgl. *Engelhardt,* S. 371 ff.

206 Vgl. G. A. *Ritter* u. K. *Tenfelde,* Der Durchbruch der Freien Gewerkschaften Deutschlands zur Massenbewegung im letzten Viertel des 19. Jahrhunderts, in: H. O. *Vetter* (Hg.), Vom Sozialistengesetz zur Mitbestimmung, zum 100. Geburtstag von Hans Böckler, Köln 1975, S. 101.

IV. Lage und Organisation der Textilarbeiter

1 Vgl. H. *Blumberg,* Die deutsche Textilindustrie in der industriellen Revolution, Berlin-DDR 1965, S. 15; F.-W. *Henning,* Die Industrialisierung in Deutschland 1800 bis 1914, Paderborn 1973, S. 138 f. Bzgl. der Textilindustrie in Württemberg vgl. P. *Borscheid,* Textilarbeiterschaft in der Industrialisierung. Soziale Lage und Mobilität in Württemberg (19. Jahrhundert), Stuttgart 1978, S. 21 ff.

2 *Schmoller,* S. 456.

3 Zum Begriff vgl. O. *Brunner,* Das „ganze Haus" und die alteuropäische „Ökonomik", in: ders., Neue Wege der Verfassungs- und Sozialgeschichte, Göttingen 1968, S. 103 ff.

4 Vgl. F.-W. *Henning,* Industrialisierung und dörfliche Einkommensmöglichkeiten. Der Einfluß der Industrialisierung des Textilgewerbes in Deutschland im 19. Jh. auf Einkommensmöglichkeiten in den ländlichen Gebieten, in: H. *Kellenbenz* (Hg.), Agrarisches Nebengewerbe und Formen der Reagrarisierung im Spätmittelalter und 19./20. Jahrhundert, Stuttgart 1975, S. 156.

5 *Schmoller,* S. 457 f.

6 Vgl. H. *Blumberg,* Ein Beitrag zur Geschichte der deutschen Leinenindustrie von 1834 bis 1870, in: H. *Mottek* (Hg.), Studien zur Geschichte der industriellen Revolution in Deutschland, Berlin-DDR 1960, S. 108.

7 *Schmoller,* S. 451 ff.; 475 f.

8 Vgl. dazu auch die Geschichte der Manufaktur Oehler in Crimmitschau, S. 123.

9 Vgl. A. *Beutler,* Die Entwicklung der sozialen und wirtschaftlichen Lage der Weber im sächsischen Vogtland, Greifswalder Staatswissenschaftliche Abhandlungen, Bd. 6, Greifswald 1921, S. 4 ff.; *Blumberg,* Textilindustrie, S. 13, 17; W. O. *Henderson,* The Labour Force in the Textile Industries, in: AfS, Bd. 16, 1976, S. 283, 287; R. *Martin,* Zur Verkürzung der Arbeitszeit in der mechanischen Textilindustrie, in: Archiv für soziale Gesetzgebung und Statistik, 8. Bd., 1895, S. 241 ff.; *Schmoller,* S. 537 f.

10 Vgl. P. *Kriedte* u. a., Industrialisierung vor der Industrialisierung. Gewerbliche Warenproduktion auf dem Land in der Formationsperiode des Kapitalismus, Göttingen 1977.

11 Vgl. W. *Köllmann,* Bevölkerungsgeschichte 1800–1970, in: H. *Aubin* u. W. *Zorn* (Hg.), Handbuch der deutschen Wirtschafts- und Sozialgeschichte, Bd. 2, Stuttgart 1976, S. 10 ff.

12 Vgl. *Kriedte* u. a., passim.

13 Vgl. *Thun,* H. 2, S. 10, 18.

14 Vgl. *Kriedte* u. a., S. 59 f., 195 f.

15 *Engels,* MEW, Bd. 2, S. 242.

16 J. *Kulischer,* Allgemeine Wirtschaftsgeschichte des Mittelalters und der Neuzeit, München/Berlin 1929 (4. Aufl., Darmstadt 1971), S. 449 f.

17 *Schmoller,* S. 523 ff., S. 560 ff.; *Henning,* Industrialisierung in Deutschland, S. 145.

18 Vgl. *Köllmann,* S. 10 ff.; W. *Abel,* Massenarmut und Hungerkrisen im vorindustriellen Deutschland, Göttingen 1972, S. 61 ff.

19 Vgl. *Blumberg,* Leinenindustrie, S. 124 ff.; *Schmoller,* S. 452 ff.; W. *Wolff,* Das Elend und der Aufruhr in Schlesien, in: Deutsches Bürgerbuch für 1845, hg. v. H. *Püttmann,* Darmstadt 1845, S. 174 ff. (neu hg. v. R. *Schloesser,* Köln 1975).

20 *Schmoller,* S. 473 ff.

21 Vgl. *Blumberg,* Textilindustrie, S. 79 ff. In den Spinnereibetrieben des Deutschen Reiches waren am 1. 12. 1875 beschäftigt (ohne Betriebsleiter) in:

	Kleinbetrieben (bis 5 Gehilfen)			Betrieben mit mehr als 5 Gehilfen		
	Anzahl d. Betriebe	Männer	Frauen	Anzahl d. Betriebe	Männer	Frauen
Baumwolle	1 079	256	196	526	32 177	36 697
Flachs	11 963	278	204	201	8 216	12 570
Kammgarn	1 737	567	187	614	11 986	13 842

Die Zahlen der Betriebe umfassen Haupt- und Nebenbetriebe, die der Beschäftigten auch die Lehrlinge. Vgl. Statistik d. Dt. Reiches, Bd. 34, T. 1, S. 368 f., 388 f., 406 f.

22 *Thun,* S. 23 f.

23 Vgl. *Blumberg,* Textilindustrie, S. 88 f. Aufgrund verschiedener Statistiken errechnete Blumberg folgende Relationen zwischen Hand- und Maschinenwebstühlen, ebd., S. 90:

Jahr	Maschinenwebstühle	Handwebstühle	Verhältnis
1846	1 372	47 290	1 : 34
1861	6 247	67 485	1 : 11
1875	29 341	56 214	1 : 1,8

24 Entfällt.

25 Nach den Erhebungen der Gewerbestatistik beschäftigte die Textilindustrie 1861 16,5% (783 000 von 4 736 000) aller nichtagrarisch Tätigen, 1875 nur noch 14,2% (845 000 von 5 949 000), vgl. *Engel,* S. 204 ff. Der sich hier abzeichnende Trend des relativen Rückgangs der Zahl der in der Textilindustrie Beschäftigten bestätigte sich in längeren Beobachtungen, vgl. *Hoffmann,* S. 196 f.

26 Vgl. *Blumberg,* Textilindustrie, S. 90 ff.; W. *Fischer,* Soziale Unterschichten im Zeitalter der Industrialisierung, in: ders., Wirtschaft, S. 250, 256; *Schmoller,* S. 492 ff.; IISG Nachlaß Motteler Nr. 195/27. Den unterschiedlichen Mechanisierungsgrad verschiedener Webereibranchen belegt für das Deutsche Reich die Gewerbezählung vom 1. 12. 1875 (vgl. Statistik d. Dt. Reiches, Bd. 34, T. 1, S. 364 f., 378 f., 394 f., 412 f.; Bd. 35, T. 2, S. B 84, B 94, B 102, B 114):

	Webstühle mit Jacquardvorrichtung		ohne Jacquardvorrichtung		zusammen	(Hand-)Webstühle im Kleingewerbe
	mit Kraftantrieb	ohne	mit Kraftantrieb	ohne		
Baumwolle	10 549	1 594	69 916	6 604	88 663	120 917
Leinen	1 020	1 508	7 236	2 009	11 773	142 565
Kamm- u. andere Garne	1 794	1 736	16 284	5 913	25 727	23 182
Streichgarn und Vigogne	1 571	3 439	9 692	9 643	24 345	12 301

Die Reichsstatistik unterscheidet nur in Betrieben mit mehr als fünf Gehilfen die aufgestellten Webstühle nach der Art. Bei kleineren Betrieben ist jeweils nur die Anzahl genannt. Die Webstühle im Kleingewerbe werden i. d. R. ohne Kraftantrieb betätigt worden sein.

27 Vgl. *Henderson,* S. 284 f.; M. *Bernays,* Auslese und Anpassung der Arbeiterschaft der geschlossenen Großindustrie, SVfSP, Bd. 133, Leipzig 1910, S. 14, 252 ff. Die Herstellung von Geweben aus anderen Materialien wie aus Wolle, Leinen, Seide, Kunstwolle und Mischungen verschiedener Rohstoffe unterschied sich nicht grundsätzlich. Auf in diesem Zusammenhang bemerkenswerte Unterschiede wird jeweils an der entsprechenden Stelle eingegangen.

28 Bzgl. der Unterschiede zwischen den Mulemaschinen und Salfactormaschinen vgl. R. *Martin,* Der wirtschaftliche Aufschwung der Baumwollspinnerei im Königreich Sachsen, in: Jahrbuch für Gesetzgebung, Verwaltung und Volkswirtschaft im Deutschen Reich, 17. Jg., 1893, S. 649 f.

29 *Bernays,* S. 259.

30 Vgl. ZStAP, RKA 14.01, Nr. 443, Bl. 92 ff.

31 Vgl. Vst., Nr. 43, 29. 5. 1872.

32 Eine ausführliche Beschreibung der Arbeitsweise des einfachen Handwebstuhls findet sich bei D. *Bythell,* Die Anfänge des mechanischen Webstuhls, in: K. *Hausen* u. R. *Rürup,* Moderne Technikgeschichte, NWB 81, Köln 1975, S. 165 f., 168 f.

33 Zur technischen Entwicklung des mechanischen Webstuhles vgl. ebd., S. 173 f.

34 Vgl. ebd., S. 178.

35 Auf die Leinenweberei gehe ich aufgrund ihrer sinkenden Bedeutung in der 2. Hälfte des 19. Jahrhunderts nicht ein.

36 Vgl. *Schmoller,* S. 560 ff.; Anm. 26: In Betrieben mit nicht mehr als fünf Gehilfen standen ca. 121 000 (Hand-)Webstühle, in größeren Betrieben ca. 89 000, wovon über 80 000 über einen Kraftantrieb verfügten.

37 Vgl. *Schmoller,* S. 580 ff.; Anm. 26: In Betrieben der deutschen Kamm-, Streichgarn- und Vigogneweberei mit nicht mehr als fünf Gehilfen standen ca. 25 000 (Hand-)Webstühle, in größeren Betrieben jedoch 50 000, von denen 29 000 einen Kraftantrieb hatten.

38 Vgl. *Henderson,* S. 285; E. *Gottheiner,* Studien über die Wuppertaler Textilindustrie und ihre Arbeiter in den letzten zwanzig Jahren, Staats- und socialwissenschaftliche Forschungen, 22. Bd., 2. Heft, Leipzig 1903, S. 28; W. *Köllmann,* Sozialgeschichte der Stadt Bremen, Tübingen 1960, S. 131, 153.

39 Vgl. auch die Ausführungen über die Entwicklung der sächsischen Textilhertellung und die Lage ihrer Arbeiter S. 121 ff.

40 Vgl. *Blumberg,* Textilindustrie, S. 304 f.

41 Vgl. *Martin,* Verkürzung, S. 242 ff.

42 *Schmoller*, S. 541 ff.
43 Vgl. *Beutler*, S. 20.
44 *Beutler*, S. 80 f.; *Bernays*, S. 185 f.
45 Vgl. *Blumberg*, Textilindustrie, S. 305 ff.; *Beutler*, S. 16 f.
46 Vgl. *Beutler*, S. 30 ff.
47 Zit. *Thun*, S. 28.
48 Am 1. 12. 1875 arbeiteten 44,6% sämtlicher in der deutschen Textilindustrie tätigen Personen in Betrieben mit mehr als fünf Gehilfen. Vgl. Statistik d. Dt. Reiches, Bd. 34, T. 2, S. 554 f.
49 48,8% aller abhängig Beschäftigten der Baumwoll-, Woll- und Leinenspinnereien und -webereien mit mehr als fünf Gehilfen waren nach der Gewerbezählung vom 1. 12. 1875 weiblichen Geschlechts. Vgl. Statistik d. Dt. Reiches, Bd. 34, T. 1, S. 365, 369, 379, 389, 395, 407, 413.
50 Vgl. StAD, KH Zwickau, Nr. 1793, 1794, 1795, 1796. Akten der Kreishauptmannschaft Zwickau über die Beschäftigung von Kindern in Fabriken 1865–1883 (Gewerbeinspektion).
51 Vgl. NSD, Nr. 140, 3. 12. 1873: Die Einführung der Maschinen in der Weberei hatte in Verbindung mit der Handelskrise eine „erschreckende Arbeitslosigkeit der männlichen Arbeiter hervorgerufen", während in den Fabriken Mädchen arbeiteten und die Nachfrage nach Frauenarbeit gleichwohl groß war. Vgl. Vorwärts, Nr. 41, 12. 4. 1877: Die mechanische Weberei bezog ihre Arbeitskräfte „wegen der Billigkeit vorzugsweise aus jugendlichen Elementen beiderlei Geschlechts". Die Familienväter waren hingegen arbeitslos.
52 *Thun*, S. 36.
53 *Henderson*, S. 287.
54 Vgl. H. *Brauns*, Der Übergang von der Handweberei zum Fabrikbetrieb in der Niederrheinischen Samt- und Seidenindustrie und die Lage der Arbeiter in dieser Periode, in: Staats- und Socialwissenschaftliche Forschungen, 25. Bd., 1906, S. 6.
55 *Becker*, Nichtagrarische Wanderungen, S. 228. Nach einer Erhebung aus dem Jahre 1908 in einer Mönchen-Gladbacher Spinn- und Webfabrik stammten ca. 25% der Arbeiter aus Textilarbeiterfamilien, jedoch 30% kamen aus Landarbeiterfamilien oder den „tiefsten sozialen Schichten". Vgl. *Bernays*, S. 105 f. Hinweise auf die Rekrutierung der Spinnereiarbeiter und -arbeiterinnen aus der agrarischen Überschußbevölkerung finden sich auch in ZStAP, RKA 14.01, Nr. 446, Bl. 94 ff.
56 Vgl. *Henderson*, 287 f.; W. *Fischer*, Innerbetrieblicher und sozialer Status der frühen Fabrikarbeiterschaft, in: ders., Wirtschaft, S. 262 f.
57 Vgl. *Borscheid*, S. 355.
58 Tab. 7 wurde aufgrund der Angaben bei *Young*, S. 498 ff. zusammengestellt. Bzgl. des allgemeinen Lohnniveaus der Textilarbeiterschaft vgl. auch A. V. *Desai*, Real Wages in Germany, 1871–1913, Oxford 1968, S. 108; *Blumberg*, S. 325 f.
59 Nach A. *Buttler*, Die Textilindustrie in Crimmitschau und die soziale Lage ihrer Arbeiter, phil. Diss. (maschr.), Jena 1920, S. 48.
60 Chemnitzer Freie Presse, Nr. 132, 8. 6. 1877. Nach einer anderen Zeitungsmeldung aus dem Jahr 1878 verdiente ein sächsischer Weber auch in „normaler Zeit" keine 300 Mark im Jahr, vgl. IISG, Nachlaß Motteler, Nr. 195/51.
61 Vgl. G. *Demmering*, Die Glauchau-Meeraner Textilindustrie, Leipzig 1928, S. 108 f.
62 Vgl. *Henderson*, S. 285; *Bernays*, S. 269; *Gottheiner*, S. 28 ff.; *Köllmann*, Barmen, S. 153.
63 Vgl. *Blumberg*, Textilindustrie, S. 316 ff., spez. S. 321, 326, 330.
64 *Beutler*, S. 40; *Blumberg*, S. 337 ff., 343 f.
65 *Gottheiner*, S. 34; *Beutler*, S. 41 f.
66 *Beutler*, S. 51 ff.; *Engels*, S. 376 ff.; *Gottheiner*, S. 44 f.; *Henderson*, S. 290 f.; Vst., Nr. 7, 24. 1. 1872; ZStAP, RKA 14.01, Nr. 446, Bl. 94 ff.

67 Vgl. G. K. *Anton,* Geschichte der preußischen Fabrikgesetzgebung bis zu ihrer Aufnahme durch die Reichsgewerbeordnung, neu herausgegeben Berlin-DDR 1953, S. 50 f.; *Grebing,* S. 24.

68 Vgl. *Borscheid,* S. 378.

69 *Demmering,* S. 73 f.

70 Ebd., S. 79 f.

71 Ebd., S. 82 f.

72 Vgl. StAD, MdI, Nr. 10 976, Bl. 35–38; StAD, MdI, Nr. 5585, Bl. 28: Weber haben vielfach Haus und Feld, sie weben teilweise nur im Winter. Vgl. auch *Demmering,* S. 84 ff.

73 Vgl. *Demmering,* S. 86 f.; E. *Schaarschmidt,* Geschichte der Crimmitschauer Arbeiterbewegung, phil. Diss., Leipzig 1934, S. 13 ff. Die Ursachen für die revolutionären Ereignisse 1848 sind in Crimmitschau nicht so klar wie im 11 km entfernten Glauchau. Berechtigt scheint mir aber die Annahme prinzipiell ähnlicher Verhältnisse, insbesondere da die Arbeitslosigkeit in der Crimmitschauer Textilherstellung 1848 allein unter den zünftigen Handwerkern, nicht gerechnet die Fabrikarbeiter, über 6% betrug. Über Kurzarbeit liegen keine Angaben vor. Berechnet nach *Schaarschmidt,* S. 19.

74 Vgl. *Demmering,* S. 88 ff.; G. *Benser,* Zur Herausbildung der Eisenacher Partei, Berlin-DDR 1956, S. 28; *Buttler,* S. 46.

75 Vgl. *Benser,* S. 49 f.; *Buttler,* S. 48; *Demmering,* S. 91 ff. Infolge der Armut stieg die Säuglingssterblichkeit in den sächsischen Webereigebieten in den Jahren 1856 bis 1867 auf 32% an. Vgl. auch Bebel an J. Ph. Becker am 28. 10. 1867: „Wir stehen hier vor einem sehr bedenklichen Winter. Die Arbeitslosigkeit ist schon seit Wochen groß, dabei eine große Teuerung aller Lebensbedürfnisse." Die Weberlöhne betrugen „bei voller Arbeit" durchschnittlich kaum 3 Tlr., IISG, Nachlaß Bebel, Nr. 5. Nach einem Bericht des Vst. hatten sich die Lebensbedingungen der Weber seit 1866 sehr verschlechtert, viele von ihnen ernährten sich nur noch von trockenem Brot. Die Weber in Glauchau und Umgebung waren bis zu sechs Monaten im Jahr arbeitslos, Vst., Nr. 13, 11. 2. 1871; vgl. auch Vst., Nr. 47, 10. 6. 1871.

76 Vgl. *Demmering,* S. 94 f. Die Steigerung des Konkurrenzdrucks durch die Einführung der elsaß-lothringischen Textilindustrie veranschaulicht sich, wenn man bedenkt, daß zu den 3 Millionen deutschen Spindeln nun etwa 2 Millionen hinzukamen.

77 Ebd., S. 106.

78 Vgl. Zittauer Nachrichten, Nr. 83, 9. 4. 1878, Beilage, in: StAD, MdI, Nr. 5586, Bl. 40.

79 Vgl. *Schaarschmidt,* S. 189.

80 Da die nationale Textilarbeiterbewegung vor 1878 sehr stark von der Crimmitschauer geprägt wurde, wenn nicht sogar nahezu allein von ihr gebildet wurde, wird auf eine allgemeine Darstellung der frühen Textilarbeiterorganisationen verzichtet.

81 Vgl. *Henderson,* S. 311. Frühere Vergleichszahlen sind mir nicht bekannt.

82 Vgl. *Buttler,* S. 21 f.

83 Ebd., S. 28 ff.

84 Ebd., S. 27 f.

85 Ebd., S. 28 ff.; *Schaarschmidt,* S. 9. Eine genaue Beschreibung der Textilindustrie Crimmitschaus auf der Grundlage der Gewerbezählung vom 1. 12. 1875 ist nicht möglich, da in Sachsen der kleinste Erhebungsbereich die Kreishauptmannschaft war. In der Kreishauptmannschaft Zwickau lagen neben Crimmitschau so unterschiedliche Textilzentren wie das hochindustrialisierte Chemnitz und die ländlichen Weberdistrikte des Erzgebirges, vgl. Statistik d. Dt. Reiches, Bd. 34, T. 1, S. 342 ff.

86 Auf die lassalleanische Bewegung sind die hier aufgestellten Thesen nur bedingt übertragbar.

87 *Schaarschmidt,* S. 20.

88 Vgl. *Birker,* S. 76 f.

89 Die Forderung nach Staatshilfe kam eher den Interessen von proletarischen, mittellosen Handwerksgesellen entgegen, vgl. S. 84.

90 Vgl. V. L. *Lidtke*, The Outlawed Party: Social Democracy in Germany, 1878–1890, Princeton, N. J. 1966, S. 93 f.; E. *Engelberg*, Revolutionäre Politik und Rote Feldpost, 1878–1890, Berlin-DDR 1959, S. 172 ff.

91 *Schaarschmidt*, S. 29; vgl. auch F. *Pospiech*, Julius Motteler, der „rote Feldpostmeister", Esslingen 1977, S. 28 ff.

92 Vgl. M. *Schwarz*, MdR, Biographisches Handbuch der Reichstage, Hannover 1965, S. 224. Bei der Reichstagswahl 1878 ging der 18. sächs. Wahlkreis verloren. Von 1881 bis 1918 vertrat ihn der Sozialdemokrat Stolle im Reichstag.

93 Abgedruckt bei *Dowe* u. *Klotzbach*, S. 155 ff.

94 Die sächsischen Volksvereine waren faktisch die Lokalorganisationen der Volkspartei.

95 Vgl. Protokoll Eisenach, S. 82.

96 Vgl. StAD, MdI, Nr. 10 977, Bl. 129 ff. Für Crimmitschau wurde dort der Volksverein als sozialdemokratischer Verein geführt. Eine vom Volksverein gesonderte Parteiorganisation der SDAP oder SAP gab es nicht.

97 StAD, MdI, Nr. 10 975, Bl. 144 ff.

98 *Schaarschmidt*, S. 31 f.

99 Vst., Nr. 91, 11. 8. 1875.

100 Für die Zeit von September 1873 bis Februar 1878 lassen sich die Beitragszahlungen verfolgen, vgl. Kassenberichte und Abrechnungen 1870–1877 (im IISG); Vorwärts, Nr. 102, 30. 8. 1878, Nr. 125, 23. 10. 1878. Von September 1873 bis April 1875 wurden durchschnittlich pro Monat zwischen 5 Tlr. 4 Gr. und 5 Tlr. 18 Gr. (= 15,40 bis 16,80 Mark) überwiesen. Ab Juni 1875, also ab dem Monat nach der Vereinigung von ADAV und SDAP, wurden bis einschließlich Februar 1878, dem letzten Monat mit nachgewiesener Beitragszahlung vor dem Verbot, regelmäßig für jeden Monat 7,50 Mark, meist in zweimonatlichen Abständen, überwiesen. Über einen kausalen Zusammenhang zwischen der Vereinigung der Fraktionen 1875 und der Halbierung der Leistungen Crimmitschaus an die Parteikasse ist mir nichts bekannt. Neben den regelmäßigen Beiträgen für die Parteikasse wurden unregelmäßige Gelder für den Unterstützungsfonds eingesandt.

101 Vgl. dazu *Schaarschmidt*, S. 51 ff.

102 Nach den Angaben des „Fabrikantenorgans ‚Concordia'" wurde es als guter Verdienst betrachtet, wenn ein Webemeister nach Abzug aller Betriebsausgaben 3 Tlr. in der Woche verdiente, vgl. NSD, Nr. 38, 29. 3. 1873. Fabrikweberlöhne waren meist höher, vgl. StAD, MdI, Nr. 5585, Bl. 149 ff.

103 Vgl. R. *Weber*, Die Beziehungen zwischen sozialer Struktur und politischer Ideologie des Kleinbürgertums in der Revolution von 1848/49, in: ZfG, Bd. 13, 1965, S. 1187.

104 Vgl. auch *Benser*, S. 66.

105 Vgl. *Schaarschmidt*, S. 68.

106 Vgl. Vst., Nr. 97, 4. 12. 1872. Bzgl. weiterer Kommunalwahlen vgl. *Schaarschmidt*, S. 68 f.; Vst., Nr. 6, 19. 1. 1870, Nr. 100, 1. 9. 1875; Vorwärts, Nr. 140, 30. 11. 1877.

107 „Handarbeiter" war die zeitgenössische Bezeichnung für einen ungelernten oder Hilfsarbeiter.

108 *Schaarschmidt*, S. 33 ff.

109 Vgl. G. *Mayer*, Die Trennung der proletarischen von der bürgerlichen Demokratie in Deutschland (1863–1870), in: Archiv für Geschichte des Sozialismus und der Arbeiterbewegung. 2. Jg., 1911, 1. Heft.

110 *Schaarschmidt*, S. 33; Vst., Nr. 31, 16. 4. 1870.

111 Vgl. StAD, MdI, Nr. 5585, Bl. 194–263.

112 *Schaarschmidt*, S. 34.

113 Stolle wandte sich auf dem Eisenacher Kongreß 1869 gegen einen monatlichen Partei-

beitrag von einem Groschen, weil dieser angesichts der niedrigen Löhne zu hoch sei, vgl. Protokoll Eisenach 1869, S. 38.

114 Vgl. *Schaarschmidt,* S. 33.

115 Vgl. z. B. die Wahl des Gewerkschaftsvorstandes 1873. Von den 17 Vorstandsmitgliedern gehörten sechs Personen – Motteler, Kolditz, Kwasniewsky, Mehlhorn, Pfauth und v. d. Linde – nachweislich der Sozialdemokratie an. Bei den anderen Personen ist eine Mitgliedschaft im Volksverein oder der Sozialdemokratie zumindest nicht auszuschließen, vgl. Vst., Nr. 93, 3. 10. 1873. Biographische Angaben bei *Schaarschmidt,* S. 51, 109, 179, 182 f., 187.

116 Vgl. *Schaarschmidt,* S. 41 ff.; *Engelhardt,* S. 775 ff.; *Ettel* u. *Schröder,* S. 582 f.; *Ettel* u. *Krause,* S. 122 ff.; *Müller,* S. 179 f.

117 Namen und Berufe bei *Schaarschmidt,* S. 43.

118 Vgl. C. *Zetkin,* Zur Geschichte der proletarischen Frauenbewegung Deutschlands, Frankfurt 1971, S. 127 ff.; *Engelhardt,* S. 776 ff.

119 Auch die Vorstandswahlen der Gewerkschaft 1872 bestätigen, daß ihre Mitglieder im wesentlichen aus dem Kreis der Fabrikarbeiterschaft kamen. Neben Motteler als Vorsitzendem wurden drei ortsbekannte Sozialdemokraten gewählt, die keine Textilarbeiter waren. Von zwölf weiteren Vorstandsmitgliedern waren je fünf Spinner und Tuchmacher, je einer Handarbeiter und Feuermann. Zumindest sieben Vorstandsmitglieder verrichteten Fabrikarbeit, bei den Tuchmachern war sie nicht auszuschließen, vgl. Vst., Nr. 93, 10. 3. 1873.

120 Vgl. *Engelhardt,* S. 805 f.

121 *Schaarschmidt,* S. 43 f.

122 StAD, MdI, Nr. 10 975, Bl. 113.

123 *Schaarschmidt,* S. 44 f.

124 Vgl. *Engelhardt,* S. 807 f.

125 Vgl. *Ettel* u. *Krause,* S. 259 ff.

126 Vgl. Vst., Nr. 43, 29. 5. 1872, Nr. 44, 1. 6. 1872.

127 Vgl. *Schaarschmidt,* S. 46 f.

128 Ebd., S. 47.

129 *Engelhardt,* S. 774. Vgl. Vst., Nr. 34, 26. 4. 1871, Nr. 20, 18. 2. 1876, sowie Kassenabrechnungen, Vst., Nr. 71, 2. 9. 1871, Nr. 103, 4. 9. 1874, Nr. 144, 11. 12. 1874, Nr. 147, 18. 12. 1874, Nr. 91, 11. 8. 1875, Nr. 26, 3. 3. 1876, Nr. 63, 31. 5. 1876, Nr. 103, 3. 9. 1876. Ich behaupte keinesfalls, daß bei den anderen Gewerkschaften Unterstützungskassen keine Rolle gespielt hätten, im Gegenteil. Die Akzente waren unterschiedlich gesetzt, vielfach allein schon deshalb, weil es andernorts und in anderen Branchen Orts-, Innungs- und Fabrik(zwangs)kassen gab und damit der Aufbau von gewerkschaftseigenen Kassen nicht denselben Stellenwert besaß.

130 Vgl. *Schaarschmidt,* S. 47 f.; Pionier, Nr. 4, 26. 1. 1878.

131 Vgl. *Schmierer,* S. 134 ff., 177, 214 ff., 225 ff.

132 *Blumenberg,* S. 130.

133 *Schaarschmidt,* S. 71; *Machtan,* Nr. 106/1871; Vst., Nr. 84, 18. 10. 1871.

134 Vst., Nr. 84, 18. 10. 1871.

135 Vst., Nr. 88, 1. 11. 1871; *Machtan,* Nr. 123/1871.

136 Wenn auch die Reichsstatistik keine genauen Aussagen über die Struktur der Crimmitschauer Textilindustrie zuläßt (vgl. Anm. 85), so deuten doch folgende Zahlen eher auf große Spinnereibetriebe hin:
In der Kammgarn- und Baumwollspinnerei der Kreishauptmannschaft Zwickau, zu der auch Crimmitschau gehörte, beschäftigten 30,9% aller Betriebe mit mehr als fünf Gehilfen zwischen 51 und 200 Abhängige. Die meisten Arbeiter waren mit Sicherheit in einer Fabrik dieser Größenordnung tätig. 5,9% aller Betriebe beschäftigten zwischen 201 und 1000 Arbeiter, 47,1% 11 bis 50 und 16,2% bis zu 10 Arbeiter. Vermutlich befanden sich die großen Betriebe in den Städten der Kreishauptmannschaft wie Crimmitschau, Chemnitz, Zwickau, Glauchau

oder Meerane, die kleineren, die vielfach nur über einen Wasserkraftantrieb, nicht über Dampfkraft verfügten, in den ländlichen und erzgebirgischen Teilen der Kreishauptmannschaft, vgl. Statistik des Deutschen Reiches, Bd. 35, T. 1, S. 305, 335; ebd. T. 2, S. A 106, A 116. Die Streichgarnspinnerei wird hier nicht berücksichtigt, weil die Reichsstatistik bei der Streichgarn- und Vigogneverarbeitung Spinnereien und Webereien zusammenfaßt.

137 Vgl. *Borscheid,* S. 374.

138 Vgl. Vst., Nr. 91, 11. 8. 1875. Die Crimmitschauer Textilfabriken ließen 13, teilweise 14 Stunden täglich arbeiten. Im Winter 1874/75 wurde teilweise auch nachts und sonntags gearbeitet.

139 Vgl. *Ettelt* u. *Schröder,* S. 562.

140 StAD, MdI, Nr. 10 975, Bl. 105 ff.

141 Crimmitschauer Anzeiger und Tageblatt, Nr. 150, 30. 6. 1870, in: IISG, Nachlaß Motteler, Nr. 180/4.

142 Protokoll Stuttgart 1870, S. 15 f.; *Stephan,* ,,Genossen", S. 43 ff.

143 Vgl. *Thienel,* S. 241 ff., 294; *Büsch,* S. 90.

144 Vgl. *Büsch,* S. 91 f.

145 Je 4 dieser Betriebe beschäftigten zwischen 11 und 50 bzw. 51 und 200 Personen, 1 Betrieb zwischen 201 und 1000 Personen. Demnach arbeiteten zumindest ²/₃ aller Spinnereiarbeiter in Betrieben mit mehr als 50 Beschäftigten, vgl. Statistik d. Dt. Reiches, Bd. 34, T. 1, S. 358 f., 364 f.; Bd. 35, T. 1, S. 296 f., 300 f.; T. 2, S. A 102, A 104, B 82, B 86.

146 Vgl. ebd. Die Reichsstatistik faßt die ,,Streichgarn- und Vigognespinnerei und -weberei" in einer Kategorie zusammen. Sämtliche Webstühle dieser Branche waren in Betrieben mit bis zu 5 Beschäftigten aufgestellt, d. h. unter den größeren Betrieben fand sich keine Weberei.

147 Vgl. *Baar,* Berliner Industrie, S. 40 ff.; ders., Probleme der industriellen Revolution in großstädtischen Industriezentren. Das Berliner Beispiel, in: W. *Fischer* (Hg.), Wirtschafts- und sozialgeschichtliche Probleme der frühen Industrialisierung, Berlin 1968, S. 531 ff.; M. *Weigert,* Die Krisis der Berliner Weberei, in: Berliner Städtisches Jahrbuch, 1. Jg., 1874, S. 1 ff.; *Wiedfeldt,* S. 158 ff.; *Büsch,* S. 93.

148 Vgl. Statistik d. Dt. Reiches, Bd. 34, T. 1, S. 372 f.; Bd. 35, T. 1, S. 308 f.

149 Vgl. *Baar,* Berliner Industrie, S. 41; Statistik d. Dt. Reiches, Bd. 35, T. 2, S. B 82–84,B 92–94, B 110–114: In der Kamm- und Garnweberei des Dt. Reiches kamen auf 3530 Jacquardwebstühle (für kompliziertere Webearbeiten) 22 197 einfache Webstühle. In Berlin hingegen zählte man 639 Jacquardstühle gegenüber 704 einfachen.

150 Vgl. ebd: In der Kamm- und Garnweberei hielten sich im Dt. Reich die hand- und kraftgetriebenen Jacquardstühle etwa die Waage (1794 zu 1736), in Berlin standen hingegen 80 Kraft- 559 handgetriebenen Jacquardstühlen gegenüber. Noch deutlicher zeigt das Verhältnis von kraft- und handgetriebenen einfachen Webstühlen, daß in Berlin keine Massenproduktion stattfand: Im Dt. Reich zählte man 16 284 kraft- und 5913 handgetriebene Stühle, in Berlin nur 53 Kraft- und 651 Handwebstühle.

151 *Baar,* Berliner Industrie, S. 57.

152 Vgl. v. *Stülpnagel,* Über die Hausindustrie in Berlin und den nächstgelegenen Kreisen, in: SVfSP, Bd. 42, Leipzig 1890, S. 4.

153 Vst., Nr. 27, 1. 4. 1871. Der von Verlegern an den Meister gezahlte Stückpreis wurde für die von den Gesellen gearbeiteten Stücke geteilt. Der Geselle erhielt zwei Drittel, der Meister für das Stellen der Arbeitsgeräte etc. ein Drittel des Preises, vgl. *Weigert,* S. 7. Bei den Nebenarbeiten handelte es sich um Spulen, Appretieren der Ketten usw.

154 Vgl. Vst., Nr. 58, 13. 7. 1873. Die Berechnung des Verdienstes eines Meisters erfolgte nach den Angaben in Anm. 153.

155 Vgl. ZStAM, Rep. 77, Tit. 662, Nr. 42, Beiheft 1, Bl. 17–36.

156 Vst., Nr. 38, 10. 5. 1871.

157 Vst., Nr. 40, 17. 5. 1871.

158 Vst., Nr. 43, 27. 5. 1871.

159 Vst., Nr. 59, 22. 7. 1871; vgl. *Machtan,* Nr. 21/1871.

160 Vgl. Agitator, Nr. 17, 20. 5. 1871.

161 ZStAM, Rep. 77, Tit. 662, Nr. 42, Beiheft 1, Bl. 17–36.

162 Die Existenz einer Berliner Mitgliedschaft der im Anschluß an den lassalleanischen Arbeiterkongreß 1868 gegründeten Allgemeinen Deutschen Genossenschaft der Hand- und Fabrikarbeiter (vgl. *Müller,* S. 139) läßt sich m. W. nicht nachweisen.

163 Vgl. ebd., S. 272. Ob der „Verein selbständiger Stuhlarbeiter", der im Juli 1871 gegründet wurde und 31 Mitglieder hatte, im Zusammenhang des erwähnten Arbeitskampfes entstand, ist nicht bekannt. Vgl. ZStAM, Rep. 77, Tit. 662, Nr. 42, Beiheft 1, Bl. 17–36.

164 Vgl. *Machtan,* Nr. 136/1871; Berlin und seine Entwickelung, 6. Jg., 1872, S. 230.

165 Vgl. Vst., Nr. 12, 10. 1. 1872.

166 Vgl. Berlin und seine Entwickelung, 6. Jg., 1872, S. 231 f.; Vst., Nr. 12, 10. 1. 1872; *Machtan,* Nr. 13/1872.

167 Vgl. ZStAM, Rep. 77, Tit. 662, Nr. 42, Beiheft 1, Bl. 17–36. Über diese Nennung hinaus ist über diesen Verein nichts bekannt.

168 Ebd.

169 Vgl. StAP, Rep. 30 Bln C, Tit. 95, Lit. M 53 (15 314).

170 1873 wurden 5 führende Funktionäre der Manufakturarbeitergewerkschaft als „tätige Agitatoren" der SDAP bezeichnet, vgl. ebd., Bl. 89.

171 Ebd., Bl. 89. Die Angabe, die Gewerksgenossenschaft der Manufakturarbeiter weise in Berlin 80 Mitglieder auf, ist unzutreffend, vgl. ZStAM, Rep. 77, Tit. 500, Nr. 42, Bd. 8, Bl. 74 ff.

172 Vgl. *Bernstein,* Berliner Arbeiterbewegung, S. 255 f.

173 Vgl. Vst., Nr. 41, 21. 5. 1873; NSD, Nr. 61, 30. 5. 1873.

174 Vgl. Berliner Städtisches Jahrbuch, 1. Jg., 1874, S. 225 f.; NSD, Nr. 66, 13. 6. 1873, Nr. 70, 22. 6. 1873, Nr. 75, 4. 7. 1873, Nr. 77, 9. 7. 1873; Vst., Nr. 53, 2. 7. 1873, Nr. 54, 4. 7. 1873, Nr. 55, 6. 7. 1873, Nr. 56, 9. 7. 1873, Nr. 57, 11. 7. 1873; *Machtan,* Nr. 211/1873.

175 Vgl. Vst., Nr. 65, 30. 7. 1873, Nr. 67, 3. 8. 1873, Nr. 106, 2. 11. 1873; NSD, Nr. 81, 13. 7. 1873, Nr. 86, 30. 7. 1873, Nr. 89, 6. 8. 1873.

176 Vgl. Vst., Nr. 76, 24. 8. 1873, Nr. 97, 12. 10. 1873; NSD, Nr. 82, 20. 7. 1873, Nr. 92, 13. 8. 1873.

177 Dort wohnten viele Berliner Weber, vgl. *Thienel,* S. 117.

178 Vgl. StAP, Rep. 30 Bln C, Tit. 95, Lit. M 53 (15 314), passim. Von 21 Gewerkschaftsmitgliedern sind die Adressen angegeben. Als häufigste Adresse wurde Höchstestraße angegeben, ferner u. a. Andreasstraße, Kleine Andreasstraße, Hirtenstraße, Barnimstraße und Koppenstraße sowie einzelne andere.

179 Vgl. ZStAM, Rep. 120 BB VII 1, Nr. 1 b, Bd. 1, Bl. 192 a–194. Nach den Berichten des Fabrikinspektors arbeiteten 1875 in 31 Berliner Fabriken (ohne Hausindustrie) zur Herstellung von „Gespinnsten und Geweben" aus Seide, Wolle und Baumwolle
971 erwachsene männl. Arbeiter und 848 weibl. erwachs. Arbeiter,
hingegen 1876 in 29 Fabriken
639 erwachsene männl. Arbeiter und 980 weibl. erwachs. Arbeiter.
Bei einem Rückgang der in den Textilfabriken Beschäftigten um 11,0% vermehrte sich der Anteil der dort beschäftigten Frauen absolut um 132 Personen, relativ stieg er von 46,6% auf 60,5%. Bei den jugendlichen Arbeitern (1875 86 weibl. und 62 männl.; 1876 92 weibl. und 44 männl.) läßt sich eine ähnliche Tendenz nachweisen. Frauen verdrängten jedoch nicht nur Männer von ihren Arbeitsplätzen, sondern sie waren in den Branchen, in denen sich die Frauenarbeit sehr weit durchgesetzt hatte, meist auch die ersten, die wieder entlassen wurden. Dies zeigte sich in den 55 Fabriken der Wirk-, Klöppel-, Häkel-, Strick- und Stickwarenher-

stellung. Wurden hier 1875 692 erwachsene Männer und 1487 Frauen beschäftigt, so sank die Zahl 1876 auf 640 Männer und 1019 Frauen.

180 Für eine genaue Analyse der Arbeitslosigkeit unter den Textilarbeitern fehlt die hinreichende Quellengrundlage. Insbesondere das Nebeneinander von Fabriken und Hausindustrie vereitelt jede Schätzung, die über die sehr allgemeine Feststellung einer recht hohen Arbeitslosigkeit während der ,,Großen Depression" hinausgeht, vgl. *Rößler,* Die Arbeitslosigkeit, S. 984 ff.

181 Vgl. *Hoffmann,* S. 369.

182 Vgl. v. *Tijn,* S. 223 f., 237.

183 Vgl. *Weigert,* S. 11.

184 Vgl. *Stearns,* Adaptation, S. 310 ff.

185 Vgl. ders., The Unskilled and the Industrialization, in: AfS, Bd. 16, 1976, S. 260.

186 Die relative Stabilität der Mitgliedschaft der Manufakturarbeitergewerkschaft in Berlin beruhte nicht zuletzt darauf, daß die Weber in derselben Nachbarschaft wohnten.

V. Lage und Organisation der Maschinenbauarbeiter

1 Vgl. A. *Schröter* u. W. *Becker,* Die deutsche Maschinenbauindustrie in der industriellen Revolution, Berlin-DDR 1962, S. 23 ff. Die folgenden historischen Ausführungen basieren, sofern nicht anders vermerkt, auf dieser Arbeit.

2 Vgl. *Samuel,* S. 39 ff.

3 Vgl. W. O. *Henderson,* The State and the Industrial Revolution in Prussia, 1740–1870, Liverpool 1958, S. 137 ff.; *Koselleck,* S. 609 ff.

4 Vgl. *Henderson,* S. 150 ff. Anders als in England ging in Deutschland der wichtigste Industrialisierungsimpuls vom Eisenbahnbau aus, vgl. *Henning,* Industrialisierung, S. 149 ff. Entscheidende Voraussetzung für eine erfolgreiche Industrialisierung war in Deutschland der Auf- und Ausbau eines Kommunikations- und Transportsystems, wie es allein die Eisenbahnen bilden konnten. Aufgrund der insularen Lage reichten für England die natürlichen Wasserwege in der ersten Industrialisierungsphase für den Gütertransport aus. Auf den engen Zusammenhang des Aufbaus des Eisenbahnsystems und der Entwicklung des Maschinenbaus verweisen N. *Rosenberg,* Technischer Fortschritt in der Werkzeugmaschinenindustrie 1840–1910, in K. *Hausen,* u. R. *Rürup,* Moderne Technikgeschichte, Köln 1975, S. 236, Anm. 8; R. *Fremdling,* Eisenbahnen und deutsches Wirtschaftswachstum 1840–1879, Dortmund 1975, S. 74 ff., 83; H. *Wagenblass,* Der Eisenbahnbau und das Wachstum der deutschen Eisen- und Maschinenbauindustrie 1835 bis 1860, Stuttgart 1973, passim.

5 Vgl. *Wagenblass,* S. 34 ff.

6 Der Begriff ,,Anstalt" soll hier Fabrik, Manufaktur und Handwerk umfassen.

7 Von 83 Unternehmen, die Schröter auf ihre Entstehung hin untersucht hat, wurden 31 unmittelbar als Maschinenbauanstalten, meist für den Eisenbahnbedarf gegründet, 28 gingen aus dem Handwerk, 15 aus Eisenhüttenwerken und 9 aus der Textilindustrie hervor, vgl. *Schröter* u. *Becker,* S. 50.

8 Borsig erwarb im Jahr 1860 einen von der ,,Seehandlung" aufgebauten Betrieb in Moabit, vgl. *Henderson,* S. 139. Zur Entwicklung der Borsigschen Anlagen in Moabit vgl. *Wagenblass,* S. 188 ff.

9 *Marx,* Kapital, MEW, Bd. 23, S. 403.

10 Vgl. *Baar,* Berliner Industrie, S. 87 ff.

11 Vgl. *Schröter* u. *Becker,* S. 171 ff. Der Zuwachs betrug 1852–1858 142 Fabriken (= 79%), 1861–1875 882 Neugründungen (= 281%).

12 In den acht alten Provinzen des preußischen Staates (Preußen, Pommern, Posen, Schlesien, Brandenburg, Sachsen, Rheinland und Westfalen) entwickelte sich die Zahl der im Maschinenbau Beschäftigten (inkl. Betriebsleiter) zwischen 1858 und 1875, nach *Engel,* S. 214:

1858		1861		1875	
beschäftigte Personen	auf 10 000 Gesamtbevölk.	beschäftigte Personen	auf 10 000 Gesamtbevölk.	beschäftigte Personen	auf 10 000 Gesamtbevölk.
69 259	39	74 349	40	137 794	65

Die Expansion des Maschinenbaus stellt sich im Vergleich mit anderen Gewerben für 1861–1875 dar, nach *Engel,* S. 204 ff.:

	Metallverarbeitung		Maschinen, Werkzeuge		Alle erfaßten Gewerbe	
	1861	1875	1861	1875	1861	1875
Preußen:	211 689	246 446	98 319	175 539	2 796 772	3 603 031
Dt. Reich:	335 351	394 216	171 949	294 812	4 735 541	5 949 142
Steigerung in Preußen:		+ 16%		+ 78%		+ 29%
Steigerung im Reich:		+ 18%		+ 72%		+ 26%

13 Vgl. *Büsch,* S. 85 ff.

14 *Baar,* Probleme, S. 540 f.

15 Vgl. Berliner Städtisches Jahrbuch, 1. Jg., 1874, S. 91. Der größte Lokomotivenproduzent Berlins stellte pro Jahr 154 Stück her.

16 Vgl. ebd., 2. Jg., 1875, S. 50.

17 Vgl. ebd., 3. Jg., 1877, S. 121. Mit „amerikanischem System" war der Einsatz amerikanischer Spezialmaschinen gemeint, die einen höheren Grad der Arbeitsteilung und eine Beschleunigung des Arbeitstempos erlaubten, vgl. J. *Kocka,* Unternehmensverwaltung und Angestelltenschaft am Beispiel Siemens 1847–1914, Stuttgart 1969, S. 125 f.

18 Eine Differenzierung zwischen weiblichen und männlichen Arbeitskräften erscheint nicht notwendig, da es im Berliner Maschinenbau so gut wie keine Frauenarbeit gab.

19 Vgl. Statistik d. Dt. Reiches, Bd. 34, T. 1, S. 184 ff., Bd. 35, T. 1, S. 164 ff., T. 2, S. A 59 ff., B 61 ff.

20 Wiedfeldt, S. 260.

21 Vgl. Statistik d. Dt. Reiches, Bd. 34, T. 1, S. 108 ff. In den Hufschmieden des Deutschen Reiches wurden bei einer Beschäftigung von 33 000 Gesellen 18 000 Lehrlinge ausgebildet. In den Klempnereien kamen auf 7700 Gesellen 6500 Lehrlinge, in den Schlossereien lag die Zahl der Lehrlinge mit 17 000 über der der 12 000 Gesellen. Aufgrund der unter Handwerkern üblichen Sitte des Wanderns und des starken Zuzugs nach Berlin muß das ganze Reich als Rekrutierungsgebiet des Berliner Maschinenbaus gelten.

22 Vgl. K. *Doogs,* Die Berliner Maschinen-Industrie und ihre Produktionsbedingungen seit ihrer Entstehung, ing. Diss., TH Berlin 1927, S. 13.

23 Vgl. E. *Barth,* Entwicklungslinien der deutschen Maschinenbauindustrie von 1870 bis 1914, Berlin-DDR 1973, S. 14 ff., 41, 49; H. *Schomerus,* Soziale Differenzierungen und Nivellierungen der Fabrikarbeiterschaft Esslingens 1846–1914, in: H. *Pohl* (Hg.), Forschungen zur Lage der Arbeiter im Industrialisierungsprozeß, Stuttgart 1978, S. 44.

24 *Schomerus,* S. 46; *Vetterli,* S. 55.

25 *Barth,* S. 114.

26 H. *Schomerus,* Die Arbeiter der Maschinenfabrik Esslingen. Forschungen zur Lage der Arbeiterschaft im 19. Jahrhundert, Stuttgart 1977, S. 89 f.; *Vetterli,* S. 41 f.

27 D. *Landé,* Arbeits- und Lohnverhältnisse in der Berliner Maschinenindustrie zu Beginn des 20. Jahrhunderts, in: SVfSP, Bd. 134, Leipzig 1910, S. 325; F. *Schulte,* Die Entlöhnungsmethoden in der Berliner Maschinenindustrie, Berlin 1906, S. 18. Darstellungen, die – wie die beiden eben genannten – hauptsächlich die Zeit nach 1900 behandeln, werden nur insoweit herangezogen, wie sie Rückschlüsse auf den Untersuchungszeitraum zulassen.

28 *Landé,* S. 323 ff., *Schulte,* S. 19.

29 Die Darstellung erfolgt nach *Landé,* passim; *Schulte,* passim. Einen erlebten Arbeitsprozeß beschrieb P. *Göhre,* Drei Monate Fabrikarbeiter und Handwerksbursche, Leipzig 1891, S. 44 ff.

30 Vgl. *Landé,* S. 357; *Schulte,* S. 19.

31 Vgl. *Schröter* u. *Becker,* S. 237.

32 Angaben nach *Young,* S. 522. Die Angaben dort, die vom Sekretär der ,,Berlin Branch of the German Amalgamated Engineers' Society" – wahrscheinlich handelte es sich um den Hirsch-Dunkerschen Maschinenbauerverein – stammten, stimmen mit anderen, vereinzelten Angaben weitgehend überein.

33 Vgl. *Vetterli,* S. 36. Formen und Gießen wurde häufig von denselben Arbeitern erledigt.

34 Ebd., S. 46.

35 Teilweise wurde auch seltener gegossen. *Vetterli,* S. 46, berichtet von einem Drei-Tage-Rhythmus.

36 Ebd., S. 69.

37 *Schulte,* S. 19; *Landé,* S. 345 ff.

38 Vgl. *Young,* S. 522.

39 Kerne wurden benötigt, um beim Guß Hohlräume auszusparen.

40 *Landé,* S. 344, 350 f.

41 Vgl. K. *Fischer,* Denkwürdigkeiten und Erinnerungen eines Arbeiters, Leipzig 1903, S. 269. Diese Hilfsarbeiter stellten feuerfeste Steine her, vgl. ebd., S. 242 f.

42 Vgl. ,,Instructionen für die Dampfhammermaschinisten", ,,Instructionen für Schweißer und Ofenleute" und ,,Instructionen für die Hammerschmiede und Hebler" der Fa. Haniel und Lueg, Düsseldorf, in: HStAD, BR 1015/169, Fabrikordnungen (Arbeitsordnungen), Sammlungen, ca. 1870–1889. Leider sind die ,,Instructionen" nicht datiert, so daß sie nur aufgrund der Aktendatierung in die 1870er oder 1880er Jahre einzuordnen sind.

43 *Landé,* S. 351 f.; *Schulte,* S. 23.

44 *Young,* S. 522.

45 *Schulte,* S. 46.

46 *Landé,* S. 352 f.; *Schulte,* S. 26.

47 *Young,* S. 522.

48 Vgl. J. *Hennike* u. v. d. *Hude,* Die Norddeutsche Fabrik für Eisenbahnbetriebs-Material, in: Zeitschrift für Bauwesen, 21. Jg., 1871, Sp. 329 ff., und den dazugehörigen Lageplan, in: ebd., Atlas, Bl. 48 ff. Um das Kesselhaus mit der zentralen Dampfmaschine waren die Gießerei, die Schmiede, die Dreherei (mech. Werkstatt) mit Werkstatt für Eisenarbeiten und die Werkstatt für Holzarbeiten mit angegliederter Sattlerei und Lackiererei gruppiert. Die Tischlerei war in dieser Fabrik mit der Lackiererei und der Sattlerei verbunden, da beim Waggonbau Holzarbeiten zur Endfertigung gehörten. Vgl. dazu auch die bauliche Trennung der einzelnen Werkstätten der Maschinenfabrik I. C. Pellenz in Köln und der Fabrik G. Wippermann in Köln-Kalk, – Baupläne in: HStAD, Reg. Köln, Nr. 8890, sowie den Lageplan der Maschinenfabrik Esslingen, in: H. *Schomerus,* Die Arbeiter, S. 62 f.

49 *Schulte,* S. 23 ff.; *Landé,* S. 354 ff.; *Young,* S. 522. In der Lohntabelle bei Young ergeben sich einige Probleme. Er wies 2850 ,machinists', 700 ,engineers', 400 ,fitters' und 500 ,turners' (Dreher) aus. Allein die Dreher waren eindeutig den mechanischen Werkstätten zuzuordnen. Die anderen Arbeiter arbeiteten wohl teils auch in den mechanischen Werkstätten, teils zusammen mit den Monteuren (millwrights) in der Montage.

50 *Young*, S. 522; *Schulte*, S. 26; *Landé*, S. 357 f., 376 f.; H. *Beck*, Lohn- und Arbeitsverhältnisse in der deutschen Maschinen-Industrie am Ausgang des 19. Jahrhunderts, Dresden 1902, S. 26 f. Vgl. die Lohnhierarchisierung bei *Schröter* u. *Becker*, S. 236, die zu ähnlichen Ergebnissen kommen wie die hier dargestellten.

51 Die Hilfskräfte sind hier nicht berücksichtigt.

52 Vgl. auch *Schröter* u. *Becker*, S. 236; *Beck*, S. 26 ff.

53 *Young*, S. 522.

54 In der Norddeutschen Fabrik für Eisenbahnbetriebsmaterial war die Dreherei mit der Werkstatt für Eisenarbeiten (Montage) sowie die Werkstatt für Holzarbeiten mit der Lackiererei und der Sattlerei baulich verbunden. In der Fa. Wippermann befanden sich die Schlosserei und die Montage unter einem Dach. In der Maschinenfabrik Esslingen waren Dreherei, Schlosserei und Montage baulich verbunden, vgl. Anm. 48. In der Pflugschen Eisenbahnwagenfabrik standen die Hobel- und Feilbänke der Schlosser und Stellmacher an den Fenstern der Montagehalle, in der bereits 1854 bis zu 16 Eisenbahnwaggons gleichzeitig gebaut werden konnten, vgl. K. *Atzpodien*, Eisenbahn-Wagen-Bau-Werkstatt des Herrn F. A. Pflug zu Berlin, in: Zeitschrift für Bauwesen, 6. Jg., 1854, Sp. 347.

55 ZStAM, Rep. 120, B I, 1 Nr. 62, adhib. 11, Bd. 1, zit. nach J. *Bergmann*, S. 366 f.; vgl. ders., S. 92 f.

56 Die Darstellung beruht auf einem Schreiben Hartmanns an das Sächsische Innenministerium vom 15. Mai 1877. Er stellte dabei die Lage seines Unternehmens im Juni 1873 – auf dem Höhepunkt der Konjunktur – der vom Mai 1877 gegenüber, in: StAD, MdI, Nr. 5585, Bl. 15 f.

57 In dieser Darstellung wurden die Detailangaben wegen besserer Übersichtlichkeit zusammengefaßt.

58 Vgl. auch die Personalstruktur der Maschinenfabrik Esslingen 1853, in: *Schomerus*, Die Arbeiter, S. 126.

59 Aus: Einige Mittelungen über Arbeiterzustände in Chemnitz. Deutsche Gewerbezeitung, Leipzig und Chemnitz 1847, Nr. 45, zit. v. W. *Fischer*, Innerbetrieblicher und sozialer Status der frühen Fabrikarbeiterschaft, in: ders., Wirtschaft, S. 263.

60 Vgl. *Stearns*, Lives, S. 309.

61 Vgl. *Schomerus*, Die Arbeiter, S. 65.

62 Vgl. J. *Bergmann*, S. 82, 255 f.; *Beck*, S. 30; P. *Flatau*, Das Schlossergewerbe in Berlin, Leipzig 1916, S. 13 f.; *Landé*, S. 321; R. *Rinkel*, Die Schlosserei, Schmiederei, Kupferschmiederei in Berlin, in: SVfSP, Leipzig 1895, S. 269, 310, 313 f.; *Schröter* u. *Becker*, S. 224 ff., 240, 246.

63 *Stearns*, Lives, S. 54.

64 Vgl. *Göhre*, S. 79.

65 *Beck*, S. 31 f.

66 Zur „Arbeiteraristokratie" zählten die Arbeiter, die sich aufgrund ihrer Qualifikationen und vergleichsweise geringer Konkurrenz in einer günstigeren Arbeitsmarktposition befanden als andere und dazu neigten, sich bei einer Organisationsbildung quasi zunftmäßig in berufsverbandlichen Vereinigungen zusammenzuschließen und so von anderen Arbeitern abzusondern, vgl. E. J. *Hobsbawm*, The Labour Aristocracy in Nineteenth-century Britain, in: ders., Labouring Men, London 1964, S. 272–315; G. *Beier*, Das Problem der Arbeiteraristokratie im 19. und 20. Jahrhundert, in: Herkunft und Mandat, Frankfurt 1976, S. 26 f. Meine Verwendung des Begriffes „Arbeiteraristokratie" impliziert *nicht* die Vorwürfe des „Opportunismus" oder die „ideologischen Unterwanderung", die von *Barth*, S. 114, und *Schröter* u. *Becker*, S. 229, unter Anlehnung an W. I. *Lenin*, Ausgewählte Werke in 3 Bde., Bd. 1, S. 774 (diese Arbeiter seien „Agenten der Bourgeoisie innerhalb der Arbeiterbewegung") erhoben werden.

67 J. *Bergmann*, S. 144.

68 Vgl. *Samuel,* S. 39 ff.

69 Vgl. *Landé,* S. 375; *Rinkel,* S. 267.

70 Vgl. *Samuel,* S. 40.

71 Vgl. *Rinkel,* S. 281 f.; H. T. *Soergel,* Zwei Nürnberger Metallgewerbe, in: SVfSP, Bd. 64, Leipzig 1895, S. 483. Vgl. auch die fiktionale, aber realistische Darstellung der Verdrängung des handwerklichen Schmiedens bei E. *Zola,* Die Schnapsbude, Kap. 4.

72 Vgl. J. *Kocka,* Von der Manufaktur zur Fabrik, Technik und Werkstattverhältnisse bei Siemens 1847–1873; in: *Hausen* u. *Rürup,* S. 281.

73 *Schröter* u. *Becker,* S. 77 f.

74 Vgl. die Schilderung bei *Göhre,* S. 49 f.

75 Bemerkenswert ist hierbei, daß auch heute noch für bestimmte industrielle Tätigkeiten, für die keine formelle Qualifikation benötigt wird, häufig in irgendeinem Beruf ausgebildete Arbeiter bevorzugt werden.

76 Vgl. *Thienel,* S. 79. Der Berliner Maschinenbau rekrutierte u. a. Weber aus der niedergehenden Textilindustrie Berlins.

77 Vgl. *Stearns,* The Unskilled, passim.; vgl. dazu die Ausführungen über die Spinnereiarbeiter S. 117 f. Die strukturelle Lage der Ungelernten in den Spinnereien und im Maschinenbau unterschied sich nicht grundsätzlich.

78 Vgl. *Vetterli,* S. 62 f.

79 Vgl. J. *Kocka,* Einführung und Auswertung, in: W. *Conze* u. U. *Engelhardt* (Hg.), Arbeiter im Industrialisierungsprozeß. Herkunft, Lage und Verhalten, Stuttgart 1979, S. 230.

80 Vgl. *Vetterli,* S. 43.

81 *Schulte,* S. 69.

82 *Stearns,* The Unskilled, S. 258 f. Vielfach waren Hilfsarbeiter wegen der geringen Löhne, die sie erhielten, nicht in der Lage, regelmäßig Gewerkschaftsbeiträge zu zahlen, vgl. *Vetterli,* S. 63.

83 Vgl. *Stearns,* Lives, S. 309.

84 Vgl. *Göhre,* S. 76.

85 Vgl. *Kocka,* Von der Manufaktur, S. 281; ders., Unternehmensverwaltung, S. 271.

86 Vgl. *Barth,* S. 117.

87 Vgl. *Landé,* S. 328 f., 348; *Schulte,* S. 30 f.; *Göhre,* S. 83.

88 Vgl. „Fabrikordnung und Instructionen für Maschinenwärter", in: HStAD, BR 1015/169, vgl. dazu Anm. 42.

89 *Vetterli,* S. 74.

90 *Geck,* S. 119 f.

91 *Stearns,* Lives, S. 309.

92 *Vetterli,* S. 75 f.

93 *Geck,* S. 110 f.

94 D. *Bergmann,* Berliner Arbeiterschaft, S. 471, 486.

95 Vgl. *Bernstein,* Blner. Arbeiterbewegung, S. 66 f.

96 Ebd., S. 176.

97 Social-Demokrat, Nr. 114, 30. 9. 1868, Beilage zu Nr. 114; *Bernstein,* S. 177; *Müller,* S. 156 f.

98 K. *Goldschmidt,* Die Deutschen Gewerkvereine (Hirsch-Dunker), Berlin 1907, S. 18 f.; vgl. StAP, Rep. 30 Bln. C, Tit. 94, Lit. P 337 (12 193), Bl. 382.

99 Vgl. *Engelhardt,* S. 712.

100 Diese Krankenkasse war im Gegensatz zu den „politischen" Arbeiterorganisationen (vgl. *Wachenheim,* S. 53 f.) nach der Niederschlagung der Revolution von 1848 nicht verboten worden, vgl. D. *Bergmann,* S. 503.

101 Vgl. *Engelhardt,* S. 573 ff.

102 Ebd., S. 710 f.

103 Vgl. ZStAM, Rep. 77, Tit. 662, Nr. 42, Beiheft 1, Bl. 17–36.

104 Vgl. *Engelhardt,* S. 648 f., 828.

105 Vgl. ebd., S. 938 ff.

106 Vgl. *Müller,* S. 259 ff.; vgl. Agitator, Nr. 32, 5. 11. 1870: Die Arbeiter von Borsig haben sich „unsrer Bewegung noch nicht tatsächlich angeschlossen".

107 Vgl. Berlin und seine Entwickelung. 6. Jg., 1872, S. 226.

108 Vgl. *Müller,* S. 160.

109 Vgl. Kap. 2 dieser Arbeit.

110 Vgl. Einleitung zum Reprint des „Agitator", S. VII ff.

111 Vgl. auch Vst., Nr. 46, 8. 6. 1870. Anläßlich einer Senkung von Akkordsätzen bei Siemens wurde von Not und Hunger der Maschinenbauer gesprochen, was wohl unrealistisch war.

112 E. *Basner,* Geschichte der deutschen Schmiedebewegung, Bd. 1, Hamburg 1912, S. 31 f.; Berlin und seine Entwickelung, 4. Jg., 1870, S. 286; *Goldschmidt,* S. 24.

113 *Basner,* S. 33.

114 NSD, Nr. 5, 10. 7. 1871.

115 Bischoff war Mitglied des Zentralausschusses des lassalleanischen Arbeiterunterstützungs-Verbandes, NSD, Nr. 16, 6. 8. 1871, Nr. 17, 9. 8. 1871; Vst., Nr. 65, 12. 8. 1871; vgl. *Bernstein,* S. 235; *Machtan,* Nr. 76/1871.

116 Vst., Nr. 66, 16. 8. 1871.

117 NSD, Nr. 25, 27. 8. 1871; Vst., Nr. 70, 30. 8. 1871; *Bernstein,* S. 235.

118 NSD, Nr. 18, 11. 8. 1871.

119 NSD, Nr. 27, 1. 9. 1871.

120 Vgl. *Müller,* S. 272 f. Möglicherweise bildeten diese 90 Arbeiter den Kern des am 18. 1. 1872 gegründeten „Verein der Nähmaschinenbau-Arbeiter", vgl. ZStAM, Rep. 77, Tit. 662, Nr. 42, Beiheft 1, Bl. 17–36. Über das Faktum der Gründung hinaus ist nichts über diesen Verein bekannt. Die Internationale Metallarbeiterschaft war bei der Gründung des Berliner Arbeiterbundes durch einen Delegierten vertreten, der 22 Mitglieder repräsentierte.

121 NSD, Nr. 36, 24. 3. 1872.

122 NSD, Nr. 52, 3. 5. 1872.

123 NSD, Nr. 58, 19. 5. 1872. Auf der Generalversammlung des ADAV 1872 trat Bäthge, der nicht in der Delegiertenliste verzeichnet war, in der Auseinandersetzung um die lassalleanischen Gewerkschaften engagiert für deren Beibehaltung ein, vgl. Protokoll der Generalversammlung 1872, S. 34, 68. Auf dem Gründungskongreß der Metallarbeitergewerkschaft 1874 wurde er zum Vorsitzenden gewählt, vgl. Protokoll über die Verhandlungen des Eisen- und Metallarbeiter Congresses zu Hannover, den 5., 6., 7., 8. und 9. April 1874, Hannover 1874, S. 23. 1874 war er Delegierter auf der Generalversammlung des ADAV und 1875 auf dem Gothaer Kongreß, vgl. *Fricke,* Dt. Arbeiterbewegung, S. 79, 92. Im Oktober 1873 wurde er als ADAV-Agitator genannt, vgl. ZStAM Rep. 77, Tit. 500, Nr. 42, Bd. 5, Bl. 168 f.
Der ebenfalls ins Versammlungsbüro gewählte Klinkhardt war auch ADAV-Mitglied. Er kandidierte bei der Reichstagswahl 1871 in Chemnitz für den ADAV, vgl. *Bernstein,* S. 253; *Heilmann,* S. 60. Über die parteipolitische Orientierung der anderen Mitglieder des Versammlungsbüros, Behrendt und Wollmann, ist mir nichts bekannt.

124 NSD, Nr. 58, 19. 5. 1872; Vst., Nr. 48, 15. 6. 1872. Nach Meldung des Vst. wurde eine tägliche Arbeitszeit von zehn Stunden incl. der Frühstückspause gefordert, so daß die tatsächliche Arbeitszeit 9 ½ Stunden betragen hätte, vgl. auch Berlin und seine Entwickelung, 6. Jg., 1872, S. 227, danach betrug der geforderte Minimallohn für Hilfsarbeiter 22 Sgr. täglich.

125 Berlin und seine Entwickelung, 6. Jg., 1872, S. 227.

126 Vst., Nr. 50, 22. 6. 1872.

127 Vst., Nr. 55, 10. 7. 1872; *Machtan,* Nr. 229/1872.

128 NSD, Nr. 78, 10. 7. 1872; Vst., Nr. 56, 13. 7. 1872; *Machtan,* Nr. 235/1872.

129 NSD, Nr. 83, 21. 7. 1872; *Machtan,* Nr. 252/1872.

130 Vgl. *Baar,* Berliner Industrie, S. 207; NSD, Nr. 99, 28. 8. 1872: Im Zusamenhang mit dem Streik bei der Aktiengesellschaft für Fabrikation von Eisenbahnbedarf wurde darauf hingewiesen, daß kleinere Fabriken den Forderungen der Arbeiter nachgegeben hätten.

131 Vgl. Berliner Städtisches Jahrbuch, 1. Jg., 1874, S. 222.

132 Ebd., S. 222 f.

133 Ebd., S. 223; NSD, Nr. 98, 25. 8. 1872, Nr. 99, 28. 8. 1872; Vst., Nr. 69, 28. 8. 1872; Bernstein, S. 255; *Machtan,* 285/1872.

134 Vst., Nr. 71, 4. 9. 1872; *Bernstein,* S. 255.

135 Städtisches Jahrbuch, 1. Jg., 1874, S. 223.

136 Vgl. StAP, Rep. 30 Bln C, Tit. 95, Lit. V 533 (15 516) Bl. 299–307.

137 NSD, Nr. 104, 8. 9. 1872; Vst., Nr. 73, 11. 9. 1872. Weitere Streikberichte erschienen im NSD, Nr. 100, 30. 8. 1872, Nr. 101, 1. 9. 1872, Nr. 102, 4. 9. 1872.

138 NSD, Nr. 105, 11. 9. 1872.

139 Vst., Nr. 75, 18. 9. 1872.

140 NSD, Nr. 109, 20. 9. 1872; Vst., Nr. 77, 25. 9. 1872.

141 NSD, Nr. 110, 22. 9. 1872; Nr. 111, 25. 9. 1872; Vst., Nr. 79, 2. 10. 1872.

142 NSD, Nr. 112, 27. 9. 1872.

143 NSD, Nr. 114, 2. 10. 1872; Nr. 116, 6. 10. 1872.

144 NSD, Nr. 118, 11. 10. 1872.

145 Städtisches Jahrbuch, 1. Jg., 1874, S. 223.

146 NSD, Nr. 123, 23. 10. 1872.

147 NSD, Nr. 125, 27. 10. 1872. Die Angabe des NSD, die Löhne seien um 10% erhöht worden, stimmt nicht mit früheren Lohnangaben überein. Danach hätten die Löhne der Arbeiter nicht bei 4 1/2 bis 5 Tlr., sondern bei etwa 5 1/2 Tlr. gelegen. Wahrscheinlich handelte es sich bei den früher genannten Löhnen um die niedrigsten, die aus agitatorischen Überlegungen in den Vordergrund gestellt worden waren.

148 *Bernstein,* S. 255.

149 Vgl. z. B. Agitator Nr. 37, 3. 12. 1870: Der Kapitalgewinn sei nichts anderes als „ein beständiger Abzug von dem der Arbeit zukommenden neu entstandenen Werte zugunsten des Kapitals".

150 Vgl. *Bernstein,* S. 235, 262. B. unterläuft der Irrtum, Neukrantz' Rede in Zusammenhang mit dem Streik vom August 1871 zu stellen. Hingegen zeigt das Titelblatt der Rede, daß sie anläßlich des Arbeitskampfes 1872 gehalten wurde.

151 Vgl. ZStAM, Rep. 77, Tit. 662, Nr. 42, Beiheft 1, Bl. 17–36, dort unter Nr. 85. Als Gründungsdatum ist dort allerdings der 6. 9. 1872 angegeben. Laut NSD, Nr. 52, 3. 5. 1872, konstituierte sich der Verein am 28. 4. 1872. Ich neige zu der Annahme, daß dieser Verein mit dem von *Engelhardt,* S. 573 ff., beschriebenen Verein identisch ist. Die Angaben im NSD bzw. vom Berliner Polizeipräsidium können von organisatorischen Veränderungen o. ä. herrühren.

152 Vgl. NSD, Nr. 99, 28. 8. 1872.

153 NSD, Nr. 2, 3. 1. 1873.

154 NSD, Nr. 23, 23. 2. 1873.

155 NSD, Nr. 81, 13. 7. 1873.

156 NSD, Nr. 87, 1. 8. 1873.

157 NSD, Nr. 107, 17. 9. 1873.

158 ZStAM, Rep. 77, Tit. 500, Nr. 42, Bd. 5, Bl. 167.

159 Vgl. Protokoll der Generalversammlung 1872, S. 24 ff.; *Müller,* S. 280 ff.

160 NSD, Nr. 111, 25. 9. 1872, Nr. 42, 9. 4. 1873, Nr. 44, 13. 4. 1873; *Machtan,* Nr. 304/1872; Nr. 100/1873.

161 NSD, Nr. 16, 8. 2. 1874; Vst., Nr. 18, 13. 2. 1874; *Machtan*, Nr. 9/1874.

162 *Machtan*, Nr. 32/1874.

163 NSD, Nr. 12, 27. 1. 1875, Nr. 13, 29. 1. 1875; *Machtan*, Nr. 6/1875.

164 NSD, Nr. 19, 12. 2. 1875; *Machtan*, Nr. 7/1875.

165 *Machtan*, Nr. 15/1875.

166 Vgl. *Young*, S. 522. Vgl. auch die ausführliche Darlegung über die 1873 im Berliner Maschinenbau gezahlten Löhne, S. 148 ff. dieser Arbeit.

167 Vgl. *Kocka*, Unternehmensverwaltung, S. 120 ff.

168 Vgl. oben, S. 22.

169 Vgl. ZStAM, Rep. 120 BB VII 1, Nr. 1 b, Bd. 1, Bl. 105.

170 Vst., Nr. 120, 17. 10. 1875.

171 NSD, Nr. 142, 1. 12. 1875.

172 Die Kategorisierung der Industrien durch die Fabrikinspektoren entsprach der der Gewerbezählung vom 1. 12. 1875, vgl. dazu Statistik d. Dt. Reiches, Bd. 34, T. 1, S. (6) ff.

173 Einzelne Berliner Maschinenbauunternehmen beschäftigten im Januar 1874 und im Dezember 1875 folgende Anzahl Arbeiter (zusammengestellt nach ZStAM, Rep. 120 BB VII 1, Nr. 1b, Bd. 1, Bl. 108 f.):

Firma	Beschäftigte Januar 1874	Dezember 1875	Entlassungen absolut	in %
Borsig AG	2893	2286	607	21,0
AG f. Fabrikation f. Eisenbahnbedarf (vorm. Pflug) (Liquidation war zum 1. 1. 1876 geplant)	1588	200	1388	87,4
Märkisch-Schlesische Maschinenbau AG Egells	437	313	124	28,4
Berl. Maschinenbau AG Schwarzkopff	1800	1500	300	16,7
Eisengießerei u. Maschinenbauanstalt Wöhlert	1563	503	1060	67,8
Norddeutsche Fabrik f. Eisenbahnbetriebsmaterial	741	129	612	82,6
	9022	4931	4091	45,3

Von 106 kleineren Maschinenfabriken wurden außerdem zusammen 1145 weitere Arbeiter entlassen, relativ weniger als von den großen Fabriken. Genauere Angaben läßt das Quellenmaterial nicht zu, vgl. ebd., Bl. 108–110; *Rößler*, Die Arbeitslosigkeit S. 987. Kurzarbeit war in diesen Angaben noch nicht berücksichtigt.

174 Vgl. ZStAM, Rep. 120 BB VII 1, Nr. 1 b, Bd. 1, Bl. 190.

175 Am 1. 12. 1875 waren 18 776 Personen dort beschäftigt, am 1. 12. 1876 noch genau 15 000, vgl. ebd., Bl. 193.

176 Die Oranienburger Vorstadt bildete zusammen mit der Rosenthaler Vorstadt und Moabit den frühen Standort der Berliner Maschinenbauindustrie. Der größte Teil der Maschinenbaubetriebe lag im Gebiet der Chaussee-, Invaliden-, Acker- und Thorstraße außerhalb des Oranienburger Tors. Der größte Teil der Maschinenbauarbeiter wohnte auch in diesem Gebiet, vgl. *Thienel*, S. 63 ff., 117, Abb. 2; H. *Fassbinder*, Berliner Arbeiterviertel 1800–1918, Berlin 1975, S. 99 ff.

177 Vorwärts, Nr. 81, 13. 7. 1877.

178 Vossische Zeitung v. 13. 4. 1877, nach *Rößler*, Zur Lage, S. 133.

179 Vgl. Jahresberichte der Fabrikinspektoren für 1878, Berlin 1879, S. 4.
180 Ebd., S. 5; vgl. *Rößler,* Zur Lage, S. 111 f.
181 Vgl. S. 167.
182 Vgl. NSD, Nr. 12, 27. 1. 1875, Nr. 13, 29. 1. 1875.
183 NSD, Nr. 113, 24. 9. 1875.
184 NSD, Nr. 142, 1. 12. 1875.
185 Vgl. ZStAM, Rep. 120 BB VII 1, Nr. 1 b, Bd. 1, Bl. 190 f.; *Rößler,* Die Arbeitslosigkeit, S. 988.
186 NSD, Nr. 150, 19. 12. 1875.
187 Vgl. *Bry,* S. 64, 68, 354; *Desai,* S. 117; *Kuczynski,* Bd. 3, S. 302: Der Lebenshaltungskostenindex sank erst nach 1878 wieder unter den von 1871.
188 Vgl. *Machtan,* Konjunkturen, S. 139, Anhang S. 45, Anm. 23.
189 Hier darf allerdings nicht der Umkehrschluß gezogen werden, daß bei den mißglückten Streiks bzw. bei denen, deren Ergebnisse nicht bekannt sind, Ungelernte oder Angelernte die Arbeit eingestellt hätten. Die Streikteilnehmer in diesen Fällen sind nicht bekannt.
190 Vgl. *Laufenberg,* S. 368 f.; *Bürger,* S. 40 f.
191 Vgl. *Machtan,* Einigkeit, passim.
192 Vgl. ebd., Nr. 8/1871, 297/1872, 316/1872, 36/1873, 81/1873. Nicht berücksichtigt wurden hier Streiks von Formern in Eisengießereien oder von Feilenhauern in Feilenfabriken.
193 Vgl. *Stearns,* Lives, S. 317.
194 IISG, Nachlaß Motteler, Nr. 167.
195 Vst., Nr. 62, 3. 8. 1870.
196 Vgl. *Kocka,* Von der Manufaktur, S. 281.
197 Theodor Yorck begründete die Forderung des „Normalarbeitstages" u. a. mit der kurzen Lebensdauer von Arbeitern, vgl. Protokoll über den zweiten Kongreß der SDAP Dresden 1871, Leipzig 1872, S. 10.
198 Das war eine wichtige Forderung der Chemnitzer Maschinenbauer bei ihrem Streik im Herbst 1871, vgl. *Machtan,* Konjunkturen, S. 344 ff.; Vst., Nr. 85, 21. 10. 1871.
199 Vgl. Vst., Nr. 66, 16. 8. 1871.
200 Vgl. Vst., Nr. 89, 4. 11. 1871.
201 Vst., Nr. 69, 26. 8. 1871, Nr. 88, 1. 11. 1871, Nr. 89, 4. 11. 1871, Nr. 91, 11. 11. 1871.
202 Im Chemnitzer Maschinenbau dominierten Großbetriebe, vgl. H. *Stöbe,* Der große Streik der Chemnitzer Metallarbeiter zur Durchsetzung des Zehnstundentages im Jahre 1871, Karl-Marx-Stadt 1962, S. 7; W. *Köllmann,* Der Prozeß der Verstädterung in Deutschland in der Hochindustrialisierungsperiode, in: R. *Braun* u. a. (Hg.), Deutschland in der industriellen Revolution, Köln 1973, S. 248.
203 Klett-Cramer war 1871 noch keine Aktiengesellschaft.
204 *Engelhardt,* S. 1096 f.
205 Vgl. ebd., S. 883.
206 Vgl. *Na'aman,* Von der Arbeiterbewegung.
207 Johann Faaz an Johann Philipp Becker am 27. 6. 1869, IISG, Nachlaß Becker, D I 519.
208 Vgl. H. *Eckert,* S. 257 f.; Vst., Nr. 6, 20. 10. 1869.
209 Vgl. G. *Eckert,* 100 Jahre Braunschweiger Sozialdemokratie, I. Teil, Von den Anfängen bis zum Jahre 1890, Hannover 1965, S. 117 ff.; *Engelhardt,* S. 813 ff., 940 ff.; *Müller,* S. 206 ff., 216 f.; Vst., Nr. 24, 22. 12. 1869.
210 Vgl., Vst., Nr. 103, 30. 12. 1871.
211 Vgl. ebd.
212 Vgl. Panier, Nr. 29, 18. 7. 1878.
213 Vgl. StAD, MdI, Nr. 10 977, Bl. 129–165.
214 *Müller,* S. 259.
215 Vgl. ebd., S. 272 f.

216 Auf die frühe Organisierung der Former auf der Basis von Berufsvereinen verweist auch *Vetterli,* S. 43.

217 Vgl. Engels an Bebel, 28. 10. 1885, in: MEW 36, S. 377.

218 Vgl. Protokoll der ersten ordentlichen General-Versammlung des Allg. deutschen Formerbundes zu Hamburg vom 13. bis 16. April 1873, Hamburg o. J., S. 13 f.

219 Vgl. Protokoll des ersten Deutschen Former-Congresses zu Hamburg, den 19., 20., und 21. Mai 1872, Hamburg o. J., S. 1, 8.

220 Vgl. ebd., S. 4 f.

221 Protokoll Generalversammlung 1873, S. 1, 4 f.

222 NSD, Nr. 8, 19. 1. 1873; *Müller,* S. 311.

223 Vgl. *Bürger,* S. 114.

224 StAP, Rep. 30 Bln C, Tit. 94, Lit. C 344 (9366), Bl. 1 ff.

225 Ebd., Bl. 59.

226 Protokoll über die Verhandlungen des Eisen- und Metallarbeiter Congresses zu Hannover, den 5., 6., 7., 8. und 9. April 1874, Hannover o. J., S. 26 ff.

227 Nur die Polizeimitschrift, nicht das offizielle Protokoll verzeichnete diesen Kommentar, vgl. ZStAM, Rep. 77, Tit. 662, Nr. 8, Bd. 10, Bl. 149–164, spez. Bl. 164.

228 Vgl. *Bürger,* S. 115.

229 Vgl. NSD, Nr. 82, 14. 7. 1875.

230 ZStAM, Rep. 77, Tit. 500, Nr. 42, Bd. 8, Bl. 74–80.

231 Protokoll der vom 20. bis 23. Mai 1877 zu Gotha stattgehabten General-Versammlung der Metallarbeiter-Gewerksgenossenschaft, Braunschweig 1877, S. 6.

232 *Basner,* S. 36 f.

233 Ebd., S. 41.

234 Vgl. Vst., Nr. 106, 10. 9. 1876.

235 Protokoll Metallarbeiter-Gewerksgenossenschaft 1877, S. 22.

236 Vgl. ZStAM, Rep. 77, Tit. 500, Nr. 42, Bd. 8, Bl. 74–80.

237 *Basner,* S. 44.

238 Abgedruckt ebd., S. 42 f.

239 Vgl. Pionier, 2. Jg., Nr. 4, 26. 1. 1878.

240 *Schmöle,* S. 65, 70. Bedauerlicherweise gibt Schmöle keinerlei Rechenschaft über die diesen Angaben zugrundeliegenden Quellen.

241 Pionier, 2. Jg., Nr. 4, 26. 1. 1878.

242 Das Panier, 3. Jg., Nr. 29, 18. 7. 1878. *Schmöle,* S. 65, 67, nannte für den Zeitpunkt des Erlasses der Sozialistengesetze außerdem einen ,,Allgemeinen deutschen Formerbund", der 1880 als eingeschriebene Hilfskasse in Berlin 200 Mitglieder zählte, und einen ,,Berliner Metallarbeiter-Verein" mit 291 Mitgliedern. Es ist zweifelhaft, ob diese Vereine mit irgendwelchen anderen, in dieser Arbeit erwähnten Vereinen identisch waren.

243 Vgl. *Ritter* u. *Tenfelde,* S. 102 f.

244 Vgl. *Stearns,* Lives, S. 320.

245 Zit. b. *Basner,* S. 37.

246 Vgl. ZStAM, Rep. 77, Tit. 500, Nr. 42, Bd. 8, Bl. 74–80.

247 Vgl. G. *Eckert,* Die Braunschweiger Arbeiterbewegung unter dem Sozialistengesetz, I. Teil (1878–1884), Braunschweig 1961, S. 195 ff.; *Bürger,* S. 116.

248 Vgl. *Wiedfeldt,* S. 241 ff.

249 Vgl. ebd., S. 241.

250 Statistik d. Dt. Reiches, Bd. 34, T. 1, Summe aus Gruppe V. und VI.

251 Errechnet nach *Hirsch,* S. 5.

252 Vgl. z. B. Generalversammlung des Formerbundes 1873, S. 3 f.; Protokoll . . . des Eisen- und Metallarbeiter Congresses . . . 1874, S. 12 f.

253 Vgl. Protokoll der Generalversammlung des Formerbundes 1873, S. 3.

254 *Göhre,* S. 83.
255 Vgl. *Stearns,* Lives, S. 322.
256 Vgl. *Vetterli,* S. 53.

VI. Schluß

1 Auf den vergleichbaren Rückgang der Zigarrenarbeiter als Träger der Arbeiterbewegung, nachdem die Zigarrenherstellung nur noch hausindustriell betrieben wurde, verweist *Zwahr,* Zur Konstituierung, S. 44.

2 Zum Begriff vgl. *Eickhof,* S. 44 ff.: Selektive Anreize kommen, anders als allgemeine Lohnerhöhungen, nur den Gewerkschaftsmitgliedern zugute.

3 Vgl. W. H. *Schröder,* Arbeitergeschichte, S. 41–49.

4 Vgl. *Vetterli,* S. 109.

5 *Ritter* u. *Tenfelde,* S. 74.

6 Vgl. S. *Na'aman* (unter Mitwirkung von H.-P. Harstick), Die Konstituierung der deutschen Arbeiterbewegung 1862/63, Darstellung und Dokumentation, Assen 1975, S. 7 f.

7 Die Verwendung des Begriffs ,,Unterschicht" im Sinne von W. *Fischer,* Soziale Unterschichten, in: ders., Wirtschaft, S. 242 ff., erscheint mir sehr problematisch, weil durch die Verwendung dieses Begriffs eine Kontinuität von den unterständischen Schichten der Ständegesellschaft hin zur Arbeiterklasse der industriellen Klassengesellschaft suggeriert wird. Zweifellos entstammte ein großer Teil der industriellen Arbeiterschaft diesen unterständischen Schichten, ein anderer Teil jedoch entstammte dem in die ständische Gesellschaft integrierten Handwerk, das m. E. mit ,,Unterschicht" kaum sozial richtig eingeordnet ist.

8 Vgl. G. *Eckert,* Konsolidierung, S. 47 f. Für die Vereinigung 1875 war schließlich nur noch die ,,beiderseitige rückhaltlose Anerkennung des proletarischen Klassenkampfes" notwendig, vgl. *Mehring,* S. 445.

9 Vgl. das Spottlied auf Tessendorf (zit. b. *Bernstein,* Blner. Arbeiterbewegung, S. 289):
Der Tessendorf, er ist der Held,
Der schlägt sie alle aus dem Feld,
Er stürmte stolz, er stürmte kühn,
Des Fortschritts Burg, die Stadt Berlin.
Er ist, er ist, er ist,
Der allergrößte Sozialist.

Benutzte Quellen und Literatur

1. Unveröffentlichte Quellen

Internationales Institut für Sozialgeschichte Amsterdam (IISG)
Nachlaß Bebel.
Nachlaß Becker.
Nachlaß Marx/Engels.
Nachlaß Motteler.

Staatsarchiv Dresden (StAD)
Ministerium des Innern (MdI),
Nr. 5585, 5586, Die Nahrungs- und Erwerbsverhältnisse 1877–1878.
Nr. 10 975, 10 976, 10 977, Sozialdemokratische Angelegenheiten 1870–1879.

Kreishauptmannschaft (KH) Zwickau,
Nr. 1793, 1794, 1795, 1796, Beschäftigung von Kindern in Fabriken 1865–1883.

Hauptstaatsarchiv Düsseldorf (HStAD)
BR 1015/169, Fabrikordnungen (Arbeitsordnungen), Sammlungen, ca. 1870–1889.

Regierung Köln,
Nr. 8890, Anlage von Eisengießereien und Dampfkesselschmieden im Landkreis Köln 1833–1872.

Landratsamt (LA) Solingen,
Nr. 517, Die politischen und sozialen Verhältnisse der Arbeiter sowie die Arbeiterbewegung überhaupt und die Arbeitseinstellungen 1868–1884.

Staatsarchiv Ludwigsburg (StAL)
F 201 (Stadtdirektion Stuttgart),
Nr. 646, Metallarbeitergewerkschaft 1872–1878.
Nr. 648, Gewerkschaft der Schneider und Schuhmacher 1870–1879.

Zentrales Staatsarchiv Merseburg (ZStAM)
Rep. 77, Tit. 500,
Nr. 20, Bd. 6, Maßnahmen gegen die revolutionäre Bewegung unter den Fabrikarbeitern und Handwerkern 1871–1872.
Nr. 42, Bd. 2–6, Bd. 8, Maßregeln gegen die in neuerer Zeit in Deutschland hervorgetretenen sozialdemokratischen Umtriebe 1870–1877.
Nr. 46, adhib. 2, Bd. 2,Berichte der Provinzialbehörden über die Bekämpfung der sozialdemokratischen Bewegung 1878.
Rep. 77, Tit. 662,
Nr. 8, Bd. 10, Bd. 13, Die Auflösung der bestehenden deutschen Arbeitervereine 1873–1877.
Nr. 42, Beiheft 1, Sammlung der Berichte der Provinzialbehörden betr. den Erlaß eines Reichsgesetzes über das Vereins- und Versammlungsrecht 1872–1874.
Rep. 120 BB VII 1,

Nr. 1 b, Bd. 1, Nachweisung der seit dem Jahr 1872 eingetretenen Veränderung des Arbeiterstandes, 1875.
Bd. 3, Nachrichten über die Lage der Industrie, über Arbeiterentlassungen und Arbeitsbeschränkungen. Einzelfälle 1881–1882.
Bd. 3, Beiheft, Sammlung 1875–1878.
Nr. 3, Bd. 3, Arbeitseinstellungen und Koalitionen 1872–1882.

Staatsarchiv Potsdam (StAP)
Rep. 30 Bln. C (Kgl. Polizeipräsidium zu Berlin), Tit. 94,
Lit. A 212, Bd. 2 (8597) Der Allgemeine Deutsche Arbeiterverein 1874/75.
Lit. C 344 (9366), Der Kongreß der Eisen- und Metallarbeiter Deutschlands und der Allgemeine Metallarbeiterverband 1874.
Lit. P 337, Bd. 2 (12 193), Die allgemeinen politischen Verhältnisse des In- und Auslands, 1859–1869, 1878.
Lit. S 1175 (12 980), Die Gruppierungen der sozialistischen Parteien 1871–1879.
Tit. 95,
Lit. A 23, Bd. 3, 4 (14 898/14 899), Die Versammlungen des „Berliner Arbeitervereins" 1867–1879.
Lit. A 37 (14 938), Der sozialdemokratische Arbeiterverein zu Berlin 1868–1875.
Lit. M 53 (15 314), Die Internationale Gewerksgenossenschaft der Manufakturarbeiter 1872–1878.
Lit. V 533, Bd. 1 (15 516), Volksversammlungen 1866–1872.
Lit. W 40 (15 562), Der Wahlverein der sozialdemokratischen Arbeiterpartei 1874–1875.

Zentrales Staatsarchiv Potsdam (ZStAP)
Reichskanzleramt (RKA) 14.01,
Nr. 443, Die Beschäftigung jugendlicher Arbeiter und Frauen 1870–1874.
Nr. 446, Die Mitteilungen der Bundesregierungen über die Ergebnisse über die Frauen- und Kinderarbeit in den Fabriken angestellten Erhebungen 1874–1875.

Staatsarchiv Würzburg (StAW)
Nr. 511, Öffentliche Gesellschaften und politische Vereine in der Stadt Würzburg 1869–1875.
Nr. 1141, Sozialdemokratische Arbeiterpartei 1873–1878.

2. *Periodika*

a) Zeitungen

(Nicht aufgenommen wurden vereinzelt zitierte Fundstücke der zeitgenössischen Presse aus Archiven.)

Agitator, 1870–1871 (Nachdruck Berlin-Bonn 1978, mit einer Einleitung von Wolfgang Renzsch).
Neuer Social-Demokrat, 1871–1876.
Volksstaat, 1869–1876 (Nachdruck Leipzig 1971).
Vorwärts, 1876–1878.

b) Andere Periodika

Berlin und seine Entwickelung, Städtisches Jahrbuch für Volkswirthschaft und Statistik, 3. Jg. – 6. Jg., Berlin 1869–1872.

Berliner Städtisches Jahrbuch für Volkswirthschaft und Statistik, Jg. 1–6, Berlin 1874–1880.
Bundesgesetzblatt des Norddeutschen Bundes, 1869.
Gesetz-Sammlung für die Königlichen Preußischen Staaten, 1850, Berlin o. J.
Jahresberichte der Fabrikinspektoren für 1878, Berlin 1879.
Statistik des Deutschen Reiches, hrsg. vom Kaiserlichen Statistischen Amt, Bd. 34, 35, Berlin 1879.
Internationale wissenschaftliche Korrespondenz zur Geschichte der deutschen Arbeiterbewegung, (IWK), Heft 1–20, Berlin 1965–1973, Jg. 10 ff., Berlin 1974 ff.

3. Protokolle

Protokoll der Generalversammlung des Allgemeinen deutschen Arbeitervereins zu Berlin vom 19. bis 25. Mai 1871, Berlin 1871.
Protokoll der Generalversammlung des Allgemeinen deutschen Arbeitervereins zu Berlin vom 22. bis 25. Mai 1872, Berlin 1872.
Protokoll der Generalversammlung des Allgemeinen deutschen Arbeitervereins zu Berlin vom 18. bis 24. Mai 1873, Berlin 1873.
Protokoll der Generalversammlung des Allgemeinen deutschen Arbeitervereins zu Hannover vom 26. Mai bis 5. Juni 1874, Berlin 1874.
Protokolle der sozialdemokratischen Arbeiterpartei, Bd. I (Eisenach 1869 – Coburg 1874), Bd. II (Gotha 1875 – St. Gallen 1887), Nachdruck Glashütten/Bonn-Bad Godesberg 1971.
Protokoll über die Verhandlungen des Eisen- und Metallarbeiter-Congresses zu Hannover den 5., 6., 7., 8. und 9. April 1874, Hannover o. J.
Protokoll der vom 20. bis 23. Mai 1877 zu Gotha stattgehabten General-Versammlung der Metallarbeitergewerksgenossenschaft, Braunschweig 1877.
Protokoll des ersten Deutschen Former-Congresses zu Hamburg, den 19., 20. und 21. Mai 1872, Hamburg o. J.
Protokoll der ersten ordentlichen Gerneralversammlung des Allg. deutschen Formerbundes zu Hamburg vom 13.–16. April 1973, Hamburg o. J.
Protokoll der Generalversammlung des Allg. Dt. Zimmerer-Vereins und des Allg. Dt. Maurer-Vereins 1870, Berlin 1870.

4. Literatur und andere gedruckte Quellen

Abel, Wilhelm, Massenarmut und Hungerkrisen im vorindustriellen Deutschland (= Kleine Vandenhoeck-Reihe 352–354), Göttingen 1972.
Anders, Karl, Stein für Stein. Die Leute von Bau-Steine-Erden und ihre Gewerkschaften 1869 bis 1969, Hannover 1969.
Anton, Günther K., Geschichte der preußischen Fabrikgesetzgebung bis zu ihrer Aufnahme durch die Reichsgewerbeordnung, neu hrsg. Berlin-DDR 1953.
Assmann, G., Die Wohnungsnoth in Berlin, in: Zeitschrift für Bauwesen, 23. Jg., 1873, Sp. 111–130.
Atzpodien, Carl, Eisenbahn-Wagen-Bau-Werkstatt des Herrn F. A. Pflug zu Berlin, in: Zeitschrift für Bauwesen, 6. Jg., 1854, Sp. 345–348.
Baar, Lothar, Die Berliner Industrie in der industriellen Revolution (= Veröffentlichungen des Instituts für Wirtschaftsgeschichte an der Hochschule für Ökonomie Berlin-Karlshorst, Bd. 4), Berlin-DDR 1966.

Ders., Probleme der industriellen Revolution in großstädtischen Industriezentren. Das Berliner Beispiel, in: W. Fischer (Hg.), Wirtschafts- und sozialgeschichtliche Probleme der frühen Industrialisierung (= Einzelveröffentlichungen der Historischen Kommission zu Berlin, Bd. 1), Berlin 1968, S. 529–542.

Barth, Ernst, Entwicklungslinien der deutschen Maschinenbauindustrie von 1870 bis 1914 (= Forschungen zur Wirtschaftsgeschichte, Bd. 3), Berlin-DDR 1973.

Basner, Emil, Geschichte der deutschen Schmiedebewegung, Bd. 1, Hamburg 1912.

Bass, Hans Heinrich, Arbeiter und Arbeitsverhältnisse in der Bauindustrie in Deutschland 1850–1914, volkswirtsch. Diplomarbeit (maschr.) Münster 1975, (in: Archiv für Arbeiterliteratur Dortmund).

Bebel, August, Aus meinem Leben, 3 Bde., Stuttgart 1910–1914.

Ders., Ausgewählte Reden und Schriften, Bd. 1, 1863–1878, hg. v. H. Bartel u. a., Berlin-DDR 1970.

Beck, Hermann, Lohn- und Arbeitsverhältnisse in der deutschen Maschinenindustrie am Ausgang des 19. Jahrhunderts, Dresden 1902.

Becker, Walter, Die Bedeutung der nichtagrarischen Wanderungen für die Herausbildung des industriellen Proletariats in Deutschland, unter besonderer Berücksichtigung Preußens von 1850–1870, in: H. Mottek (Hg.), Studien zur Geschichte der industriellen Revolution in Deutschland (= Veröffentlichungen des Instituts für Wirtschaftsgeschichte an der Hochschule für Ökonomie Berlin-Karlshorst, Bd. 1), Berlin-DDR 1960, S. 209–240.

Beier, Gerhard, Das Problem der Arbeiteraristokratie im 19. und 20. Jahrhundert, in: Herkunft und Mandat (= Schriftenreihe der Otto-Brenner-Stiftung, Bd. 5), Frankfurt/Köln 1976, S. 9–71.

Ders., Schwarze Kunst und Klassenkampf, Bd. 1: Vom Geheimbund zum königlich-preußischen Gewerkverein (1830–1890), Frankfurt–Wien–Zürich o. J.

Beike, Heinz, Die Eisenacher und Lassalleaner in der Zeit von 1871–1875, phil. Diss. (maschr.), Leipzig 1956.

Benser, Günter, Zur Herausbildung der Eisenacher Partei. Eine Untersuchung über die Entwicklung der Arbeiterbewegung im sächsischen Textilindustriegebiet Glauchau-Meerane, Berlin-DDR 1956.

Bergmann, Dieter, Die Berliner Arbeiterschaft in Vormärz und Revolution 1830–1850, in: O. Büsch (Hg.), Untersuchungen zur Geschichte der frühen Industrialisierung vornehmlich im Wirtschaftsraum Berlin/Brandenburg (= Einzelveröffentlichungen der Historischen Kommission zu Berlin, Bd. 6), Berlin 1971.

Bergmann, Jürgen, Das Berliner Handwerk in den Frühphasen der Industrialisierung (= Einzelveröffentlichungen der Historischen Kommission zu Berlin, Bd. 11), Berlin 1973.

Bernays, Marie, Auslese und Anpassung der Arbeiterschaft der geschlossenen Großindustrie. Dargestellt an den Verhältnissen der „Gladbacher Spinnerei und Weberei AG“ zu München-Gladbach im Rheinland (= SVfSP, Bd. 133), Leipzig 1910.

Bernstein, Eduard, Die Geschichte der Berliner Arbeiterbewegung. Ein Kapitel zur Geschichte der deutschen Sozialdemokratie, 3 Teile, Berlin 1907–1910.

Ders., Geschichte der deutschen Schneiderbewegung, 1. Bd., Berlin 1913.

Berthold, G., Die Wohnverhältnisse in Berlin, insbesondere die der ärmeren Klassen, in: SVfSP, Bd. 31, Leipzig 1886.

Beutler, Alfred, Die Entwicklung der sozialen und wirtschaftlichen Lage der Weber im sächsischen Vogtland (= Greifswalder Staatswissenschaftliche Abhandlungen, Bd. 6), Greifswald 1921.

Birker, Karl, Die deutschen Arbeiterbildungsvereine 1840–1870 (= Einzelveröffentlichungen der Historischen Kommission zu Berlin, Bd. 10), Berlin 1973.

Blumberg, Horst, Ein Beitrag zur Geschichte der deutschen Leinenindustrie von 1834 bis 1870, in: H. Mottek (Hg.), Studien zur Geschichte der industriellen Revolution in Deutschland, (= Veröffentlichungen des Instituts für Wirtschaftsgeschichte an der Hochschule für Ökonomie Berlin-Karlshorst, Bd. 1), Berlin-DDR 1960, S. 65–143.

Ders., Die deutsche Textilindustrie in der industriellen Revolution, (= Veröffentlichungen des

Instituts für Wirtschaftsgeschichte an der Hochscule für Ökonomie Berlin-Karlshorst, Bd. 3), Berlin-DDR 1965.
Bochinski, Hans-Jürgen, Die deutsche Arbeiterbewegung 1875–1878, phil. Diss. (maschr.), Leipzig 1959.
Böckenförde, Ernst Wolfgang, Der Verfassungstyp der deutschen konstitutionellen Monarchie im 19. Jahrhundert, in: ders. (Hg.), Moderne deutsche Verfassungsgeschichte (1815–1918) (= NWB, Bd. 51), Köln 1972, S. 146–170.
Böttcher, Ulrich, Anfänge und Entwicklung der Arbeiterbewegung in Bremen (= Veröffentlichungen aus dem Staatsarchiv der Freien Hansestadt Bremen, Bd. 22), Bremen 1953.
Borscheid, Peter, Textilarbeiterschaft in der Industrialisierung. Soziale Lage und Mobilität in Württemberg (19. Jahrhundert) (= Industrielle Welt, Bd. 25), Stuttgart 1978.
Brauns, Heinrich, Der Übergang von der Handweberei zum Fabrikbetrieb in der Niederrheinischen Samt- und Seidenindustrie und die Lage der Arbeiter in dieser Periode, in: Staats- und Socialwissenschaftliche Forschungen, 25. Bd., 1906.
Bringmann, August, Geschichte der deutschen Zimmerer-Bewegung, 1. Bd., 2. verb. Aufl., Hamburg 1909, 2. Bd., Hamburg 1905.
Brunner, Otto, Das „ganze Haus" und die alteuropäische „Ökonomik", in: ders., Neue Wege der Verfassungs- und Sozialgeschichte, Göttingen 1968, S. 103–127.
Bry, Gerhard, Wages in Germany, 1871–1945, Princeton 1960.
Bürger, Heinrich, Die Hamburger Gewerkschaften und deren Kämpfe von 1865 bis 1890, Hamburg 1899.
Büsch, Otto, Das brandenburgische Gewerbe im Ergebnis der ‚Industriellen Revolution', in: ders. (Hg.), Industrialisierung und Gewerbe im Raum Berlin/Brandenburg, Bd. 2: Die Zeit um 1800/Die Zeit um 1875 (= Einzelveröffentlichungen der Historischen Kommission zu Berlin, Bd. 19), Berlin 1977.
Buttler, Alfred, Die Textilindustrie in Crimmitschau und die soziale Lage ihrer Arbeiter, phil. Diss. (maschr.), Jena 1920.
Bythell, Duncan, Die Anfänge des mechanischen Webstuhls, in: Moderne Technikgeschichte, hg. v. K. Hausen u. R. Rürup, (=NWB, Bd. 81), Köln 1975, S. 165–188.
Demmering, Gerhard, Die Glauchau-Meeraner Textil-Industrie, Leipzig 1928.
Desai, Ashok V., Real Wages in Germany, 1871–1913, Oxford 1968.
Doogs K., Die Berliner Maschinen-Industrie und ihre Produktionsbedingungen seit ihrer Entstehung, ing. Diss., TH Berlin 1927.
Dowe, Dieter, u. Klotzbach, Kurt, Programmatische Dokumente der deutschen Sozialdemokratie (= Internationale Bibliothek, Bd. 68), Berlin–Bonn-Bad Godesberg 1973.
Eckert, Georg, Die Braunschweiger Arbeiterbewegung unter dem Sozialistengesetz, 1. Teil (1878–1884), Braunschweig 1961.
Ders., 100 Jahre Braunschweiger Sozialdemokratie, 1. Teil: Von den Anfängen bis zum Jahre 1890, Hannover 1965.
Ders., Die Konsolidierung der sozialdemokratischen Arbeiterbewegung zwischen Reichsgründung und Sozialistengesetz, in: H. Mommsen (Hg.), Sozialdemokratie zwischen Klassenbewegung und Volkspartei, Frankfurt 1974, S. 35–51.
Eckert, Hugo, Liberal- oder Sozialdemokratie, Frühgeschichte der Nürnberger Arbeiterbewegung (= Industrielle Welt, Bd. 9), Stuttgart 1968.
Eickhof, Norbert, Eine Theorie der Gewerkschaftsentwicklung. Entstehung, Stabilität und Befestigung (= Schriften zur Kooperationsforschung, A. Studien, Bd. 6), Tübingen 1973.
Emmerich, Wolfgang (Hg.), Proletarische Lebensläufe. Autobiographische Dokumente zur Entstehung der Zweiten Kultur in Deutschland, Bd. 1, Anfänge bis 1914, Reinbek b. Hamburg 1974.
Engel, (Ernst), Die deutsche Industrie 1875 und 1861, Statistische Darstellung der Verbreitung ihrer Zweige (2. Aufl.), Berlin 1881.
Engelberg, Ernst, Revolutionäre Politik und Rote Feldpost, 1878–1890, Berlin-DDR 1959.
Engelhardt, Ulrich, Gewerkschaftliche Interessenvertretung als „Menschenrecht". Anstöße und Entwicklung der Koalitionsrechtsforderung in der preußisch-deutschen Arbeiterbewe-

gung 1862/63–1865 (1869), in: U. Engelhardt u. a. (Hg.), Soziale Bewegung und politische Verfassung. Beiträge zur Geschichte der modernen Welt (= Industrielle Welt, Sonderband), Stuttgart 1976, S. 538–598.

Ders., „Nur vereinigt sind wir stark", Die Anfänge der deutschen Gewerkschaftsbewegung 1862/63 bis 1869/70 (2 Bde.) (= Industrielle Welt, Bd. 23), Stuttgart 1977.

Ders., Zur Verhaltensanalyse eines sozialen Konflikts, dargestellt am Waldenburger Streik 1869, in: O. Neuloh (Hg.), Soziale Innovation und sozialer Konflikt (= Studien zum Wandel von Gesellschaft und Bildung im Neunzehnten Jahrhundert, Bd. 15), Göttingen 1977, S. 69–94.

Ettelt, Werner u. Krause, Hans-Dieter, Der Kampf um eine marxistische Gewerkschaftspolitik in der deutschen Arbeiterbewegung 1868 bis 1878, Berlin-DDR 1975.

Ettelt, Werner u. Schröder, Wolfgang, Zur Rolle der Gewerkschaftsbewegung bei der Herausbildung der Eisenacher Partei, in: H. Bartel u. E. Engelberg (Hg.), Die großpreußisch-militaristische Reichsgründung 1871, Voraussetzungen und Folgen, Bd. 1, Berlin-DDR 1971, S. 552–597.

Fassbinder, Horant, Berliner Arbeiterviertel 1800–1918 (= Analysen zum Planen und Bauen, Bd. 2), Berlin 1975.

Faust, Helmut, Geschichte der Genossenschaftsbewegung. Ursprung und Aufbruch der Genossenschaftsbewegung in England, Frankreich und Deutschland sowie ihre weitere Entwicklung im deutschen Sprachraum, 3. überarb. u. stark erweit. Aufl., Frankfurt 1977.

Fischer, Ilse, Industrialisierung, sozialer Konflikt und politische Willensbildung in der Stadtgemeinde. Ein Beitrag zur Sozialgeschichte Augsburgs 1840–1914 (= Abhandlungen zur Geschichte der Stadt Augsburg, Bd. 24), Augsburg 1977.

Fischer, Karl, Denkwürdigkeiten und Erinnerungen eines Arbeiters, hg. v. Paul Göhre, Leipzig 1903.

Fischer, Walter, Die Fürther Arbeiterbewegung von ihren Anfängen bis 1870, wirtschaftswiss. Diss., Erlangen-Nürnberg 1965.

Fischer, Wolfram, Wirtschaft und Gesellschaft im Zeitalter der Industrialisierung. Aufsätze – Studien – Vorträge (= Kritische Studien zur Geschichtswissenschaft, Bd. 1), Göttingen 1972.

Flatau, Paul, Das Schlossergewerbe zu Berlin, phil. Diss., Berlin 1916.

Flechtner, Fritz, Das Baugewerbe in Breslau, in: SVfSP, Bd. 70, Leipzig 1897.

Fremdling, Rainer, Eisenbahnen und deutsches Wirtschaftswachstum 1840–1879. Ein Beitrag zur Entwicklungstheorie und zur Theorie der Infrastruktur (= Untersuchungen zur Wirtschafts-, Sozial- und Technikgeschichte, Bd. 2), Dortmund 1975.

Fricke, Dieter, Bismarcks Prätorianer. Die Berliner politische Polizei im Kampf gegen die deutsche Arbeiterbewegung (1871–1898), Berlin-DDR 1962.

Ders., Die deutsche Arbeiterbewegung 1869 bis 1914, Handbuch über ihre Organisation und Tätigkeit im Klassenkampf, Berlin-DDR 1976.

Geck, L. H. Adolph, Die sozialen Arbeitsverhältnisse im Wandel der Zeit. Eine geschichtliche Einführung in die Betriebssoziologie (= Nachdruck d. Ausg. Berlin 1931), Darmstadt 1977.

Geiger, Theodor, Die soziale Schichtung des deutschen Volkes. Soziographischer Versuch auf statistischer Grundlage (= Soziologische Gegenwartsfragen, 1. Heft, 2. Nachdruck d. Ausg. Stuttgart 1932), Darmstadt 1972.

Gemkow, Heinrich, Zur Tätigkeit der Berliner Sektion der Internationale, in: BzG, 1. Bd., 1959, S. 515–531.

Gleichauf, W., Geschichte des Verbandes der Deutschen Gewerkvereine (Hirsch-Dunker), Berlin-Schöneberg 1907.

Göhre, Paul, Drei Monate Fabrikarbeiter und Handwerksbursche, Leipzig 1891.

Goldschmidt, Karl, Die Deutschen Gewerkvereine (Hirsch-Dunker), Berlin 1907.

Gottheiner, Elisabeth, Studien über die Wuppertaler Textilindustrie und ihre Arbeiter, in: Staats- und sozialwiss. Forschungen, 22. Bd., 2. Heft, Leipzig 1903.

Grandke, Hans, Berliner Kleiderkonfektion, in: SVfSP, Bd. 85, Leipzig 1899.

Grebing, Helga, Geschichte der deutschen Arbeiterbewegung, München 1966, (8. Aufl.), 1977.

Groh, Dieter, Die Sozialdemokratie im Verfassungssystem des 2. Reiches, in: H. Mommsen (Hg.), Sozialdemokratie zwischen Klassenbewegung und Volkspartei, Frankfurt 1974, S. 62–83.

Habersbrunner, Franz, Die Lohn-, Arbeits- und Organisationsverhältnisse im deutschen Baugewerbe, Leipzig 1903.

Hausen, Karin, Technischer Fortschritt und Frauenarbeit im 19. Jahrhundert. Zur Sozialgeschichte der Nähmaschine, in: GG, 4. Jg., 1978, H. 2, S. 148–169.

Heilmann, Ernst, Geschichte der Arbeiterbewegung in Chemnitz und dem Erzgebirge, Chemnitz 1912.

Henderson, O. W., The Labour Force in the Textile Industries, in: AfS, Bd. 16, 1976, S. 283–324.

Ders., The State and the Industrial Revolution in Prussia, 1740–1870, Liverpool 1958.

Henkel, Martin u. Taubert, Rolf, Was läuft? Minima historica aus der politischen Werkstatt unserer Vorfahren, in: Kursbuch 50, Berlin 1977, S. 35–56.

Hennicke, J. u. v. d. Hude, Die Norddeutsche Fabrik für Eisenbahnbetriebs-Material, in: Zeitschrift für Bauwesen, 21. Jg., 1871, Sp. 329–336.

Henning, Friedrich-Wilhelm, Die Industrialisierung in Deutschland 1800–1914, Paderborn 1973.

Ders., Industrialisierung und dörfliche Einkommensmöglichkeiten. Der Einfluß der Industrialisierung des Textilgewerbes in Deutschland im 19. Jahrhundert auf Einkommensmöglichkeiten in den ländlichen Gebieten, in: H. Kellenbenz (Hg.), Agrarisches Nebengewerbe und Formen der Reagrarisierung im Spätmittelalter und 19./20. Jahrhundert, Stuttgart 1975.

Herzig, Arno, Der Allgemeine Deutsche Arbeiter-Verein in der deutschen Sozialdemokratie. Dargestellt an der Biographie des Funktionärs Carl Wilhelm Tölcke (1817–1893) (= Beiheft 5 zur IWK), Berlin 1979.

Hilse, Die Bewegung der Arbeitslöhne im Baugewerbe zu Berlin, in: Berliner Städtisches Jahrbuch für Volkswirthschaft und Statistik, 1. Jg., Berlin 1874.

Hirsch, Max, Die Arbeiterfrage und die Deutschen Gewerkvereine, Festschrift zum fünfundzwanzigsten Jubiläum der Deutschen Gewerkvereine (Hirsch-Dunker), Leipzig 1893.

Ders., Verbreitungsbild und Adressenverzeichnis der Deutschen Gewerkvereine (Hirsch-Dunker), Berlin 1880.

Hirschfelder, Heinrich, Die bayrische Sozialdemokratie 1864–1914 (2 Bde.) (= Erlanger Studien, Bd. 22/I u. II), Erlangen 1979.

Hobsbawm, E. J., Labouring Men, London 1964.

Hoffmann, Walther G. (unter Mitarbeit von Franz Grumbach und Helmut Hesse), Das Wachstum der deutschen Wirtschaft seit der Mitte des 19. Jahrhunderts, Berlin–Heidelberg–New York 1965.

Hundert Jahre SPD-Hanau, Hanau 1967.

Hunecke, Volker, Arbeiterschaft und Industrielle Revolution in Mailand 1859–1892. Zur Entstehungsgeschichte der italienischen Industrie und Arbeiterbewegung (= Kritische Studien zur Geschichtswissenschaft, Bd. 29), Göttingen 1978.

Institut für Marxismus-Leninismus beim ZK der SED (Hg.), Geschichte der deutschen Arbeiterbewegung, Kapitel 3, Periode von 1871 bis zum Ausgang des 19. Jahrhunderts, Berlin-DDR 1966.

Karsunke, Yaak u. Wallraff, Günter, Fragebogen für Arbeiter, in: Kursbuch 21, Berlin 1970, S. 1–16.

Kocka, Jürgen, Einführung und Auswertung, in: W. Conze u. U. Engelhardt (Hg.), Arbeiter im Industrialisierungsprozeß. Herkunft, Lage und Verhalten (= Industrielle Welt, Bd. 28), Stuttgart 1979, S. 228–236.

Ders., Klassengesellschaft im Krieg. Deutsche Sozialgeschichte 1914–1918 (= Kritische Studien zur Geschichtswissenschaft, Bd. 8), Göttingen 1973, (2. Aufl.) 1978.

Ders., Von der Manufaktur zur Fabrik. Technik und Werkstattverhältnisse bei Siemens 1847–1873, in: K. Hausen u. R. Rürup (Hg.)., Moderne Technikgeschichte (= NWB, Bd. 81), Köln 1975, S. 267–290.

Ders., Unternehmensverwaltung und Angestelltenschaft am Beispiel Siemens 1847–1914. Zum Verhältnis Kapitalismus und Bürokratie in der deutschen Industrialisierung (= Industrielle Welt, Bd. 11), Stuttgart 1969.

Köllmann, Wolfgang, Bevölkerungsgeschichte 1800–1970, in: Handbuch der deutschen Wirtschafts- und Sozialgeschichte, Bd. 2, hg. v. H. Aubin u. W. Zorn, Stuttgart 1976, S. 9–50.

Ders., Zur Bedeutung der Regionalgeschichte im Rahmen struktur- und sozialgeschichtlicher Konzeptionen, in: AfS, Bd. 15, 1975, S. 43–50.

Ders., Der Prozeß der Verstädterung in Deutschland in der Hochindustrialisierungsperiode, in: R. Braun u. a. (Hg.), Gesellschaft in der industriellen Revolution (= NWB, Bd. 56), Köln 1973, S. 243–258.

Ders., Sozialgeschichte der Stadt Barmen im 19. Jahrundert (= Soziale Forschung und Praxis, Bd. 21), Tübingen 1960.

Koselleck, Reinhart, Preußen zwischen Reform und Revolution. Allgemeines Landrecht, Verwaltung und soziale Bewegung von 1791 bis 1848 (= Industrielle Welt, Bd. 7), Stuttgart 1967, (2. Aufl.) 1975.

Krause, Hans-Dieter, Gewerkschaften und politischer Kampf in Deutschland in den Jahren 1873/74, in: BzG, Bd. 14, 1972, S. 83–98.

Kreuzkam, Theodor, Das Baugewerbe mit besonderer Rücksicht auf Leipzig, in: SVfSP, Bd. 70, Leipzig 1897.

Kriedte, Peter, Hans Medick u. Jürgen Schlumbohm, Industrialisierung vor der Industrialisierung. Gewerbliche Warenproduktion auf dem Land in der Formationsperiode des Kapitalismus. Mit Beiträgen von Herbert Kisch u. Franklin F. Mendels (= Veröffentlichungen des Max-Planck-Instituts für Geschichte, Bd. 53), Göttingen 1977.

Kuczynski, Jürgen, Die Geschichte der Lage der Arbeiter unter dem Kapitalismus, Bd. 3: Darstellung der Lage der der Arbeiter in Deutschland von 1871–1900, Berlin-DDR 1962.

Kulischer, Josef, Allgemeine Wirtschaftsgeschichte des Mittelalters und der Neuzeit (2 Bde.), München/Berlin 1929, (4. Aufl., Darmstadt 1971).

Landé, Dora, Arbeits- und Lohnverhältnisse in der Berliner Maschinenindustrie zu Beginn des 20. Jahrhunderts, in: SVfSP, Bd. 134, Leipzig 1910.

Lassalle, Ferdinand, Reden und Schriften, hg. v. F. Jenaczek, München 1970.

Laufenberg, Heinrich, Geschichte der Arbeiterbewegung in Hamburg, Altona und Umgegend, 1. Bd., Hamburg 1911.

Lenin, W. I., Ausgewählte Werke in drei Bänden, Berlin-DDR 1961.

Lidtke, Vernon L., The Outlawed Party: Social Democracy in Germany, 1878–1890, Princeton, N. J. 1966.

Lösche, Peter, Anarchismus (= Erträge der Forschung, Bd. 66), Darmstadt 1977.

Ders., Anarchismus – Versuch einer Definition und historischen Typologie. in: PVS, 15. Jg., 1974, S. 53–73.

Machtan, Lothar, „Einigkeit macht stark!" Dokumentation und Fallstudien zur deutschen Streikbewegung nach der Reichsgründung (1871–1875) (= Beiheft zur IWK), Berlin 1980.

Ders., Konjunkturen des Klassenkampfes 1871–1875. Bedingungen, Ausmaß und politischer Erfahrungsgehalt der Streikbewegung in Preußen-Deutschland, phil. Diss. (maschr.), Bremen 1977.

Ders., Zur Steikbewegung der deutschen Arbeiter in den Gründerjahren (1871–1873), in: IWK, 14. Jg., 1978, S. 419–442.

Marquardt, Frederick D., Sozialer Aufstieg, sozialer Abstieg und die Entstehung der Berliner Arbeiterklasse 1806–1848, in: H. Kaelble (Hg.), Geschichte der sozialen Mobilität seit der industriellen Revolution (= NWB, Bd. 101), Königstein/Ts. 1978, S. 127–158.

Martin, Rudolf, Zur Verkürzung der Arbeitszeit in der mechanischen Textilindustrie, in: Archiv für soziale Gesetzgebung und Statistik, 8. Bd., 1895.

Ders., Der wirtschaftliche Aufschwung der Baumwollspinnerei im Königreich Sachsen, in:

Jahrbuch für Gesetzgebung, Verwaltung und Volkswirtschaft im Deutschen Reich, 17. Jg., 1893.
Marx, Karl u. Engels, Friedrich, Werke (MEW), Bd. 1 ff., Berlin-DDR 1956 ff.
Mayer, Gustav, Konfektion und Schneidergewerbe in Prenzlau, in: SVfSP, Bd. 65, Leipzig 1895.
Ders., Johann Baptist Schweitzer und die Sozialdemokratie. Ein Beitrag zur Geschichte der deutschen Arbeiterbewegung, Jena 1909.
Ders., Die Trennung der proletarischen von der bürgerlichen Demokratie in Deutschland (1863–1870), in: Archiv für die Geschichte des Sozialismus und der Arbeiterbewegung, 2. Jg., 1. H., Leipzig 1911, S. 1–67.
Mehner, H., Der Haushalt und die Lebenshaltung einer Leipziger Arbeiterfamilie, in: Jahrbuch für Gesetzgebung, Verwaltung und Volkswirtschaft im Deutschen Reich, N. F., 11. Jg., Leipzig 1887, S. 301–334.
Mehring, Franz, Geschichte der deutschen Sozialdemokratie, 2 Bde. (= Gesammelte Werke, Bd. 1 u. 2), Berlin-DDR 1960.
Michel, Ernst, Sozialgeschichte der industriellen Arbeitswelt (3. Aufl.), Frankfurt 1953.
Michels, Robert, Zur Soziologie des Parteiwesens in der modernen Demokratie (= Philosophisch-soziologische Bücherei, Bd. 21), Leipzig 1911.
Miller, Susanne, Das Problem der Freiheit im Sozialismus. Freiheit, Staat und Revolution in der Programmatik der Sozialdemokratie von Lassalle bis zum Revisionismusstreit, Frankfurt 1964.
Morgan, Roger, The German Social Democrats and the First International, 1864–1872, Cambridge 1965.
Moses, John A., Das Gewerkschaftsproblem in der SDAP 1869–1878, in: Jahrbuch des Instituts für Deutsche Geschichte, 3. Bd., Tel Aviv 1974, S. 173–202.
Müller, Hermann, Die Organisation der Lithographen, Steindrucker und verwandten Berufe, Berlin 1917.
Na'aman, Shlomo, Von der Arbeiterbewegung zur Arbeiterpartei. Der Fünfte Vereinstag der Deutschen Arbeitervereine zu Nürnberg im Jahre 1868. Eine Dokumentation (= Beihefte zur IWK, Bd. 4), Berlin 1976.
Ders., Demokratische und soziale Impulse in der Frühgeschichte der deutschen Arbeiterbewegung der Jahre 1862/63 (= Institut für europäische Geschichte Mainz, Vorträge, Nr. 51), Wiesbaden 1969.
Ders., (unter Mitwirkung von H.-P. Harstick), Die Konstituierung der deutschen Arbeiterbewegung 1862/63. Darstellung und Dokumentation (= Quellen und Untersuchungen zur Geschichte der deutschen und österreichischen Arbeiterbewegung, Neue Folge, Bd. 5), Assen 1975.
Ders., Lasalle (= Veröffentlichungen des Instituts für Sozialgeschichte Braunschweig), Hannover 1970.
Niethammer, Lutz (unter der Mitarbeit von Franz Brüggemann), Wie wohnten die Arbeiter im Kaiserreich? in: AfS, Bd. 16, 1976, S. 61–134.
Noll, Adolf, Sozio-ökonomischer Strukturwandel des Handwerks in der zweiten Phase der Industrialisierung unter besonderer Berücksichtigung der Regierungsbezirke Arnsberg und Münster (= Studien zum Wandel von Gesellschaft und Bildung im Neunzehnten Jahrhundert, Bd. 10), Göttingen 1975.
Oldenberg, Karl, Das deutsche Baugewerbe der Gegenwart, phil. Diss., Berlin 1888.
Paeplow, Fritz, Die Organisation der Maurer Deutschlands, 1869–1899, Hamburg 1900.
Paulmann, Christian, Die Sozialdemokratie in Bremen, 1864–1964, Bremen 1964.
Pospiech, Friedrich, Julius Motteler, der „rote Feldpostmeister". Mit Marx, Engels, Bebel und Liebknecht Schöpfer und Gestalter der deutschen und internationalen Arbeiterbewegung. Ein Streifzug durch die Frühgeschichte der Arbeiterbewegung und die große Zeit der Solzialdemokratie, Esslingen 1977.
Quantz, B., Ueber die Arbeitsleistung und das Verhältnis von Arbeitslohn und Arbeitszeit zur

Arbeitsleistung im Maurergewerbe (nach Beobachtungen in Göttingen), in: Jahrbücher für Nationalökonomie und Statistik, III. Folge, 43. Bd., 1912.

Regling, Heinz Volkmar, Die Anfänge des Sozialismus in Schleswig-Holstein, Neumünster 1965.

Renzsch, Wolfgang, Die „direkte Gesetzgebung durch das Volk" im Eisenacher Programm, in: IWK, 13. Jg., 1977, S. 172–176.

Reulecke, Jürgen, Vom blauen Montag zum Arbeiterurlaub. Vorgeschichte und Entstehung des Erholungsurlaubs für Arbeiter vor dem Ersten Welkrieg, in: AfS, Bd. 16, 1976, S. 205–248.

Rinkel, Richard, Die Schlosserei, Schmiederei, Kupferschmiederei in Berlin, in: SVfSP, Bd. 65, Leipzig 1895.

Ritter, Gerhard A. u. Tenfelde, Klaus, Der Durchbruch der Freien Gewerkschaften Deutschlands zur Massenbewegung im letzten Viertel des 19. Jahrhunderts, in: H. O. Vetter (Hg.), Vom Sozialistengesetz zur Mitbestimmung. Zum 100. Geburtstag von Hans Böckler, Köln 1975, S. 61–117.

Rößler, Johannes, Die Arbeitslosigkeit unter den Berliner Arbeitern nach dem Gründerkrach, in: BzG, Bd. 5, 1963, S. 984–994.

Ders., Zur Lage der Berliner Arbeiter und ihrer sozialistischen Bewegung vom Gründerkrach bis zu den Reichstagswahlen im Jahre 1881, wirtschaftswiss. Diss. (maschr.), Hochschule für Ökonomie, Berlin-Karlshorst 1957.

Rosenberg, Hans, Große Depression und Bismarckzeit. Wirtschaftsablauf, Gesellschaft und Politik in Mitteleuropa (= Veröffentlichungen der Historischen Kommission zu Berlin beim Friedrich-Meinecke-Institut der Freien Universität Berlin, Bd. 24), Berlin 1967.

Rosenberg, Nathan, Technischer Fortschritt in der Werkzeugmaschinenindustrie 1840–1910, in: K. Hausen u. R. Rürup (Hg.), Moderne Technikgeschichte (= NWB, Bd. 81), Köln 1975, S. 216–242.

Rosenthal, Heinz, Die Anfänge der Arbeiterbewegung in Solingen 1849–1868, hg. vom SPD-Unterbezirk Solingen, Langenfeld 1953.

Ders., Solingen, Geschichte einer Stadt, Bd. 3, Duisburg 1975.

Samuel, Raphael, The Workshop of the World: Steam Power and Hand-Technology in mid-Victorian Britain, in: History Workshop. A Journal of Socialist Historians, H. 3, 1977, S. 6–72.

Schaarschmidt, Erich, Geschichte der Crimmitschauer Arbeiterbewegung, phil. Diss., Leipzig 1934.

Schaberg, Rolf, Die Geschichte der Solinger Arbeiterbewegung von ihren Anfängen bis zum Ausbruch des ersten Weltkrieges, staatswiss. Diss. (maschr.), Graz 1958.

Schadt, Jörg, Die Sozialdemokratische Partei in Baden. Von den Anfängen bis zur Jahrhundertwende (1868–1900) (= Schriftenreihe des Forschungsinstituts der Friedrich-Ebert-Stiftung, Bd. 88), Hannover 1971.

Schieder, Wolfgang, Das Scheitern des bürgerlichen Radikalismus und die sozialistische Parteibildung in Deutschland, in: H. Mommsen (Hg.), Sozialdemokratie zwischen Klassenbewegung und Volkspartei, Frankfurt 1974, S. 17–34.

Schmierer, Wolfgang, Von der Arbeiterbildung zur Arbeiterpolitik. Die Anfänge der Arbeiterbewegung in Württemberg 1862/63–1878 (= Schriftenreihe des Forschungsinstitut der Friedrich-Ebert-Stiftung), Hannover 1970.

Schmöle, Josef, Die sozialdemokratischen Gewerkschaften in Deutschland seit dem Erlasse des Sozialisten-Gesetzes. Erster, vorbereitender Teil, Jena 1896.

Schmoller, Gustav, Zur Geschichte der deutschen Kleingewerbe im 19. Jahrhundert, Halle 1870.

Schneider, Michael, Gewerkschaften und Emanzipation. Methodologische Probleme der Gewerkschaftsgeschichtsschreibung über die Zeit bis 1917/18, in: AfS, Bd. 17, 1977, S. 404–444.

Schönhoven, Klaus, Zwischen Revolution und Sozialistengesetz. Die Anfänge der Würzburger Arbeiterbewegung 1848–1878 (= Mainfränkische Hefte 63), Würzburg 1976.

Schomerus, Heilwig, Die Arbeiter der Maschinenfabrik Esslingen. Forschungen zur Lage der Arbeiterschaft im 19. Jahrhundert (= Industrielle Welt, Bd. 24), Stuttgart 1977.
Dies., Soziale Differenzierungen und Nivellierung der Fabrikarbeiterschaft Esslingens 1846–1914, in: H. Pohl (Hg.), Forschungen zur Lage der Arbeiter im Industrialisierungsprozeß (= Industrielle Welt, Bd. 26), Stuttgart 1978, S. 20–64.
Schröder, Wilhelm, Handbuch der sozialdemokratischen Parteitage von 1863 bis 1909, München 1910 (Nachdruck Leipzig 1974).
Schröder, Wilhelm Heinz, Arbeitergeschichte und Arbeiterbewegung. Industriearbeit und Organisationsverhalten im 19. und frühen 20. Jahrhundert, Frankfurt/M. – New York 1978.
Schröder, Wolfgang u. Haferstroh, Peter, Verband der Deutschen Gewerkvereine (Hirsch-Dunker) (VDG) 1869–1933, in: Die bürgerlichen Parteien in Deutschland. Handbuch der Geschichte der bürgerlichen Parteien und anderer bürgerlichen Interessenorganisationen vom Vormärz bis zum Jahre 1945, hg. von einem Redaktionskollektiv unter der Leitung von D. Fricke, 2 Bde., Leipzig 1968/70, Bd. 2, S. 684–710.
Schröter, Alfred u. Becker, Walter, Die deutsche Maschinenbauindustrie in der industriellen Revolution (= Veröffentlichungen des Instituts für Wirtschaftsgeschichte an der Hochschule für Ökonomie Berlin-Karlshorst, Bd. 2), Berlin-DDR 1962.
Schulte, Fritz, Die Entlöhungsmethoden in der Berliner Maschinenindustrie, Berlin 1906.
Schwarz, Klaus, Die Lage der Handwerksgesellen in Bremen während des 18. Jahrhunderts. (= Veröffentlichungen aus dem Staatsarchiv der Freien Hansestadt Bremen, Bd. 44), Bremen 1975.
Schwarz, Max, MdR, Biographisches Handbuch der deutschen Reichstage, Hannover 1965.
Seeber, Gustav, Deutsche Fortschrittspartei (DFP) 1861–1884, in: Die bürgerlichen Parteien in Deutschland. Handbuch der Geschichte der bürgerlichen Parteien und anderer bürgerlicher Interessenorganisationen vom Vormärz bis zum Jahre 1945, hg. von einem Redaktionskollektiv unter der Leitung von D. Fricke, 2 Bde., Leipzig 1968/70, Bd. 1, S. 333–354.
Soergel, Hs. Th., Zwei Nürnberger Metallgewerbe, in: SVfSP, Bd. 64, Leipzig 1895.
Stearns, Peter N., Adaptation to Industrialization: German Workers as a Test Case, in: Central European History, Bd. 3, 1970, S. 303–331.
Ders., Lives of Labour. Work in a Maturing Industrial Society, London 1975.
Ders., Measuring the Evolution of Strike Movements, in: IRSH, Bd. 19, 1974, S. 1–27.
Ders., The Unskilled and Industrialization. A Transformation of Consciousness, in: AfS, Bd. 16, 1976, S. 249–282.
Steglich, Walter, Eine Streiktabelle für Deutschland 1864–1880, in: Jahrbuch für Wirtschaftsgeschichte, hg. v. d. Deutschen Akademie der Wissenschaften zu Berlin, 1960, Teil II, Berlin-DDR 1961, S. 235–283.
Steinberg, Hans-Josef, Sozialismus und deutsche Sozialdemokratie. Zur Ideologie der Partei vor dem I. Weltkrieg (= Schriftenreihe des Forschungsinstituts der Friedrich-Ebert-Stiftung, Bd. 50), (3. verbesserte Aufl.), Bonn – Bad Godesberg 1972.
Stephan, Cora, „Genossen, wir dürfen uns nicht von der Geduld hinreißen lassen!" Aus der Urgeschichte der Sozialdemokratie, Frankfurt 1977.
Dies., „Wir pfeifen auf den Fortschritt". Träume und Alpträume der deutschen Arbeiterbewegung, in: Kursbuch 52, Berlin 1978, S. 161–171.
Stöbe, Herbert, Der große Streik der Chemnitzer Metallarbeiter zur Durchsetzung des Zehnstundentages im Jahre 1871, Karl-Marx-Stadt 1962.
v. Stülpnagel, Über Hausindustrie in Berlin und den nächstgelegenen Kreisen, in: VSfSP, Bd. 42, Leipzig 1890.
Stürmer, Michael, Herbst des Alten Handwerks. Quellen zur Sozialgeschichte des 18. Jahrhunderts (= dtv dokumente, Bd. 2914), München 1979.
Tenfelde, Klaus, Bergmännisches Vereinswesen im Ruhrgebiet während der Industrialisierung, in: J. Reulecke u. W. Weber (Hg.), Fabrik – Familie – Feierabend. Beiträge zur Sozialgeschichte des Alltags im Industriezeitalter, Wuppertal 1978, S. 315–344.

Ders., Konflikt und Organisation in einigen deutschen Bergbaugebieten 1867–1872, in: GG, 3. Jg., 1977, H. 3, S. 212–235.

Ders., Mining Festivals in the Nineteenth Century, in: Journal of Contemporary History, Bd. 13, 1978, S. 377–412.

Ders., Sozialgeschichte der Bergarbeiterschaft an der Ruhr im 19. Jahrhundert (= Schriftenreihe des Forschungsinstituts der Friedrich-Ebert-Stiftung, Bd. 125), Bonn – Bad Godesberg 1977.

Ders., Wege zur Sozialgeschichte der Arbeiterschaft und Arbeiterbewegung. Regional- und lokalgeschichtliche Forschungen (1945–1975) zur deutschen Arbeiterbewegung bis 1914, in: H. U. Wehler (Hg.), Die moderne deutsche Geschichte in der internationalen Forschung 1945–1975 (= GG, Sonderheft 4), Göttingen 1978, S. 197–255.

Thernstrom, Stephan, Soziale Mobilität der Arbeiterklasse in Amerika, in: H. Kaelble (Hg.), Geschichte der sozialen Mobilität seit der industriellen Revolution (= NWB, Bd. 101), Königstein/Ts. 1978, S. 201–219.

Thienel, Ingrid, Städtewachstum im Industrialisierungsprozeß des 19. Jahrhunderts. Das Berliner Beispiel (= Veröffentlichungen der Historischen Kommission zu Berlin, Bd. 39), Berlin – New York 1973.

Thompson, E. P., The Making of the English Working Class, (Penguin-Ausgabe), Harmondsworth, Middlesex 1968.

Ders., Time, Work-Discipline and Industrial Capitalism, in: Past and Present, Nr. 38, 1967, S. 56–97.

Thun, Alphons, Die Industrie am Niederrhein und ihre Arbeiter (= Staats- und sozialwissenschaftliche Forschungen), Bd. 2, H. 2 u. 3, Leipzig 1879.

Tijn, Th. van, A Contribution to the Scientific Study of the History of the Trade Unions, in: IRSH, Bd. 21, 1976, S. 212–239.

Trautmann, Günter, Industrialisierung ohne politische Innovation – Parteien, Staat und „sociale Frage" in Deutschland 1857–1878, phil. Diss. (maschr.), Heidelberg 1972.

Vester, Michael, Die Entstehung des Proletariats als Lernprozeß. Die Entstehung antikapitalistischer Theorie und Praxis in England 1792–1848 (= Veröffentlichungen des Psychologischen Seminars der TU Hannover), Frankfurt 1970.

Vetterli, Rudolf, Industriearbeit, Arbeiterbewußtsein und gewerkschaftliche Organisation. Dargestellt am Beispiel der Georg Fischer AG (1890–1930) (= Kritische Studien zur Geschichtswissenschaft, Bd. 28), Göttingen 1978.

Voigt, Andreas, Das Kleingewerbe in Karlsruhe, in: SVfSP, Bd. 64, Leipzig 1895.

Wachenheim, Hedwig, Die deutsche Arbeiterbewegung 1844 bis 1914, Opladen 1967.

Wagenblass, Horst, Der Eisenbahnbau und das Wachstum der deutschen Eisen- und Maschinenbauindustrie 1835 bis 1860. Ein Beitrag zur Geschichte der Industrialisierung Deutschlands (= Forschungen zur Sozial- und Wirtschaftsgeschichte, Bd. 18), Stuttgart 1973.

Webb, Sidney und Beatrice, Die Geschichte des britischen Trade Unionismus, Stuttgart 1895.

Weber, Alfred, Das Berufsschicksal der Industriearbeiter, in: Archiv für Sozialwissenschaft und Sozialpolitik, Bd. 34, 1912, S. 377–405.

Weber, Rolf, Die Beziehung zwischen sozialer Struktur und politischer Ideologie des Kleinbürgertums in der Revolution von 1848/49, in: ZfG 13, 1965, S. 1186–1193.

Weigert, Max, Die Krisis der Berliner Weberei, in: Berliner Städtisches Jahrbuch, 1. Jg., Berlin 1874.

Weil, Simone, Fabriktagebuch und andere Schriften zum Industriesystem (= edition suhrkamp 940), Frankfurt/M. 1978.

Werner, Karl-Gustav, Organisation und Politik der Gewerkschaften und Arbeitgeberverbände in der deutschen Bauwirtschaft (= Untersuchungen über Gruppen und Verbände, Bd. 9), Berlin 1968.

Wiedfeldt, Otto, Statistische Studien zur Entwicklungsgeschichte der Berliner Industrie von 1720 bis 1890, in: Staats- und Socialwissenschaftliche Forschungen, 16. Bd., 2. H., Leipzig 1898.

Winter, August, Das Schneidergewerbe in Breslau, SVfSP, Bd. 68, Leipzig 1896.

Wolff, Wilhelm, Das Elend und der Aufruhr in Schlesien, in: Deutsches Bürgerbuch für 1845, hg. v. H. Püttmann, Darmstadt 1845, neu hg. von R. Schloesser, Köln 1975, S. 174–199.

Young, Edward, Labor in Europe and America, Washington D. C. 1876.

Zetkin, Clara, Zur Geschichte der proletarischen Frauenbewegung Deutschlands, Frankfurt 1971.

Zwahr, Hartmut, Zur Konstituierung des Proletariats als Klasse. Strukturuntersuchung über das Leipziger Proletariat während der industriellen Revolution, in: H. Bartel u. E. Engelberg (Hg.), Die großpreußisch-militaristische Reichsgründung 1871. – Voraussetzungen und Folgen –, Berlin-DDR 1971, S. 501–551.

Ders., Zur Konstituierung des Proletariats als Klasse. Strukturuntersuchung über das Leipziger Proletariat während der industriellen Revolution (= Akademie der Wissenschaften der DDR. Schriften des Zentralinstituts für Geschichte, Bd. 56), Berlin-DDR 1978.

Ders., Zur Strukturanalyse der sich konstituierenden deutschen Arbeiterklasse, in: BzG, 18. Jg., 1976, S. 605–628.

Zwischen Römer und Revolution, 1869–1969, Hundert Jahre Sozialdemokraten in Frankfurt am Main, hg. v. d. Sozialdemokratischen Partei, Unterbezirk Frankfurt, Frankfurt 1969.

Register

Nicht aufgenommen wurde das Stichwort Berlin, Personen wurden nur aufgenommen, wenn sie im Untersuchungszeitraum wirkten, auf Autorennennungen wurde verzichtet. Wegen der Übersichtlichkeit wurden sämtliche gewerkschaftlichen bzw. politischen Organisationen unter den Stichworten Gewerkschaft bzw. Partei, politische aufgelistet.

KRITISCHE STUDIEN ZUR GESCHICHTSWISSENSCHAFT

1. Wolfram Fischer · Wirtschaft und Gesellschaft im Zeitalter der Industrialisierung. Aufsätze – Studien – Vorträge. 1972.

2. Wolfgang Kreutzberger · Studenten und Politik 1918–1933. Der Fall Freiburg im Breisgau. 1972.

3. Hans Rosenberg · Politische Denkströmungen im deutschen Vormärz. 1972.

4. Rolf Engelsing · Zur Sozialgeschichte deutscher Mittel- und Unterschichten. 2. Aufl. 1978.

5. Hans Medick · Naturzustand und Naturgeschichte der bürgerlichen Gesellschaft. Die Ursprünge der bürgerlichen Sozialtheorie als Geschichtsphilosophie und Sozialwissenschaft bei Sam. Pufendorf, John Locke und Adam Smith. 1973.

6. Heinrich August Winkler (Hg.) · Die große Krise in Amerika. Vergleichende Studien zur politischen Sozialgeschichte 1929–1939. 7 Beiträge. 1973.

7. Helmut Berding · Napoleonische Herrschafts- und Gesellschaftspolitik im Königreich Westfalen 1807–1813. 1973.

8. Jürgen Kocka · Klassengesellschaft im Krieg. Deutsche Sozialgeschichte 1914–1918. 2. Aufl. 1978.

9. Heinrich August Winkler (Hg.) · Organisierter Kapitalismus. Voraussetzungen und Anfänge. 11 Beiträge. 1974.

10. Hans-Ulrich Wehler · Der Aufstieg des amerikanischen Imperialismus. Studien zur Entwicklung des Imperium Americanum 1865–1900. 1974.

11. Hans-Ulrich Wehler (Hg.) · Sozialgeschichte Heute. Festschrift für Hans Rosenberg. 33 Beiträge. 1974.

12. Wolfgang Köllmann · Bevölkerung in der industriellen Revolution. Studien zur Bevölkerungsgeschichte Deutschlands im 19. Jh. 1974.

13. Elisabeth Fehrenbach · Traditionale Gesellschaft und revolutionäres Recht. Die Einführung des Code Napoléon in den Rheinbundstaaten. 2. Aufl. 1978.

14. Ulrich Kluge · Soldatenräte und Revolution. Studien zur Militärpolitik in Deutschland 1918/19. 1975.

15. Reinhard Rürup · Emanzipation und Antisemitismus. Studien zur ‚Judenfrage' der bürgerlichen Gesellschaft. 1975.

16. Hans-Jürgen Puhle · Politische Agrarbewegungen in kapitalistischen Industriegesellschaften. Deutschland, USA und Frankreich im 20. Jh. 1975.

17. Siegfried Mielke · Der Hansa-Bund für Gewerbe, Handel und Industrie 1909–1914. Der gescheiterte Versuch einer antifeudalen Sammlungspolitik. 1976.

18. Thomas Nipperdey · Gesellschaft, Kultur, Theorie. Gesammelte Aufsätze zur neueren Geschichte. 1976.

19. Hans Gerth · Bürgerliche Intelligenz um 1800. Zur Soziologie des deutschen Frühliberalismus. Mit einer Einführung und einer ergänzenden Bibliographie von Ulrich Herrmann. 1976.

20. Carsten Küther · Räuber und Gauner in Deutschland. Das organisierte Bandenwesen im 18. und frühen 19. Jh. 1976.

21. Hans-Peter Ullmann · Der Bund der Industriellen. Organisation, Einfluß und Politik klein- und mittelbetrieblicher Industrieller im Deutschen Kaiserreich 1895–1914. 1976.

22. Dirk Blasius · Bürgerliche Gesellschaft und Kriminalität. Zur Sozialgeschichte Preußens im Vormärz. 1976.

23. Gerhard A. Ritter · Arbeiterbewegung, Parteien und Parlamentarismus. Aufsätze zur deutschen Sozial- und Verfassungsgeschichte des 19. und 20. Jh.s. 1976

24. Horst Müller-Link · Industrialisierung und Außenpolitik. Preußen-Deutschland und das Zarenreich 1860–1890. 1977.

VANDENHOECK & RUPRECHT IN GÖTTINGEN UND ZÜRICH

25. Jürgen Kocka · Angestellte zwischen Faschismus und Demokratie. Zur politischen Sozialgeschichte der Angestellten: USA 1890–1940 im internationalen Vergleich. 1977.

26. Hans Speier · Die Angestellten vor dem Nationalsozialismus. Ein Beitrag zum Verständnis der deutschen Sozialstruktur 1918–1933. 1977.

27. Dietrich Geyer · Der russische Imperialismus. · Studien über den Zusammenhang von innerer und auswärtiger Politik 1860–1914. 1977.

28. Rudolf Vetterli · Industriearbeit, Arbeiterbewußtsein und gewerkschaftliche Organisation. Dargestellt am Beispiel der Georg Fischer AG (1890–1930). 1978.

29. Volker Hunecke · Arbeiterschaft und industrielle Revolution in Mailand 1859–1892. Zur Entstehungsgesschichte der italienischen Industrie und Arbeiterbewegung. 1978.

30. Christoph Klessmann · Polnische Bergarbeiter im Ruhrgebiet 1870–1945. Soziale Integration und nationale Subkultur einer Minderheit in der deutschen Industriegesellschaft. 1978.

31. Hans Rosenberg · Machteliten und Wirtschaftskonjunkturen. Studien zur neueren deutschen Sozial- und Wirtschaftsgeschichte. 1978.

32. Rainer Bölling · Volksschullehrer und Politik. Der deutsche Lehrerverein 1918–1933. 1978.

33. Hanna Schissler · Preußische Agrargesellschaft im Wandel. Wirtschaftliche, gesellschaftliche und politische Transformationsprozesse 1763– 1847. 1978.

34. Hans Mommsen · Arbeiterbewegung und Nationale Frage. Ausgewählte Aufsätze. 1979.

35. Heinz Reif · Westfälischer Adel 1770–1860. Vom Herrschaftsstand zur regionalen Elite. 1979.

36. Toni Pierenkemper · Die westfälischen Schwerindustriellen 1852–1913. Soziale Merkmale und unternehmerischer Erfolg. 1979.

37. Heinrich Best · Interessenpolitik und nationale Integration 1848/49. Handelspolitische Konflikte im frühindustriellen Deutschland. 1980.

38. Heinrich August Winkler · Liberalismus und Antiliberalismus. Studien zur politischen Sozialgeschichte des 19. und 20. Jh.s. 1979.

39. Emil Lederer · Kapitalismus, Klassenstruktur und Probleme der Demokratie in Deutschland 1910–1940. Ausgewählte Aufsätze. Mit einem Beitrag von Hans Speier und einer Bibliographie von Bernd Uhlmannsiek. Hrsg. von Jürgen Kocka. 1979.

40. Norbert Horn / Jürgen Kocka (Hg.) · Recht und Entwicklung der Großunternehmen im 19. und frühen 20. Jahrhundert / Law and the Formation of the Big Enterprises in the 19th and Early 20th Centuries. Wirtschafts-, sozial- und rechtshistorische Untersuchungen zur Industrialisierung in Deutschland, Frankreich, England und den USA. 25 Beiträge. 1979.

41. Richard Tilly · Kapital, Staat und sozialer Protest in der deutschen Industrialisierung. Gesammelte Aufsätze. 1980.

42. Sidney Pollard (Hg.) · Region und Industrialisierung / Region and Industrialization. Studien zur Rolle der Region in der Wirtschaftsgeschichte der letzten zwei Jahrhunderte. 1980

43. Wolfgang Renzsch · Handwerker und Lohnarbeiter in der frühen Arbeiterbewegung. Zur sozialen Basis von Gewerkschaften und Sozialdemokratie im Reichsgründungsjahrzehnt. 1980.

44. Hannes Siegrist · Vom Familienbetrieb zum Manager-Unternehmen. Angestellte und industrielle Organisation am Beispiel der Georg Fischer AG in Schaffhausen 1797–1930. 1980.

VANDENHOECK & RUPRECHT IN GÖTTINGEN UND ZÜRICH